ROBERT MONARCH
Human-in-the-Loop Machine Learning
Active learning and annotation for human-centered AI

人在回路机器学习
人本人工智能的主动学习与标注

[美] 罗伯特·莫纳克 著

杨勇 徐磊 郭璇 等 译

姜振东 译审

作者简介：

罗伯特·莫纳克（Robert Monarch），斯坦福大学博士，现在为苹果公司领导工程团队，专注于机器学习、新产品隐私保护架构等，曾为亚马逊等众多大型公司构建标注、主动学习和机器学习系统。

译者团队：

杨勇 徐磊 郭璇 张金榜 史洋 陈隆亮
杜慧平 何杰 葛运龙 韩哲鑫 沈先耿 王珏
孙艺笑 王浩 杨颖 王鑫 刘琼瑶

序言 Foreword

伴随机器学习在众多行业领域的广泛部署，人工智能系统每天都在与人类以及人类制造的系统进行交互。大众纷纷关注这一技术进步给用户带来的种种影响。机器学习既可以提升生活品质，如带来有语音识别和自然语言理解功能的语音助手；亦可能成为困扰之源，乃至对人类造成实际伤害，如带来令人厌烦的冗长产品推荐，以及对某些群体存在系统性偏见的简历审查系统。比起构建独立运作的人工智能，21 世纪的当务之急是探索以人为本的人工智能技术，即构建能与人类有效合作和协作、增强人类能力的人工智能技术。

本书并非聚焦于最终用户，而是探讨在机器学习系统的生产和运行过程中，人类与机器学习如何实现紧密结合。准确标注的数据的价值要数倍于更高级的机器学习算法，这在机器学习从业者看来是业界公开的秘密。数据的生成、选择和标注是一项高度依赖人类的工作。手动标注数据既昂贵又不可靠，本书将用大量篇幅讨论这一问题。一方面，我们要减少必须标注的数据量，同时通过主动学习的方法训练高质量的系统。另一方面，利用机器学习和人机交互技术，提高人工标注的速度和准确率。事情并非如此简单：大多数已部署的大型系统还涉及各种人工审查和更新。同样，机器学习既可能成为人类的助力，也可能成为人类需要对抗的难题。

罗伯特·莫纳克（Robert Monarch）会成为你在这段学习旅程中的杰出向导。在攻读博士学位之前及期间，莫纳克一直追求实用性和人文关怀。凭借在多种危机场景下提供援助的丰富经验，他率先将自然语言处理（NLP）应用于灾害应对领域的信息处理。他从人工处理关键数据的方法入手，探索利用自然语言处理实现部分流程自动化的最佳方法。令人欣喜的是，他的多项方法已被灾害应对组织采纳，并将通过本书与广大读者分享。

在机器学习领域，数据方面的工作通常被认为以人员管理为主，而本书表明，数据方面的工作也颇具技术性。在某些标注过程中，应用机器学习和迁移学习技术的情况下，数据采样和标注质量控制的算法复杂程度，常常与处理训练数据的下游模型的算法相近。标注过程确实需要投入更多的资源。本书在编写过程中就已经产生了影响。在本书出版前，各章节已分别陆续发表过，并被农业、娱乐、旅游等领域的大型组织的数据科学家阅读。这不仅凸显了机器学习在当下的广泛应用，也反映了市场对以数据为重点的书籍的强烈需求。本书收录了许多当前的最佳实操方法和算法，但由于数据方面的工作长期被忽视，我预料以数据为重点的机器学习领域还将迎来更多的科学发现，希望这一部指导性书籍出版之后，更多的进展将接踵而至。

克里斯托弗·曼宁

克里斯托弗·曼宁（Christopher Manning），斯坦福大学计算机科学和语言学教授、斯坦福人工智能实验室主任以及斯坦福以人为本的人工智能研究所联合主任。

前言 Preface

我将把本书的所有作者收益捐献给数据集优化倡议计划,尤其是低资源语言及健康和灾害应对方面的数据集。我开始撰写本书时,关于灾害应对的示例数据集并不常见,这个主题又与我作为机器学习科学家和灾害应对专家的双重背景特别相关。2020年以后,全球格局发生了变化,现在许多人都明白了灾害应对用例的重要之处。这场疫情暴露了我们在机器学习领域的能力不足,尤其是在获取相关医疗保健信息和打击错误宣传信息方面。当搜索引擎无法呈现最新的公共卫生信息、社交媒体平台无法识别广泛存在的错误信息时,我们都体验到了应用程序无法快速适应不断变化的数据的弊端。

本书并非专门针对灾害应对。书中分享的观点和方法均源自我为自动驾驶汽车、音乐推荐、在线商务、语音设备、翻译和其他各种实际应用场景构建数据集的经验。在撰写本书的过程中,我很高兴接触到了许多新的应用场景。从阅读了各章节草稿的数据科学家那里,我了解到了一些与机器学习从未有过关联的机构中的应用场景:一家农业公司在拖拉机上安装智能摄像头,一家娱乐公司将人脸识别技术应用于卡通人物,一家环保公司预测碳足迹,一家服装公司提供个性化时装推荐服务。当我应邀在这些机构的数据科学实验室围绕本书开讲座时,我确信我学到的比我所教的还要多。

以上所有应用场景都有两个共同点:数据科学家需要为他们的机器学习模型创建更好的训练数据和评估数据,而关于如何创建这些数据,市面上却几乎没有任何出版物。我很高兴能与大家分享一些策略和技术,帮助系统将人类和机器的智能结合起来,用于几乎所有的机器学习应用程序。

关于本书
About This Book

我刚开始接触机器学习时,最需要看到的就是这样一本书,因为它阐述了人工智能领域最重要的问题:人类和机器应该如何合力解决问题?大多数机器学习模式都以人类给出的例子为指导,但大多数机器学习教材和课程只关注算法。使用优质的数据和简单的算法往往就能获得优秀的成果,但在糟糕的数据上使用最好的算法却很少能获得优秀的成果。因此,如果我们需要先深入了解机器学习的某个领域,可以认为数据方面更值得重视。

本书目标读者

本书主要面向数据科学家、软件开发人员和刚开始接触机器学习(或刚开始从事数据方面的工作)的学生。读者应该对监督机器学习和无监督机器学习、训练和测试机器学习模型等概念,以及 PyTorch 和 TensorFlow 等库有一定的了解。但即使读者不是这些领域的专家,也可以阅读本书。

随着读者经验积累,本书仍可用作不同技术的快速参考书。本书是第一本囊括了标注、主动学习和相邻任务(如标注界面设计)领域最常用策略的书籍。

本书结构概览

本书分为四个部分:入门,主动学习的深入探讨,标注的深入探讨,通过人机界面的设计策略和三个应用示例将所有内容整合在一起。

第 1 部分介绍了创建训练数据和评估数据的基本要素:标注、主动学习和人机交互的概念。这三大要素有助于有效地结合人类智能和机器智能。通过学习第 2 章,读者将能够创建一个用于标注新闻标题的人在回路机器学习应用程序,完成从标注新数据到重新训练模型,再到在新模型的辅助下决定下一步标注哪些数据的循环。

第 2 部分主要讲述主动学习,包含对最重要数据进行采样、供人工审查的一套技术。第 3 章介绍了用于理解模型不确定性的最常用技术。第 4 章探讨了一个复杂的问题：如何识别由数据采样不足或数据不具代表性而导致的模型确信的错误。第 5 章介绍了将不同策略组合成一个综合的主动学习系统的方法。第 6 章讨论了如何将主动学习技术应用于不同类型的机器学习任务。

第 3 部分讲标注。标注，即为训练数据和评估数据获取准确而有代表性的标签，这一环节往往未得到足够重视。第 7 章讨论了如何寻找和管理合适的数据标注员。第 8 章讲了标注质量控制的基础知识，介绍计算准确率和一致性的最常用方法。第 9 章讲了标注质量控制的进阶策略，包括主观任务标注，以及使用基于规则的系统、基于搜索的系统、迁移学习、半监督学习、自监督学习和合成数据创建等多种方法进行半自动化标注。第 10 章讲了如何针对不同类型的机器学习任务进行标注管理。

第 4 部分讲述了"回路"的最后一环。其中，第 11 章深入探讨了有利于高效标注的界面，第 12 章列举了三个人在回路机器学习应用程序的示例。

全书会不断回顾不同类型机器学习任务的示例：图像和文档级标注、连续据、目标检测、语义分割、序列标注、语言生成和信息检索。目录前附有快速参考指南，展示了各项任务在本书的相应位置。

关于代码

本书使用的所有代码皆已开源，可从作者的 GitHub 页面获取。本书前 6 章用到的代码参见：https://github.com/rmunro/ pytorch_active_learning。

部分章节另采用了电子表格进行分析，最后一个章节的三个示例都有对应的代码库。详情请参见相关章节。

liveBook 论坛

购买《人在回路机器学习：人本人工智能的主动学习与标注》一书，即可免费访问由曼宁出版社管理的网络论坛，读者可以在论坛上对本书发表评论、提出技术问题，并获得作者和其他论坛用户的帮助。论坛网址：https://livebook.manning.

com/book/human-in-the-loop-machine-learning/welcome/v-11。关于曼宁出版社论坛及相应行为规范的更多信息,请参见 https://livebook.manning.com/#!/discussion。

曼宁出版社致力为读者搭建一个平台,促进读者之间、读者与作者之间富有意义的交流。在这个论坛上,作者的参与度不受约束,一切贡献纯出于作者自愿(没有报酬)。建议读者尽量向作者提出一些具有挑战性的问题,以免作者缺乏兴趣回答!本书在市场销售期间,读者可以随时通过出版社网站访问该论坛和各种讨论的历史档案。

其他在线资源

本书每一章都包含一个"延伸阅读"小节,除了少数例外,大多数列出的资源是免费的,均可在网上找到。我建议大家去查阅那些引用了我所引用的文章的高被引文献。一些有影响力的文章并未被载入本书,而且在本书出版之后,还会有许多其他相关文章发表。

致谢
Acknowledgments

我最应该感谢的是我的妻子维多利亚·莫纳克（Victoria Monarch），她从一开始就支持我写书的决定。我们在写书过程中创造了一个小生命，希望这本书能帮这个孩子创造一个更美好的世界。

大多数写过技术类书籍的人都告诉我，写到最后，他们不再享受这个过程了。但我并非如此。2019年起，大家都给各章节草稿提供反馈意见，所以直到最后修订完毕，整个写书过程我都乐在其中。曼宁出版社内部一贯坚持迅速反馈，而我最感谢的是我的编辑苏珊·埃斯里奇（Susan Ethridge）。每周与她通话我都期待满满。尤其幸运的是，我的编辑曾涉足电子发现（e-discovery）领域的"人在回路"（human-in-the-loop）系统。并不是每位作者都有幸与一位具有相关领域经验的编辑成为搭档！另外，感谢弗朗西斯·布翁坦波（Frances Buontempo）对各章节的详细审阅、艾尔·克林克（Al Krinker）的技术审阅和项目编辑迪尔德丽·希亚姆（Deirdre Hiam）、文字编辑凯尔·辛普森（Keir Simpson）、校对凯里·黑尔斯（Keri Hales）、审稿编辑伊万·马蒂诺维奇（Ivan Martinović），以及曼宁出版社所有对本书内容、图片和代码提供反馈意见的人。

感谢所有审稿人：阿兰·库尼奥（Alain Couniot）、亚历山德罗·普齐埃利（Alessandro Puzielli）、阿纳尔多·加布里埃尔·阿亚拉·迈耶（Arnaldo Gabriel Ayala Meyer）、克莱门斯·巴德尔（Clemens Baader）、达纳·罗宾逊（Dana Robinson）、丹尼·斯科特（Danny Scott）、德斯·霍斯利（Des Horsley）、迭戈·波焦利（Diego Poggioli）、艾米丽·里科塔（Emily Ricotta）、埃维利娜·索夫卡（Ewelina Sowka）、依玛秋雷特·莫萨（Imaculate Mosha）、米哈尔·鲁特卡（Michał Rutka）、米希尔·特里姆

普（Michiel Trimpe）、拉杰什·库马尔（Rajesh Kumar）、鲁斯兰·舍甫琴科（Ruslan Shevchenko）、萨亚克·保罗（Sayak Paul）、塞巴斯蒂安·帕尔马·马尔多内斯（Sebastián Palma Mardones）、托比亚斯·伯格（Tobias Bürger）、托尔热·卢西安（Torje Lucian）、V. V. 潘萨尔卡（V. V. Phansalkar）和维迪亚·维奈（Vidhya Vinay），是各位的建议令本书更加完善。

感谢我认识的每一个给予初稿直接反馈的人：阿比·阿加尔瓦（Abhay Agarwa）、亚伯拉罕·斯塔罗斯塔（Abraham Starosta）、阿迪亚·阿伦（Aditya Arun）、布拉德·克林伯格（Brad Klingerberg）、大卫·埃文斯（David Evans）、德巴约蒂·达塔（Debajyoti Datta）、迪维亚·库尔卡尼（Divya Kulkarni）、德拉赞·普雷莱茨（Drazen Prelec）、伊利亚·里佩斯（Elijah Rippeth）、艾玛·巴辛（Emma Bassein）、弗兰基·李（Frankie Li）、吉姆·奥斯特洛夫斯基（Jim Ostrowski）、卡特琳娜·玛加蒂娜（Katerina Margatina）、米克尔·安赫尔·法雷（Miquel Àngel Farré）、罗伯·莫里斯（Rob Morris）、斯科特·坎博（Scott Cambo）、蒂瓦达尔·丹卡（Tivadar Danka）、亚达·普鲁克萨查特坤（Yada Pruksachatkun），以及通过曼宁出版社的网络论坛发表评论的所有人。其中，阿德里安·卡尔马（Adrian Calma）尤其积极，我非常幸运能有一位刚毕业的主动学习方向的博士如此仔细地阅读了各章节的草稿！

在我的职业生涯中，共事过的许多人都让我感激不尽。除了目前在苹果公司的同事，我还要特别感谢 Idibon 公司、Figure Eight 公司、亚马逊云科技和斯坦福大学的前同事。很高兴我在斯坦福大学的博士生导师克里斯托弗·曼宁为本书作序。

最后，特别感谢在本书中分享轶事的11位专家：艾安娜·霍华德（Ayanna Howard）、丹妮拉·布拉加（Daniela Braga）、埃琳娜·格鲁瓦尔（Elena Grewal）、伊内斯·蒙塔尼（Ines Montani）、詹妮弗·普伦基（Jennifer Prendki）、李佳（Jia Li）、基兰·斯奈德（Kieran Snyder）、丽莎·布雷登-哈德（Lisa Braden-Harder）、马修·霍尼拔（Matthew Honnibal）、彼得·斯科莫洛奇（Peter Skomoroch）和拉达·巴苏（Radha Basu）。他们都曾在职业生涯的某个阶段直接从事机器学习数据方面的工作，并且创立的机器学习公司都取得了成功。如果你和本书的大多数读者一样，正处于职业生涯的初期，为如何创建良好的训练数据而苦恼，那么不妨将他们视为自己未来的榜样！

本书快速参考指南

了解模型的不确定性	招募标注员
softmax 底数 / 温度（3.1.2、A.1–A.2）	内部专家（7.2）
最低置信度（3.2.1）	外包工人（7.3）
置信度边际（3.2.2）	众包工人（7.4）
置信度比率（3.2.3）	最终用户（7.5.1）
熵（3.2.4）	志愿者（7.5.2）
模型集成（3.4.1）	游戏玩家（7.5.3）
基于委员会的查询和丢弃法（3.4.2）	**管理标注质量**
偶然不确定性与认知不确定性（3.4.3）	基准事实数据（8.1.1）
不确定性采样的主动迁移学习（5.2）	预期准确率 / 一致性和调整随机概率（8.1.2、A.3.3）
识别模型的知识空白	利用克里彭多夫 α 评估数据集可靠性（8.2.3）
基于模型的离群值（4.2、4.6.1）	标注员个体一致性（8.2.5）
基于聚类的采样（4.3、4.6.2）	按标签和按人口统计特征划分的一致性（8.2.6）
代表性采样（4.4、4.6.3）	考虑到现实世界中的多样性，通过一致性提高准确率（8.2.7）
现实世界多样性（4.5、4.6.4）	聚合标注（8.3.1–8.3.3、9.2.1–9.2.2）
代表性采样的主动迁移学习（5.3）	获取标注员报告的置信度（8.3.4）
制定完整的主动学习策略	计算标注不确定性（8.3.5）
不确定性采样与多样性采样组合（5.1.1–5.1.6）	通过专家审查开展质量控制（8.4）
期望误差减少（5.1.8）	多步骤工作流程和裁定 / 审查任务（8.5）
自适应采样的主动迁移学习（5.4）	创建模型预测单一标注是否——
主动学习用于已标注数据（6.6.1）	——正确（9.2.3）
使用规则过滤数据（9.5.1）	——一致（9.2.4）
训练数据搜索（9.5.2）	——来自机器人（9.2.5）
利用不同的机器学习架构实现主动学习	信任模型预测的标签（9.3.1）
logistic 回归和 MaxEnt（3.3.1）	将模型预测作为标注（9.3.2）
支持向量机（3.3.2）	通过交叉验证查找错误标注数据（9.3.3）
贝叶斯模型（3.3.3）	
决策树和随机森林（3.3.4）	
多样性采样（4.6.1–4.6.4）	

本书快速参考指南（续）

标注员多样性和差异的益处		**目标检测**	
不同标注员和低一致性数学案例（8.3.2）		主动学习（6.1）	
了解标注员期望（9.1.1）		标注质量（10.2）	
评估主观任务的可行标签（9.1.2）		智能界面（11.5.2）	
用于主观判断的贝叶斯真相法（9.1.4）		**语义分割**	
在复杂任务中嵌入简单任务（9.1.5）		主动学习（6.2）	
整合相关模型和数据		标注质量（10.3）	
从现有模型中迁移学习（9.4.1）		智能界面（11.5.1）	
来自相邻任务的表征（9.4.2）		**序列标注**	
自监督学习（9.4.3）		主动学习（6.3）	
合成数据（9.7.1）		标注质量（10.4）	
数据创建（9.7.2）		智能界面（11.5.4）	
数据增强（9.7.3）		**语言生成**	
在预测模型中使用标注信息		主动学习（6.4）	
根据标签置信度过滤/加权数据项（9.8.1）		标注质量（10.5）	
在输入中加入标注员身份（9.8.2）		智能界面（11.5.3）	
将不确定性纳入损失函数（9.8.3）		**连续数据**	
创建有效的标注工具		不确定性（3.4.4）	
可操作性、反馈和能动性（11.1.1）		标注质量（10.1）	
设计标注界面（11.1.2）		将连续问题重塑为排序问题（11.4.3）	
尽量减少眼球活动和手部滚动操作（11.1.3）		**其他机器学习任务**	
键盘快捷键和输入设备（11.1.4）		多标签任务的不确定性（3.4.4）	
标注界面中的启动效应（11.3）		主动学习用于信息检索（6.5.1）	
机器学习辅助人类流程（11.6）		信息检索标注（10.6.1）	
探索数据		主动学习用于视频（6.5.2）	
将无监督模型调整为监督模型（9.6.1）		视频标注（10.6.3）	
人工引导的探索性数据分析（9.6.2）		主动学习用于语音（6.5.3）	
		语音标注（10.6.4）	
		多字段任务标注（10.6.2）	

目录

第1部分 入门

第1章 人在回路机器学习导论 … 003
1.1 人在回路机器学习的基本原理 … 003
1.2 标注简介 … 004
    1.2.1 简单及较为复杂的标注策略 … 005
    1.2.2 填补数据科学知识空白 … 005
    1.2.3 高质量的人工标注：标注为何如此困难？ … 005
1.3 主动学习简介：提升速度和降低训练数据成本 … 007
    1.3.1 三种常见的主动学习采样策略：不确定性采样、多样性采样、随机采样 … 007
    1.3.2 什么是随机选择的评估数据？ … 010
    1.3.3 什么时候运用主动学习 … 011
1.4 机器学习与人机交互 … 011
    1.4.1 用户界面：如何创建训练数据？ … 012
    1.4.2 启动效应：什么会影响人类的感知？ … 013
    1.4.3 通过评估机器学习预测进行标注的优缺点 … 013
    1.4.4 设计标注界面的基本原则 … 013
1.5 机器学习辅助人类与人类辅助机器学习 … 014
1.6 利用迁移学习快速启动模型 … 014
    1.6.1 计算机视觉中的迁移学习 … 015
    1.6.2 自然语言处理中的迁移学习 … 016
1.7 本书中能学到什么 … 017
1.8 小结 … 018

第2章 人在回路机器学习入门 … 020
2.1 超越黑客式学习：第一个主动学习算法 … 020
2.2 第一个系统的架构 … 021

- 2.3 解释模型预测和数据以支持主动学习 ⋯⋯⋯⋯⋯⋯⋯⋯⋯⋯⋯⋯ 024
  - 2.3.1 置信度排序 ⋯⋯⋯⋯⋯⋯⋯⋯⋯⋯⋯⋯⋯⋯⋯⋯⋯⋯⋯⋯ 025
  - 2.3.2 标识离群值 ⋯⋯⋯⋯⋯⋯⋯⋯⋯⋯⋯⋯⋯⋯⋯⋯⋯⋯⋯⋯ 026
  - 2.3.3 迭代后的预期结果 ⋯⋯⋯⋯⋯⋯⋯⋯⋯⋯⋯⋯⋯⋯⋯⋯⋯ 028
- 2.4 构建人工标注界面 ⋯⋯⋯⋯⋯⋯⋯⋯⋯⋯⋯⋯⋯⋯⋯⋯⋯⋯⋯⋯ 029
  - 2.4.1 一个简单的文本标注界面 ⋯⋯⋯⋯⋯⋯⋯⋯⋯⋯⋯⋯⋯⋯ 029
  - 2.4.2 管理机器学习数据 ⋯⋯⋯⋯⋯⋯⋯⋯⋯⋯⋯⋯⋯⋯⋯⋯⋯ 031
- 2.5 部署你的第一个人在回路机器学习系统 ⋯⋯⋯⋯⋯⋯⋯⋯⋯⋯⋯ 032
  - 2.5.1 获得评估数据总是优先事项 ⋯⋯⋯⋯⋯⋯⋯⋯⋯⋯⋯⋯⋯ 034
  - 2.5.2 每个数据点都有机会 ⋯⋯⋯⋯⋯⋯⋯⋯⋯⋯⋯⋯⋯⋯⋯⋯ 036
  - 2.5.3 为数据选择正确的策略 ⋯⋯⋯⋯⋯⋯⋯⋯⋯⋯⋯⋯⋯⋯⋯ 036
  - 2.5.4 重新训练模型并迭代 ⋯⋯⋯⋯⋯⋯⋯⋯⋯⋯⋯⋯⋯⋯⋯⋯ 038
- 2.6 小结 ⋯⋯⋯⋯⋯⋯⋯⋯⋯⋯⋯⋯⋯⋯⋯⋯⋯⋯⋯⋯⋯⋯⋯⋯⋯⋯ 040

第 2 部分　主动学习

第 3 章　不确定性采样 ⋯⋯⋯⋯⋯⋯⋯⋯⋯⋯⋯⋯⋯⋯⋯⋯⋯⋯⋯⋯ 043

- 3.1 解释机器学习模型中的不确定性 ⋯⋯⋯⋯⋯⋯⋯⋯⋯⋯⋯⋯⋯⋯ 043
  - 3.1.1 为什么要在模型中寻找不确定性？⋯⋯⋯⋯⋯⋯⋯⋯⋯⋯ 044
  - 3.1.2 softmax 函数和概率分布 ⋯⋯⋯⋯⋯⋯⋯⋯⋯⋯⋯⋯⋯⋯ 045
  - 3.1.3 解释主动学习的成效 ⋯⋯⋯⋯⋯⋯⋯⋯⋯⋯⋯⋯⋯⋯⋯⋯ 047
- 3.2 不确定性采样算法 ⋯⋯⋯⋯⋯⋯⋯⋯⋯⋯⋯⋯⋯⋯⋯⋯⋯⋯⋯⋯ 047
  - 3.2.1 最低置信度采样 ⋯⋯⋯⋯⋯⋯⋯⋯⋯⋯⋯⋯⋯⋯⋯⋯⋯⋯ 048
  - 3.2.2 置信度边际采样 ⋯⋯⋯⋯⋯⋯⋯⋯⋯⋯⋯⋯⋯⋯⋯⋯⋯⋯ 049
  - 3.2.3 置信度比率采样 ⋯⋯⋯⋯⋯⋯⋯⋯⋯⋯⋯⋯⋯⋯⋯⋯⋯⋯ 050
  - 3.2.4 基于熵（分类熵）的采样 ⋯⋯⋯⋯⋯⋯⋯⋯⋯⋯⋯⋯⋯⋯ 052
  - 3.2.5 对熵的深入探讨 ⋯⋯⋯⋯⋯⋯⋯⋯⋯⋯⋯⋯⋯⋯⋯⋯⋯⋯ 054
- 3.3 识别不同类型的模型何时出现混淆 ⋯⋯⋯⋯⋯⋯⋯⋯⋯⋯⋯⋯⋯ 054
  - 3.3.1 使用 logistic 回归和 MaxEnt 模型进行不确定性采样
  　⋯⋯⋯⋯⋯⋯⋯⋯⋯⋯⋯⋯⋯⋯⋯⋯⋯⋯⋯⋯⋯⋯⋯⋯⋯⋯ 055
  - 3.3.2 使用 SVM 进行不确定性采样 ⋯⋯⋯⋯⋯⋯⋯⋯⋯⋯⋯⋯ 056
  - 3.3.3 使用贝叶斯模型进行不确定性采样 ⋯⋯⋯⋯⋯⋯⋯⋯⋯⋯ 056
  - 3.3.4 使用决策树和随机森林进行不确定性采样 ⋯⋯⋯⋯⋯⋯⋯ 057
- 3.4 衡量多个预测结果的不确定性 ⋯⋯⋯⋯⋯⋯⋯⋯⋯⋯⋯⋯⋯⋯⋯ 058
  - 3.4.1 使用集成模型进行不确定性采样 ⋯⋯⋯⋯⋯⋯⋯⋯⋯⋯⋯ 058

3.4.2 基于委员会的查询和丢弃法 059
 3.4.3 偶然不确定性与认知不确定性的区别 061
 3.4.4 多标签和连续值分类 062
3.5 选择适当数量的数据项进行人工审查 062
 3.5.1 预算约束下的不确定性采样 063
 3.5.2 时间有限的情况下的不确定性采样 063
 3.5.3 无时间或预算限制的情况下何时停止训练？ 064
3.6 评估主动学习的成效 064
 3.6.1 是否需要新的测试数据？ 064
 3.6.2 是否需要新的验证数据？ 065
3.7 不确定性采样速查图 066
3.8 延伸阅读 068
 3.8.1 最低置信度采样延伸阅读 069
 3.8.2 置信度边际采样延伸阅读 069
 3.8.3 置信度比率采样延伸阅读 069
 3.8.4 基于熵的采样延伸阅读 069
 3.8.5 其他机器学习模型延伸阅读 069
 3.8.6 基于集成的不确定性采样延伸阅读 069
3.9 小结 070

第 4 章 多样性采样 **071**
4.1 知道未知：识别模型的知识空白 072
 4.1.1 多样性采样的示例数据 074
 4.1.2 解释多样性采样的神经模型 074
 4.1.3 如何从 PyTorch 的隐藏层提取信息 076
4.2 基于模型的离群值采样 078
 4.2.1 使用验证数据进行激活值排名 078
 4.2.2 应用哪些层计算基于模型的离群值？ 082
 4.2.3 基于模型的离群值采样的局限性 083
4.3 基于聚类的采样 083
 4.3.1 簇的成员、质心和离群值 084
 4.3.2 任何一种聚类算法 085
 4.3.3 使用余弦相似度进行 k 均值聚类 086
 4.3.4 通过嵌入或 PCA 降低特征维度 088

    4.3.5 其他聚类算法 ··· 089
  4.4 代表性采样 ··· 091
    4.4.1 代表性采样很少单独使用 ·································· 091
    4.4.2 简单的代表性采样 ·· 092
    4.4.3 自适应代表性采样 ·· 093
  4.5 现实世界多样性采样 ··· 094
    4.5.1 训练数据多样性的常见问题 ······························ 095
    4.5.2 确保人口统计特征多样性的分层采样 ················ 096
    4.5.3 得到代表和具有代表性：哪个重要？ ················ 097
    4.5.4 按人口统计特征划分的准确率 ·························· 098
    4.5.5 现实世界多样性采样的局限性 ·························· 099
  4.6 不同类型模型的多样性采样 ································· 099
    4.6.1 不同类型模型的基于模型的离群值 ·················· 099
    4.6.2 不同类型模型的聚类 ·· 099
    4.6.3 不同类型模型的代表性采样 ······························ 099
    4.6.4 不同类型模型的现实世界多样性采样 ·············· 100
  4.7 多样性采样速查图 ·· 100
  4.8 延伸阅读 ··· 100
    4.8.1 基于模型的离群值延伸阅读 ···························· 100
    4.8.2 基于聚类的采样延伸阅读 ································ 100
    4.8.3 代表性采样延伸阅读 ·· 102
    4.8.4 现实世界多样性采样延伸阅读 ·························· 102
  4.9 小结 ··· 102
第5章 进阶主动学习 ·· 104
  5.1 不确定性采样与多样性采样组合 ························· 104
    5.1.1 最低置信度采样与基于聚类的采样组合 ·········· 105
    5.1.2 不确定性采样与基于模型的离群值采样的组合 ··· 107
    5.1.3 不确定性采样与基于模型的离群值和聚类组合 ··· 108
    5.1.4 代表性采样与基于聚类的采样组合 ·················· 108
    5.1.5 从熵值最高的簇中采样 ···································· 111
    5.1.6 其他主动学习策略组合 ···································· 113
    5.1.7 综合主动学习分数 ·· 113
    5.1.8 期望误差减少采样 ·· 114

5.2 不确定性采样的主动迁移学习 ················· 115
    5.2.1 让模型预测自身误差 ···················· 116
    5.2.2 实现主动迁移学习 ······················ 116
    5.2.3 多层次主动迁移学习 ···················· 119
    5.2.4 主动迁移学习的优缺点 ·················· 120
5.3 代表性采样的主动迁移学习 ··················· 120
    5.3.1 让模型预测其未知项 ···················· 120
    5.3.2 自适应代表性采样的主动迁移学习 ········ 121
    5.3.3 代表性采样的主动迁移学习的优缺点 ······ 122
5.4 自适应采样的主动迁移学习 ··················· 123
    5.4.1 通过预测不确定性使不确定性采样具有自适应性 ··· 123
    5.4.2 ATLAS 的优缺点 ······················ 125
5.5 进阶主动学习速查图 ························ 126
5.6 主动迁移学习延伸阅读 ······················ 127
5.7 小结 ···································· 128

第 6 章 将主动学习应用于不同机器学习任务 ··············· 129
6.1 将主动学习应用于目标检测 ··················· 130
    6.1.1 目标检测的准确率：标签置信度和定位 ····· 131
    6.1.2 目标检测中标签置信度和定位的不确定性采样 ··· 132
    6.1.3 目标检测中标签置信度和定位的多样性采样 ····· 133
    6.1.4 主动迁移学习用于目标检测 ·············· 136
    6.1.5 设置低目标检测阈值，避免偏差长期存在 ······ 136
    6.1.6 为代表性采样创建与预测结果相似的训练数据样本
          ·· 137
    6.1.7 目标检测中的图像级多样性采样 ·········· 138
    6.1.8 使用多边形时考虑拉紧遮罩 ·············· 138
6.2 将主动学习应用于语义分割 ··················· 139
    6.2.1 语义分割的准确率 ······················ 140
    6.2.2 不确定性采样用于语义分割 ·············· 140
    6.2.3 多样性采样用于语义分割 ················ 142
    6.2.4 主动迁移学习用于语义分割 ·············· 142
    6.2.5 语义分割中的图像级多样性采样 ·········· 142
6.3 将主动学习应用于序列标注 ··················· 142

- 6.3.1 序列标注的准确率 …… 143
- 6.3.2 不确定性采样用于序列标注 …… 144
- 6.3.3 多样性采样用于序列标注 …… 145
- 6.3.4 主动迁移学习用于序列标注 …… 147
- 6.3.5 按置信度和词元分层采样 …… 147
- 6.3.6 为代表性采样创建与预测结果相似的训练数据样本 …… 147
- 6.3.7 全序列标注 …… 148
- 6.3.8 序列标注中的文档级多样性采样 …… 148
- 6.4 将主动学习应用于语言生成 …… 148
  - 6.4.1 计算语言生成系统的准确率 …… 149
  - 6.4.2 不确定性采样用于语言生成 …… 149
  - 6.4.3 多样性采样用于语言生成 …… 150
  - 6.4.4 主动迁移学习用于语言生成 …… 150
- 6.5 将主动学习应用于其他机器学习任务 …… 150
  - 6.5.1 主动学习用于信息检索 …… 151
  - 6.5.2 主动学习用于视频 …… 152
  - 6.5.3 主动学习用于语音 …… 153
- 6.6 选择适当数量的数据项进行人工审查 …… 153
  - 6.6.1 主动学习用于完整或部分标注数据 …… 154
  - 6.6.2 将机器学习与标注相结合 …… 154
- 6.7 延伸阅读 …… 154
- 6.8 小结 …… 155

第3部分 标注

第7章 与数据标注员合作 …… 159

- 7.1 标注简介 …… 160
  - 7.1.1 规范数据标注的三大原则 …… 161
  - 7.1.2 标注数据和审查模型预测 …… 162
  - 7.1.3 源于机器学习辅助人类的标注数据 …… 162
- 7.2 内部专家 …… 162
  - 7.2.1 内部员工的薪酬 …… 163
  - 7.2.2 内部员工的保障 …… 163
  - 7.2.3 内部员工的责任感 …… 164

		7.2.4 建议：始终开展内部标注会议 ………………………… 165
	7.3	外包工人 …………………………………………………………… 166
		7.3.1 外包工人的薪酬 ………………………………………… 168
		7.3.2 外包工人的保障 ………………………………………… 168
		7.3.3 外包工人的责任感 ……………………………………… 169
		7.3.4 建议：与外包工人沟通 ………………………………… 169
	7.4	众包工人 …………………………………………………………… 170
		7.4.1 众包工人的薪酬 ………………………………………… 171
		7.4.2 众包工人的保障 ………………………………………… 171
		7.4.3 众包工人的责任感 ……………………………………… 172
		7.4.4 建议：开辟稳定的工作岗位及职业发展之路 ………… 173
	7.5	其他人员 …………………………………………………………… 173
		7.5.1 最终用户 …………………………………………………… 173
		7.5.2 志愿者 …………………………………………………… 174
		7.5.3 游戏玩家 …………………………………………………… 175
		7.5.4 将模型预测作为标注 ……………………………………… 176
	7.6	估算所需的标注量 ………………………………………………… 177
		7.6.1 所需标注量的数量级方程 ………………………………… 177
		7.6.2 预计标注培训和任务细化需一至四周时间 …………… 178
		7.6.3 利用试点标注和准确率目标估算成本 ………………… 179
		7.6.4 结合不同类型人员 ……………………………………… 179
	7.7	小结 ………………………………………………………………… 180

第 8 章 数据标注的质量控制 ……………………………………………… 181

	8.1	比较标注与基准事实答案 ………………………………………… 181
		8.1.1 标注员与基准事实数据的一致性 ……………………… 184
		8.1.2 你应使用哪条基线衡量预期准确率？ ………………… 186
	8.2	标注员间一致性 …………………………………………………… 187
		8.2.1 标注员间一致性简介 …………………………………… 187
		8.2.2 计算标注员间一致性的好处 …………………………… 189
		8.2.3 应用克里彭多夫 α 系数获取数据集层面一致性 … 190
		8.2.4 计算超出标注范围的克里彭多夫 α 系数 ………… 194
		8.2.5 标注员个体一致性 ……………………………………… 194
		8.2.6 按标签和按人口统计特征划分的一致性 ……………… 198

		8.2.7	考虑到现实世界中的多样性，通过一致性提高准确率	
			....	198

- 8.3 聚合多项标注，创建训练数据 199
  - 8.3.1 在标注员意见一致时聚合标注 199
  - 8.3.2 不同标注员和低一致性数学案例 200
  - 8.3.3 在标注员意见不一致时聚合标注 201
  - 8.3.4 标注员报告的置信度 202
  - 8.3.5 决定信任哪些标签：标注不确定性 203
- 8.4 通过专家审查开展质量控制 205
  - 8.4.1 招聘和训练合格人员 206
  - 8.4.2 训练人员使其成为专家 206
  - 8.4.3 机器学习辅助专家 206
- 8.5 多步骤工作流程和审查任务 207
- 8.6 延伸阅读 208
- 8.7 小结 209

第9章 进阶数据标注与增强 210

- 9.1 主观任务的标注质量 210
  - 9.1.1 了解标注员期望 212
  - 9.1.2 评估主观任务的可行标签 213
  - 9.1.3 相信标注员能够理解不同回答 215
  - 9.1.4 用于主观判断的贝叶斯真相法 217
  - 9.1.5 在复杂任务中嵌入简单任务 218
- 9.2 用于机器学习的标注质量控制 219
  - 9.2.1 计算标注置信度是一项优化任务 219
  - 9.2.2 当标注员意见不一致时，收敛标签置信度 220
  - 9.2.3 预测单一标注是否正确 222
  - 9.2.4 预测单一标注是否一致 223
  - 9.2.5 预测标注员是不是机器人 224
- 9.3 将模型预测作为标注 224
  - 9.3.1 信任可信模型预测的标注 225
  - 9.3.2 将模型预测视为单名标注员 227
  - 9.3.3 通过交叉验证查找错误标注数据 227
- 9.4 嵌入和上下文表征 228

目录

- 9.4.1 从现有模型中迁移学习 ········· 230
- 9.4.2 来自相邻易标注任务的表征 ········· 230
- 9.4.3 自监督：使用数据固有标签 ········· 231
- 9.5 基于搜索和基于规则的系统 ········· 232
  - 9.5.1 使用规则过滤数据 ········· 233
  - 9.5.2 训练数据搜索 ········· 233
  - 9.5.3 已遮罩的特征过滤 ········· 234
- 9.6 对无监督模型开展轻度监督 ········· 234
  - 9.6.1 将无监督模型调整为监督模型 ········· 234
  - 9.6.2 人工引导的探索性数据分析 ········· 236
- 9.7 合成数据、数据创建和数据增强 ········· 236
  - 9.7.1 合成数据 ········· 236
  - 9.7.2 数据创建 ········· 237
  - 9.7.3 数据增强 ········· 237
- 9.8 将标注信息纳入机器学习模型中 ········· 238
  - 9.8.1 根据标签置信度过滤或加权数据项 ········· 238
  - 9.8.2 在输入中加入标注员身份 ········· 238
  - 9.8.3 将不确定性纳入损失函数 ········· 239
- 9.9 进阶标注延伸阅读 ········· 239
  - 9.9.1 主观数据延伸阅读 ········· 240
  - 9.9.2 用于机器学习的标注质量控制延伸阅读 ········· 240
  - 9.9.3 嵌入/上下文表征延伸阅读 ········· 240
  - 9.9.4 基于规则的系统延伸阅读 ········· 241
  - 9.9.5 将标注不确定性纳入下游模型的延伸阅读 ········· 241
- 9.10 小结 ········· 241

第10章 不同机器学习任务的标注质量 ········· 243

- 10.1 连续任务标注质量 ········· 243
  - 10.1.1 连续任务的基准事实 ········· 244
  - 10.1.2 连续任务的一致性 ········· 244
  - 10.1.3 连续任务的主观性 ········· 245
  - 10.1.4 聚合连续判断，创建训练数据 ········· 245
  - 10.1.5 将机器学习用于聚合连续任务，创建训练数据 ········· 247
- 10.2 目标检测的标注质量 ········· 248

- 10.2.1 目标检测的基准事实 ... 249
- 10.2.2 目标检测的一致性 ... 251
- 10.2.3 目标检测的维度和准确率 ... 251
- 10.2.4 目标检测的主观性 ... 252
- 10.2.5 聚合目标标注，创建训练数据 ... 252
- 10.2.6 将机器学习用于目标标注 ... 253

10.3 语义分割的标注质量 ... 254
- 10.3.1 语义分割标注的基准事实 ... 255
- 10.3.2 语义分割的一致性 ... 255
- 10.3.3 语义分割标注的主观性 ... 256
- 10.3.4 聚合语义分割，创建训练数据 ... 256
- 10.3.5 将机器学习用于聚合语义分割，创建训练数据 ... 257

10.4 序列标注的标注质量 ... 257
- 10.4.1 序列标注的基准事实 ... 258
- 10.4.2 在真正连续数据中序列标注的基准事实 ... 259
- 10.4.3 序列标注的一致性 ... 260
- 10.4.4 机器学习和迁移学习用于序列标注 ... 260
- 10.4.5 基于规则、搜索和合成数据的序列标注 ... 262

10.5 语言生成的标注质量 ... 262
- 10.5.1 语言生成的基准事实 ... 263
- 10.5.2 语言生成的一致性和聚合 ... 263
- 10.5.3 机器学习和迁移学习用于语言生成 ... 263
- 10.5.4 语言生成的合成数据 ... 264

10.6 其他机器学习任务的标注质量 ... 265
- 10.6.1 信息检索标注 ... 265
- 10.6.2 多字段任务标注 ... 266
- 10.6.3 视频标注 ... 267
- 10.6.4 音频数据标注 ... 268

10.7 不同机器学习任务标注质量延伸阅读 ... 268
- 10.7.1 计算机视觉延伸阅读 ... 268
- 10.7.2 有关自然语言处理标注延伸阅读 ... 269
- 10.7.3 信息检索标注延伸阅读 ... 269

10.8 小结 ... 269

第 4 部分　针对机器学习的人机交互

第 11 章　数据标注界面 ······ 273
11.1　人机交互基本原则 ······ 273
11.1.1　介绍可操作性、反馈和能动性 ······ 273
11.1.2　设计标注界面 ······ 275
11.1.3　尽量减少眼球活动和手部滚动操作 ······ 276
11.1.4　键盘快捷键和输入设备 ······ 278
11.2　有效打破规则 ······ 279
11.2.1　滚动批量标注 ······ 279
11.2.2　脚踏板 ······ 280
11.2.3　音频输入 ······ 280
11.3　标注界面中的启动效应 ······ 280
11.3.1　重复启动效应 ······ 281
11.3.2　启动效应的不良影响 ······ 281
11.3.3　启动效应的有益影响 ······ 282
11.4　人机智能结合 ······ 282
11.4.1　标注员反馈 ······ 282
11.4.2　询问他人如何标注，以最大限度地提高客观性 ······ 283
11.4.3　将连续问题重塑为排序问题 ······ 284
11.5　最大限度地发挥人类智慧的界面 ······ 285
11.5.1　用于语义分割的智能界面 ······ 286
11.5.2　用于目标检测的智能界面 ······ 288
11.5.3　用于语言生成的智能界面 ······ 289
11.5.4　用于序列标注的智能界面 ······ 291
11.6　机器学习辅助人类流程 ······ 293
11.6.1　感知效率提升 ······ 293
11.6.2　主动学习，提高效率 ······ 294
11.6.3　错胜于无，以最大限度地提高完整性 ······ 294
11.6.4　将标注界面与日常工作界面分开 ······ 295
11.7　延伸阅读 ······ 295
11.8　小结 ······ 296

第 12 章　人在回路机器学习产品 ······ 297

12.1 定义人在回路机器学习应用产品 297
　　12.1.1 从你要解决的问题入手 297
　　12.1.2 设计问题解决系统 298
　　12.1.3 连接 Python 和 HTML 299
12.2 示例 1：新闻标题的探索性数据分析 300
　　12.2.1 假设 301
　　12.2.2 设计和实施 302
　　12.2.3 潜在扩展 303
12.3 示例 2：收集有关食品安全事件的数据 303
　　12.3.1 假设 304
　　12.3.2 设计和实施 304
　　12.3.3 潜在扩展 305
12.4 示例 3：识别图像中的自行车 306
　　12.4.1 假设 306
　　12.4.2 设计和实施 307
　　12.4.3 潜在扩展 308
12.5 构建人在回路机器学习产品的延伸阅读 308
12.6 小结 309

附录　机器学习知识回顾

A.1 解释模型预测 310
　　A.1.1 概率分布 310
A.2 softmax 函数深入探讨 311
　　A.2.1 利用 softmax 将模型输出转换为置信度 313
　　A.2.2 softmax 底数 / 温度的选择 314
　　A.2.3 指数除法的结果 317
A.3 人在回路机器学习系统的评测 319
　　A.3.1 精确度、召回率和 F 分数 319
　　A.3.2 微观和宏观精确度、召回率和 F 分数 319
　　A.3.3 考虑随机机会：机会调整后的准确率 320
　　A.3.4 考虑置信度：ROC 曲线下面积（AUC） 320
　　A.3.5 检测到的模型误差数量 321
　　A.3.6 节省的人力成本 321
　　A.3.7 本书中计算准确率的其他方法 322

第1部分

Part 1

入门

大部分数据科学家花费在数据管理上的时间要多于构建算法的时间。然而，大多数关于机器学习的书籍和课程都更注重算法。本书弥补了机器学习数据方面的资料空白。

本书第1部分介绍创建训练数据和评估数据的基本要素：标注、主动学习和人机交互的概念。这三大要素有助于有效地结合人类智能和机器智能。通过学习第2章，读者将能够构建一个可标注新闻标题的人在回路机器学习应用程序，完成从标注新数据到重新训练模型，再到利用新模型辅助决定下一步标注哪些数据的循环。

在其余章节中，读者将学习如何使用更复杂的数据采样、标注和人机智能结合等技术来扩展自己的第一个应用程序。本书还将介绍如何将所学的技术应用于不同类型的机器学习任务，包括目标检测、语义分割、序列标注和语言生成。

第 1 章
人在回路机器学习导论

本章内容包括：

- 标注未标注数据，以创建训练数据、验证数据和评估数据。
- 对最重要的未标注数据项进行采样（主动学习）。
- 将人机交互原则纳入标注工作。
- 实现迁移学习，以利用现有模型中的信息。

与影视剧中的机器人形象不同，目前大多数人工智能（AI）尚未能够实现自主学习，仍需人类提供大量的反馈。据统计，目前约有 90% 的机器学习应用程序都是基于监督机器学习，并广泛应用于各种场景。例如，自动驾驶汽车之所以能够安全行驶在道路上，是因为人类投入了无数个小时的工作时间，教会汽车如何应对传感器检测到的行人、其他行驶车辆、车道标线等相关目标。当我们发出"调大音量"的语音指令时，智能家居设备能够正确理解并执行，这也是因为人类投入了无数个小时的努力，教导设备如何解读各种指令。此外，机器翻译工具之所以能够进行多语种翻译，是因为利用了成千上万（甚至数百万）篇人工翻译文本来进行训练。

与过去相比，智能设备不再那么依赖来自程序员的硬编码规则，更多的是通过无需编码的人类提供的示例及反馈进行学习。由人工编码的示例（即训练数据）被用来训练机器学习模型，使其能够更准确地执行特定任务。然而，程序员仍然需要创建非技术人员也可以提供反馈的软件，这也引出了当今科技界最重要的问题之一：人类和机器学习算法彼此交互以解决问题的正确方法是什么？读完本书后，我们将能够针对机器学习可能面临的多种场景回答以上问题。

标注和主动学习构成了人在回路机器学习的基石。这两个概念说明了，在没有足够预算或时间对所有数据进行人工反馈的情况下，如何从人类那里获取训练数据、应该向人类展示哪些数据。迁移学习则可以使现有的机器学习模型适应新任务，而不是从头开始训练，避免了冷启动的问题。本章将逐一介绍上述几个概念。

1.1 人在回路机器学习的基本原理

人在回路机器学习是在人工智能应用中结合人类智能和机器智能的一系列策略的集合。其目标通常是以下一项或多项：

- 提高机器学习模型的准确率；

- 更快地达到机器学习模型的目标准确率；
- 结合人类智能和机器智能，最大限度地提高准确率；
- 利用机器学习辅助人工任务，提高效率。

本书涵盖了最常见的主动学习和标注策略，也将说明如何为数据、任务和标注员设计最佳的界面。示例将从简单到复杂逐步展开，适合按顺序阅读。然而，大家不太可能同时应用所有的技术，因此本书也可作为每种具体技术的参考资料。

图 1-1 展现了给数据添加标签的人在回路机器学习过程。这一过程可适用于各种标注流程：为新闻报道添加主题、按照运动项目对运动照片进行分类、辨别社交媒体评论的情感色彩、根据内容对视频进行评级等。在所有这些场景中，都可以通过机器学习实现部分标注流程自动化，或者帮助人工操作提速。无论场景如何，最好的情况就是实现图 1-1 所示的循环：对精准采样的数据进行标注，利用已标注数据训练模型，再用已训练模型对更多数据进行采样与标注。

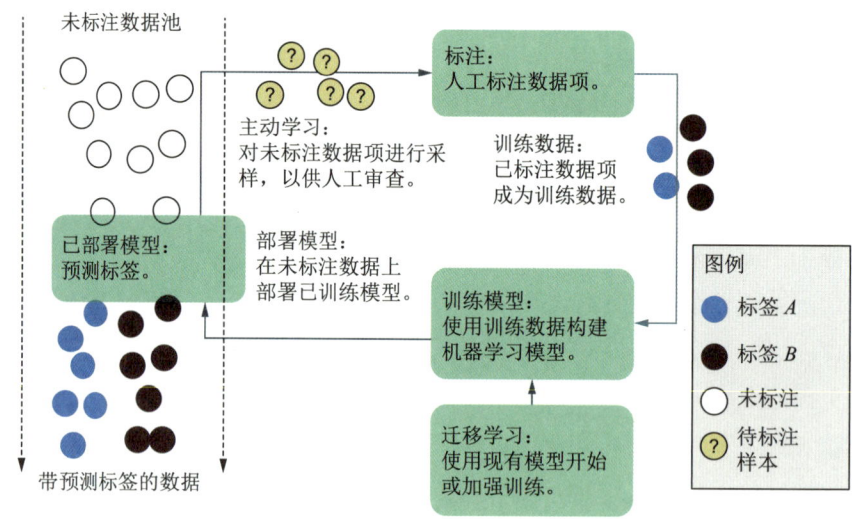

图 1-1 用于预测数据标签的人在回路过程心智模型

在某些场景下，你可能只需用到其中一部分技术。例如，当机器学习模型不确定时，系统会回退到人工处理，这种情况下你需要参考关于不确定性采样、标注质量和界面设计的章节。即使你不打算学习"回路"的所有环节，阅读了与上述主题相关的内容也就相当于阅读了本书的大部分内容。

本书假设读者对机器学习已具备一定的了解。在人在回路系统中，一些概念尤为重要，比如对 softmax 函数及其局限性的深刻理解。读者还需了解如何通过考虑模型置信度的指标，去计算准确率及机会调整后的准确率，并从人类的角度衡量机器学习的表现（这方面的知识在附录中有概括说明）。

1.2 标注简介

标注是指给原始数据打上标签，使其变成机器学习训练数据的过程。比起构建机学习模型所花的时间，大多数数据科学家会花费更多的时间在整理和标注数据集上面。人工标注的质量控制需要用到复杂的统计数据，甚至比大多数机器学习模型所需的统计数据更复杂，因此，花费必要的时间学习如何创建高质量的训练数据非常重要。

1.2.1 简单及较为复杂的标注策略

标注流程可以很简单。例如，假如我们想将某产品在社交媒体上收获的评论标记为正面、负面或中性，以此分析该产品的舆论情感趋势，只需花费几个小时构建并部署一个简单的 HTML 表单。在该表单上，标注员可以根据情感选项对每篇社交媒体评论进行评分，每次评分都是在对社交媒体评论进行标注，也构成了机器学习算法的训练数据。

标注流程也可以很复杂。例如，假如我们要给视频中的每个目标绘制边界框，单靠简单的 HTML 表单显然难以满足需求。这时我们需要一个图形界面，让标注员能够绘制边界框，而构建用户体验感良好的图形界面可能需要数月的工程时间。

1.2.2 填补数据科学知识空白

机器学习算法策略和数据标注策略的优化可以同时进行。这两个策略往往是紧密交织在一起的，若将两者相结合，可以更迅速地提升模型的准确率。对于好的机器学习系统来说，算法和数据标注同等重要。

所有计算机科学院系都开设了机器学习课程，但很少有院系开设创建训练数据相关的课程。在五六门机器学习课程的数百课时中，至多仅有一两课时会涉及创建训练数据的内容。这种情况正在改善，但步伐相对缓慢。基于历史原因，学术界的机器学习研究者更倾向于利用静态的数据集来评价不同算法的性能。

与学术界不同，产业界更普遍的做法是通过增加训练数据标注量来提升模型性能。特别是在数据性质随时间变化（这也是普遍现象）的情境下，采用少量新标注的数据比试图使现有模型适应新的数据域要高效得多。但是，更多的学术论文关注的是如何在缺乏新训练数据的情况下使算法适应新的数据域，而不是专注于如何高效地标注正确的新训练数据。

由于学术界存在这种不平衡，产业界也屡屡有人陷入相同的误区。有些企业雇用了十几位聪明的博士，人人精通最先进的算法，却缺乏创建训练数据的经验，也不会考虑如何去设计合适的标注界面。例如，我最近在某全球最大的汽车制造公司看到了这种现象。他们招募了大批机器学习专业的毕业生，但由于这些新员工未能扩展公司的数据标注策略，所以公司无法运用自动驾驶汽车技术。最终，公司不得不解散整个团队。事后，我向该公司提出了如何重构标注策略的建议，让他们意识到标注与算法同等重要，二者相互交织，共同形成好的机器学习系统。

1.2.3 高质量的人工标注：标注为何如此困难？

对于标注研究人员来说，标注是一门与机器学习紧密关联的科学。最显而易见的例子是，标注员做的标注可能出错，而解决人为错误需要用到极为复杂的统计数据。

根据使用场景的不同，训练数据中的人为错误对模型产生的影响程度差异很大。如果机器学习模型仅用于识别消费者情感的总体趋势，错误率仅为1%的训练数据对最终效果的影响可能并不重大。但是，在自动驾驶场景下，劣质训练数据导致的1%的行人漏检率会造成灾难性的后果。一些算法能够处理存在少量噪声的训练数据，随机噪声甚至有助于减轻模型的过拟合问题，从而提高某些算法的准确率。但是，人为错误往往不是随机噪声，因此会在训练数据中引入不可恢复的偏差。任何算法都不可能用非常劣质的训练数据教出好的模型。

对于简单的任务，如客观的二元标签任务，当标注员意见不一致时，通过统计学可以直接确定哪个才是正确的标签。但对于主观任务，甚至是围绕连续数据的客观任务，不存在可以确定正确标签的简单启发式方法。设想有这么一项关键的任务：在自动驾驶场景中，给识别到的行人标注边界框以创建训练数据。如果两个标注员的边界框略有不同怎么办？哪一个才是正确的？这个"真值"不一定是两者中的一个，或者两者的平均值。事实上，最好的方法是运用机器学习来聚合这两个边界框。

确保高质量标注的最佳方法之一是确保找到合适的标注员。本书第7章将专门介绍如何寻找、培训和管理出色的标注员。关于合适的标注员搭配适当的技术的重要性，请参阅下面的专家轶事。

人类洞察力＋可扩展的机器学习＝生产式人工智能

拉达·巴苏（Radha Basu）的专家轶事

人工智能的成果在极大程度上依赖于训练数据的质量。即使是微小的用户界面改进，比如选区抠图工具魔棒的改进，也需要应用数以百万计的数据点，再结合定义明确的质量控制流程，才能够具备很高的效率。高水平的工作团队是关键因素：培训和专业分工可以提升团队成员素质，专家的洞察力则可以为模型设计提供参考。最佳的模型是机器智能与人类智能持续地建设性合作的产物。

最近，我们承接了一个项目，需要对机器人辅助的冠状动脉旁路移植术（CABG）视频中的各种解剖结构进行像素级标注。由于我们的标注团队成员并非解剖学或生理学领域的专家，我们开办了临床知识培训课程，由一位解决方案架构师（受过训练的外科医生）负责培训，旨在提升大家在三维空间推理和精确标注方面的核心技能。客户最后获得了高质量的训练数据和评估数据，而我们则见证了团队成员在背景知识不足的情况下，在热烈讨论人工智能一些最前沿用途的过程中，迅速成长为医学图像分析中最重要环节的专家。

拉达·巴苏，iMerit公司创始人兼首席执行官。iMerit公司通过技术和人工智能团队（其中50%成员是来自缺乏资源的社区的女性和青年），为全球客户培养高级技术工作者。巴苏曾就职于惠普公司，曾作为首席执行官领导Supportsoft公司上市，还在圣克拉拉大学创办了节俭创新实验室（Frugal Innovation Lab）。

1.3 主动学习简介：提升速度和降低训练数据成本

监督学习模型的准确率通常随着标注数据量的增加而提高。主动学习（active learning）是决定抽取哪些数据进行人工标注的过程。没有一种算法、架构或参数集能让机器学习模型在所有情境下都很准确，同样，也没有一种主动学习策略对所有用例和数据集都是最优的。但是，在某些情境下值得优先尝试某些方法，因为它们在处理数据和任务时具有更高的成功率。

大多数有关主动学习的研究论文主要关注训练数据量，然而在许多情境下，速度可能是更为重要的因素。举例来说，在灾害应对中，我常常部署机器学习模型，从新出现的灾害中过滤和提取信息。在灾害应对中，任何一点延误都可能产生重大影响，因此，快速获取可用的模型比用大量标签训练模型更重要。

1.3.1 三种常见的主动学习采样策略：不确定性采样、多样性采样、随机采样

主动学习存在多种策略，在大多数情况下，以下三种基本方法可以得到出良好的效果：不确定性采样、多样性采样和随机采样。通常情况下，这三种策略的组合是主动学习的切入点。

随机采样听起来最为简单，但可能最为棘手。如果数据经过预过滤，或者数据会随时间发生变化，又或者你知道基于某种原因随机样本在当前待解决的问题中不具有代表性，那么究竟什么是随机的呢？下文将详细讨论上述问题。无论采用何种策略，始终都应标注一定量的随机数据，以评估模型的准确率，并将主动学习策略与随机样本的基线作对比。

不确定性采样和多样性采样在不同的英文文献中有不同的名称，如常用的"利用"（exploitation）和"探索"（exploration）。这两种叫法非常巧妙，包含头尾韵，但是并没有清晰地传达这两种采样策略的实际含义。

不确定性采样（uncertainty sampling）是用于识别当前机器学习模型中靠近决策边界的未标注数据项的一组策略。对于一个二元分类任务，这些靠近边界的未标注数据项各有接近 50% 的概率属于两标签之一；因此，如果不对这些数据进行标注，模型可能会表现出不确定（uncertain）或混淆（confused）。这些数据项最有可能被错误分类，因此最有可能出现预测标签与"真实"标签不一致的情况，因为它们在被添加到训练数据并重新训练模型后，会导致决策边界的移动。

多样性采样（diversity sampling）是用于识别对机器学习模型而言在当前状态下代表性不足或未知的未标注数据项的一组策略。要么这些数据项的特征在训练数据中太少见，要么这些数据项代表的是当前在模型中代表性不足的真实群体特征。无论哪种情况，应用模型时都会导致性能不佳或不均衡，尤其是当数据随时间变化时。多样性采样的目标是针对新的、不常见的或代表性不足的数据项进行标注，让机器学习算法对问题空间有更完整的理解。

不确定性采样是一个广泛使用的术语，但多样性采样在不同的领域却有不同的名

称，如代表性采样（representative sampling）、分层采样（stratified sampling）、离群值检测（outlier detection）和异常检测（anomaly detection）。对于某些用例，如识别天文数据库中的新现象或为维护网络安全而检测异常网络活动，任务的目标是识别离群值或异常，但本文将其视为主动学习的一种采样策略。

不确定性采样和多样性采样都各有优缺点（图1-2）。例如，不确定性采样可能仅关注决策边界的一部分，多样性采样可能仅关注离边界较远的离群值。因此，这两种策略通常会混合使用，以找到一组将不确定性和多样性最大化的未标注数据项。

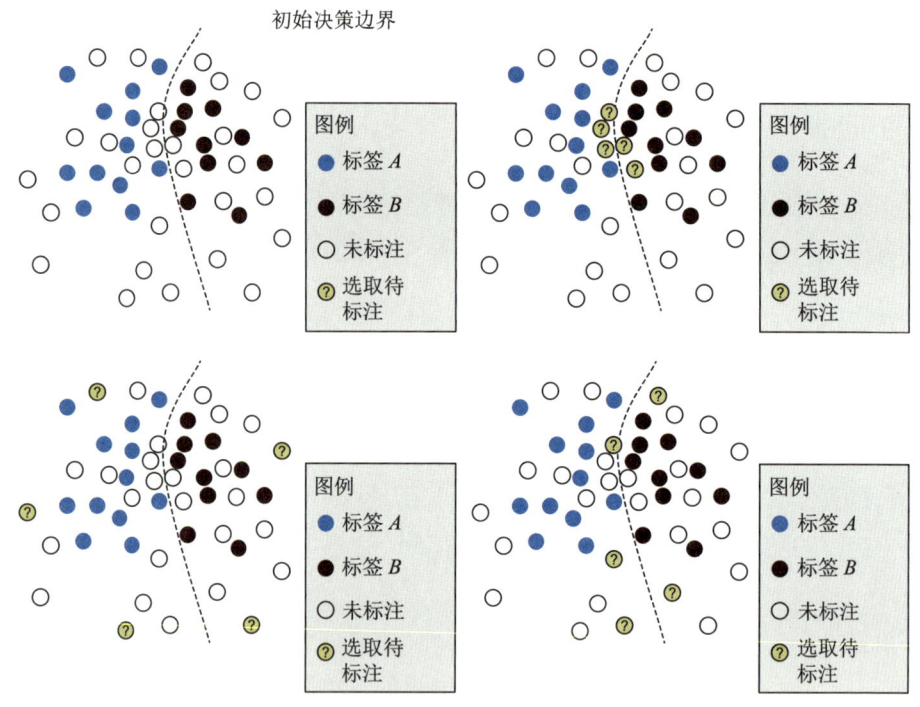

图1-2 不同的主动学习策略的优缺点

左上：一个机器学习算法在各数据项间的决策边界，其中一些标注为 A，一些标注为 B。右上：不确定性采样的一种可能结果。这种主动学习策略能够有效地选择决策边界附近的未标注数据项。这些未标注数据项最容易被模型错误预测，因此给这类数据项打标签最有可能移动决策边界。但是，如果所有不确定的数据项正好都集中在问题空间的某一部分，那么给这类数据项打标签并不会对模型产生很大的影响。左下：多样性采样的一种可能结果。这种主动学习策略可以有效地在问题空间的不同部分选择未标注数据项。然而，如果多样性样本远离决策边界，此类数据项不太可能被模型错误预测，因此，人工标注与模型预测给出相同的标签时，对模型的影响不大。右下：不确定性采样和多样性采样结合的一种可能结果。通过结合两种策略，选择的数据项既满足多样性，又靠近决策边界。因此，针对可能引起决策边界变动的数据项，需要提高其被发现的概率。

值得注意的是，主动学习是一个不断迭代的过程。在主动学习的每一次迭代中，都会选择一些数据项进行人工标注。然后用新标注的数据项重新训练模型，并重复以上过程。如图1-3所示，经过两轮的选择和标注新数据项，模型的决策边界发生了变化。

迭代周期本身就是一种多样性采样的形式。试想一下，如果只采用不确定性采样，并且在一次迭代中仅从问题空间的一部分中采样，由此可能解决该部分问题空间中的所有不确定性项；因此，下一次迭代将会关注问题空间的其他部分。只要迭代次数足够多，可能根本不需要多样性采样。不确定性采样的每次迭代都关注问题空间的不同部分，所有迭代叠加在一起，足以得到用于训练的多样性数据样本。

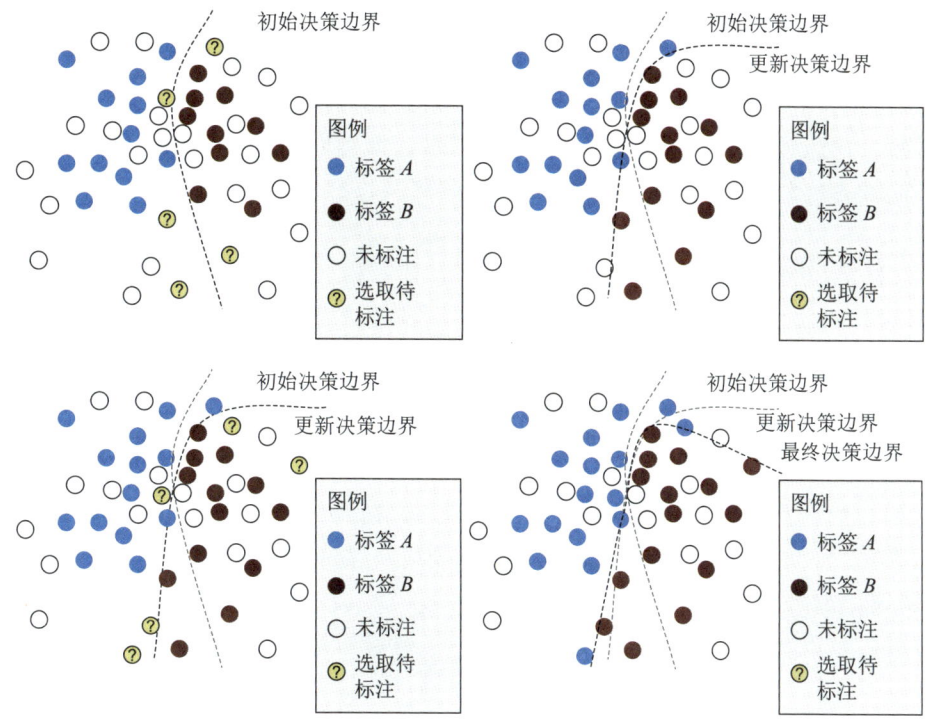

图1-3 主动学习迭代过程

从左到右再从上到下：主动学习的两次迭代过程。在每次迭代中，数据项会沿着决策边界进行多样性采样，用新数据重新训练后会引起边界移动，从而得到更加准确的机器学习模型。理想情况下，我们采用的主动学习策略只要求最少的人工标注量。这加快了得到准确模型的速度，同时降低了人工标注的总体成本。

一个好的主动学习具有自我纠正功能：每次迭代都会发现数据中最适合人工标注的新方面。但是，如果数据空间的某些部分本身就模棱两可，那么每次迭代都会持续回到问题空间的同一部分，即模棱两可的那部分数据。因此，考虑综合不确定性和多样性采样策略通常会比较明智，可以确保不将所有标注工作都集中在模型可能无法解决的问题空间的某一部分。

图1-2和图1-3直观地显示了主动学习的过程。处理过高维数据或序列数据的人都知道，识别与数据边界的距离或数据多样性并不总是那么简单，至少要比图1-2和图1-3中简单的欧几里得距离复杂得多。但图中蕴含的道理——用尽可能少的人工标注尽快得到准确的模型——同样适用于高维或序列数据。

任务决定了主动学习的迭代次数，以及每次迭代中需要标注的数据量。如果是自适应机器翻译 + 人工翻译的模型，单个经过翻译的句子就可以作为训练数据来更新模型（理想情况下，更新只需要几秒钟）。从用户体验的角度来看，这很容易理解。如果人工翻译纠正了机器对某个单词的预测，但机器却不能快速适应，则人可能需要（重新）纠正该翻译数百次。当翻译的词语高度依赖上下文时，出问题会是常态。例如，在新闻中按字面翻译某人名，但在小说中却应该翻译成本地化的姓名。如果软件在人工纠错后，很快又犯了同样的错误，用户体验会非常糟糕，因为我们期望机器能够立刻修正错误、适应变化。

当然，在技术层面，让模型快速地适应比较困难。例如，训练一个大型的机器翻译模型需要一周或更长时间。从翻译人员的经验来看，具有快速适应能力的软件系统采用的是持续学习的方式。在我研究的大多数用例中，比如识别社交媒体上评论的情感，我只需要每个月迭代一次，以适应新的数据。目前，能实现实时自适应机器学习的应用并不多，但越来越多的应用正朝着这个方向发展。

1.3.2　什么是随机选择的评估数据？

理论上，我们应该始终用保留数据（held-out data）中的随机样本对模型进行评估，但实际上，要确保获得真正的随机样本并不容易。如果我们按关键词、时间或其他因素对正在处理的数据进行了预过滤，则该样本已经不具有代表性了，其准确率并不一定能体现你将部署模型的数据的准确率。

之前，当人们使用广为人知的 ImageNet 数据集，并将机器学习模型应用于大范围的数据选择时，我就清楚地看到了这一点。标准的 ImageNet 数据集拥有 1000 个标签，每个标签描述图像的类别，如"篮球""出租车""游泳"。ImageNet 会利用该数据集中的保留数据对训练好的模型进行性能评估，这些模型在该数据集上达到接近人类水平的准确率。然而，如果将这些模型应用于随机选择的发布在社交媒体平台上的图像，准确率会立即下降到 10% 左右。

在大多数机器学习应用中，数据也会随着时间发生变化。如果处理的是语言数据，大众谈论的话题会随着时间而改变，语言本身也会不断创新和发展。如果处理的是计算机视觉数据，遇到的目标类型会随着时间而改变。同样重要的是，图像本身也会随着相机技术的进步和变化而发生改变。

如果你无法定义一个有意义的随机评估数据集，那么应该尝试定义一个具有代表性的评估数据集。如果定义了一个具有代表性的数据集，就表示你承认对该数据集来说，真正随机的样本不可能存在或者没有意义。根据数据的使用方式，我们可以定义什么样的数据才能够代表当前的用例。我们可能希望为我们关注的每个标签选择一些数据点，或从不同时间段中选择一定量的数据点，或从聚类算法的输出结果中选择一定量的数据点，以确保数据集的多样性（第 4 章将详细讨论这一主题）。

我们可能还希望拥有根据不同标准汇编而成的多个评估数据集。一个常见的策略是从训练数据所在的数据集中提取一个数据集，同时从其他数据源提取至少一个域外评估数据集。域外数据集通常来自不同类型的媒体或不同的时间段。例如，自然语言处理任务的所有训练数据都来自过往的新闻文章，那么域外数据集则可能来自最近的社交媒体数据。对于大多数现实中的应用程序，建议使用域外评估数据集，因为它可以很好地衡量模型是否拥有良好的泛化能力，从而避免模型只是对特定数据集表现出过拟合。然而，这种做法对于主动学习来说可能比较棘手，因为一旦开始标注数据，它就不再是域外数据了。如果可能，建议保留一个不应用主动学习的域外数据集。然后，你就可以评估主动学习策略的泛化能力，确保它不会仅仅为了适应域内数据而出现过拟合。

1.3.3 什么时候运用主动学习

当只能标注一小部分数据，而随机采样又无法覆盖数据的多样性时，就需要运用主动学习。此建议适用于大多数真实场景，因为在许多场景下，数据规模是一个重要因素。

视频中的数据量就是一个很好的例子。例如，为视频中每一帧、每一个目标拉框是非常耗时的。假设这段视频是一辆自动驾驶汽车在街道上行驶的画面，其中包含大约 20 个需要拉框的目标（汽车、行人、路标等）。以每秒 30 帧计算，即 30 帧 × 60 秒 × 20 个目标，因此一分钟的数据需要人工创建 36000 个框！即使是最快的人类标注员，也需要至少 12 个小时才能标注完 1 分钟的数据。

算一下实际数字，就会发现这个问题有多么棘手。美国人平均每天驾驶 1 小时，每年驾驶总时长超过 95104400000 小时。在不远的将来，每辆车的前部都会安装一个摄像头来辅助驾驶。因此，仅美国一年的驾驶视频数据就需要花费 60 万亿小时来标注。为了让美国司机更安全，即使全世界其他地方的人一整天都在标注美国的驾驶视频数据，人数也远远不够。

因此，自动驾驶汽车公司的数据科学家需要解答标注过程中的各种问题：是否取视频中每秒第 n 帧的数据就可以？是否可以对视频进行采样，从而避免标注所有视频数据？有没有办法设计一个加快标注的标注界面？

在大多数场景下，标注都是比较棘手的问题。需要标注的数据总是太多，如果全部采用人工标注，预算或时间总是不够。或许这就是我们选择采用机器学习来解决标注任务的原因。如果有充足的预算和时间来实现人工标注所有数据，可能就不需要自动化标注任务了。

我们并非在所有情境下都需要主动学习，但人在回路的学习策略可能仍然适用。在某些场景下，法律会要求人工标注每个数据点，如法院下令进行的审计，会要求人工查看公司内部的每次通信往来是否存在潜在欺诈。每个数据点最终都需要人工查验，但主动学习可以帮助我们更快地找到欺诈示例，并确定最好用的用户界面。主动学习还可以识别人工标注的潜在错误。事实上，如今大量审计工作都采用这种方式进行。

另外，在一些小众场景中，我们几乎肯定不需要主动学习。例如，通过照明来监控工厂中的设备，我们很容易构建一个计算机视觉模型，让它通过机器上的指示灯是否亮着或开关是否开着来确定机器是否正在运转。由于机器、照明、摄像头的条件不会随时间发生变化，因此在构建好模型后，不需要通过主动学习不断获取训练数据。但是，此类场景并不多见。我在业内遇到的场景中，只有不到 1% 不需要更多的训练数据。

同样，在某些场景中，基线模型对于任务来说已经足够准确，或者获取更多训练数据的成本超过了更准确模型带来的价值。这也构成主动学习迭代停止的条件。

1.4 机器学习与人机交互

几十年来，许多聪明人都没能借助机器翻译使人工翻译更快、更准确。显而易见的是，将人工翻译与机器翻译结合起来是可能的。然而，如果人工翻译还需要从机器翻译输出的句子中纠正一两处错误，让人重新翻译整个句子会更快。在翻译速度无差异的情况下采用机器翻译辅助人工翻译，除非翻译人员格外小心，否则人工翻译会延续机器翻译中的错误，从而降低翻译的准确性。

以上问题的最终解决方案不在于提高机器翻译算法的准确率，而在于改善用户界面。现代翻译系统不再需要翻译人员重新输入整个句子，而是让他们使用同一种预测性文本，这种文本常见于手机和（越来越多的）电子邮件及文档编写工具。翻译人员可以像往常一样输入译文，按 Enter 或 Tab 键接受预测译文中的下一个单词，随着每一次机器翻译预测正确，翻译人员的整体翻译速度也会提高。因此，最大的突破点在于人机交互，而不是底层的机器学习算法。

人机交互是计算机科学的一个成熟领域，近年来，它在机器学习中变得尤为重要。设计供人使用的训练数据创建界面时，涉及由认知科学、社会科学、心理学、用户体验设计和其他几个领域构成的交叉领域。

1.4.1 用户界面：如何创建训练数据？

通常，一个简单的 Web 表单就足以收集训练数据。与 Web 表单交互背后的人机交互原理同样简单：人们每天面对 Web 表单，所以习惯 Web 表单的操作。表单比较直观，因为它是很多聪明人对 HTML 表单进行研究和改进的产物。因此，我们在创建相关界面时会基于惯例：人们知道简单的 HTML 表单是如何工作的，所以不需要对他们进行相关的培训。而且，打破惯例会让人们感到困惑，因此我们只能采取符合人们预期的行为。我们可能有一些想法，认为动态文本可以加快某些任务，但这可能会让更多的人感到困惑，起不到正面作用。

二元响应是最简单的界面，也是质量控制的最佳选择。如果可以将标注项目简化或分解为二元任务，就更容易设计出直观的界面并实现标注质量控制（将在第 8 至 11 章中详述）。

在处理更复杂的界面时，惯例也会变得更加复杂。试想一下自动驾驶场景下常见的多边形拉框任务。标注员会期望以何种方式进行标注呢？他们会期望手绘、线条、画笔、按颜色 / 区域智能选择或其他选择工具吗？如果人们习惯使用 Adobe Photoshop 等程序处理图像，他们在标注图像时可能也会期望相同的功能。正如我们会根据人们使用 Web 表单的习惯来构建系统一样，我们也受制于人们选择和编辑图像的习惯。不幸的是，功能齐全的界面可能需要数百小时的编码工作来构建。

对于执行创建训练数据这样的重复性任务的人来说，移动鼠标这类效率低下的操作应尽量避免。如果整个标注过程（包括标注本身、表单提交和导航）可以在键盘上完成，标注员的效率将大大提升。如果必须用到鼠标，则应该通过丰富的标注项弥补输入较慢的缺陷。

一些标注任务需要专门的输入设备。在语音转录为文本的场景下，人们在录音过程中通常用脚踏板工具进行前移和后退，因此，手仍然可以在键盘上操作。用脚操作录音比把手离开键盘用鼠标操作要高效得多。

除了转录等例外情况，键盘仍然是最好的工具。大多数标注任务出现的时间没有转录那么长，因此还没有开发出专门的输入设备。对于大多数任务，用笔记本电脑或台式电脑的键盘比用平板电脑或手机的屏幕输入更快。盯着输入内容的同时在平板上打字并不容易，因此除非是简单的二元选择任务或类似任务，否则手机和平板电脑不适合大批量数据标注。

1.4.2 启动效应：什么会影响人类的感知？

要获得准确的训练数据，必须考虑人类标注员的关注点、注意力时长以及可能导致其出错或改变其行为的情境。请看语言学研究中的一个很好的例子：在一项名为"毛绒玩具与语音感知"的研究中，人们被要求区分澳大利亚口音和新西兰口音。研究人员将毛绒玩具几维鸟或袋鼠（这两个国家的标志性动物）放在参与者所在房间的架子上。研究人员并没有向参与者提及毛绒玩具，只是让玩具融入了房间背景中。令人难以置信的是，当房间内放的是几维鸟时，参与者会觉得听到的口音更像新西兰口音；而当房间内放的是袋鼠时，则会觉得听到的更像澳大利亚口音。鉴于此，不难想象，如果我们要构建一个机器学习模型来检测口音（比如，正在开发一款智能家居设备，希望它能在尽可能多样化的口音环境中工作），在收集训练数据时，就需要考虑情境。

当事件的情境或序列能够影响人类感知时，这种现象被称为"启动效应"（priming）。创建训练数据时，最重要的类型是"重复启动效应"（repetition priming），当任务的序列可能影响人类感知时就会发生这一情况。例如，如果标注员正在对社交媒体评论的情感进行标注，当连续遇到 99 个负面情感评论时，他们将第 100 个正面评论错标为负面的可能性就更大。这可能是因为该评论本身就模棱两可（如带有讽刺意味），也可能是标注员由于重复性工作注意力减退而犯下了简单错误。第 11 章将讨论我们需要控制的启动效应的类型。

1.4.3 通过评估机器学习预测进行标注的优缺点

结合机器学习并确保标注质量的一种方法是采用简单的二元输入形式，通过人工确认或驳回模型的预测结果，从而进行评估。这种方法将相对复杂的任务转化为二元标注任务。例如，让标注员确认目标的边界框是否正确，这是一个简单的二元问题，并不涉及复杂的编辑或选择界面。类似地，相较于提供一个需要标注员对文本进行复杂标注的界面，让标注员确认某个词语是否出现在一段文本中更为高效。

然而，采用这种方法存在一个风险，即我们可能太过聚焦于局部模型的不确定性而忽略了问题空间中的重要部分。通过人工来评估模型的预测结果可以简化界面及标注准确率的评估工作，但是我们仍然需要多样性采样策略，即使只是为了确保模型对于随机选择的数据也有效。

1.4.4 设计标注界面的基本原则

基于上述内容，我们可以总结出设计标注界面的一些基本原则。本书后续章节中将逐一详细阐述：
- 尽可能将问题转换为二元选择；
- 确保预期的结果是多样的，避免启动效应；
- 遵循既有的交互惯例；
- 允许键盘操作。

1.5 机器学习辅助人类与人类辅助机器学习

人在回路机器学习有两个不同的目标：一是利用人工输入提升机器学习应用的准确率，二是借助机器学习优化人工任务。这两个目标有时是一体的，机器翻译便是一个典型例子。机器翻译向翻译人员推荐某个单词或短语，翻译人员可选择接受或拒绝，从而提高人工翻译速度，就像智能手机在人工打字时智能预测下一个单词一样。这本质上是由机器学习辅助人工处理。由于人工翻译成本过高，我的一些客户开始采用机器翻译。由于人工翻译和机器翻译数据中的内容相似，随着时间推移，人工翻译数据逐渐提升了机器翻译系统的准确率。机器翻译系统同时实现了上述两个目标，即使令人类更加高效，机器更加准确。

搜索引擎是人在回路机器学习的另一个典型例子。搜索引擎在一般的搜索场景及电商和导航（在线地图）等特定场景中无处不在，然而，人们时常忽略了它的人工智能属性。以在线搜索为例，当我们点击页面第四个链接而非第一个链接时，实际上可能正在训练搜索引擎（信息检索系统），告诉它第四个链接最符合当前的搜索请求。人们普遍错误地认为，搜索引擎仅仅根据终端用户的反馈进行训练。实际上，所有主流的搜索引擎都依赖数千名标注员进行评估和调优。在机器学习中，评估搜索相关性是人工标注最主要的应用场景。尽管计算机视觉领域（例如自动驾驶）和语音识别领域（例如家居设备和智能手机）近年来发展迅速，但评估搜索相关性仍然是专业人工标注最主要的应用场景。

大多数人在回路机器学习任务中，都存在机器学习辅助人类和人类辅助机器学习的双重元素，尽管二者乍看可能有所不同。因此，在设计系统时，必须同时考虑这两个方面。

1.6 利用迁移学习快速启动模型

在大多数情况下，创建训练数据时无需从零开始。通常，现有数据集或许就几乎能够满足当前任务的需求。例如，在为电影评论创建情感分析模型时，现实中可能已经存在关于产品评论的情感分析数据集，我们可以从该数据集入手进行模型预训练，然后在此基础上做出调整以适应当前的用例。从一个场景获取模型再令其适应另一个场景的过程叫作"迁移学习"。

近来，将通用的预训练模型进行调整以适应新场景的做法日益盛行。换句话说，人们正在为许多场景构建专门用于迁移学习的模型，这类模型通常被称为预训练模型。

从历史上看，迁移学习涉及将一个过程的输出结果反馈到另一个过程中。一个自然语言处理领域的例子如下：

通用词性标注器 > 句法分析器 > 情感分析标注器

现今，迁移学习更典型的意义是：重新训练神经网络模型的一部分以适应新任务（预训练模型），或将一个神经网络模型的参数用作另一个神经网络模型的输入。

图 1-4 展示了一个迁移学习的例子。先用一组标签训练一个模型，然后保持该模型的架构不变并冻结该模型的一部分，在此基础上利用另一组标签数据重新训练最终层。

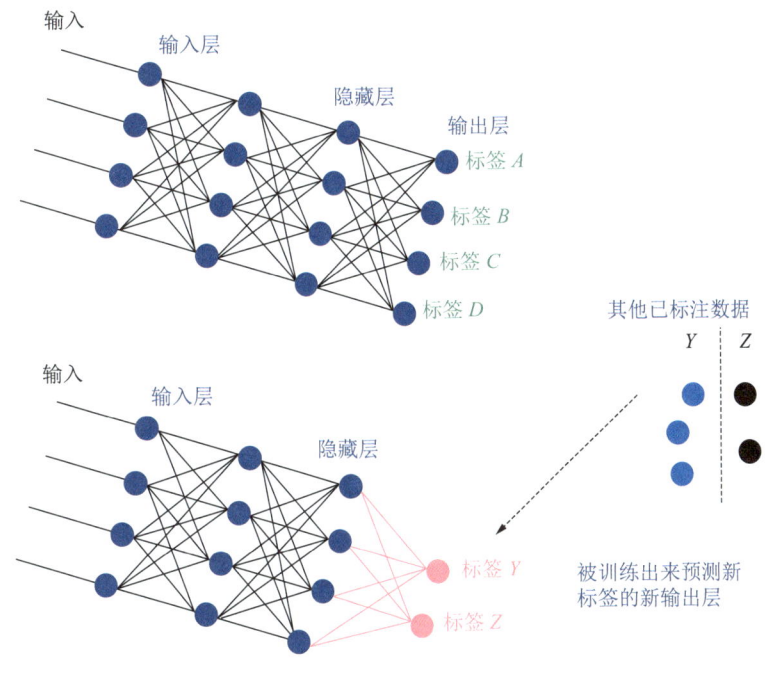

图 1-4 迁移学习示例

这里构建了一个模型，用于预测标签 A、B、C 或 D。只重新训练该模型的最终层，使用的人工标注数据量远远少于从头开始训练模型所需的数据量，该模型就能够成功预测标签 Y 和 Z。

1.6.1 计算机视觉中的迁移学习

近年来，迁移学习在计算机视觉领域的发展最为迅猛。一种比较流行的策略是从 ImageNet 数据集入手，利用数百万个示例构建一个模型，使其能够对 1000 个标签（运动、鸟类、人造物体等）进行分类。

为了学习对不同类型的运动、动物和物体进行分类，机器学习模型需要通过训练来学习各种类型的纹理和边缘，根据它们来区分图像中 1000 种不同类型物体。许多纹理和边缘有通用性，不仅适用于这 1000 个标签，还可用于其他基于图像的学习任务。纹理和边缘特征是在神经网络的中间层进行学习的，因此面对一组新的分类标签时，只需重新训练模型的最终层。每个新标签的训练可能只需要几百或几千个示例，而非几百万个，这是因为模型已通过几百万张图像的训练掌握了纹理和边缘的特征。面对新标签，人们仅需要用少量数据（比如生物学中的细胞和卫星视图中的地理特征）重新训练最终层，因此 ImageNet 数据集在图像分类方面取得了巨大成功。

当然，也可以对神经网络的许多层进行重新训练，而不仅仅局限于最后一层，甚至可以向要迁移的模型中添加更多层。迁移学习可与多种不同的架构和参数组合灵活应用，以使一个模型适应新的场景，但共同目标都是控制基于新数据构建准确模型所需的人工标注数量。

迄今为止，计算机视觉在图像标注之外的领域尚未取得太大的成功。对于图像目标检测等任务，构建可以让一种目标类型适应另一种目标类型的迁移学习系统很困难。问题在于，目标检测所得的结果是边缘和纹理的集合，而非完整的目标。不过，许多研究者正在不懈地努力解决这一问题，因此毫无疑问将会迎来突破性进展。

1.6.2 自然语言处理中的迁移学习

与计算机视觉领域相比，预训练模型在自然语言处理领域的推广发生得更晚。直到近两三年，这种形式的迁移学习在自然语言处理领域才开始流行，因此它是本书涵盖的最前沿技术之一，但也有可能很快过时。

ImageNet数据集类的自适应并不适用于语言数据。利用机器学习将一个情感分析数据集迁移到另一个情感分析数据集上，只能提升2%~3%的准确率。计算机视觉模型能捕捉丰富的纹理和边缘特征，预测文档级标签的模型却难以同样高效地捕捉到内容广泛的人类语言。然而，通过观察词语频繁出现的上下文，可以了解到词语有趣的特性。例如，"doctor"（医生）和"surgeon"（外科医生）等词可能出现在相似的上下文中。假设存在10000段不同的上下文，我们观察其中的前后词语搭配，发现它们包含各种英语单词。然后，进一步观察"doctor"在这10000段上下文中出现的可能性分别有多大。其中，一些上下文与医学相关，因此"doctor"在这些上下文中出现的概率（分数）更高。但这10000段上下文大多都与医学无关，因此"doctor"在其中的分数较低。这10000个分数可以构成一个10000维的向量。"surgeon"一词的向量可能与"doctor"相似，因为二者经常出现在相同的上下文中。

根据上下文理解一个词的概念由来已久，它构成了语言学功能理论的基础：

观其伴而知其意（You shall know a word by the company it keeps，J. R. 弗思）。

严格来说，我们需要深入单词的下一层去寻找最重要的信息。英语作为一种特殊语言，其单词往往是机器学习理想的基本单元。英语允许出现复杂的单词，如"un-do-ing"；显然，这也是我们希望对单词的各个独立部分（词素）进行解释的原因，尽管比起典型语言，英语中很少出现这样的情况。英语用词序（如主谓宾）表达的内容，在其他语言中更多是用词缀来表达，而英语利用词缀变化来表达的情况通常仅限于现在时和过去时以及单复数的区别。因此，对于机器学习任务而言，如果不偏重于英语这种享有特权的语言，就需要对子词建模。

对此，弗思一定会深表认同。他在伦敦大学亚非学院（SOAS）创立了英国首个语言学系，而我曾在SOAS工作两年，专注于记录和保护濒危语言。工作期间，我深刻意识到，语言的广泛多样性要求我们在单词本身之外寻找更精细的特征。为了使现有的机器学习技术适应7000种不同语言中的尽可能多种，人在回路机器学习方法变得至关重要。

近年来，迁移学习取得了突破性的进展，遵循的是在上下文中理解单词（或词段）的原则。如果能根据上下文预测单词，便能为模型提供数百万个免费的标签。例如：

My ___ is cute. He ___ play-ing

这里不需要人工标注。我们可以删除原始文本中一定比例的单词，然后将剩余文本转化为预测性机器学习任务。在上例中，第一个空白处可填入"dog""puppy"或"kitten"，第二个空白处可填入"is"或"was"。就像之前讨论的"surgeon"和"doctor"的例子一样，我们可以根据上下文预测单词。

与早期在情感类型之间进行迁移学习却失败的案例不同，这类预训练模型已经取得广泛成功。对上下文中的单词进行预测的模型经过稍微调整，便可构建出适用于问答、情感分析和文本蕴含等语言任务的最先进系统，而且只需少量的人工标注。与计算机视觉不同，迁移学习正迅速普及到摘要和翻译等复杂的自然语言处理任务中。

预训练模型并不复杂。目前最先进的预训练模型可用来完成预测上下文中的单词、句内单词顺序以及句子顺序等任务。基于数据中固有的三种预测基准模型，它几乎可以为任何一种自然语言处理用例服务。由于单词顺序和句子顺序是文本的固有属性，因此预训练模型不需要人工标注。它们的构建过程类似于监督机器学习任务，但训练数据可以免费生成。例如，通过将数据中每十个单词移除一个的方式，在训练阶段让模型会预测被移除的单词，或者让模型预测特定句子在源文档中的先后位置，这样一来在任务初期我们就无需人工标注了。

然而，预训练模型受限于可用的未标注文本数量。相比其他语言，英语拥有更多的未标注文本资源，即便考虑到不同语言的使用频率也是如此。同时，还存在文化偏见。例如，"My dog is cute"这句话可能在网络文本中频繁出现，网络文本正是预训练模型的主要数据来源。但并非每个人都养狗当宠物。我曾在亚马孙丛林短暂居住，研究当地玛约鲁纳部落的语言，发现猴子是一种非常受欢迎的宠物。在网络上，英语表达"My monkey is cute"并不常见，而玛约鲁纳部落语言中与之对应的"Chuna bëdambo ikek"更是从未出现。预训练系统中的词向量和上下文模型允许一个词表达多种含义，从而在相关上下文中辨识"dog"和"monkey"，但它们仍然偏向于训练所用的数据。在任何语言中，关于"monkey"的上下文大量出现的可能性并不高。因此，我们需要意识到，预训练系统往往会放大文化偏见。

为在任务中实现准确的结果，预训练模型仍需额外的人工标注，因此迁移学习并未改变人在回路机器学习的一般架构。然而，迁移学习的一个优势是可以在标注方面先行一步，从而影响我们对主动学习策略的选择（我们利用这一策略来对额外的数据项采样，以供人工标注），甚至可以影响人工标注的界面。

迁移学习同样构成了本书第 5 章讨论的一些进阶主动学习策略及第 9 章讨论的进阶数据标注与增强策略的基础。

1.7　本书中能学到什么

要想了解本书的各个部分是如何结合在一起的，不妨从知识象限的角度来思考这些主题（如图1-5）。

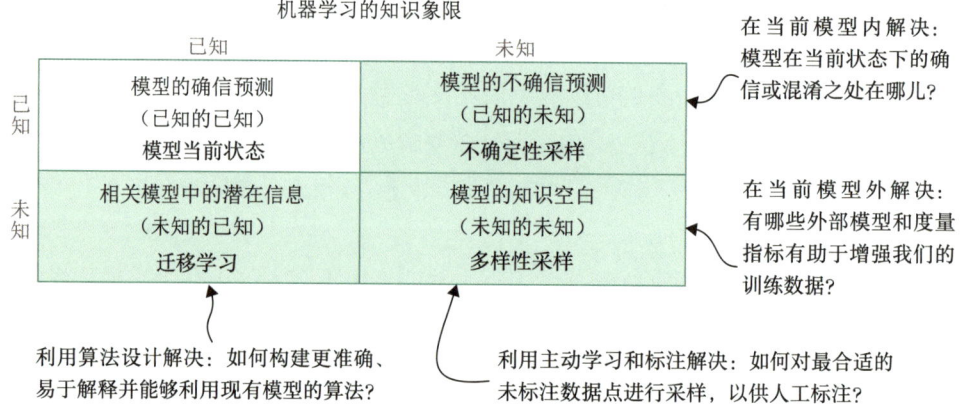

图1-5 机器学习知识象限

本图涵盖了本书的各个主题，并以机器学习模型的已知和未知来表示。

四个象限分别是：

- 已知的已知（known knowns）——机器学习模型当前能够确信地、准确地预测，该象限是模型当前状态；
- 已知的未知（known unknowns）——机器学习模型当前无法确信地预测，可针对数据项采用不确定性采样；
- 未知的已知（unknown knowns）——预训练模型中可适应于任务的知识，迁移学习可以利用这部分知识；
- 未知的未知（unknown unknowns）——机器学习模型的知识空白，可针对数据项采用多样性采样。

图中的列和行都有意义，行表示模型当前状态的知识，列表示所需的解决方案的类型：

- 上面一行表示模型的知识；
- 下面一行表示模型认知之外的知识；
- 左边一列可以通过正确的算法解决；
- 右边一列需要通过人工解决。

本书所涵盖的技术范围广泛，此图有助于读者清晰地了解相应内容所在的位置。

本书在前几章末尾附有速查图，可供读者快速查阅文中涉及的主要概念。在阅读后续章节时，可将速查图置于手边。

1.8 小结

- 在更广泛的人在回路机器学习架构中，人与机器组件相结合，形成一个迭代的过程。通过了解这些组件，我们能够理解本书的各个部分是如何结合在一起的。
- 有一些基本的标注技术可以用来创建训练数据。了解这些技术可以让我们准确、高效地实现标注。

·有两种最常见的主动学习策略：不确定性采样和多样性采样。了解这两种类型背后的基本原理，将有助于我们针对特定问题制定正确的组合方法策略。

·人机交互提供了一个框架，可用于设计人在回路机器学习系统的用户体验组件。

·迁移学习可以令一项任务中训练好的模型适应于另一项任务，只需更少量的标注便可构建更准确的模型。

第 2 章 人在回路机器学习入门

本章内容包括:

- 根据模型置信度对预测结果进行排序,来识别容易混淆的数据项。
- 查找带有新信息的未标注数据项。
- 构建简单的界面来标注训练数据。
- 随着训练数据的增多,评估模型准确率的变化。

对于任何机器学习任务,你都应该从简单但实用的系统入手,然后逐步构建更复杂的组件。这条准则适用于大多数技术:推出最小可行产品(MVP),然后在此基础上不断迭代。先期交付的 MVP 获得的反馈能够指明下一版本的迭代重点。

本章将介绍如何构建你的第一个人在回路机器学习系统的 MVP 版本。随着本书的深入,你将逐渐了解在此系统的基础上构建更复杂的数据标注界面、主动学习算法和评估策略所需的不同组件。

有时,一个简单的系统就足够了。假设你在一家媒体公司工作,工作内容是根据新闻主题对文章进行标注。现有主题包括体育、政治和娱乐等。最近,自然灾害成为新闻焦点,为了更好地搜索这一新标签,你的老板要求你标注过去与灾害相关的新闻文章。现在你没有时间构建一个最优的系统,只能尽快推出一个 MVP 版本。

2.1 超越黑客式学习:第一个主动学习算法

大家或许并没有意识到,自己可能曾经应用过主动学习。如第 1 章所述,主动学习是正确选择需要人工审查的数据的过程。通过关键词或其他一些预处理步骤过滤数据就是一种主动学习,尽管并不是特别符合原则。

如果你最近才开始尝试机器学习,可能用过一些常见的学术数据集,如 ImageNet 数据集、MNIST 光学字符识别(OCR)数据集和 CoNLL 命名实体识别(NER)数据集。这些数据集会在创建真正的训练数据之前,通过各种采样技术大量进行过滤。因此,如果从这些热门数据集中随机采样,样本并不是真正的随机数据集:它是符合创建这些数据集时所用的采样策略的数据集合。换句话说,你在不知情的情况下使用了一种采样策略,而这种策略很可能是十多年前的手动探索式方法。在本书中,我们将学习到更复杂的方法。

在使用 ImageNet、MNIST OCR 或 CoNLL NER 数据集时,我们可能并不会意识到这些数据已被过滤过。大部分正式文档,包括大多数使用这些数据集的文档都没有提及上述问题,对此问题我亦是偶然得知。ImageNet 是我斯坦福大学的同事创建的;我带领过原 CoNLL NER 项目的 15 个研究团队之一;通过一篇著名的深度学习基础论文,我了解到了 MNIST 的局限性。如此才弄明白了现有的这些数据集是如何被创建出来的,这种途径既困难又随机,显然并不理想,但在本书之前,没有任何渠道告诉你:"不要相信任何现有数据集能够代表现实世界中你会遇到的数据。"

由于构建机器学习模型时可能会用到过滤过的数据,你可以认为大多数机器学习问题都已经处于主动学习的迭代过程中,这会有所帮助。一些数据采样决策已经被做出,是这些决策决定了数据标注的当前状态,而这些决策可能并不是最优的。所以我们首先需要考虑的一件事是如何选择正确的数据进行采样。

如果你没有明确地实行某种良好的主动学习策略,而是采用临时策略对数据进行采样,那么你就是在进行"黑客式学习"[1]。使用一些临时策略是可行的,但即使临时策略能快速达到目的,你也最好采用正确的方法把基础打好。

你的第一个人在回路机器学习系统的架构将类似于图 2-1。本章剩余部分将指导你如何实现这一架构。本章假定使用第 2.2 节中介绍的数据集,但你也可以用自己的数据集替代。或者,你可以先构建此处描述的系统,然后,通过修改数据和标注说明,去完成自己的文本标注任务。

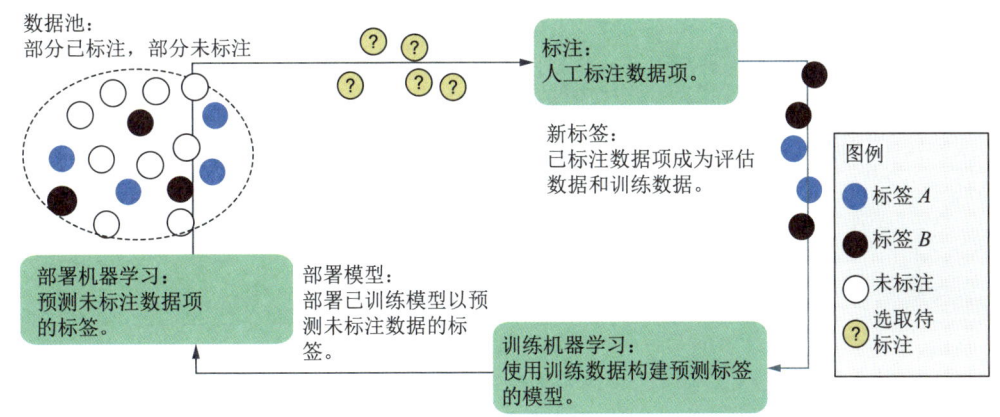

图 2-1 你的第一个人在回路机器学习系统的架构

2.2 第一个系统的架构

本章中构建的第一个人在回路机器学习系统将对一个新闻标题集合进行标注,将其中新闻分别标为"与灾害相关"或"与灾害无关"。这项现实中常见的任务可以应用于诸多领域:

- 利用该数据集构建机器学习模型,帮助实时识别与灾害相关的新闻文章,以协助救灾工作;
- 为新闻文章添加"与灾害相关"标签,以提高数据库的可搜索性和可索引性;

---

[1] 感谢詹妮弗·普伦基(本书专家轶事部分的作者之一)提出了"黑客式学习"(hacktive learning)一词。共事期间,由于口音不同,我们听错了彼此的话,都把"active learning"(主动学习)听成了"hacktive learning"(黑客式学习),这一术语的创造纯属无心之举。

- 通过分析相关标题，支持关于媒体如何报道灾害的社会研究。

在追踪全球流行病时，识别有关疫情暴发的新闻报道是一项重要任务。H5N1（禽流感）直到在被确定为一种新的流感病毒株前几周才被公开报道，而H1N1（猪流感）则是早几个月就被公开报道。如果病毒学家和流行病学家能更早地看到这些报道，就能认识到新流感病毒株的模式，更早地做出反应。尽管该任务作为你的第一个人在回路机器学习系统的用例比较简单，但它是一个可以拯救生命的真实用例。[1]

本书要用到的数据中，包含我作为灾害应对专业人员处理的几起灾害的相关信息。其中的许多案例，我都是通过人在回路机器学习系统处理数据的，因此这些示例都与本书相关。这些数据包括 2010 年海地和智利地震、2010 年巴基斯坦洪灾、2012 年美国飓风"桑迪"发生后被发出的信息，以及大量以疾病暴发为主题的新闻标题。

斯坦福大学自然语言处理专业学生、Udacity 数据科学专业学生及参加 AI for All 项目（https://ai-4-all.org）的高中生与你一样，目前的课程也在用这个数据集。你将完成本章开头介绍的任务：对新闻标题进行分类。你可以从网址 https://github.com/rmunro/pytorch_active_learning 下载代码和数据。

请参阅 readme 文件，在机器上安装 Python 3.6 或更高版本，以及 PyTorch。Python 和 PyTorch 版本更新迅速，所以我将随时更新 readme 文件中的安装说明，而不是在这里提供这部分信息。

不熟悉 PyTorch 的读者，可以先查看 PyTorch 教程中的示例：http://mng.bz/6gy5。本章中的示例参考了该 PyTorch 示例和 PyTorch 教程中的示例。熟悉了这两个示例之后，自然会理解本章中的所有代码。CSV 文件中的数据由 2~5 个字段组成（具体取决于它的处理方式），类似表 2-1 中的示例。

表 2-1 数据文件示例

文本 ID	文本	标签	采样策略	分数
596124	Flood warning for Dolores Lake residents（向多洛雷斯湖居民发出洪水预警）	1	低置信度	0.5872
58503	First-aid workers arrive for earthquake relief（急救人员赶赴抗震救灾）	1	随机	0.6234
23173	Cyclists are lost trying to navigate new bike lanes（新车道开通，骑行者却迷路）	0	随机	0.0937

本章所用数据源自大量新闻标题。新闻文章跨越许多年份，涉及数百起灾害，但大多数标题都与灾害无关。

代码库中有四个数据位置：

- /training_data——训练模型的数据；
- /validation_data——调整模型的数据；
- /evaluation_data——评估模型准确率的数据；
- /unlabeled_data——未标注的大型数据池。

---

[1] 有关如何追踪流行病的更多信息，请参阅 https://nlp.stanford.edu/pubs/Munro2012epidemics.pdf。本脚注写于 2019 年年初，之后暴发的疫情更加凸显了这一用例的重要性。

代码库中 CSV 文件的数据，将采用以下格式：
- 0. Text ID（文本 ID，此数据项的唯一 ID）；
- 1. Text（文本本身）；
- 2. Label（标签：1="与灾害相关"，0="与灾害无关"）；
- 3. Sampling strategy（采样策略，对该数据项进行采样时用到的主动学习策略）；
- 4. Confidence（置信度，此数据项"与灾害相关"的机器学习置信度）。

（以上从 0 而不是 1 开始计数，以便与代码中的项/行中每个字段的索引相匹配。）

这些字段的信息足以构建你的第一个模型。你会发现，基于显而易见的原因，示例中的未标注数据还没有标签、采样策略或置信度。

想要立即开始，可以运行下面这个脚本：

> python active_learning_basics.py

在创建评估数据时，系统会首先提示你将信息标注为"与灾害相关"或"与灾害无关"。然后，系统会再次提示对初始训练数据执行相同的操作。完成上述操作后，将看到模型基于所创建的训练数据开始训练，主动学习进程开始。本章后续将对代码背后的策略进行讲解。

在现实灾害中，应该将数据划分为大量的细粒度类别。例如，可以把对食物和水的需求分开，因为缺食物的人要比缺水的人存活时间长得多，所以对饮用水的需求更急迫。而且，水源或许可以通过过滤手段就地获取，而食物运送到灾区需要更长时间。因此，不同的救灾组织通常以食物或饮用水作为工作重点。医疗援助、保障、住房等类型之间的区别也是如此，全部都需要细粒度分类才能付诸行动。但在上述任何一种情况下，在"相关"和"不相关"之间进行筛选都是重要的第一步。如果数据量足够小，可能只需要机器学习来辅助区分相关信息和无关信息，其余的类别可由人工处理。我曾参与灾害应对工作，当时也确实是这么做的。

此外，在应对绝大多数灾害时，救援工作可能并不依赖英语。在全球日常交流语境中，英语仅占 5%，因此大约 95% 的关于灾害的交流并非以英语进行。不过，更为广泛的架构可以适用于任何语言。英语与其他语言最显著的差异在于，它通过空格将句子分割成一个个单词，其他大多数语言则涉及更为复杂的前缀、后缀和复合词，使得单个单词更加复杂。有些语言，比如中文，大多数词之间并不使用空格。将词分解为更小的构成部分（词素）本身就是一项重要的任务。实际上，我的博士论文也涉及这一点：自动发现灾害应对相关交流中任何语言的词内边界。一个有趣且重要的研究领域是让机器学习在全球范围内真正实现平等，我鼓励人们积极探索这个领域！

明确化你的数据假设有助于构建和优化最适合当前用例的架构。在任何机器学习系统中，设置好数据假设都是一个好的做法。在此用例中，数据假设如下：
- 数据只包含英文；
- 数据采用不同种类的英语（英式英语、美式英语、非母语者说的英语）；
- 空格作为分隔符；
- 二元分类任务足以满足用例要求。

不难发现，广义的人在回路机器学习框架适用于任何类似的用例。例如，本章中的框架对于图像分类的适用性几乎与对另一个文本分类任务的适用性一样。

如果你已经着手实施，会注意到在构建模型之前，需要对一些额外的数据进行标注。总体而言，这是一种很好的做法：仔细审查数据有助于更好地理解模型的各个组成部分。请参阅下方的专家轶事，了解为何要审查数据。

> **阳光是最好的消毒剂**
>
> **彼得·斯科莫洛奇（Peter Skomoroch）的专家轶事**
>
> 我们需要深入审查真实数据，以确切了解应该构建何种模型。除了使用高层级图表和汇总统计数据外，建议数据科学家定期检查大量随机选取的细粒度数据，以确保示例能够全面覆盖数据的各个方面。正如高管会每周审阅公司相关的图表、网络工程师会查看系统日志中的统计数据一样，数据科学家应该对手中的数据及其变化情况有直观的认识。
>
> 在负责构建领英的技能推荐功能时，我设计了一个简洁的 Web 界面，其中包含一个随机按钮。在展示推荐示例的同时，该界面还会展示相应的模型输入，使我能够快速浏览数据，直观地了解最可能成功的算法和标注策略类型。这种方法确保我们能够发现潜在问题并获取关键的高质量输入数据，就像给数据照射阳光一样，因为阳光是最好的消毒剂。
>
> 彼得·斯科莫洛奇是 SkipFlag 公司（已被 WorkDay 收购）的前首席执行官，曾在领英担任首席数据科学家，其所在团队创造了"数据科学家"（data scientist）这一称谓。

2.3 解释模型预测和数据以支持主动学习

几乎所有的监督机器学习模型都会返回两个结果：
- 一个预测标签（或者预测集合）；
- 与每个预测标签关联的一个（或一组）数字。

该数字通常被解释为预测的置信度，但其真实性高低取决于数字生成的方式。如果存在置信度相近的互斥类别，则表明模型对自己的预测结果感到困惑，这时人工判断就很有价值了。因此，当模型学会正确预测不确定预测项的标签时，它将获得最大的收益。

假设有一条可能与灾害相关的信息，预测结果如下所示：

```
{
    "Object": {
        "Label": "Not Disaster-Related",
        "Scores": {
            "Disaster-Related": 0.475524352,
            "Not Disaster-Related": 0.524475648
        }
    }
}
```

在该预测中,信息被预测为"与灾害无关"。在监督机器学习的其余部分中,这个标签是人们最为关注的:标签预测是否正确,以及在对大型保留数据集进行预测时,模型的整体准确率如何?

然而,在主动学习中,与预测相关的数字通常最受关注。从示例可以看出,"与灾害无关"的预测分数为 0.524,表示系统对预测正确的置信度为 52.4%。

从该任务的角度来看,就不难理解为何我们始终希望由人工来复查结果了:它仍然存在相对较高的可能性与灾害相关。如果它确实与灾害有关,则表示模型基于某种原因将此示例错误地分类,因此我们会希望将其加入训练数据,以免错过类似的示例。

在第 3 章,我们将探讨 0.524 分有多可靠。特别是对于神经网络模型而言,多个置信度之间可能相差很大。在本章中,我们可以假设,尽管具体数字可能不准确,但我们通常可以相信多个预测置信度之间的相对差异。

2.3.1 置信度排序

假设有另一条信息,其预测结果如下:

```
{
    "Object": {
        "Label": "Not Disaster-Related",
        "Scores": {
            "Disaster-Related": 0.015524352,
            "Not Disaster-Related": 0.984475648
        }
    }
}
```

该数据项同样被预测为"与灾害无关",但其置信度高达 98.4%,而前一个数据项的置信度仅为 52.4%。所以,模型对第二个数据项的确信程度更高。因此,我们可以合理地假设,第一个数据项更有可能被错误标注,最好进行人工审查。即使我们对 52.4% 和 98.4% 这两个数字不完全信任(可能也不应该信任,后续章节将对此进行探讨),也可以合理地假设,置信度的排序与准确率相关。这通常适用于几乎所有机器学习算法和几乎所有计算准确率的方法:可以根据预测的置信度对数据项进行排序,并对置信度最低的数据项进行采样。对于数据项 x 的一组标签 y 上的概率分布,置信度由以下等式给出,其中 y^* 是具有最高置信度(C)的标签:

$$\phi_C(x) = P_\theta(y^*|x)$$

在本示例这样的二元预测任务中,可以简单地按照置信度进行排序,并对置信度最接近50%的数据项进行采样。然而，如果要尝试更为复杂的任务，比如预测三个或更多互斥标签、标注数据序列，生成整个句子（包括翻译和语音转录），或者识别图像和视频中的目标，就存在多种计算置信度的方法。我们将在后面的章节中介绍计算置信度的其他方法。其他任务中关于低置信度的直观认识是一致的，但对于初次接触人在回路系统的人来说，二元任务更为容易。

2.3.2　标识离群值

正如第1章所讨论的，我们通常希望确保获得一组多种多样的数据项供人工标注，这样一来新采样的数据项不会都是相似的。这么做时，也要注意不遗漏任何重要的离群值。有些灾害比较罕见，比如一颗大型小行星撞击地球。但当某篇新闻标题是《小行星夷平核桃溪》而你的机器学习模型还不知道什么是小行星，也不知道核桃溪是一座城市，这时我们不难理解为什么机器学习模型不能预测到这个标题与灾害相关。基于此，我们可以将这句话视为离群值：它与你以前见过的任何东西都相去甚远。

与置信度排序一样，有很多方法可以最大限度地确保供人工审查的内容的多样性。我们将在后续章节中详细了解此类方法。现在，让我们专注于一个简单的指标：每个未标注数据项中的单词在训练数据中出现的平均频率。以下是本章实施的策略：

（1）对于未标注数据中的每个数据项，计算其与训练数据中已有数据项的平均匹配单词数；

（2）按平均匹配次数对数据项进行排序；

（3）对平均匹配次数最少的数据项进行采样；

（4）将该数据项添加到已标注数据中；

（5）重复上述步骤，直到满足一次人工审查的采样数目为止。

请注意，第4步中，对第一个数据项采样后，可以将其视为已标注项目，因为自己知道稍后肯定会标注它。

这种确定离群值的方法往往会高估短小而新奇的标题，因此代码将单词计数加1作为平滑因子。相反，对包含大量常用词（如"the"）的句子则会低估，即使其他词不常见。因此，可以选择不使用平均匹配，而是跟踪新词的原始数量，以对标题中的新信息总量而不是整体平均值建模。

还可以通过训练数据中的匹配次数除以该词在所有数据中出现的总次数，然后将每个分数相乘，以获得近似离群值的贝叶斯概率。除了单词匹配，还可以采用更复杂的基于编辑距离的度量方式，将句子中单词的顺序考虑在内。另外，可以利用许多其他字符串匹配和算法来确定离群值。

与其他内容一样，你可以先从实现本章中的简单示例开始，然后再尝试其他示例。主要是为了保险：是否存在尚未看到的完全不同的数据？可能不存在，但如果存在，它将是最值得正确标注的数据项。第5章将探讨如何组合置信度采样和多样性采样。

另外，我们还将探讨如何将机器学习策略与标注策略相结合。如果你已经进入机器学习领域一段时间，但从未接触过标注或主动学习，那么你可能只曾为了准确率而优化模型。对于完整的架构，我们可能希望采取更全面的方法，使标注、主动学习和机器学习策略融为一体。你可以决定使用某种机器学习算法,以牺牲标签预测的准确率为代价,提供更准确的置信度估计结果。你也可以扩展机器学习模型,使其能够进行两种类型的推理:一种用于预测标签,另一种用于更准确地估计每个预测的置信度。如果要为更复杂的任务构建模型,例如生成文本序列(如机器翻译的场景)或图像中的区域(如目标检测的场景),目前最常见的方法是为任务本身单独构建推理能力并解释置信度。本书第9至11章将介绍这些架构。

你的第一个人在回路机器学习系统的迭代过程可总结为如图2-2。

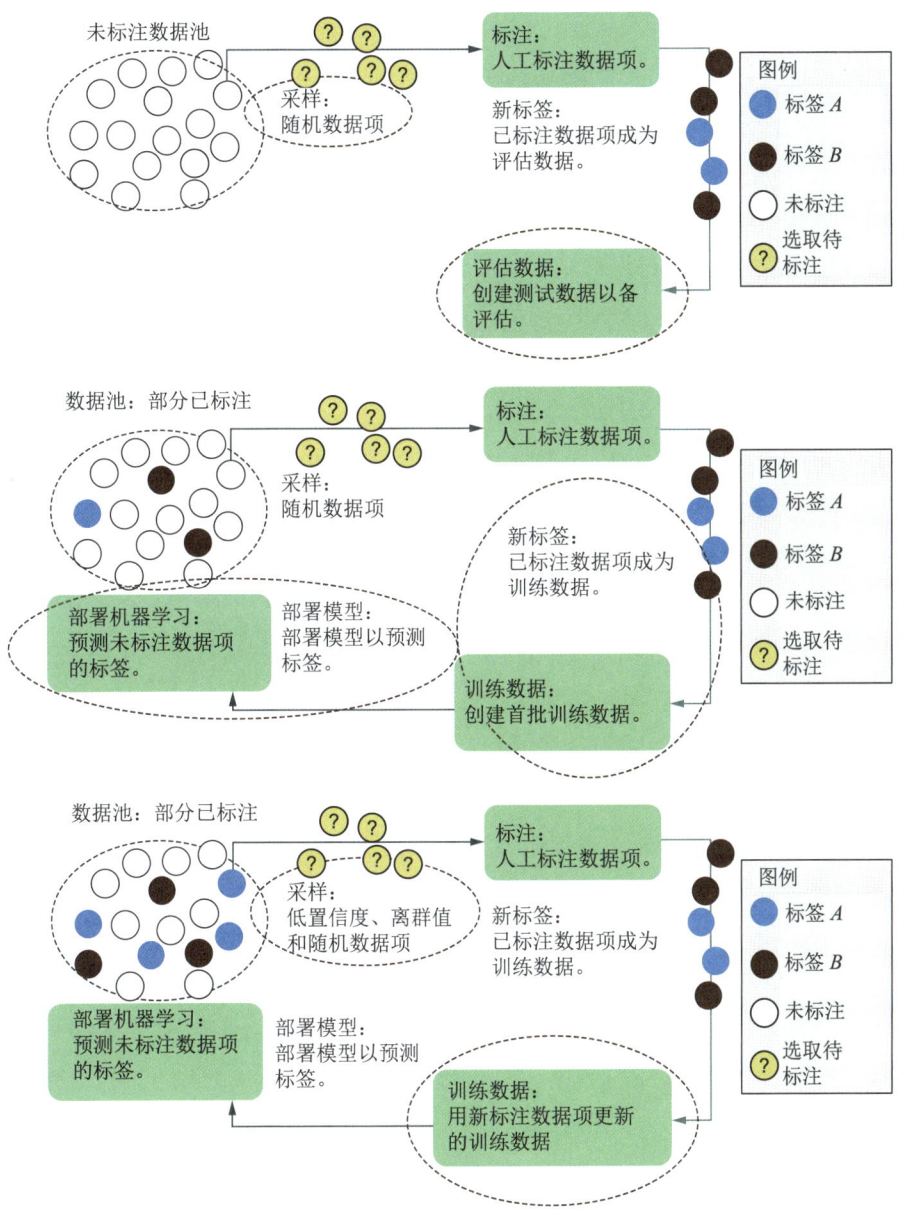

图 2-2 你的第一个人在回路机器学习系统的迭代过程

首先(顶部),对随机采样的未标注数据项进行标注,形成评估数据。其次,同样先随机采样,对首批用于训练数据的数据项(中部)进行标注。最后,开始主动学习(底部),对低置信度的数据项或离群值进行采样。

2.3.3 迭代后的预期结果

在示例代码中，获得足够的评估数据和初始训练数据后，我们就可以每经过100个数据项进行一次主动学习迭代。就迭代数据量而言，或许100个有点少，因为等待模型对相对较少的新标记数据重新进行训练会消耗不少时间。然而，100个数据项差不多可以让我们感知每次迭代中样本数据的微妙变化。

以下是在迭代主动学习过程时你可能会注意到的一些事情。

- 第一轮迭代——标注的大都是"与灾害无关"的标题，此任务可能会让人感到乏味。随着主动学习开始，数据的平衡将得到改善，但目前需要通过随机采样获取评估数据。另外，应该注意到这个问题并非微不足道，因为记者经常在非灾害的语境下使用"灾害"相关的比喻，尤其是在体育领域（比如"宣战""分数荒"等）。你还应该考虑边缘情况。例如，飞机失事是否算作灾害？或者算不算要取决于飞机的大小和/或事故的原因？这些边缘情况有助于你细化任务定义，并制定适当的说明，让更多标注员参与大规模的数据标注。

- 第二轮迭代——第一个模型已经构建完成！F分数（F-Score）可能较低，仅为0.20。但是，曲线下面积（AUC）可能达到0.75左右（有关F分数和AUC的更多信息，请参阅附录）。因此，尽管该模型准确率较差，但发现灾害相关信息的概率仍高于随机。虽然通过调整模型参数和架构可以改善F分数，但此时增加数据量比调整模型架构更为重要，这一点你在开始标注后自然会明白：第二轮迭代中，明显有大量与灾害相关的数据项。事实上，此类数据可能占绝大多数。在早期阶段，模型可能会倾向于将大多数事物预测为"与灾害无关"，因此任何接近50%的置信度都可能被判定为"与灾害相关"。这个示例表明，主动学习具有自我纠正的能力：你无需实施有明确针对性的策略来对重要标签进行采样，它会自己对低频标签进行过采样。此外，你还可能观察到过拟合的迹象。例如，如果在第一轮迭代中随机选择的数据项中有很多涉及洪水的标题，那么关于洪水的标题可能会过多，而其他类型灾害的标题可能会不足。

- 第三到第四轮迭代——随着"与灾害相关"的标题标注量显著增多，每个标签拟标注数据量接近50:50，可以看出模型准确率开始提高。如果模型对某些词语出现过拟合，比如"floods"（洪水），可能也会出现一些反例，如"New investment floods the marketplace"（新投资涌入市场）。这些反例有助于模型在预测包含此类词语的标题时提高准确率。如果所有带有"flood"的数据项确实都与灾害相关，那么此时可以较确信地预测此类数据项，置信度高于50%。无论如何，问题都会得到自我纠正，标题的多样性也会增加。

- 第五到第十轮迭代——模型逐渐达到了合理的准确率水平，标题的多样性明显增加。只要每100个标注的F分数或AUC上升几个百分点，就表明在准确率方面取得了显著的提高。我们可能会希望标注更多的评估数据，以便能够计算更多种类的保留数据的准确率。遗憾的是，这做不到。要回到真正的随机采样几乎是不可能的，除非准备放弃大量现有标签。

虽然本章中构建的系统看似简单,但它遵循的策略与 2018 年(与本章写作相隔不到一年)亚马逊云科技(AWS)发布的 SageMaker Ground Truth 初始版本相同。事实上,该初始版本仅根据置信度进行采样,没有进行离群值采样。尽管我们正在构建的系统相对简单,但其算法复杂程度已经超越了当前主要的云计算提供商所提供的主动学习工具的水平。我曾在 AWS 工作,短暂参与了 SageMaker Ground Truth 的开发,所以这并不是对该产品或前同事的批评,他们为其投入了大量的心血。尽管主动学习首次成为大规模商业产品的一部分,但仍处于发展的早期阶段。

本书的第二部分将介绍更复杂的采样方法。目前,更重要的是专注于构建主动学习的迭代过程,找到标注、重新训练和评估模型的最佳做法。如果迭代和评估策略不当,很容易使模型变糟,而你甚至无法察觉这一情况。

2.4 构建人工标注界面

要标记数据,需要先有正确的界面。本节将介绍示例数据的界面。

正确的人工标注界面与合适的采样策略同样重要。如果能提升界面效率 50%,就等于将主动学习采样策略的效果提高了 50%。出于对标注员的尊重,应该尽可能让他们感到操作高效。如果不确定下一步的重点是改进界面还是算法,应该优先改进界面,以改善人工标注工作,然后再考虑 CPU 的感受。

本书的第三部分专门介绍数据标注,因此先做如下几点假设,好让本章的讨论简单明了:

- 标注员在标签方面不会出现大量错误,因此无需对标注实施质量控制;
- 标注员对任务和标签完全理解,因此他们不会意外选择错误的标签;
- 一次只有一名标注员在工作,因此无需跟踪任何正在进行的标注。

以上假设都很重要。在大多数现实中已部署的系统中,需要实施质量控制,以确保标注员不犯错误;很可能需要多次迭代标注,以完善标签和说明的定义;还需要一个系统来跟踪同时分配给多人的工作。如果只是想要快速标注一些数据以达到探索目的,如本章所述,一个简单的标注界面就足够了。

2.4.1 一个简单的文本标注界面

构建什么样的界面取决于任务和数据分布。针对本节的二元标注任务,一个简单的命令行界面就足够了(见图 2-3)。只需运行本章介绍的脚本,界面将立即显现:

```
> python active_learning_basics.py
```

```
Please type 1 if this message is disaster-related, or hit Enter if not.
Type 2 to go back to the last message, type d to see detailed
definitions, or type s to save your annotations.

Firefighting continues in Blue Mountains

> 1
```

图 2-3 本章示例的命令行界面标注工具

正如导论中说到的，制作一个好的标注界面涉及许多人机交互因素。但是，如果想要快速构建它，需要做到以下几点：

（1）构建一个界面，使标注员能够聚焦于屏幕的某一部分；

（2）所有操作都设有快捷键；

（3）包括后退/撤销选项。

先做好上述三点，然后再考虑图形设计。

如果想了解代码的具体操作，请访问代码库 https://github.com/rmunro/pytorch_active_learning，或者将其克隆到本地进行实验。讲解相关理论时，本书将节选部分代码进行说明。

代码清单 2-1 中，get_annotations( ) 函数前 20 行是获取标注的代码。

代码清单 2-1　对待标注的未标注数据项进行采样

```
def get_annotations(data, default_sampling_strategy="random"):
    """Prompts annotator for label from command line and adds annotations to
    data

    Keyword arguments:
        data -- an list of unlabeled items where each item is
            [ID, TEXT, LABEL, SAMPLING_STRATEGY, CONFIDENCE]
        default_sampling_strategy -- strategy to use for each item if not
            already specified
    """

    ind = 0
    while ind <= len(data):
        if ind < 0:
            ind = 0 # in case you've gone back before the first
        if ind < len(data):
            textid = data[ind][0]
            text = data[ind][1]
            label = data[ind][2]
            strategy =  data[ind][3]

            if textid in already_labeled:
                print("Skipping seen "+label)
                ind+=1
            else:
                print(annotation_instructions)
                label = str(input(text+"\n\n> "))   ◁── input( ) 函数提示用户输入内容。
                ...
                ...
```

就我们的数据而言，标签稍微有些不平衡，因为与灾害无关的标题居多。这一事实对界面设计有影响。如果人工不断选择"与灾害无关"，既低效又无聊。可将"与灾害无关"设为默认选项以提高效率，只要在标注员不小心选择默认选项时有后退选项即可。我们可能都遇到过相似的情况：在快速标注时，不得不在按下错误答案后返回。这一功能可以在 get_annotations( ) 函数接下来的最后 20 行代码中找到（见代码清单 2-2）。

代码清单 2-2　允许标注员返回以避免重复导致的错误

```
def get_annotations(data, default_sampling_strategy="random"):
            ...
            ...

            if label == "2":
                ind-=1  # go back
            elif label == "d":
                print(detailed_instructions) # print detailed
                    instructions
            elif label == "s":
                break  # save and exit
            else:
                if not label == "1":
                    label = "0" # treat everything other than 1 as 0

                data[ind][2] = label # add label to our data

                if data[ind][3] is None or data[ind][3] == "":
                    data[ind][3] = default_sampling_strategy # default if
                        none given
                ind+=1

    else:
        #last one - give annotator a chance to go back
        print(last_instruction)
        label = str(input("\n\n> "))
        if label == "2":
            ind-=1
        else:
            ind+=1

    return data
```

2.4.2　管理机器学习数据

对于已部署的系统，最好将标注存储在数据库中，确保有备份，确保具有可用性和可扩展性。但是，我们不能总是像浏览本地文件那样轻松地浏览数据库。除了向数据库中添加训练数据，如果你正在构建一个简单的系统，在本地存储数据和标注可以帮助快速进行抽查。

在示例中，我们将根据标签将数据分割成独立的文件，以增加冗余。除非你所在的组织已经为标注和机器学习建立了健全的数据管理流程，否则可能无法像对代码那样对数据进行质量控制，例如做单元测试和严格的版本控制。因此，明智的做法是在存储数据时增加冗余。同样，代码会追加文件但从不覆盖文件。另外，代码还保持未标注数据文件（unlabeled_data.csv）不变，会检查其他数据集中的重复数据，而不是在数据项已标注后删除该文件中的标题。

当开始实验时，采用存储标签和强制不删除数据的冗余方式将有助于避免诸多困扰。即使是机器学习专业人士也有可能在不经意间删除已标注数据，因此请务必遵循上述建议！此外，如果将数据存储在本地计算机上，应谨慎考虑数据的归属权和潜在的敏感内容。请确保自己有权存储这些数据，并在不再需要它们时妥善删除。

尽管本书未涵盖此主题，但数据的版本控制也非常重要，尤其是在更新标注说明时。一些较早的标签可能会存在不准确之处，在之后的主动学习迭代中你会希望能够重现它们。

2.5 部署你的第一个人在回路机器学习系统

现在，让我们将第一个人在回路系统的所有组件组装起来！

你可以从 https://github.com/rmunro/pytorch_active_learning 下载代码和数据，并参考 readme 文件的说明进行安装，如果你还没有这么做的话。

请立即运行此代码，它将开始提示你标注数据，并在每次迭代后自动进行训练。每次迭代中，你都会感受到第 2.3.3 节所介绍的数据变化。

为了了解其中的运作机制，让我们仔细审视这段代码的主要组件及其背后的策略。我们用了简单的 PyTorch 机器学习模型来进行文本分类。为了提高迭代速度，我们选择了能够快速重新训练的浅层模型。在 PyTorch 中，短短十几行代码就定义了整个模型（见代码清单 2-3）。

代码清单 2-3　具有一个隐藏层的简单 PyTorch 文本分类模型

```
class SimpleTextClassifier(nn.Module):  # inherit pytorch's nn.Module
    """Text Classifier with 1 hidden layer
    
    """
    
    def __init__(self, num_labels, vocab_size):
        super(SimpleTextClassifier, self).__init__()  # call parent init
        
        # Define model with one hidden layer with 128 neurons
        self.linear1 = nn.Linear(vocab_size, 128)
        self.linear2 = nn.Linear(128, num_labels)
    
    def forward(self, feature_vec):
        # Define how data is passed through the model
        
        hidden1 = self.linear1(feature_vec).clamp(min=0)  # ReLU
        output = self.linear2(hidden1)
        return F.log_softmax(output, dim=1)
```

- 具有 128 个神经元/节点的隐藏层
- 输出层预测每个标签
- 输出层使用线性激活函数
- 使用 ReLU 激活函数优化隐藏层
- 返回线性输出的 log softmax，以便在训练中优化模型，并返回预测用概率分布

在数据训练阶段，最初标签之间存在数据不平衡的情况，因此我们需要确保每个标签选择的数据量更趋于均等。这一规范可在代码开头的变量中设置：

```
epochs = 10 # number of epochs per training session
select_per_epoch = 200  # number to sample per epoch per label
```

然后对模型进行 10 轮（epoch）训练，每轮从每个标签中随机选择 200 条数据。这一方法并不会使模型完全均衡，因为在所有迭代轮次中，我们仍然是从更多种类的非灾害相关文本中进行选择，但是，即使只有大约 100 个灾害相关示例可用，我们也足以从数据中获得某种信号。

（一开始隐藏神经元、轮数和每轮选择的数据项是合理的，但也可能有些随意。你可以尝试不同的超参数，但在标注过程开始时，应该专注于数据。）

训练模型的代码 train_model( ) 函数如代码清单 2-4 所示。

代码清单　2-4　训练文本分类模型

```python
def train_model(training_data, validation_data = "", evaluation_data = "",
➥ num_labels=2, vocab_size=0):
    """Train model on the given training_data

    Tune with the validation_data
    Evaluate accuracy with the evaluation_data
    """

    model = SimpleTextClassifier(num_labels, vocab_size)
    # let's hard-code our labels for this example code
    # and map to the same meaningful booleans in our data,
    # so we don't mix anything up when inspecting our data
    label_to_ix = {"not_disaster_related": 0, "disaster_related": 1}

    loss_function = nn.NLLLoss()
    optimizer = optim.SGD(model.parameters(), lr=0.01)

    # epochs training
    for epoch in range(epochs):
        print("Epoch: "+str(epoch))
        current = 0

        # make a subset of data to use in this epoch
        # with an equal number of items from each label

        shuffle(training_data) #randomize the order of the training data
        related = [row for row in training_data if '1' in row[2]]
        not_related = [row for row in training_data if '0' in row[2]]

        epoch_data = related[:select_per_epoch]
        epoch_data += not_related[:select_per_epoch]
        shuffle(epoch_data)
        # train our model
        for item in epoch_data:
            features = item[1].split()
            label = int(item[2])

            model.zero_grad()

            feature_vec = make_feature_vector(features, feature_index)
            target = torch.LongTensor([int(label)])

            log_probs = model(feature_vec)

            # compute loss function, do backward pass, and update the
            ➥ gradient
            loss = loss_function(log_probs, target)
            loss.backward()
            optimizer.step()
```

每个标签选择同等数据量，针对数据量小的标签进行有效的过采样，尤其是在标注迭代早期。

我们保持训练超参数不变，例如学习率和激活函数的类型。在实际系统中，我们可能会想尝试训练超参数，尝试使用能更好地对单词序列进行建模的架构，或者执行图像分类任务时能更好地对像素簇进行建模的架构。

如果你要对超参数进行调优，建议首先创建验证数据，并利用这些数据对模型进行调整，相关的机器学习操作想必你已经熟练了。事实上，可能需要使用多个验证数据集，包括每次迭代时从训练数据中提取的数据集、在进行主动学习前从未标注数据中提取的数据集,以及每次迭代时从剩余的未标注数据项中提取的数据集。本书第3章将讨论主动学习的验证数据。现在,我们准备了额外的标注。如果想调整本章示例中的模型,请在每次迭代时从训练数据集中随机选择数据。

train_model( )函数的其余部分负责评估新模型的准确率,并将其保存到models/目录下的文件中。下一节将具体介绍如何评估。

如前所述,开始构建任何机器学习系统之前,你应该先熟悉数据。幸运的是,这种做法同样适用于主动学习。你应该先选择评估数据,并亲自参与数据标注。

2.5.1 获得评估数据总是优先事项

评估数据通常被称为测试数据集或保留数据,在此任务中,评估数据应是所标注标题的随机样本。我们会始终在训练数据中保留这些标题,以便在每次主动学习迭代后跟踪模型的准确率。

先获得评估数据非常重要,因为如果先开始使用其他采样方法,很容易无意中给评估数据带来偏差。如果不先提取评估数据,可能会出现以下一些出错的状况:

- 如果忘记从未标注数据项中抽取评估数据,直到按低置信度完成采样,评估数据就将偏向剩余的高置信度数据项,导致模型的准确率高于实际水平;
- 如果忘记抽取评估数据,并从按置信度采样的训练数据中提取评估数据,则评估数据将偏向低置信度的数据项,导致模型的准确率低于实际水平;
- 如果在进行离群值检测之后再提取评估数据,几乎不可能避免偏差,因为提取的数据项已经对额外离群值的采样产生了影响。

> **如果不先获取评估数据会怎样?**
>
> 如果忘记先获取评估数据,就很难确定模型的准确率。这是我见过的最大错误之一。数据科学家一旦获得新的人工标签,自然会想将其加入训练数据,以测试模型的准确率。但是,如果评估数据是后续添加的,并且未确保它是真正随机的,那么模型的准确率将无从得知。我见过一些公司在开发自动驾驶汽车、社交媒体和约会应用程序时,其评估数据的获取方式存在问题。我们要认识到,如今身边驶过的汽车、网上推荐给你的新闻以及可能的结婚对象,可能都是由准确率未知的机器学习模型决定的。
>
> 如果你希望立即启动训练,至少先预留评估数据,以免影响分析。你可以稍后再对评估数据进行标注,或者同时进行训练数据、验证数据和评估数据的标注。

最后,当你将模型应用于不断变化的信息源时,可能无法选择真正随机的数据,特别是在正在进行的灾害应对情境中,因为随着时间的推移,条件和需求将不断变化,相关的新信息会发布。在当前示例中,任务是标注一组数量有限的新闻标题,因此选择随机采样的标题作为训练数据是有意义的。本书第3章将讨论更复杂环境中评估数据的采样策略。

每次迭代中评估模型准确率的本书代码是evaluate_ model( )函数(见代码清单2-5)。

代码清单 2-5 用保留数据评估模型

```
def evaluate_model(model, evaluation_data):
    """Evaluate the model on the held-out evaluation data

    Return the f-value for disaster-related and the AUC
    """

    related_confs = [] # related items and their confidence of being related
    not_related_confs = [] # not related items and their confidence of
    ➥ being _related_

    true_pos = 0.0 # true positives, etc
    false_pos = 0.0
    false_neg = 0.0

    with torch.no_grad():
        for item in evaluation_data:
            _, text, label, _, _, = item

            feature_vector = make_feature_vector(text.split(), feature_index)
            log_probs = model(feature_vector)

            # get confidence that item is disaster-related
            prob_related = math.exp(log_probs.data.tolist()[0][1])

            if(label == "1"):
                # true label is disaster related
                related_confs.append(prob_related)
                if prob_related > 0.5:
                    true_pos += 1.0
                else:
                    false_neg += 1.0
            else:
                # not disaster-related
                not_related_confs.append(prob_related)
                if prob_related > 0.5:
                    false_pos += 1.0
                    ...
                    ...
```

PyTorch 张量是二维的，因此只需要提取预测置信度。

此代码用于获取每个数据项"与灾害相关"的预测置信度，并跟踪每次预测的正确性。原始准确率作为衡量指标并不适合本例。由于两个标签出现的频率不平衡，因此每次预测"与灾害无关"的准确率几乎都能达到 95%。这一结果并不具有参考价值，鉴于任务是找到与灾害相关的标题，我们将以与灾害相关预测的 F 分数来计算准确率。

除了 F 分数，还需要考虑置信度是否与准确率相关，因此需要计算 ROC 曲线下面积。ROC（受试者工作特征）曲线会根据置信度对数据集进行排序，并计算真正例与假正例的比率。

关于精确度、召回率、F 分数和 AUC 的定义及说明，请参阅附录，四个项目均通过代码 evaluate_model() 函数实现（见代码清单 2-6）。

查看在模型目录下所构建的任何模型的文件名，都会发现文件名包含了时间戳、按 F 分数和 AUC 确定的模型准确率，以及训练数据量。赋予模型详尽又易懂的名称是一种优良的数据管理习惯，这样一来仅需浏览目录列表，即可跟踪每次迭代的准确率。

代码清单 2-6　计算精确度、召回率、F 分数和 AUC

```python
def evaluate_model(model, evaluation_data):
            ...
            ...
    # Get FScore
    if true_pos == 0.0:
        fscore = 0.0
    else:
        precision = true_pos / (true_pos + false_pos)     # 精确度和召回率的调和平均数
        recall = true_pos / (true_pos + false_neg)
        fscore = (2 * precision * recall) / (precision + recall)

    # GET AUC
    not_related_confs.sort()
    total_greater = 0 # count of how many total have higher confidence
    for conf in related_confs:
        for conf2 in not_related_confs:
            if conf < conf2:        # 如果一些数据项标注了我们所关注的
                break               # 标签（本例中为"相关"），我们会
            else:                   # 想知道其中有多少数据项的预测置信
                total_greater += 1  # 度高于未标注此标签的数据项。

    denom = len(not_related_confs) * len(related_confs)
    auc = total_greater / denom

    return[fscore, auc]
```

2.5.2　每个数据点都有机会

通过在主动学习的每次迭代中引入新的随机采样数据项，可以获得该迭代的基线。将随机采样训练的准确率与你的其他采样策略的准确率进行比较，可以了解自己的采样策略相对随机采样的效果。你已经知道有多少新标注的数据项与模型的预测标签不同，但并不清楚这些数据项加入训练数据后会令模型未来的预测结果改变多少。

即使其他主动学习策略在迭代中失败，你仍能通过随机样本获得改进，因此随机采样是一个不错的备用策略。

数据采样的策略选择还涉及道德选择的问题。需要承认的是，各种策略都存在不完美之处，每个数据项仍然有一定机会被随机选中交由人工审查，即使没有任何采样策略会选中它。在实际的灾害场景中，你是否会希望排除某个重要标题被人看到的机会，只因为你的采样策略永远不会选中它？对于这个道德问题，我们需要根据具体的数据和用例扪心自问。

2.5.3　为数据选择正确的策略

在我们的数据中，与灾害相关的标题比较少见，因此采用选择离群值的策略不太可能选中很多与灾害相关的数据项。因此，示例代码侧重于在每次迭代中，根据以下策略按置信度进行数据的选择和采样：

- 10% 从未标注数据项中随机选择；
- 80% 从置信度最低的数据项中选择；
- 10% 选择离群值。

假设低置信度数据项中"与灾害相关"和"与灾害无关"的比例确实为 50:50，当大量数据项被标注且模型稳定时，标注员看到的"与灾害相关"的信息应略多于 4/10。这一结果接近于相等，因此我们无需担心排序效果会对后续迭代中标注员的工作产生启动效应。

以下三个代码清单包含三种策略的代码。首先是低置信度采样（见代码清单 2-7）。

代码清单 2-7　低置信度采样

```python
def get_low_conf_unlabeled(model, unlabeled_data, number=80, limit=10000):
    confidences = []
    if limit == -1:
        print("Get confidences for unlabeled data (this might take a while)")
    else:
    # only apply the model to a limited number of items
    shuffle(unlabeled_data)
    unlabeled_data = unlabeled_data[:limit]

    with torch.no_grad():
        for item in unlabeled_data:
            textid = item[0]
            if textid in already_labeled:
                continue

            text = item[1]

            feature_vector = make_feature_vector(text.split(), feature_index)
            log_probs = model(feature_vector)
            prob_related = math.exp(log_probs.data.tolist()[0][1])   # 获取数据项每个标签的概率。

            if prob_related < 0.5:
                confidence = 1 - prob_related
            else:
                confidence = prob_related

            item[3] = "low confidence"
            item[4] = confidence
            confidences.append(item)

    confidences.sort(key=lambda x: x[4])   # 按置信度排序
    return confidences[:number]
```

其次是随机采样（见代码清单 2-8）。

代码清单 2-8　随机采样

```python
def get_random_items(unlabeled_data, number = 10):
    shuffle(unlabeled_data)

    random_items = []
    for item in unlabeled_data:
        textid = item[0]
        if textid in already_labeled:
            continue
        random_items.append(item)
        if len(random_items) >= number:
            break

    return random_items
```

最后是离群值采样（见代码清单 2-9）。

代码清单 2-9 离群值采样

```python
def get_outliers(training_data, unlabeled_data, number=10):
    """Get outliers from unlabeled data in training data
    Returns number outliers

    An outlier is defined as the percent of words in an item in
    unlabeled_data that do not exist in training_data
    """
    outliers = []

    total_feature_counts = defaultdict(lambda: 0)

    for item in training_data:
        text = item[1]
        features = text.split()

        for feature in features:                        # 统计训练数据
            total_feature_counts[feature] += 1          # 中的所有特征。

    while(len(outliers) < number):
        top_outlier = []
        top_match = float("inf")

        for item in unlabeled_data:
            textid = item[0]
            if textid in already_labeled:
                continue                                # 添加未标注数据项中该特征在
                                                        # 训练数据中出现的次数。
            text = item[1]
            features = text.split()
            total_matches = 1 # start at 1 for slight smoothing
            for feature in features:
                if feature in total_feature_counts:
                    total_matches += total_feature_counts[feature]

            ave_matches = total_matches / len(features)
            if ave_matches < top_match:
                top_match = ave_matches
                top_outlier = item

        # add this outlier to list and update what is 'labeled',
        # assuming this new outlier will get a label
        top_outlier[3] = "outlier"
        outliers.append(top_outlier)                    # 更新该数据项的训练数据计数,
        text = top_outlier[1]                           # 以帮助实现下一个离群值样本
        features = text.split()                         # 的多样性。
        for feature in features:
            total_feature_counts[feature] += 1

    return outliers
```

默认情况下，在 get_low_conf_unlabeled( ) 函数中，我们仅预测 10000 个未标注数据项的置信度，而不是整个数据集的置信度。此示例使迭代之间的时间更易于管理，因为根据机器性能的不同，你可能要花费几分钟甚至几小时来对所有数据进行预测。此示例也增加了数据的多样性，因为每次都从未标注数据的不同子集中选择低置信度数据。

2.5.4 重新训练模型并迭代

现在我们已经有了新标注的数据项，可以将其加入训练数据，观察模型准确率的变化。如果运行本章开头的脚本，将看到每次迭代标注完成后，都会自动进行重新训练。

请注意，代码中包含组合了本章中所有代码的控件。额外的代码包括超参数（例如每次迭代的标注数量），以及文件末尾的代码，以确保先获得评估数据，在获得足够的评估数据后再训练模型并开始主动学习迭代。本章示例中的代码不足 500 行，因此值得花时间了解每一步的内容，并思考如何扩展代码。

具有机器学习背景的人会发现，特征的数量可能会多到惊人。1000 个已标注的训练数据项，可能会有超过 10000 个特征。如果你不打算标注更多的数据，模型没必要做成那样；减少特征数量，模型准确率几乎肯定会更高。这看似有点违反常理，但我们需要大量的特征，尤其是在主动学习的早期迭代阶段，此时的目标是让每个特征都能捕捉到罕见的灾害相关标题。否则，早期模型将更容易偏向于最初随机采样的标题类型。将机器学习架构和主动学习策略结合的方法有很多，本书第 9 至 11 章将详细介绍主要的方法。

完成大约 10 次标注迭代后，请检查训练数据，你会注意到大多数数据项都是按低置信度进行选择的，这不足为奇。再观察按离群值选择的数据项，你可能会感到出乎意料。这些数据项中可能存在一些示例，其词汇看似明显与灾害相关，这意味着这些示例出于某种可能会被遗漏的原因增加了数据集的多样性。

虽然主动学习能够自我纠正，但有证据表明它未能自我纠正某些偏差吗？常见的例子包括对超长或超短句子进行过采样。在计算机视觉领域，类似的情况表现为对超大或超小、高分辨率或低分辨率的图像进行过采样。我们所选择的离群值策略和机器学习模型可能会基于这些特征进行过采样，但这些特征并非我们的核心目标。在这种情况下，可以考虑将本章中的方法应用于不同的数据子集：置信度最低的短句、置信度最低的中句和置信度最低的长句。

此外，还可以在此代码中尝试不同的采样策略。尝试只对随机样本进行重新训练，然后将其准确率与另一个采取低置信度和离群值采样、对同等数据量进行重新训练的系统进行比较。哪种策略的影响更为显著？具体影响有多大？

下一步应该考虑的开发内容：
- 更高效的标注界面；
- 有助于防止标注错误的质量控制；
- 更好的主动学习采样策略；
- 更复杂的分类算法神经架构。

每个人的主观体验可能有所不同，且如果你用自己的数据替代本章示例数据集进行尝试，情况也可能会有些不同。但是，你很有可能会从前三个选项中选一个作为下一步构建的最重要组件。如果具备机器学习背景，你的第一反应可能是保持数据不变，然后开始尝试更复杂的神经架构。尽管这项任务可能是下一步的最佳选择，但在早期阶段，把它作为最重要任务的情况比较少见。通常来说，应该首先确保正确获取数据；在迭代后期，机器学习架构调优才变得更加重要。

本书的其余部分将帮助大家学习如何设计更好的标注界面、实现更好的标注质量控制、制定更好的主动学习策略，以及找到组合各组件的更好方法。

2.6 小结

- 一个简单的人在回路机器学习系统覆盖了从对未标注数据进行采样到更新模型的整个周期。这种方法可以让你根据需求快速构建出一个完整的 MVP 系统。
- 两种容易实现的简单的主动学习策略：对预测结果中置信度最低的数据项进行采样、对离群值进行采样。理解这两种策略的基本目标将帮助你在本书后面的章节中更深入研究不确定性采样和多样性采样。
- 一个简单的命令行界面就可以让人高效地标注数据。如果按照一般的人机交互原则构建，即使是简单的纯文本界面也可以很高效。
- 良好的数据管理（如将创建评估数据作为优先任务）对于正确执行任务非常重要。如果评估数据的获取方式不正确，就可能永远无法得知模型的准确率。
- 在定期迭代中采用新标注的数据重新训练机器学习模型，会发现模型的准确率逐步提升。如果设计得当，主动学习迭代自然会进行自我纠正，一次迭代中的过拟合会在后续迭代中通过采样策略得到纠正。

第 2 部分

Part 2

主动学习

在前两章学习了人在回路的架构后，我们将用接下来四章的篇幅来介绍主动学习，即对最重要的数据进行采样以供人工审查的一套技术。

第 3 章涉及不确定性采样，介绍用于理解模型不确定性的最常用技术。本章首先介绍解释单个神经模型不确定性的不同方法，其次探讨不同类型机器学习架构的不确定性。本章还介绍了每个数据项存在多个预测结果（例如，使用一组模型）时如何计算不确定性。

第 4 章探讨一个复杂的问题：如何识别数据采样不足或数据不具代表性而导致模型可能确信却错误的部分。本章将介绍多种数据采样方法，这些方法有助于识别模型的知识缺口，如聚类、代表性采样，以及识别和减少模型中现实世界偏差的方法。这些技术统称为多样性采样。

将不确定性采样与多样性采样组合起来效果最好，因此第 5 章会介绍如何将不同策略结合到一个综合的主动学习系统中。另外，第 5 章还将介绍一些优势迁移学习技术，这些技术可以调整机器学习模型，以预测待采样的数据项。

第 6 章涉及如何将主动学习技术应用于不同类型的机器学习任务，包括目标检测、语义分割、序列标注和语言生成。这部分信息涵盖每种技术的优缺点，有助于你将主动学习应用于任何机器学习问题。

第 3 章

不确定性采样

本章内容包括：

- 了解什么是模型预测的分数。
- 结合多个标签的预测结果，形成单一的不确定性分数。
- 结合多个模型的预测结果，形成单一的不确定性分数。
- 用不同类型的机器学习算法计算不确定性。
- 确定每个迭代周期向人类提交的数据量。
- 评估不确定性采样的成效。

为了让人工智能更聪明，人们最常用的策略是让机器学习模型在对某项任务的预测结果不确信时告知人类，然后由人类将正确的结果反馈给机器。通常来说，算法不理解的未标注数据，在进行人工标注并加入训练数据后最具有价值。如果算法以较高的置信度标注某个数据项，那么它很可能是正确的。

本章专注于解释模型何时对任务预测结果不确定。但是，要知道模型何时不确定以及如何计算不确定性并非易事。除了简单的二元标记任务，测量不确定性的不同方法可能会产生截然不同的结果。我们需要了解并考虑所有能够判断不确定性的方法，以便为数据和目标选择正确的处理方法。

例如，设想一下我们正在打造自动驾驶汽车。我们要帮助汽车理解它在行驶过程中遇到的新型目标（行人、骑行者、路标、动物等）。但是，要做到这一点，我们需要了解汽车何时无法确定它所看到的目标是什么，以及如何最好地解释和解决这种不确定性。

3.1 解释机器学习模型中的不确定性

不确定性采样是一系列技术的集合，可以用来标识当前机器学习模型中位于决策边界附近的未标记项。如果模型对结果很确信，即某个结果置信度较高，我们很容易看出来。但计算不确定性存在许多种方法，具体的选择取决于用例以及什么方法对特定数据最有效。

本章将探讨四种不确定性采样方法。

- 最低置信度采样（least confidence sampling）——最高置信度预测与 100% 置信度预测的差值。示例中，如果模型最确信图像中出现了行人，则最低置信度表示预测结果的可靠（或不确定）程度。

- 置信度边际采样（margin of confidence sampling）——最高置信度预测与次高置信度预测的差值。示例中，如果模型最确信图像中有行人，第二确信图像中有动物，则置信度边际表示这两个置信度的差值。
- 置信度比率采样（ratio of confidence sampling）——最高置信度预测与次高置信度预测之间的比率。示例中，如果模型最确信图像中有行人，第二确信图像中有动物，则置信度比率表示这两个置信度之间的比率（而非差值）。
- 基于熵的采样（entropy-based sampling）——由信息论定义的所有预测之间的差值。示例中，基于熵的采样将表示每个置信度之间的差值。

我们还将研究如何在不同类型的机器学习算法中判断不确定性，以及对每个数据项存在多个预测（例如，使用一组模型）时如何计算不确定性。

了解每种方法的优缺点需要更深入地了解每种策略的具体作用，因此本章提供了详细的示例以及算式和代码。你需要了解置信度是如何生成的，才可能正确地解读置信度，因此本章将从如何解释模型的概率分布入手，尤其是由softmax函数生成的情况，这是从神经模型中生成置信度的最常用算法。

3.1.1 为什么要在模型中寻找不确定性？

回到自动驾驶汽车的例子。假设汽车大部分时间都在高速公路上行驶，在该场景下，汽车导航性能好，且需要识别的目标数量有限。例如，在大多数高速公路上，我们看不到很多的骑行者或行人。如果从车载摄像机中随机选择视频片段，所选择的片段将主要来自高速公路，该场景下，汽车的确信度较高，驾驶表现已经比较出色。如果人类向汽车反馈的信息以高速公路驾驶视频为主，汽车的自动驾驶技术几乎产生不了进步。

因此，我们要知道自动驾驶汽车在行驶过程中何时最分不清状况。我们从汽车检测到最不确定目标的视频片段入手，由人工确定视频片段中的目标的真实情况（训练数据）。人类可以识别移动目标是行人、另一辆车、骑行者，抑或是汽车目标检测系统可能遗漏的其他一些重要目标。不同的目标会以不同的速度移动，而且或多或少都具有可预测性，这将有助于汽车预测这些目标如何移动。

再举个例子，汽车在暴风雪中行驶时可能最分不清状况。如果只用暴风雪中的视频片段获取数据，那么在99%的非暴风雪情境下，这些数据对汽车没有任何帮助。事实上，这些数据可能会让情况变得更糟。暴风雪会限制可视范围，我们可能会无意中使数据产生偏差，从而使汽车的行为仅在暴风雪中才有意义，而在其他情境下则很危险。我们可能会教汽车忽略所有远处的目标，因为下雪时根本看不到它们；我们会因此限制汽车在非下雪场景中预测远处目标的能力。因此，我们需要用到不同的汽车遭遇不确定性的场景。

此外，在有多个目标的情况下如何定义不确定性也不太清楚。是对预测的最可能目标的不确定性吗？还是对两个最有可能的预测结果，不确定选哪个？或者说，在对汽车检测到的某个目标得出整体不确定性评分时，是否应该将所有可能的目标都算作不确定？当深入研究时，很难决定应该将自动驾驶汽车视频中的哪些目标交由人工审查。

最后，模型在不确定时并不会用简明的语言告诉我们：即使对于单个目标，机器学习模型也会给出一个数字，该数字可能与预测的置信度一致，但可能并不是对准确率的可靠度量。本章的出发点是了解模型何时不确定。在此基础上，我们将能够构建更广泛的不确定性采样策略。

所有主动学习技术的基本假设是，某些数据点对模型而言比其他数据点更有价值。（有关特定示例，请参阅以下专家轶事。）在本章中，我们将通过 softmax 函数来解释模型的输出。

> **并非所有数据的价值都是平等的**
>
> **詹妮弗·普伦基（Jennifer Prendki）的专家轶事**
>
> 如果你关注自身的营养状况，就不会从超市货架上随机挑选商品。如果食用超市货架上随机挑选的商品，你最终可能会获得所需的营养，但在此过程中，你会吃下大量垃圾食品。我觉得奇怪的是，在机器学习领域，人们仍然认为随机采样比弄清楚自己的需求并有针对性地采样更好。
>
> 我构建第一个主动学习系统时是不得已而为之。当时，我在帮助一家大型零售商店构建机器学习系统，确保有人在网站上搜索时能搜到正确的产品组合。几乎一夜之间，该公司进行了重组，这意味着人工标注预算缩减了一半，必须标注的任务却成了 10 倍。因此，标记团队每做一次标注的预算只有之前的 5%。我创建了第一个主动学习框架，去发现哪些是最重要的 5%。结果优于需要更多预算的随机采样。从此，我在大部分项目中都使用了主动学习，因为并非所有数据的价值都是平等的！
>
> 詹妮弗·普伦基是 Alectio 公司的首席执行官，该公司专门为机器学习寻找数据。她曾在 Atlassian、Figure Eight 和沃尔玛领导数据科学团队。

3.1.2 softmax 函数和概率分布

如第 2 章所述，几乎所有的机器学习模型都返回两个结果：

- 一个预测标签（或者预测集合）；
- 与每个预测标签关联的一个数字（或者数字集合）。

假设有一个用于自动驾驶汽车的简单的目标检测模型，该模型尝试仅区分四种类型的目标。该模型可能会给出如下预测（见代码清单 3-1）。

代码清单 3-1 预测的 JSON 编码示例

```
{
    "Object": {
        "Label": "Cyclist",
        "Scores": {
            "Cyclist": 0.9192784428596497,
            "Pedestrian": 0.01409964170306921,
            "Sign": 0.049725741147994995,
            "Animal": 0.016896208748221397
        }
    }
}
```

在此预测中，预测目标是"Cyclist"（骑行者），准确率为 91.9%。分数相加为 100%，从而得出此项数据的概率分布。

此输出最有可能来自 softmax 函数，它使用指数将模型分数（logits）转换为 0~1 范围的分数。softmax 函数定义如下：

$$\sigma(z_i) = \frac{e^{z_i}}{\sum_j e^{z_j}}$$

softmax 函数如何创建概率分布如图 3-1 所示。

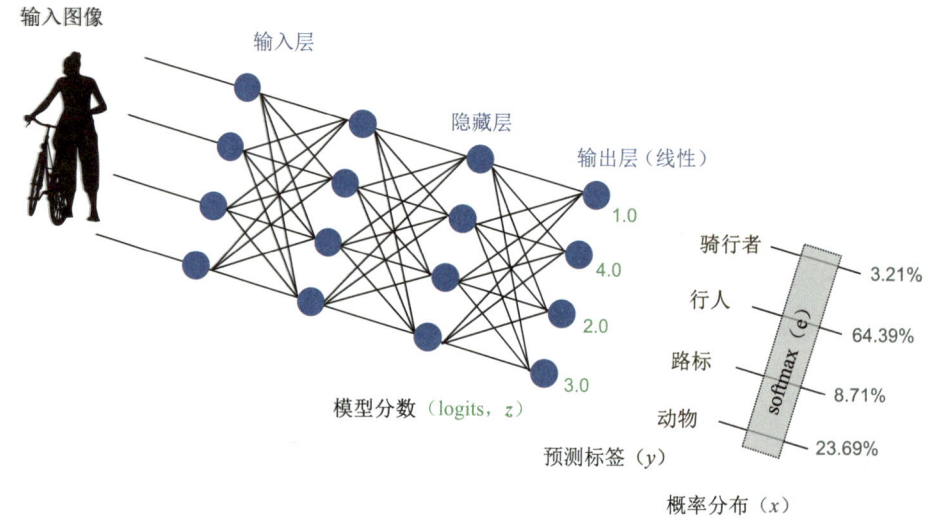

图 3-1 softmax 函数如何创建概率分布

输出层使用线性激活函数创建模型分数（logits），然后通过 softmax 函数将分数转换为概率分布。

因为 softmax 函数除以指数，所以丢失了 logits 的规模。例如，图 3-1 中的 logits 是 [1, 4, 2, 3]。如果 logits 是 [101, 104, 102, 103]，softmax 函数也将产生相同的概率分布，因此模型中的激活数量级在输出中丢失。第 4 章将介绍如何将激活考虑在内。在本章中，重要的是要了解在仅用概率分布的情况下，某些信息是如何丢失的。

如果读者过去仅用过 softmax 函数的输出，我强烈建议阅读附录。正如附录中所解释的，softmax 函数的底数是任意的，通过改变底数，可以改变不同数据预测的置信度排序。这一事实并不广为人知，在本书之前未曾见诸文章。正如本章所述，排序对于不确定性采样非常重要，因此，在自己的实验中，除了采用本章后面介绍的技术，还可以尝试改变 softmax 函数的底数（或与之等效的温度参数）。

要想从模型中获得更准确的置信度，一种常见的方法是使用验证数据集调整 softmax 的底数/温度，使概率分布尽可能与实际准确率相符。例如，可以调整 softmax 函数的底数/温度，使 0.7 的置信度分数在 70% 的情况下是正确的。除了调整底数/温度，一个更强大的替代方法是使用局部回归方法（例如 LOESS），将概率分布映射到验证数据的实际准确率。每个统计模块包都有一种或多种局部回归方法可供试用。

不过，如果仅对不确定性建模，以便主动学习可以对最不确定的数据项进行采样，那么即使概率分布不能准确反映准确率，也可能无关紧要。具体如何选择，将取决于你想要实现的目标，而了解所有可用的技术会有所帮助。

3.1.3 解释主动学习的成效

如第 2 章所述,可以用 F 分数和 AUC 等准确率指标来衡量主动学习的效果。如果你有算法背景,对这种技术一定不会陌生。

然而,有时考虑人力成本更有意义。例如,可以根据达到某个准确率目标所需的人工标签数量来比较两种主动学习策略。相比在使用相同数量标签的情况下比较准确率,这个数量可能要大得多,也可能小得多,因此同时计算两者可能很有用。

如果你不打算将这些数据项放回训练数据中,因而未实现完整的主动学习循环,那么纯粹根据不确定性采样发现了多少错误预测来评估会更有意义。也就是说,在对 n 个最不确定的数据项进行采样时,模型预测错误的百分比是多少?

更多有关以人为本的质量评估方法(例如标注数据所需的时长)请参阅附录,其中详细介绍了衡量模型性能的方法。

3.2 不确定性采样算法

了解了模型预测的置信度来源,就可以考虑如何解读概率分布以找出机器学习模型最不确定之处。

不确定性采样这一策略,可用于识别当前机器学习模型中靠近决策边界的未标注数据项。对于一个二元分类任务(如第 2 章所述),这些边界未标注数据项各有接近 50% 的概率被预测为属于两个标签之一;因此,模型表现出不确定。这些数据项最有可能被错误分类,因此最有可能出现人工标注的标签与机器预测的标签不一致的情况。图 3-2 显示了不确定性采样如何找到靠近决策边界的数据项。

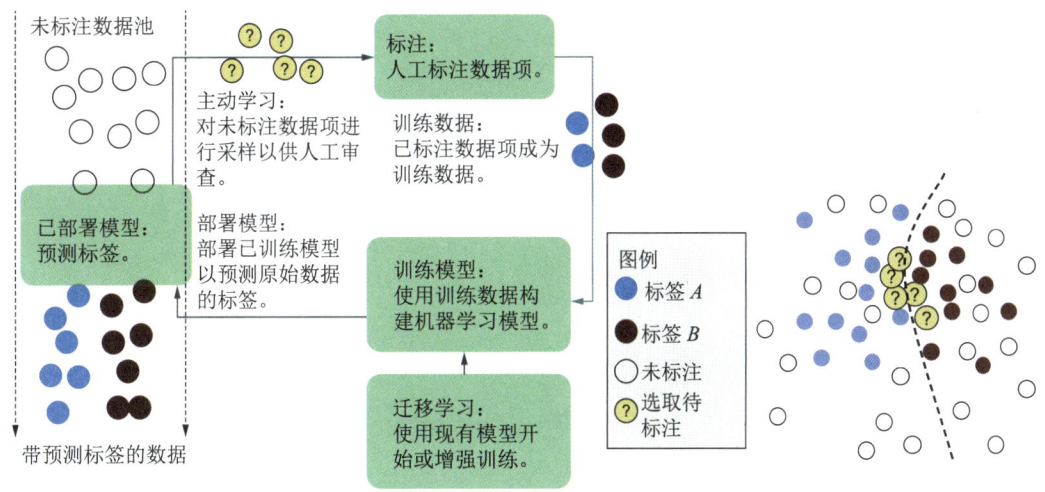

图 3-2 不确定性采样如何找到靠近决策边界的数据项

不确定性采样是一种对未标注数据项进行过采样的主动学习策略。这些数据项更靠近决策边界(有时数据项之间彼此靠近),因此进行人工标注更有可能导致决策边界发生变化。

计算不确定性的算法有很多,本节将介绍其中几种。这些算法都遵循相同的原理:

- 对大量预测应用不确定性采样算法,每项数据生成一个不确定性分数。
- 根据不确定性分数对预测结果进行排序。
- 选择前 n 个最不确定的数据项进行人工审查。
- 对前 n 个数据项进行人工标注,然后用于重新训练模型,并重复此过程。

本章涵盖了三种对预测数据具有不变性的方法,即无论其他预测数据项的分数如何,特定数据项都会得到相同的不确定性分数。这种不变性使得本章介绍的方法更加简单和可预测:根据不确定性分数的排序,足以找出一组预测结果中最不确定的数据项。相比之下,其他技术可能会利用预测的分布来改变单个分数。这个主题将在第 5 章和第 6 章再次讨论。

> **注意** 对于二元分类任务,本章中的策略是相同的,但对于三个或以上标签,策略很快就会出现分歧。

3.2.1 最低置信度采样

不确定性采样有一种最简单且最常用的方法,即通过计算每个数据项的 100% 置信度预测与最高置信度预测之间的差值来实现。第 2 章中介绍了这种主动学习的实现方式。我们将 softmax 函数的结果称为预测标签的概率。严格来说,softmax 函数给出的并不是概率,但这些等式是通用等式,适用于任何来源的概率分布,而不仅仅是 softmax 函数的概率分布。基本等式可以简单理解为标签最高置信度的概率,第 2 章你已经用过它:

$$\phi_C(x) = P_\theta(y^*|x)$$

虽然可以仅按置信度排序,但将不确定性分数转换为 0~1 范围(其中 1 代表不确定性最高)可能会很有用。在这种情况下,必须对分数进行归一化:用 1 减去分数值,然后将结果乘以标签数,再除以标签数减 1。这样做是因为最低置信度不会小于除以标签数的值,即所有标签都具有相同的预测置信度。因此,0~1 范围内的最低置信度采样计算如下:

$$\phi_{LC}(x) = (1 - P_\theta(y^*|x)) \times \frac{n}{n-1}$$

PyTorch 中实现最低置信度采样的代码见代码清单 3-2。

代码清单 3-2 PyTorch 中的最低置信度采样

```
def least_confidence(self, prob_dist, sorted=False):
    """
    Returns the uncertainty score of an array using
    least confidence sampling in a 0-1 range where 1 is most uncertain
    
    Assumes probability distribution is a pytorch tensor, like:
      tensor([0.0321, 0.6439, 0.0871, 0.2369])
    Keyword arguments:
      prob_dist -- a pytorch tensor of real numbers between 0 and 1 that
      ➤ total to 1.0
```

（清单续）

```
    sorted - if the probability distribution is pre-sorted from largest to
    ⮡ smallest
    """
    if sorted:
        simple_least_conf = prob_dist.data[0]
    else:
        simple_least_conf = torch.max(prob_dist)

    num_labels = prob_dist.numel() # number of labels

    normalized_least_conf = (1 - simple_least_conf) *
    ⮡ (num_labels / (num_labels - 1))

    return normalized_least_conf.item()
```

我们可以利用最低置信度获取自动驾驶汽车预测的不确定性分数。在这一场景下，"行人"的置信度是最关键的。在该示例中，不确定性分数可以计算为（1−0.6439）×（4/3）=0.4748。各预测标签的置信度见表 3-1。因此，最低置信度采样可以对预测结果进行排序，据此可以选择置信度最低的预测结果来进行预测标签的数据项采样。这种方法对置信度排在第二、第三等位置的数值是否敏感仅取决于其他预测值的总和是否等于分数本身，即除了置信度最高的标签，其他标签的置信度之和。

表 3-1　各预测标签的置信度

预测标签	骑行者	行人	路标	动物
softmax	0.0321	0.6439	0.0871	0.2369

这种方法对任何其他预测之间的不确定性是不敏感的：在置信度最高的预测的置信度相同的情况下，第二高到第 n 高置信度可以是任意值，而不会改变不确定性分数。如果在特定场景中只需关注置信度最高的预测，不妨考虑从这种方法入手。其他情况可以尝试后续小节中所述的其他方法。

最低置信度对 softmax 函数所用的底数敏感。该示例与直觉不符，但回想一下 softmax 函数（底数 =10）得出置信度约等于 0.9 的示例，由此得出不确定性分数等于 0.1，这远低于相同数据得出的 0.35。当底数不同时，这个分数会改变整体的排序。softmax 函数的底数越高，置信度最高的标签与其他标签之间的差值就越大；因此，底数更高时，标签置信度之间的差值比最高置信度标签与 1.0 之间的绝对差更重要。

3.2.2　置信度边际采样

不确定性采样的最直观形式是最高置信度预测与次高置信度预测之间的差值，即对于模型预测的标签，它的最高置信度比次高置信度标签高多少？其定义如下：

$$\phi_{MC}(x) = P_\theta(y_1^*|x) - P_\theta(y_2^*|x)$$

同样，可以将其转换为 0~1 的范围。对此，需要再用 1.0 减去该值，但可能的最高分数就是 1 了，因此无需再乘以任何系数：

$$\phi_{MC}(x)=1-(P_\theta(y_1^*|x)-P_\theta(y_2^*|x))$$

PyTorch 中实现置信度边际采样的代码见代码清单 3-3。

代码清单 3-3　PyTorch 中的置信度边际采样

```
def margin_confidence(self, prob_dist, sorted=False):
    """
    Returns the uncertainty score of a probability distribution using
margin of confidence sampling in 0-1 range where 1 is most uncertain

    Assumes probability distribution is a pytorch tensor, like:
      tensor([0.0321, 0.6439, 0.0871, 0.2369])

    Keyword arguments:
      prob_dist -- a pytorch tensor of real numbers between 0 and 1 that
        total to 1.0
      sorted -- if the probability distribution is pre-sorted from largest to
        smallest
    """
    if not sorted:
        prob_dist, _ = torch.sort(prob_dist, descending=True)

    difference = (prob_dist.data[0] - prob_dist.data[1])
    margin_conf = 1 - difference

    return margin_conf.item()
```

我们可以在示例数据中应用置信度边际采样（各预测标签的置信度参见表3-1）。"行人"和"动物"分别得到了预测的最高置信度和次高置信度。在该示例中，不确定性分数可以计算为 1.0−（0.6439−0.2369）=0.5930。

除了两个置信度最高的预测，这种方法对其他预测的不确定性是不敏感的：在最高置信度预测与次高置信度预测的置信度之差相同的情况下，第三高到第 n 高置信度可以是任意值，而不会改变不确定性分数。

如果在特定场景中只需关注预测标签与次高置信度预测之间的不确定性，不妨考虑从这种方法入手。这种类型的不确定性采样是行业中最常用的。

相对于最低置信度采样，置信度边际采样对 softmax 函数的底数的敏感度较低，但仍然具有一定的敏感度。softmax（底数 =10）对数据集给出的置信度边际分数为 0.1899，而底数为 e 时置信度边际分数为 0.5930，但这两个最有可能的分数都会发生变化。这些分数的变化速度稍有不同，具体取决于所有原始分数的总体相对差值，但请记住，采样是在模型最不确定时（即最高置信度的分数趋于最低并因此最相似时）进行的。因此，当 softmax 函数的底数不同时，通过置信度边际采样对最不确定的数据项进行采样，可能只会获得几个百分点的差值。

3.2.3　置信度比率采样

置信度比率采样是置信度边际采样的一个稍有不同的变体，它计算的是最高两个分数之间的比值，而不是差值。在不确定性采样方法中，它最适合用来帮助我们更好地理解置信度和 softmax 函数之间的关系。为了更直观地理解这一方法，可以将该比率视作最高置信度标签的可能性比次高置信度标签高多少倍：

$$\phi_{RC}(x)=P_\theta(y_1^*|x)/P_\theta(y_2^*|x)$$

再次代入数字：

0.6439/0.2369=2.71828

得出自然对数，e=2.71828！同样，假设底数为10，得出：

90.01%/9.001%=10

结果是10，正好等于所使用的底数！该示例恰好说明了为什么e是生成置信度的任意底数（有关此主题的更多信息，请参阅本书附录）。在这种情况下，"行人"的预测可能性真的是"动物"的2.71828倍吗？可能不是。它的可能性是否正好是"动物"的10倍也值得怀疑。置信度比率所能反映的唯一信息是，模型得出的原始分数在"行人"和"动物"之间相差"1"，仅此而已。通过除法计算的置信度比率可以用原始分数来定义，此例用softmax（底数=）表示，其中softmax（若底数非e）为：

$$\beta^{(z_1^*-z_2^*)}$$

置信度比率不会因softmax函数的底数不同而发生变化。其分数完全取决于模型中两个最高原始分数之间的差值；因此，无论是通过改变底数还是调整温度来进行缩放，都不会改变分数的排序。为了将置信度归一化到0~1的范围内，只需取上述公式的倒数即可：

$$\phi_{RC}(x)=P_\theta(y_2^*|x)/P_\theta(y_1^*|x)$$

为了便于说明，采用了上面的非倒数版本，直接输出其softmax函数的底数。PyTorch中实现置信度比率采样的代码见代码清单3-4。

代码清单3-4　PyTorch中的置信度比率采样

```
def ratio_confidence(self, prob_dist, sorted=False):
    """
    Returns the uncertainty score of a probability distribution using
    ratio of confidence sampling in 0-1 range where 1 is most uncertain
    Assumes probability distribution is a pytorch tensor, like:
    tensor([0.0321, 0.6439, 0.0871, 0.2369])

    Keyword arguments:
    prob_dist -- pytorch tensor of real numbers between 0 and 1 that total
        to 1.0
    sorted -- if the probability distribution is pre-sorted from largest to
        smallest
    """
    if not sorted:
        prob_dist, _ = torch.sort(prob_dist, descending=True)

    ratio_conf = prob_dist.data[1] / prob_dist.data[0]

    return ratio_conf.item()
```

通过该示例，我们能从另一角度直观理解为何置信度边际采样是相对不变的：当目标是对两个最高值进行排序时，选择对这两个值进行减法运算还是除法运算，实际上影响并不大。

令人欣慰的是，当减法得出的置信度边际与置信度比率确实存在差异时，该方法倾向于关注不确定性更高的值，从而实现排序的目标。尽管置信度边际和置信度比率并不明确地关注两个最高置信度之外的置信度，但它们会影响后者的数值。如果第三高置信度值为 0.25，那么最高置信度与次高置信度之间的差值不会超过 0.5。这意味着，如果第三高置信度的预测值与最高和次高置信度的预测值相差不大，那么计算出的置信度边际的不确定性分数会相应增加。这种变化幅度较小，并不直接由置信度边际采样引起，而是 softmax 函数等式中分母增大的间接结果——当第三高置信度的分数增加时，指数运算中该分数会不成比例地增大，从而导致分母变大。即便如此，这种行为模式是合理的；在其他条件相等的情况下，相较于仅考虑两个最高置信度的预测值，置信度边际采样会从"平局"之外寻找不确定性。

在置信度边际采样中，从第三个预测到第 n 个预测的变化，实际上只是 softmax 函数的一个幸运的副产品。与置信度边际采样不同，第二受欢迎的不确定性采样策略则是直接对所有预测进行显式建模。

3.2.4 基于熵（分类熵）的采样

在考察一组预测结果的不确定性时，一种方法是看你是否对预测结果感到意外。这一概念是熵技术的基础。相对概率而言，你对各个可能结果会感到多意外？

以一只我们长期支持但连续输球的球队为例，可以非常直观地理解上文说的熵和惊讶是什么意思。以我为例，我支持的是底特律雄狮橄榄球队。近年来，即使雄狮队在比赛初期领先，他们仍然只有 50% 的机会赢得比赛。因此，即使雄狮队在比赛初期领先，我也无法预测最终结果，所以每场比赛无论输赢我的惊讶程度都一样。熵并不衡量输掉比赛的情绪有多糟，它仅衡量惊讶程度。如图 3-3 所示，熵方程是一种计算对结果的惊讶度的数学方法。

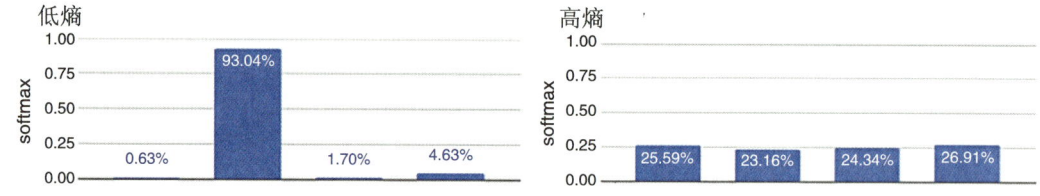

图 3-3 低熵（左）和高熵（右）示例

在概率分布中，当各个事件的概率最相近时，熵达到高值，分布内的任何一个预测成真都会引起最大程度的惊讶。熵的这一特性有时似乎与直觉不符，例如，在左侧图示中，概率差异最大，其中三个事件的发生概率极低。然而，这三个不太可能发生的事件的可能性被一个极有可能发生的事件的可能性抵消了。四个可能性大致相同的事件，总熵实际上更高，即使三个罕见事件在罕见情况下发生会有更大的信息量。

将熵应用于概率分布时，需要将每个概率乘以其对数，然后取负和：

$$\phi_{ENT}(x) = -\sum_y P_\theta(y|x) \log_2 P_\theta(y|x)$$

可以用预测（标签）数的对数除以熵，将熵转换为 0~1 范围：

$$\phi_{ENT}(x) = \frac{-\sum_y P_\theta(y|x) \log_2 P_\theta(y|x)}{\log_2(n)}$$

Python 和 PyTorch 库中实现熵分数比率采样的代码见代码清单 3-5。

代码清单 3-5　PyTorch 中基于熵的采样

```python
def entropy_based(self, prob_dist):
    """
    Returns uncertainty score of a probability distribution using entropy
    
    Assumes probability distribution is a pytorch tensor, like:
      tensor([0.0321, 0.6439, 0.0871, 0.2369])
    
    Keyword arguments:
      prob_dist -- a pytorch tensor of real numbers between 0 and 1 that
      total to 1.0
      sorted -- if the probability distribution is pre-sorted from largest to
      smallest
    """
    log_probs = prob_dist * torch.log2(prob_dist)        # 将每个概率乘以其以 2 为底的对数。
    raw_entropy = 0 - torch.sum(log_probs)
    
    normalized_entropy = raw_entropy / math.log2(prob_dist.numel())
    
    return normalized_entropy.item()
```

首先，看到另一个任意底数 log 不要被吓倒，在此选择底数 2 是基于历史因素：熵的底数选择并不会改变不确定性采样的排序。与 softmax 函数不同，不确定性采样用不同底数计算熵并不会改变整个数据集的分数排序。底数不同会导致熵分数的不同，但对于每个概率分布，熵分数是单调变化的，因此不会改变不确定性采样的排序。熵以 2 为底是有历史原因的，熵的概念来源于信息论，而信息论关注的是以二进制位表示压缩数据流。下面我们来计算示例数据的熵（见表 3-2）。

表 3-2　计算示例数据的熵

预测标签	骑行者	行人	路标	动物
$P(y\|x)$，即 softmax 函数	0.0321	0.6439	0.0871	0.2369
$\log_2(P(y\|x))$	−4.963	−0.635	−3.520	−2.078
$P(y\|x)\log_2(P(y\|x))$	−0.159	−0.409	−0.307	−0.492

对以上数字求和，再取其负数，得到的结果如下：

$$0-\text{SUM}(-0.159,-0.409,-0.307,-0.492) = 1.367$$

再除以标签数的对数，得到的结果如下：

$$1.367 / \log_2(4) = 0.684$$

请注意，相对于 softmax 函数提供的概率分布，$P(y|x)\log_2(P(y|x))$ 步骤并非单

调变化的。"行人"得到的结果为 –0.409，而"动物"得到的结果为 –0.492。因此，"动物"对最终熵分数的贡献最大，尽管其预测的置信度既非最高也非最低。

通过熵对不确定性进行排序的数据对 softmax 函数使用的底数敏感，这种敏感性与最低置信度的敏感性大致相同。这种情况之所以会发生，直观上很容易理解：熵明确地利用了概率分布中的每一个数值，因此通过选择较高的底数使这些数值分散得更开，结果的差异性就会更大。

回想一下之前的示例，softmax 函数（底数 =10）得出置信度约等于 0.9%，由此得出不确定性分数等于 0.1，这远低于相同数据得出的 0.35。用不同底数时，这个分数会改变整体的排序。softmax 函数的底数越高，置信度最高的标签与其他标签之间的差值就越大。

3.2.5 对熵的深入探讨

如果想要更深入地了解熵，可以尝试在等式中代入不同的置信度，每个置信度乘以其自身的对数，例如 $0.3 \times \log_2(0.3)$。对于这种熵值，$P(y|x)\log_2(P(y|x))$ 每次预测分数将在置信度约为 0.3679 时达到最大（负）值。与 softmax 函数不同，欧拉数具有特殊的性质，因为 $e^{-1} = 0.3679$。这个结果的推导公式被称为"欧拉定律"（Euler's Rule）。其从"塔比特定律"（Thâbit ibn Kurrah Rule）衍生而来，塔比特定律起源于 9 世纪，用于生成亲和数（amicable numbers）。无论熵的底数为何，每次预测的最大（负）值都约等于 0.3679，这有助于理解为何在这种情况下底数并不重要。

在机器学习和信号处理领域，熵经常出现在各种场景中，因此该等式有助于解释一些问题。所幸使用熵进行不确定性采样并不需要推导欧拉定律或塔比特定律。对熵的贡献最大的值是 0.3679（或其近似值），这一直观感受相当好解释：

- 如果概率为 1.0，则模型是完全可预测的，没有熵。
- 如果概率为 0.0，即对应的数据点永远不会发生，因此对熵没有贡献。
- 由此可得，在每次预测中，介于 0.0 到 1.0 之间的某个概率值是熵的最佳值。

然而，0.3679 仅代表个体概率的最佳值。如果将概率 0.3679 应用于单个标签，那么其他标签的概率仅剩 0.6321。因此，当每个概率都相等且等于 1 除以标签数时，整个概率分布的熵会达到最大值，而不是个体概率达到最大值。

3.3 识别不同类型的模型何时出现混淆

许多人可能正在应用机器学习领域的神经网络模型，然而，神经网络模型与众多其他流行的监督机器学习算法在架构上有许多不同之处。几乎每个机器学习库或服务商都会针对其算法返回某种形式的分数，这些分数可以用来进行不确定性采样。在某些场景下，这些分数可以被直接使用；而在其他场景下，则需要通过 softmax 函数等将分数转换成概率分布。

即便仅仅采用神经网络的预测模型或者常见机器学习库和服务商的默认配置，了解各种算法以及不同类型机器学习模型中如何定义不确定性也大有用处。某些算法对不确定性的定义与神经网络模型中的解释截然不同,这种差异并不一定反映孰优孰劣,但了解这些有助于我们理解不同常见方法的优缺点。图 3-4 概括了不同类型机器学习算法的不确定性判定策略,本节将对其进行更详细的阐述。

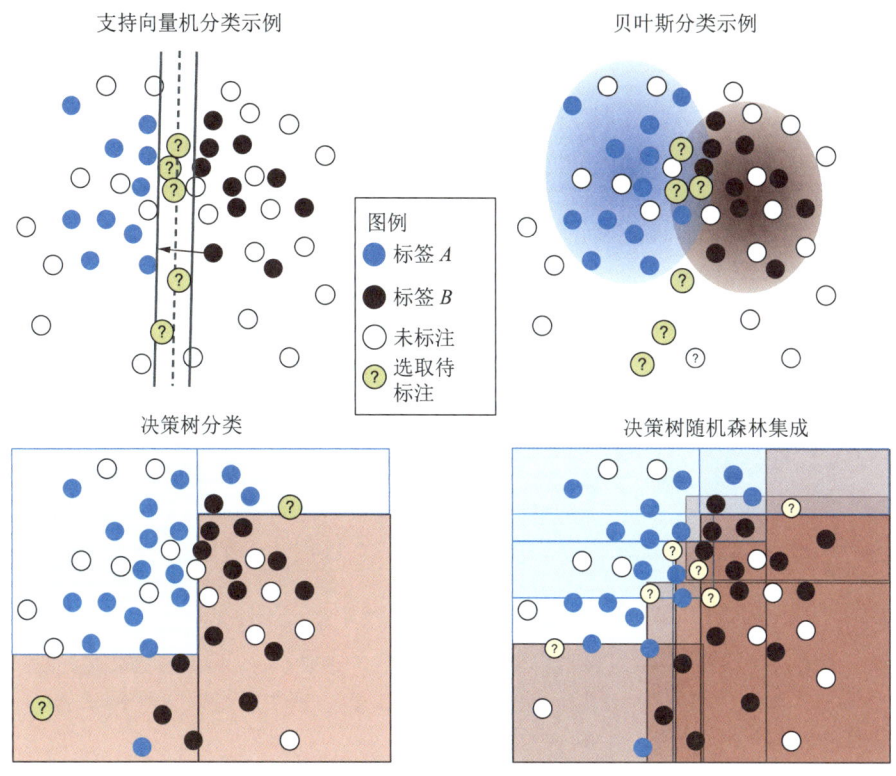

图 3-4 不同监督机器学习算法的不确定性采样

左上:支持向量机(SVM)的决策边界。与神经网络模型一样,判别学习器试图寻找数据的最优划分方法。与神经网络分类器不同的是,SVM 还试图最大化边界的宽度。具体来说,SVM 通过确定最宽的边界,从多条可能的中心线中选出最优的划分线。需要注意的是,与划分线(SVM 的超平面)的距离是从划分线的远端而不是中间线开始计算。

右上:一个潜在的贝叶斯模型。该模型是一个生成式监督学习模型,其试图对各标签的分布而非各标签之间的边界建模。各标签的置信度可以直接解释为归属于该标签的概率。

左下:决策树的潜在划分策略,每次以单个特征为单位对数据进行划分和递归细分。置信度由最后一个子集(即叶节点)中各标签的比例来确定。例如,左下角的叶节点中包含一个标签 A 和三个标签 B,则该叶节点的预测结果将以 25% 置信度归于标签 A,以 75% 置信度归于标签 B。决策树对数据的划分边界十分敏感,可能会将数据项划分至叶节点,因此,最终的概率往往可靠性不足。

右下:决策树的集成,随机森林是其中最为人熟知的一种变体。该方法涉及训练多个决策树。决策树的多样性主要通过对数据和 / 或特征的不同子集进行训练来实现。标签的置信度可以表示为某个数据项在所有模型中被预测的次数所占百分比,或者所有预测结果的平均置信度。

3.3.1 使用 logistic 回归和 MaxEnt 模型进行不确定性采样

在解释模型置信度时,可以将 logistic 回归和 MaxEnt(maximum entropy,即最大熵)模型与神经网络模型等同对待。logistic 回归模型、MaxEnt 模型和单层神经网络模型之间的差异并不大(有时甚至毫无区别)。因此,在应用不确定性采样的过程中,这些模型的处理方式可以与处理神经网络模型时一致:由此可能获取到 softmax 函数的输出,也可能获取到可以通过 softmax 函数转换的分数。同样需要注意的是:logistic 回归或 MaxEnt 模型的作用并不是准确计算模型的置信度,而是尽可能有效地区分标签,因此,如果目标是生成概率分布,可能需要尝试使用不同的 softmax 底数/温度参数。

3.3.2 使用 SVM 进行不确定性采样

支持向量机(SVM)属于另一种类型的判别学习。与神经网络模型一样,SVM 试图寻找数据的最优划分方法。与神经网络分类器不同的是,SVM 还试图最大化边界的宽度,并从多种可能的划分方法中选出正确的一种。最优边界即最宽的边界,更具体地说,是可以令标签与划分边界远端之间形成最大距离的边界。图 3-5 展示了 SVM 的一个示例。支持向量本身即为定义边界的数据点。

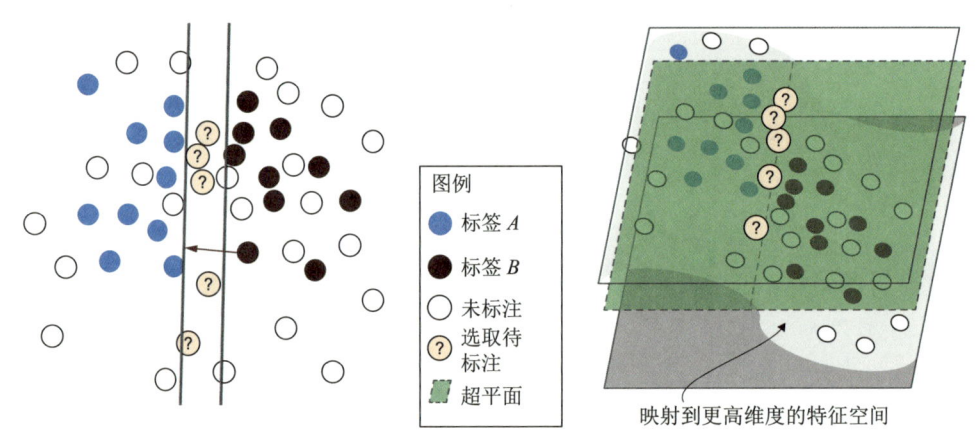

图 3-5 支持向量机分类示例

SVM 将二维示例数据集(上)投影到三维空间(下),通过一个线性平面将两组标签分离:其中标签 A 位于分割平面的上方,标签 B 位于分割平面的下方。采样的数据项与分割平面的距离最小。如果你希望深入理解一些重要的早期主动学习文献,就需要掌握 SVM 高层次的工作原理。

SVM 与神经网络的差异还在于其对更复杂的分布进行建模的方式。神经网络通过隐藏层发现比简单线性划分更复杂的标签边界。仅两个隐藏层就足以定义任何函数。SVM 在某种程度上实现了相似的效果,但 SVM 使用的是将数据映射到更高维度的预定义函数。在图 3-5 中,二维示例数据被投影到第三维度,其中一侧的数据点在新维度上被提升,而另一侧则被降低。投影到更高维度后,数据变得线性可分,两个标签被一个平面分割。

如果预定义了函数的类型(在 SVM 的应用场景中),可以大幅提高训练模型的效率,相比之下,让模型在所有可能的替代函数中自主寻找最合适的函数(在神经模型的应用场景中),效率会低数个数量级。然而,正确预定义函数类型的概率并不高,加之,随着硬件成本持续下降以及计算速度的不断提升,相较于早年的流行,如今 SVM 的使用频率极低。

3.3.3 使用贝叶斯模型进行不确定性采样

贝叶斯模型是一种生成式监督学习模型,这表明其目标是对每个标签和底层样本的分布进行建模，而不是对标签边界进行建模。贝叶斯模型的优点在于可以直接从模型中获取概率信息：

$$P_\theta(y|x) = \frac{P_\theta(y|x) P_\theta(x)}{P_\theta(y)}$$

你不需要采用单独的步骤或特定的激活函数来将任意分数转换为概率分布，模型可以直接计算一个数据项属于某一标签的概率。因此，各标签的置信度可以直接解释为数据项归属于该标签的概率。

由于贝叶斯模型的设计目的并不是对标签之间的差异进行建模，因此如果不进行更多的微调，往往无法捕捉到更复杂的决策边界。朴素贝叶斯（Naive Bayes）算法名称中有"朴素"一词，正是因为其无法对特征间的线性关系进行建模，遑论更复杂的关系。尽管如此，朴素贝叶斯算法能够迅速利用新的训练数据进行重新训练，这一特性对人在回路系统具有吸引力。

贝叶斯模型在处理数据时需要对数据的分布做出一定的假设，例如假设真实值遵循正态分布，这种假设可能并不总是符合实际数据的真实情况。如不谨慎对待模型假设，得出的概率可能会偏离真实值。尽管其概率仍然比判别模型得出的概率更可靠，但是，如果你不了解贝叶斯模型对数据所做的假设，可能会盲目地信赖它。

因此，贝叶斯模型虽然在准确率方面不总是能与判别模型相媲美，但通常能得到更可靠的置信度分数，因此可以直接用于主动学习。例如，采样方法可以基于你信赖的置信度分数：对于不确定性为 0.9 的数据项，采样占比 90%，对于不确定性为 0.1 的数据项，采样占比 10%，以此类推。然而，除了简单的标注任务，当人们说到用于主动学习的贝叶斯方法时，通常指的是对判别模型集成进行预测，后面第 3.4 节将对此进行阐述。

3.3.4 使用决策树和随机森林进行不确定性采样

决策树（decision trees）是一种判别学习器，通过每次以单个特征为单位对数据进行划分来构建树结构，将数据递归细分为多个子集，直到最后一个子集（叶节点）仅含有一组标签。决策树通常会提前停止（即"剪枝"），这样可以确保叶节点最终具有一定的标签多样性，并且模型不会对数据出现过拟合。本章前面的图 3-4 展示了一个具体的示例。

置信度由该预测叶节点中各标签的比例来确定。例如，图 3-4 中左下角的叶节点包含一个标签 A 和三个标签 B，则该叶节点的预测结果将以 25% 置信度归于标签 A，以 75% 置信度归于标签 B。

决策树对数据的划分边界十分敏感，可能会将数据项划分至叶节点。相对的，如果深度不足，每个预测将会包含大量噪声，而且子集会很大，同一子集中相对较远的训练数据会错误地增加置信度。这种情况下，概率往往并不可靠。

因此，单棵决策树的置信度通常不太可靠，不建议将其用于不确定性采样。这种方法对于其他主动学习策略可能会很有用（后续将展开说明），但对于任何涉及决策树的主动学习，建议使用多棵决策树并将结果结合起来。

随机森林（random forests）是最广为人知的决策树集成。在机器学习领域，集成指的是组合起来进行预测的机器学习模型的集合，第 3.4 节将对此详细介绍。

对于随机森林，需要训练多个不同的决策树，并且要确保每个决策树的预测结果略有差异。决策树的多样性主要通过对数据和/或特征的不同子集进行训练来实现。标签的置信度可以表示为某个数据项在所有模型中被预测的次数所占百分比，或者所有预测结果的平均置信度。

图 3-4 右下角显示了四棵决策树的组合，对多个预测结果取平均值后，两个标签之间的决策边界开始变得愈发平缓。因此，随机森林可以在两个标签之间的边界上提供可靠、可用的近似置信度。决策树的训练速度较快，因此，如果你将决策树作为主动学习的首选算法，那就没有理由不在随机森林中训练多棵决策树。

3.4 衡量多个预测结果的不确定性

有时，我们会基于数据构建多个模型。或许我们已经在尝试不同类型的模型或超参数，并希望将它们的预测结果合并为一个不确定性分数。否则，我们可能想在数据上尝试多个不同的模型，以便观察它们之间的差异。即使没有对数据使用多个模型，通过观察不同模型预测结果的差异，我们也能直观地认识模型当前的稳定性。

3.4.1 使用集成模型进行不确定性采样

与随机森林作为一种监督学习算法集成的原理相似，我们可以集成多种类型的算法来确定和汇总不确定性。图 3-6 提供了一个示例。由于采用了不同的统计类型，不同分类器的置信度不太可能直接兼容。

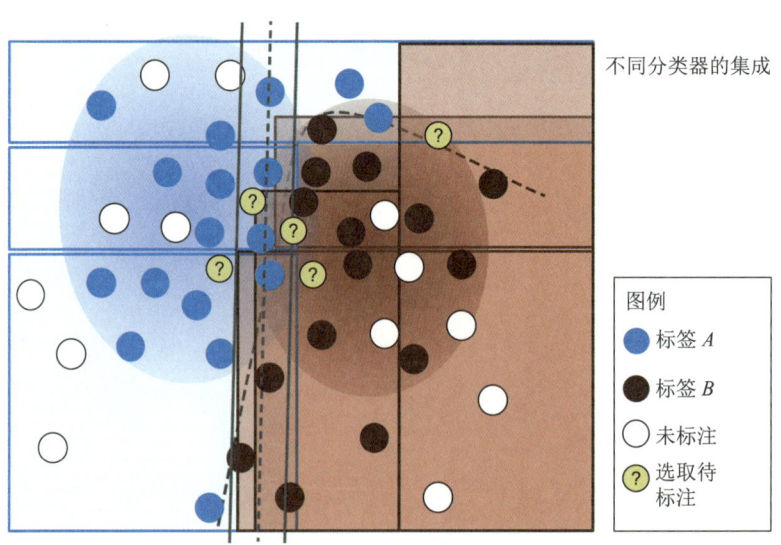

图 3-6　将不同类型机器学习算法——神经网络模型、SVM、贝叶斯模型和决策树（决策森林）——的预测结果结合起来的集成模型

我们可以通过各种方式（最大值、平均值等）对预测结果进行组合，从而得到每个未标记项的联合不确定性。

结合多个分类器的最简单方式是按照每个分类器的不确定性分数对数据项进行排序，随后按照排序结果给每个数据项赋予新的分数，最终将排序分数整合成一个不确定性的主排序。

也可以根据不同模型对某一数据项的标签达成一致的频率来计算不确定性。分歧最大的数据项就是待采样的数据项。此外，还可以将预测的概率分布考虑在内。你可以通过多种方式综合不同模型的预测结果：

- 所有模型中最低的最高置信度。
- 各模型最低置信度与最高置信度之差。
- 各模型最低置信度与最高置信度之比。
- 所有模型中所有置信度的熵。
- 所有模型平均置信度。

大家或许已经留意到，前四种方法与我们在单次预测中采用的不确定性采样算法一致，只不过本例讲的是多次预测。因此，相信大家已经能够应用这些方法。

3.4.2 基于委员会的查询和丢弃法

在主动学习中，基于集成的方法有时被称为"基于委员会的查询"（query by committee），尤其是当集成只使用一种机器学习算法时。大家可以尝试使用神经网络模型的集成方法：多次训练一个模型，并检查每次神经网络模型的预测结果中未标注数据的一致性。如果已经通过多次重新训练模型来调整超参数，那么不妨利用不同的预测结果来辅助主动学习。

按照随机森林的方法，可以尝试使用不同的数据项或特征子集来重新训练模型，以确保所构建的模型类型多样化。这种方法可以避免由单个特征（或少数特征）来主导最终的不确定性分数。

最近流行的一种神经网络模型采用了"丢弃法"（dropout）。对于训练模型时采用"丢弃法"的做法，相信大家并不陌生：在训练模型时，通过随机移除/忽略一定比例的神经元/连接，以避免模型对特定的神经元出现过拟合。

对预测结果应用丢弃法：针对一个数据项多次获取预测结果，每次丢弃不同的随机神经元/连接。这种方法会导致一个数据项产生多个置信度，利用这些置信度并结合集成评估方法对适当的数据项进行采样，如图3-7所示。

本书提供了更多关于如何借助神经架构支持主动学习的示例。第4章涵盖了多样性采样，一开始就列举了一个类似的例子，利用模型激活来检测离群值。此外，后续我们会介绍的许多进阶技术也沿用了这一思路。

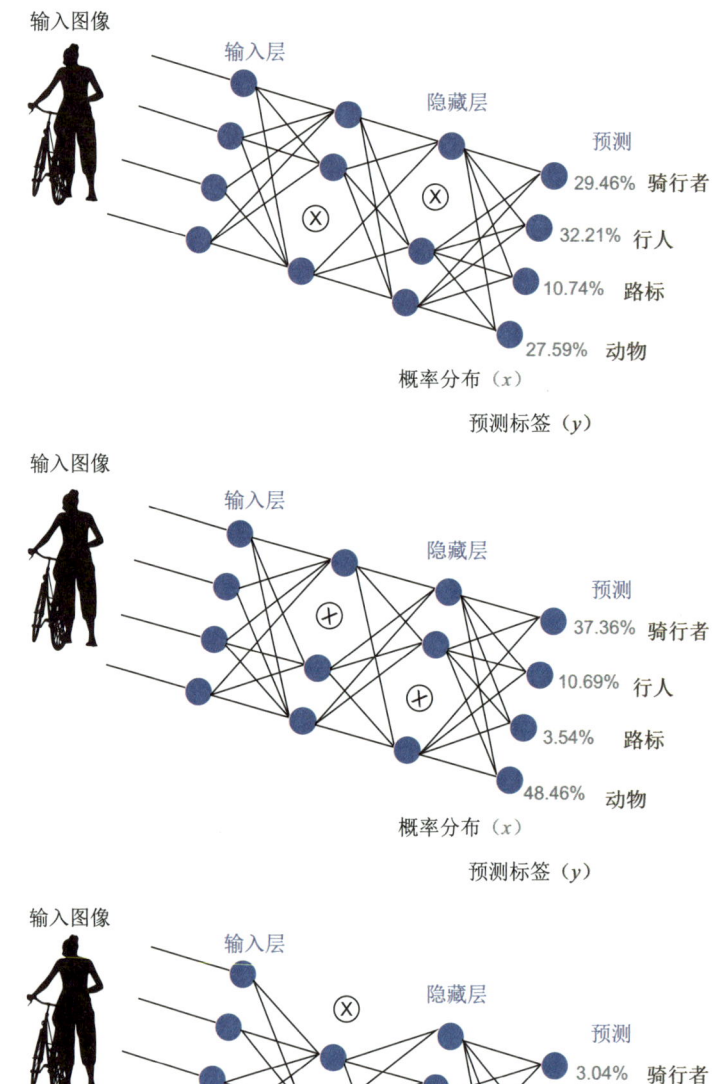

图 3-7 在模型中应用丢弃法以获取某一数据项的多个预测结果

每次预测时,随机丢弃(忽略)一组神经元,从而获得不同的置信度和(可能)不同的预测标签。然后,不确定性可以计算为所有预测结果的变异程度:预测结果之间的不一致性越大,不确定性就越大。这种从单个模型中获取多个预测结果的方法被称为"蒙特卡洛丢弃法"(Monte Carlo dropouts)。

当下正是从事人在回路机器学习领域工作的好时机。你将有机会接触机器学习算法的最新架构,同时思考它们与人机交互之间的关系。

3.4.3 偶然不确定性与认知不确定性的区别

"偶然不确定性"（aleatoric uncertainty）和"认知不确定性"（epistemic uncertainty）这两个术语来自哲学文献，它们在机器学习领域非常流行，即使是未曾涉足哲学领域的机器学习科学家也熟悉。在机器学习文献中，这两个术语通常指的是所使用的方法。认知不确定性是指单个模型预测结果中的不确定性，而偶然不确定性是指多个预测结果中的不确定性（尤其是近期文献中介绍蒙特卡洛丢弃法时会用到）。"aleatoric"（偶然）原本是指固有的随机性，而"epistemic"（认知）原本是指缺乏认识，然而，这两个定义仅在机器学习上下文中特别是无法标注新数据的情境下，才具有实际意义，而这种情境在学术研究之外较为罕见。

因此，在阅读机器学习文献时，可以假设研究者讨论的仅限于计算不确定性的方法，不涉及更深层次的哲学含义。图3-8说明了这两者之间的区别。

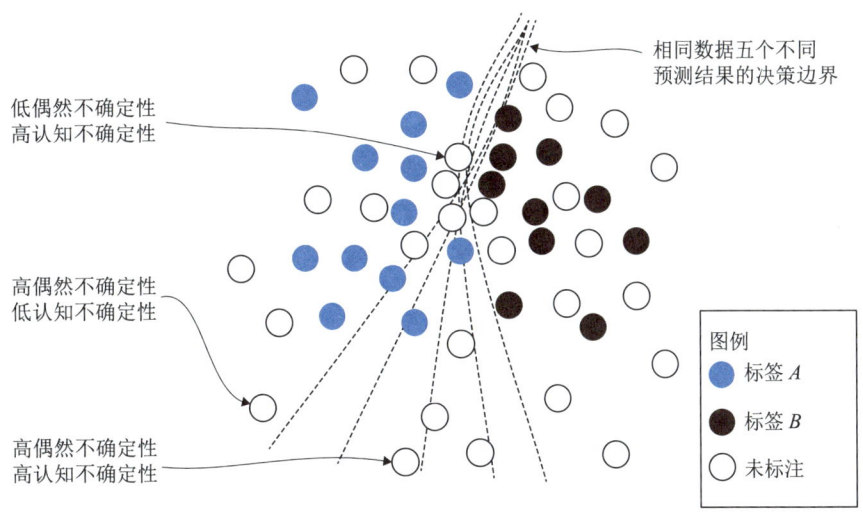

图3-8 在机器学习文献中最广泛使用的定义下，偶然不确定性与认知不确定性的区别

第一个突出显示的数据项靠近所有五个预测结果的决策边界，因此具有较高的认知不确定性，但决策边界彼此紧密聚集，因此具有较低的偶然不确定性。第二个突出显示的数据项由于远离大多数决策边界，其认知不确定性较低，但其与各决策边界的距离差异较大，因此具有较高的偶然不确定性。最后一个数据项靠近平均决策边界，与所有边界之间的距离方差较大，因此表现出两种类型的较高不确定性。

图3-8展示了多个预测结果如何允许根据与多个决策边界的方差以及与单个决策边界的距离来预测不确定性。对于神经网络模型，与决策边界距离的变化可以计算为预测标签的变化，或者第3.2节提及的任意一种不确定性采样指标的变化，或者每个预测结果的整个概率分布的变化。

关于研究起点的更多信息请参见第3.8节延伸阅读，因为这一研究领域非常活跃。关于偶然不确定性的文献通常侧重于集成或丢弃的最佳类型，而关于认知不确定性的文献则通常侧重于从单一模型中获取更准确的概率分布。

3.4.4 多标签和连续值分类

如果任务是多标签的，允许每个数据项有多个正确标签，则可以采用与集成相同的聚合方法来计算不确定性。可以将每个标签视为二元分类器，然后决定是取不确定性平均值、取不确定性最大值，还是使用本章前面介绍的其他聚合方法。

将每个标签视为二元分类器时，各类型的不确定性采样算法（最低置信度采样、置信度边际采样等）并无差别，但除了对不同标签进行聚合外，还可以尝试本节中的集成方法。例如，可以在数据上训练多个模型，然后对每个数据项的每个标签进行预测，并将预测结果聚合。通过这种方法，数据项的每个标签将得到不同的不确定性值。此外，可以尝试使用适当的方法，对每个数据项的单个标签不确定性以及跨标签不确定性进行聚合。

对于连续值——比如回归模型预测的是实际值而非标签——模型可能无法提供预测结果的置信度分数。在这种情况下，可以应用集成方法并观察预测结果的变化来计算不确定性。事实上，蒙特卡洛丢弃法最早被用于估算回归模型的不确定性，这种模型不需要使用新的数据进行标注。在这种受控环境下，我们可以认为"认知不确定性"是适用的术语。

第6章介绍了主动学习在众多场景中的应用，而在目标检测一节中，对回归中的不确定性提供了更详尽的说明。第10章设有一节专门评估连续任务中人工的准确率，这对大家的任务可能具有参考价值。建议读者阅读这两章，以便更全面地了解预测连续值的模型的更多细节。

3.5 选择适当数量的数据项进行人工审查

不确定性采样是一个迭代过程。你需要选择一定数量的数据项进行人工审查，重新训练模型，然后重复这一过程。回顾第1章，其中提到了仅进行不确定性采样而忽略多样性采样的潜在弊端，具体如图3-9所示。

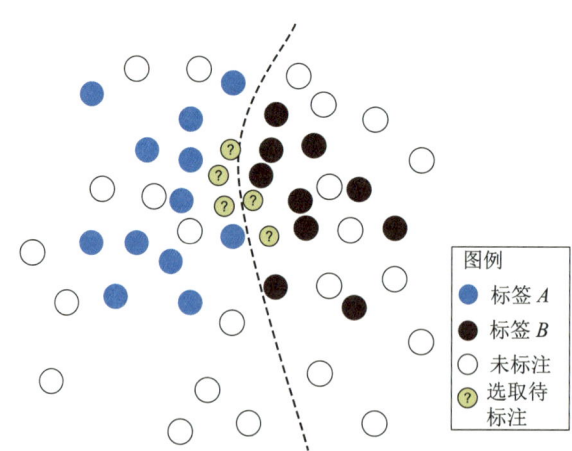

图3-9 全部来自特征空间的同一区域并因此缺乏多样性的不确定数据项集合

最不确定的数据项全部彼此靠近。在实际情况中，可能会有成千上万的例子紧密聚集在一起,因此无需对它们全部进行采样。无论一个数据项是从哪里采样得来的,在经过人工标注并重新训练模型之前,都难以完全确定其对模型的影响。

然而,重新训练一个模型可能需要很长时间,在此期间要求人工标注员等待是浪费时间。在这个问题上,存在两种相互竞争的力量:
- 最小化样本量可以确保在每次迭代中从每个数据点获得最大的效益。
- 最大化样本量可以确保更多的数据项更快地得到标注,从而减少模型需要重新训练的频率。

正如第 2 章所述,在模型的早期迭代中,多样性较低,但随着模型的重新训练,后续迭代中会进行自我纠正。最终的决策取决于业务流程。在最近的机器翻译领域,我们希望模型能够在几秒钟内适应新数据,以便能实时响应翻译人员的需求。然而,一些公司满足于每年迭代一次以适应新数据。

3.5.1 预算约束下的不确定性采样

在标注预算固定的情况下,应尽量进行更多次的迭代。可能的迭代次数取决于你怎么付给标注员报酬,是按标签数(如交给众包工人标注的模型)还是按工时(如交给专业人员标注的模型)计算。

如果按照标签数计算预算,无论获取标注所需时间有多长,每个标签都支付固定的价钱,那么最好尽可能优化最大迭代次数。人们往往会对等待模型完成训练感到厌烦。当重新训练一个模型需要几天以上的时间时,一些人会将最大迭代次数控制在 10 次左右,并为此制订相应的计划。选择 10 次这个数字并没有特别的原因,仅仅由于这是个直观的迭代次数,便于监测准确率的变化。

如果按照工时计算预算,即每天让一定数量的标注员工作一定的工时数,那么最好以确保始终有数据可供标注为目标来进行优化。让标注员逐步完成未标注数据项的不确定性排序,并定期重新训练模型,每当新模型训练完成,用新的不确定性排序替换之前的排序。如果你正在使用不确定性采样,为了避免对问题空间的某一部分过采样,建议定期更换模型。实际操作中,如果有专职数据标注团队,应该尊重他们的工作,实施本书提出的多种主动学习采样策略,将这些策略综合起来进行数据采样,充分发挥标注团队的最大价值。同时,这样做能够避免因依赖单一算法而带来的偏差,因此实现人机双赢。第 7 章将详细讨论针对不同类型标注人员的策略选择。

3.5.2 时间有限的情况下的不确定性采样

在时间有限、需要快速更新模型的情况下,应考虑尽快重新训练模型的策略,如第 2 章所述。最快捷的方法是采用结构简单的模型。具有一至两层的模型(或更为理想的朴素贝叶斯模型)能够以极快的速度进行重新训练,从而快速迭代优化。此外,证据显示,用较简单的模型执行不确定性采样,与用较复杂的模型执行采样同样有效。需要牢记的是,我们寻找的是识别出最容易混淆的数据点,而非最准确的数据点。如果一个简单模型与一个复杂模型在相同的数据项上最容易混淆,那么这两个模型都将选择对相同的数据项进行采样。

若要采用更进阶的方法，可以考虑仅对较大模型的最后一层或几层进行重新训练。相较于对整个模型进行重新训练，这种方法能够利用新数据快速完成模型的重新训练，整个过程只需要几秒钟而非数周。虽然这样得到的模型的准确率可能略微低些，但整体表现可能相差无几。就和选择更简单模型的逻辑一样，如果目的是寻找更大的不确定性，那么这种微小的准确率损失可能无关紧要。通过加快迭代速度获得的模型，在准确率方面甚至可能超越经过长时间等待重新训练整个模型但迭代次数更少的模型。

一种进阶的方法可以两全其美：通过一些方法确定重新训练整个模型所需的关键参数，随后仅针对关键参数进行重新训练。这种方法能够在大幅节省时间的同时，保持与整个重新训练的模型相同的准确率。

另一种更易于实现的进阶方法是构建两个模型：一个是增量模型，它能够在每次接收到新的数据项时立即进行更新；另一个是定期从头开始重新训练的模型。第 12 章的一个示例便采用了这样的架构设计。

3.5.3　无时间或预算限制的情况下何时停止训练？

遇到无时间或预算限制的情况实属幸运！当模型的准确率不再进一步提升时，便是暂停模型训练的适当时机。如果已经多次尝试不同的不确定性采样策略，模型达到一定准确率后无法继续提升，这就是一个明确的信号，表明如果你尚未达到预期的准确率目标，就应该暂停训练，考虑采用其他的主动学习和 / 或算法策略。

随着数据标注量的增加，你最终会发现收益递减；无论使用何种策略，模型的学习率都会随着数据量的增加而逐渐降低。即使学习率尚未趋于稳定，也应该对每个标签的准确率与其所需成本进行成本效益分析。

3.6　评估主动学习的成效

评估不确定性采样时，务必利用随机选取的保留测试数据集。如果每次迭代后你都从训练数据中随机选取测试数据，就无法掌握模型的实际准确率。事实上，这种做法可能会导致看上去的准确率低于真实水平。如果你选择难以分类的数据项，很可能是在对本质模糊的数据项进行过采样。如果对本质模糊的数据项进行更频繁的测试，发现错误的概率自然更高（第 2 章已经讨论过这一话题，但值得在此重申）。因此，在使用不确定性采样的同时，切勿忘记随机采样的重要性，否则将无法判断模型性能是否得到了提升！

3.6.1　是否需要新的测试数据？

如果已经留出了测试数据，并且确认未标注数据的分布与训练数据基本一致，那么就无需额外准备测试数据。在这种情况下，可以继续使用同一批数据来对模型进行测试。

如果确认测试数据的分布与原始训练数据存在差异，或者对两者是否一致并不确定，那么应该通过随机选择未标注的数据项来获取额外的标签，并将这些数据纳入现有的测试数据集，或是另外创建一个独立的测试数据集。

> **建议** 在不确定性采样的第一次迭代之前创建新的测试数据集。

一旦通过不确定性采样从数据池中移除了部分未标注的数据项,该数据池便不再构成随机的集合。此时,数据池会偏向于模型对预测感到确信的数据项,因此,如果将该数据池中随机选择的数据用于测试数据集,很可能会误导性地得到一个较高的准确率。

在每一次迭代过程中,都要确保测试数据集保持独立性,避免将其纳入任何采样策略之中。如果经过几轮迭代才意识到这一点,而随机样本中已经包含了通过不确定性采样选取的数据项,此时就需要返回到最初的迭代阶段重新开始。这种情况下,仅仅从后续训练数据中移除这些测试数据项是不够的,因为它们已经参与了模型的训练过程,并对中期的不确定性采样策略的数据选择产生了影响。

此外,不妨评估一下不确定性采样技术相较于随机采样基线的性能。如果不确定性采样并不比随机采样更准确,那么就应该考虑调整采样策略。随机选择一些比较具有统计意义的数据项:通常,几百个数据项已经足够。与用于整个模型的评估数据不同,这些数据项可以在下一轮迭代中加入训练数据,确保在每一步骤中根据剩余的待标注数据项来比较采样策略。

最后,你可能需要考虑将随机数据样本与通过不确定性采样选出的数据项一并纳入。如果不打算采用第 4 章介绍的某些多样性采样方法,那么可以把随机采样当作一种最基础的多样性采样方法,确保每个数据点都有机会得到人工审查。

3.6.2 是否需要新的验证数据?

大家还应该在每次迭代中考虑使用多达四个验证数据集,其数据分别来源于:

- 与测试数据集相同的分布。
- 每次迭代中剩余的未标记数据项。
- 与每次迭代中新采样数据项相同的分布。
- 在每次迭代中与整个训练数据集相同的分布。

如果每次添加数据后你都要调整模型参数,就应当利用验证数据集来评估模型的准确率。如果使用测试数据集调整模型,那么将无法判断模型是真正达到了泛化的效果,还是仅仅找到了一组恰好与特定评估数据相匹配的参数。

通过验证数据集,你可以在不接触测试数据集的前提下,对模型的准确率进行调整。通常,验证数据集从一开始就已经设定好了。与测试数据集一样,如果你认为未标注数据项来源于与初始训练数据相同的分布,那么就没有必要更新/替换验证数据集。否则,就应该像对待测试数据一样,在不确定性采样的第一次迭代之前,对验证数据进行更新。

你或许需要使用第二个验证数据集来测试每次迭代中主动学习策略的效果。一旦开始了主动学习的迭代过程,剩余的未标注数据项将不再构成随机样本,因此其分布将与现有的测试数据集和验证数据集有所不同。该数据集可作为每次迭代的基线。进行不确定性采样的结果是否优于在剩余数据项中随机选择呢?鉴于该数据集仅对单次迭代有效,因此可以在每次迭代结束后,将这些数据项加入训练数据;这些标签并不是会被丢弃的人工标签。

如果你想要评估每次迭代中创建的人工标签的准确率,那么应该在第三个验证数据集上进行,该数据集来源于与新采样数据相同的分布。新采样数据对人类标注员来说,标注起来可能更容易也可能更难,因此你需要在具有相同分布的数据集上评估人工标签的准确率。

最后,在每次迭代时,考虑从训练数据中随机抽取第四个验证数据集,以确保模型没有对训练数据出现过拟合,这是许多机器学习库默认采用的做法。如果验证数据和训练数据的分布不一致,就难以准确评估过拟合的程度,因此使用独立的验证数据集来检查过拟合是明智的决策。

这个方法的弊端是人工标注成本高,需要多达四个验证数据集。业内常有人在使用验证数据集上犯错,无论何种场景,他们通常都使用一个验证数据集。最常见的原因是,他们希望在训练数据中加入尽可能多的标注数据项,以尽快提高模型的准确率。当然,这与主动学习的目标相符,但没有正确的验证数据,就无法得知下一步应该采取哪种策略来提高准确率。

3.7 不确定性采样速查图

这里的示例数据仅包含两个标签。不确定性采样算法将返回具有这两个标签的相同样本。图 3-10 显示了存在三个标签时不同算法所关注的目标区域的例子。从图中可以看出,置信度边际采样和置信度比率采样仅针对一些成对混淆的数据项,这表明这两种算法主要关注于两个最有可能的标签。相比之下,所有标签之间越容易混淆,熵值越大,这就解释了为何最高的不确定性出现在三个标签之间。

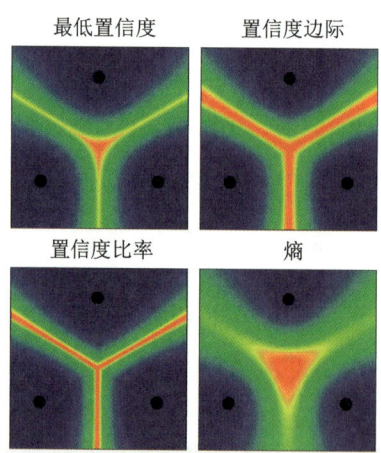

图 3-10 四种主要的不确定性采样算法及其在三标签问题中采样区域的热力图

在这个示例中,每个点代表一个具有不同标签的数据项,每个像素的热度代表不确定性。最热(最不确定)像素的亮度最高(彩色视图中呈现为红色)。左上是最低置信度采样,右上是置信度边际采样,左下是置信度比率采样,右下是基于熵的采样。最重要的一点是,置信度边际采样和置信度比率采样仅针对一些成对混淆的数据项,而所有标签之间越容易混淆、熵值越大。

需要注意的是,标签越多,不同方法之间的差异越显著。图 3-11 比较了各种配置,以突出显示各种方法之间的差异。

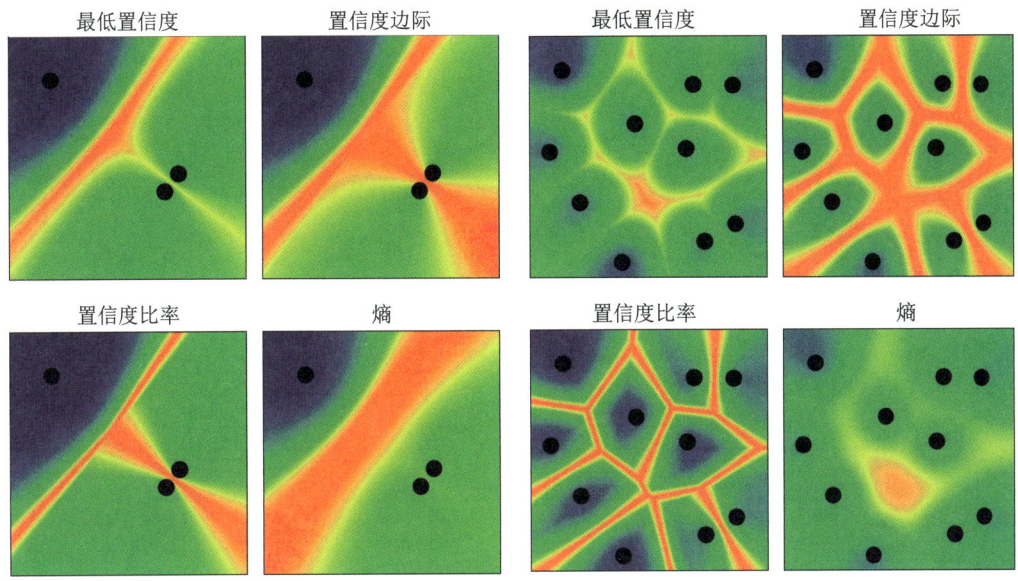

图 3-11　四种方法的比较

左侧四幅图显示,置信度边际采样和置信度比率采样的不确定性空间大多集中在两个标签之间,而熵则完全不存在这种情况,因为第三个标签并不模糊。右侧四幅图显示,特别是在更复杂的任务中,不同的不确定性采样算法抽取的数据项会有所不同。[1]

> **建议**　只要访问 http://robertmunro.com/uncertainty_sampling_example.html 即可尝试图 3-10 和图 3-11 的交互式版本。交互式示例的源代码提供了用 JavaScript 实现的不确定性采样算法,但更多的读者或许需要在本章相关代码库中找到 PyTorch 和 NumPy 的 Python 示例。

图 3-12 总结了本章用过的四种不确定性采样算法。

---

[1] 感谢阿德里安·卡尔马的建议,采用左侧图片是突出差异的好方法。

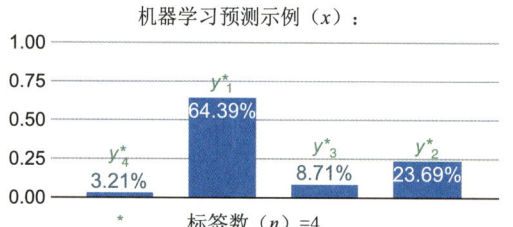

模型的预测结果表示为一个概率分布（x），每个预测结果都介于 0 和 1 之间，预测结果相加等于 1。y^*_1 表示置信度最高，y^*_2 表示置信度次高，以此类推，共有 n 个预测标签。
这个示例可以用 PyTorch 张量表示：
prob = torch.tensor ([0.0321, 0.6439, 0.0871, 0.2369])。

最低置信度： 最高置信度预测与 100% 置信度预测的差值

```
most_conf = torch.max ( prob )
num_labels = prob.numel ()
numerator = ( num_labels * ( 1–most_conf ))
denominator = ( num_labels–1 )
least_conf = numerator/denominator
```

置信度边际： 最高置信度预测与次高置信度预测的差值

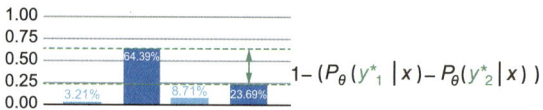

```
prob, _ = torch.sort ( prob, descending=True )
difference = ( prob.data [0]–prob.data[1] )
margin_conf = 1– difference
```

置信度比率： 最高置信度预测与次高置信度预测之间的比率

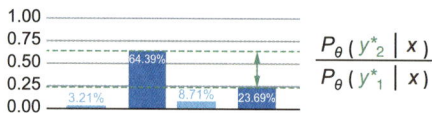

```
prob, _ = torch.sort ( prob, descending=True )
ratio_conf = ( prob.data [1] / prob.data [0] )
```

熵： 由信息论定义的，所有预测之间的差值

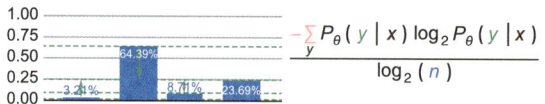

```
prbslogs = prob * torch.log_2 ( prob )
numerator = 0–torch.sum ( prbslogs ) denominator =
torch.log_2 ( prob.numel ( ) )
entropy = numerator / denominator
```

图 3-12 不确定性采样速查图

在监督机器学习模型进行预测时，通常会给出对预测的置信度。如果模型不确定（置信度较低），人工反馈会有所帮助。在模型不确定时获取人工反馈是一种被称为不确定性采样的主动学习。本速查图包含四种计算不确定性的常用方法，并附有示例、公式和 Python 代码。

3.8 延伸阅读

不确定性采样进入研究领域已有较长历史，积累了大量相关的优秀文献。为了获取有关不确定性采样的最前沿研究成果，建议查找近期发表且经常被引用的论文。

值得注意的是，许多论文并未将分数归一化到 [0, 1] 范围内。如果你要在现实世界中部署模型，强烈建议你对输出结果进行归一化。即使归一化输出结果不影响准确率，也有助于简化抽查过程，同时防止在下游处理阶段出现问题，尤其是对后续章节中将学到的高阶方法而言。

3.8.1 最低置信度采样延伸阅读

Aron Culotta 和 Andrew McCallum 撰写的"Reducing Labeling Effort for Structured Prediction tasks"（《减少结构化预测任务的标注工作量》，http://mng.bz/opYj）是一篇关于最低置信度的早期优秀论文。

3.8.2 置信度边际采样延伸阅读

Tobias Scheffer、Christian Decomain 和 Stefan Wrobel 撰写的"Active Hidden Markov Models for Information Extraction"（《用于信息提取的主动隐马尔可夫模型》，http://mng.bz/nMO8）是一篇关于置信度边际采样的早期优秀论文。

3.8.3 置信度比率采样延伸阅读

尽管我在主动学习的课堂上教授过关于置信度比率的内容，但这方面的论文我并没怎么看到。我在本书中介绍置信度比率与 softmax 底数/温度之间的关系时，它尚属一个新概念。考虑到置信度比率与置信度边际相似，都涉及两个最高置信度预测结果之间的关系，因此研究置信度边际的文献可能是与之最相关的。

3.8.4 基于熵的采样延伸阅读

Ido Dagan 和 Sean P. Engelson 撰写的"Committee-Based Sampling For Training Probabilistic Classifiers"（《用于训练概率分类器的基于委员会的采样》，http://mng.bz/vzWq）是一篇有关基于熵的采样的早期优秀论文。

3.8.5 其他机器学习模型延伸阅读

David D. Lewis 和 William A. Gale 撰写的"A Sequential Algorithm for Training Text Classifiers"（《一种训练文本分类器的序列算法》，http://mng.bz/4ZQg）是一篇关于不确定性采样的奠基性论文，其中用到了贝叶斯分类器。如果你研究随后十年中被广泛引用的文献，会发现 SVM 和线性模型常见于其中。基于本章所述的种种原因，不推荐尝试使用决策树来实现不确定性采样。

3.8.6 基于集成的不确定性采样延伸阅读

Dagan 和 Engelson 的论文（第 3.8.4 节）涵盖了多个分类器（基于委员会的查询）的用例，对于集成模型来说是一个不错的起点。而对于更多专注于神经网络模型的最新研究，包括更好地估计不确定性的丢弃法和贝叶斯方法，Zachary C. Lipton 和 Aditya Siddhant 撰写的"Deep Bayesian Active Learning for Natural Language Processing: Results of a Large-Scale Empirical Study"（《自然语言处理的深度贝叶斯主动学习：大规模实证研究的结果》，http://mng.bz/Qmae）提供了一个不错的切入点。

学术文献中，随机丢弃法有时被称为蒙特卡洛丢弃法或贝叶斯（深度）主动学习。尽管名称不同，其策略却一脉相承：在预测过程中随机选择神经元/连接并予以忽略。"蒙特卡洛"（Monte Carlo）一词来自一位物理学家开的一个有趣玩笑。而"贝叶斯"（Bayesian）一词来源于一个事实：如果你眯起眼睛观察数据变化，它呈现出高斯分布的模样；它并非真正的贝叶斯分类器。理解这些术语的积极意义在于，如果你在预测过程中向模型传递一个额外的参数，可以告诉朋友，你刚刚为"贝叶斯深度主动学习实现了蒙特卡洛丢弃"，让他们感到钦佩。

3.9　小结

- 不确定性采样采用四种主要算法：最低置信度采样、置信度边际采样、置信度比率采样和基于熵的采样。这些算法有助于了解模型中不同类型的"已知的未知"。

- 每种不确定性采样算法可以得到不同的样本。理解其中的原因有助于确定哪一种算法最适用于衡量模型的不确定性。

- 不同类型的分数由不同的监督机器学习算法输出，包括神经网络模型、贝叶斯模型、SVM 和决策树。了解每个分数的含义有助于解释它们的不确定性。

- 集成方法和丢弃法可用于生成同一数据项的多个预测结果。通过观察不同模型预测结果的差异来计算不确定性。

- 在每个主动学习周期内获得更多标注或在更多周期内获得更少标注，你需要在二者之间权衡。在使用不确定性采样时，了解如何权衡这二者，就能选择正确的周期数和每个周期标注的数量。

- 你可能希望创建不同类型的验证数据，以评估系统的不同部分。了解不同类型的验证数据后，就能选择合适的数据来调整每个组件。

- 正确的测试框架有助于计算你的系统的准确率，正确判断性能是否提升，避免无意中引入数据偏差。

第 4 章
多样性采样

本章内容包括：

- 利用离群值检测对当前模型未知的数据进行采样。
- 在开始标注之前利用聚类对更多样化的数据进行采样。
- 利用代表性采样来选取与要部署模型的环境最接近的数据。
- 结合分层采样和主动学习技术，以增强现实世界数据的多样性。
- 利用不同类型的机器学习架构进行多样性采样。
- 评估多样性采样的成效。

在第 3 章我们探讨了如何确定模型的不确定性，即模型"知道自己不知道"。而在本章，我们将学习如何识别模型中的空白区域，即模型"不知道自己不知道"或者说是"未知的未知"。这个问题比较困难，尤为棘手的是，模型需要掌握的信息往往是在不断变化的世界中移动的目标。正如人们每天都在应对不断变化的环境，了解新的词汇、新的物体和新的行为一样，大多数机器学习算法也部署在不停变化的环境中。

例如，在使用机器学习分类或处理人类语言时，我们通常期望应用程序能适应新的词汇及其含义，而不是一成不变，仅仅停留在历史的某个时间点上理解语言。在后续章节中，我们将通过语音识别和计算机视觉的几个用例，展示多样性采样对于各类机器学习问题的价值。

假设你的工作是为尽可能多的用户打造一款成功的语音助手。公司领导希望你的机器学习算法能够比人类掌握更广泛的知识。英语大约有 20 万个单词，一般的英语使用者大概知道其中 4 万个，仅占到总词汇量的 20%，但你的模型应争取达到近 100% 的覆盖率。你手头有大量的未标注录音可供标注，但某些词语比较少被用到。如果对录音进行随机采样，这些使用频率低的词语可能会被遗漏。因此，你需要有意识地获取覆盖尽可能多词语的训练数据。你可能还需要了解人们在与语音助手交流时最常用的词语，并对这些词语进行更加集中的采样。

此外，人群多样性也是一个需要关注的问题。如果录音主要来源于特定地区、特定性别的居民，由此生成的模型可能对这一性别和特定口音的准确率更高。你需要从不同人群中尽可能公平地采样，以确保模型对所有人群都具有相同的准确率。

最后，许多人并不说英语，他们也希望拥有一个语音助手，但我们几乎没有收集到非英语数据。可能需要坦诚地承认，这里的"多样性"存在局限性。

这个问题比仅仅识别模型何时感到不确定更加困难,因此,多样性采样的解决方案本身在算法上就比不确定性采样更多样化。

4.1 知道未知:识别模型的知识空白

本章将讲解四种多样性采样方法。

基于模型的离群值采样(model-based outlier sampling)——确定模型在当前状态下未知(相较于第 3 章所述的不确定)的数据项。在前述的语音助手示例中,通过基于模型的离群值采样,能帮助语音助手识别之前未曾遇见过的新词语。

基于聚类的采样(cluster-based sampling)——采用独立于模型的统计方法,以找到待标注的不同数据项。在示例中,基于聚类的采样有助于识别数据中的自然趋势,确保不会遗漏任何罕见但有意义的趋势。

代表性采样(representative sampling)——找到相较于训练数据,与目标域最相似的未标记数据样本。在示例中,假设人们主要使用语音助手来点播音乐,那么代表性采样将专注于选择与点歌相关的例子。

现实世界多样性采样(sampling for real-world diversity)——确保训练数据中包含多种多样的现实世界实体,减少现实世界的偏差。在示例中,这包括尽可能囊括不同口音、年龄和性别的录音。

正如本书简介所述,"不确定性采样"一词在主动学习领域使用广泛,但"多样性采样"在不同领域却有不同的名称,并且通常只解决问题的一部分。多样性采样也被称作分层采样、代表性采样、离群值检测或异常检测。我们在多样性采样中使用的算法,往往会借鉴其他用例。例如,异常检测主要用于识别天文数据库中的新现象,或为维护网络安全检测异常的网络活动等。

为了避免与非主动学习用例混淆,并保持概念上的一致性,本书将统一使用"多样性采样"这一术语。这一表述刻意从数据体现的人口统计学特征的角度引出多样性。虽然只有第四种多样性采样方法明确针对人口多样性,但其他三种方法也都与现实世界的多样性相关。未标注数据很有可能偏向于最优越的群体,比如最富裕国家的语言、最发达经济体的相关图像、最富有的个体创建的视频,也会包含其他因权力不平衡而产生的偏差。如果仅基于随机采样的原始数据构建模型,这种偏差会被进一步放大。任何能增加主动学习采样数据多样性的方法,都可能使更多元的人群受益于该数据所构建的模型。

即便不考虑人口统计学中的偏差,你可能还是希望克服数据中的样本偏差。如果你正在处理农业图像,而原始数据中某种作物的比例过高,那么你可能需要一种采样策略来重新平衡数据,以覆盖更多类型的作物。此外,还可能存在与人相关的深层次偏差。如果你拥有某种作物的更多示例,是否意味着这种作物在富裕国家更为常见?是否因为富裕国家的农用机械更可能配备相机,所以你才获得了更多的照片?当我们深入挖掘时,往往会发现数据偏差与现实世界的偏差密切相关。图 4-1 重新展示了第 1 章中关于多样性采样的示例。

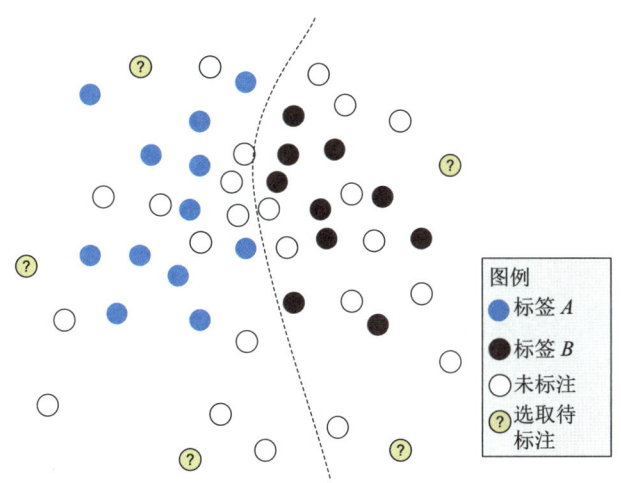

图 4-1 多样性采样,选取与现有训练数据项差异最大且彼此之间差异最大的待标注数据项

这样的采样确保了数据项之间的差异性,以及与现有训练数据的不同。

对于不确定性采样,你只想看到当前决策边界附近的数据,或者在多个预测结果中差异最大的数据——这是一个相对狭小且定义明确的特征空间。而对于多样性采样,你需要关注的问题范围要广得多,包括探索特征空间的每一个角落,并将决策边界扩展至新区域。毫无疑问,与不确定性采样相比,多样性采样能采用的算法更为多样,有时也更复杂。

如果你的关注点仅限于学术类数据集,可能不需要担心每个数据点,但在现实世界的数据集中,多样性问题更为常见。关于现实世界数据集与学术类数据集之间的区别,更多信息请参阅下文专家轶事。

学术类数据标注与现实世界数据标注的差异

李佳(Jia Li)的专家轶事

与学术研究相比,在现实世界中部署机器学习要困难得多,主要区别在于数据。现实世界的数据比较杂乱,而且往往由于各种制度性障碍而难以获取。我们可以在干净、稳定的数据集上开展研究,但将这些模型应用到现实世界时,其表现如何却难以预测。

在帮助构建 ImageNet 数据库时,我们并不需要考虑到现实世界中可能出现的每一种图像类别。我们可以将数据限定为归属于 WordNet 层次结构中概念子集的图像。然而,在现实世界中,我们无法限定数据范围。例如,我们无法大量收集关于罕见疾病的医学图像。对这类图像进行标注还需要相关领域专业知识,因此会面临更大的挑战。现实世界中的系统需要人工智能技术专家和相关领域专家紧密合作,以激发研究灵感,提供数据和分析,并开发解决问题的算法。

李佳是使用机器学习的医疗保健公司 Dawnlight 的首席执行官兼联合创始人,曾在谷歌、Snap 和雅虎担任研究部门主管,拥有斯坦福大学博士学位。

4.1.1　多样性采样的示例数据

本章将以第 2 章提及的灾害应对信息为例。在第 2 章，我们曾尝试将新闻标题标记为与灾害有关或无关。当时，我们应用了一个基础的离群值检测算法，本章则将介绍更复杂的多样性采样算法。本章代码所在的库与第 2 章所用的库相同：https://github.com/rmunro/pytorch_active_learning。代码包含在 diversity_sampling.py 和 active_learning.py 两个文件中。

本章将涵盖多种多样性采样策略。在示例中，我们想让机器学习模型来实时追踪灾害事件，并区分目击者报告与二手（或三手）信息。如果要部署这样的系统来实时追踪灾害，就需要尽可能多样化的既往训练数据。例如，如果在既往训练数据中只有一两篇关于洪水的新闻报道，随机选择数据项进行人工标注就很容易导致遗漏。

此外，还可以设想全新类型的灾害，例如暴发了感染模式前所未见的疾病。如果人们以全新的方式讨论这些灾害，我们需要确保不遗漏这些数据项，并尽快对其进行人工标注。

最后，在开始纳入新的数据源时，如果其中一部分是美式英语而非英式英语，或者使用的俚语不同，甚至不是英语，那么模型在处理这些新信息时可能不够准确。因此，需要确保模型能够尽快适应这些新数据源及其文体差异，就像模型适应文本中的新信息类型一样。

我们需要在每一步都减少偏差。如果你想通过模型预测来找到更多洪水实例，但现有模型仅包含澳大利亚洪水的数据，那么你可能只能从澳大利亚洪水中获取更多实例进行人工审查，却无法获取其他地方的洪水数据，从而无法摆脱模型中的初始偏差。因此，大多数多样性采样算法不依赖于当前使用的模型。

4.1.2　解释多样性采样的神经模型

本章将探讨一些采样策略，并介绍新的方法来解释模型。在最终层访问线性激活函数的原始输出而非 softmax 函数的输出，可以更准确地区分真正的离群值和由矛盾的信息带来的数据项。采用能够处理负值的激活函数（如 Leaky ReLU）是理想之选；否则，可能面临大量分数归零的情况，而无法确定最显著的离群值。

在第 4.1.3 节中，我们将学习如何访问和解释 PyTorch 模型的不同层次。然而，我们可能无法决定激活函数最终层的架构。softmax 函数因其能够忽略输入的绝对值而成为能够最精准地预测标签的激活函数。这种情况下，你仍有可能说服算法团队公开其他层以供分析。

> **对模型架构无控制权怎么办？**
>
> 如果无法控制预测算法的架构，或许可以说服算法团队公开 logits，或者仅将模型的最终层用 Leaky ReLU 激活函数重新训练。与重新训练整个模型相比，重新训练

> 模型的最终层要快得多。这种方法对担心重新训练成本过高的人应该具有吸引力,因为他们只需为新的用例提供一个有趣的并行架构,无需进行大量额外工作。若使用 Transformer 模型,这一概念同样适用,但需要训练一个新的注意力头(attention head)(如果对 Transformer 模型不熟悉,也无需担心,它并非本章的重点)。
>
> 如果重新训练最终层的想法遭遇阻碍或技术障碍,次优选择是利用模型的倒数第二层。无论如何,比较模型不同层的离群值采样方法、找出哪种方法最适合特定的数据和模型架构,或许会很有意义。这类模型分析是当今机器学习研究中最令人兴奋的领域之一,同时也适用于迁移学习,而迁移学习在随后的大部分章节中都会涉及。

在本章,我们仅讨论一些简单而有效的解释模型的方法。图 4-2 展示了两种情况:解释最终层或倒数第二层。

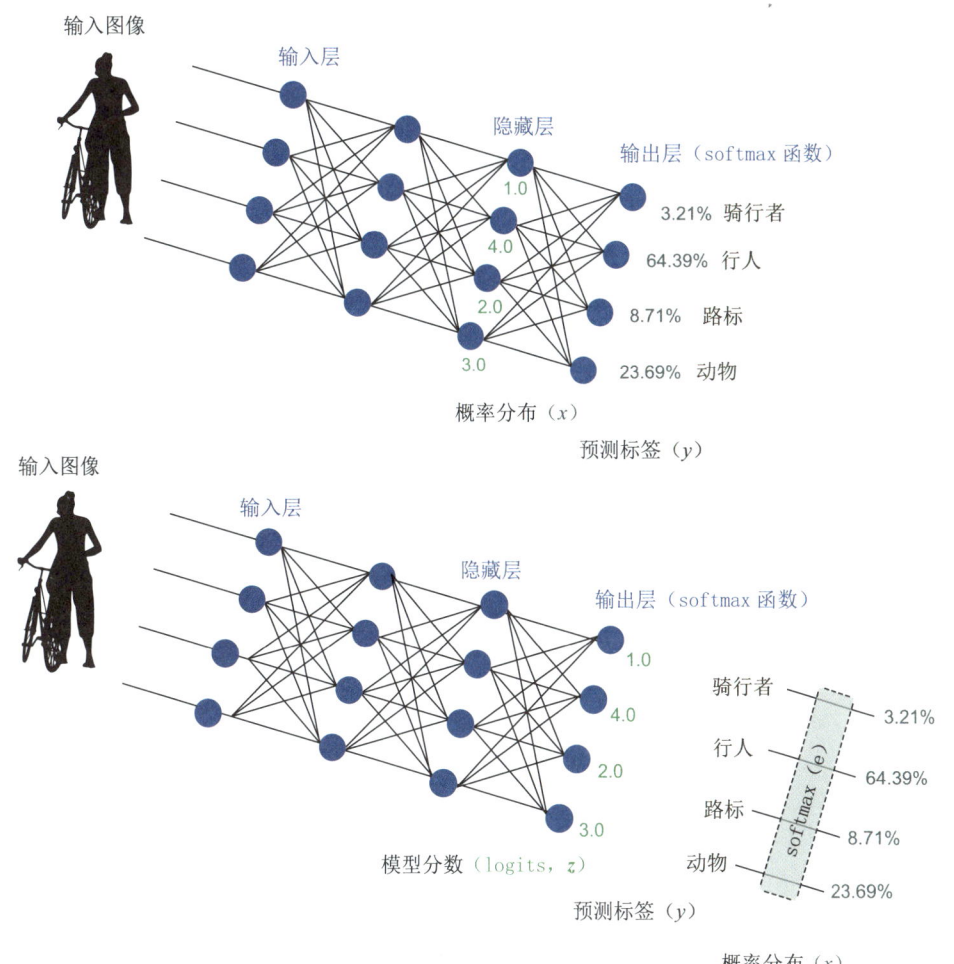

图 4-2 两种神经架构,以及在离群值检测中你可以如何解释它们

在上方示例中,可以使用模型分数(称为 z 或 logits),这些分数在通过 softmax 函数归一化之前保留了绝对值。在下方示例中,由于使用了 softmax 函数,最终层的绝对值已经丢失,因此可以利用倒数第二层的激活确定某个数据项是否为离群值。

第二种方法，即使用倒数第二层最适用于较深层次的网络，其中倒数第二层更接近于最终层，且该层中的神经元数量较少。更多的神经元会带来更多的随机变异性，从统计学角度看，这种变异性更难以克服。

无论采取哪种架构，我们都会得到一组数字（向量/张量），代表预测模型输出处/附近的激活水平。为了简化，我们将该向量称为 z，尽管 z 通常仅指最终层的 logits。我们还将使用 n 来表示向量的大小（神经元数量），不论向量是位于最终层（因而表示标签数量）还是位于中间层。

"低激活值"（low activation）意味着该数据项更可能是离群值。从数学角度来看，离群值可以是任何异常向量，无论是异常高还是异常低。但在通过解释模型预测结果来寻找离群值时，我们只关注低激活值数据项，即模型目前几乎不了解的数据项。

4.1.3 如何从 PyTorch 的隐藏层提取信息

要从模型隐藏层的数值中获取 z 值（logits），我们需要在代码中进行一些修改才能获取这部分信息。所幸的是，PyTorch 中实现该功能的代码比较简单。先回顾一下，在第 2 章的代码清单 2-3 中，我们曾通过以下代码执行训练阶段的前馈步骤以及在推理阶段生成置信度和标签预测：

```python
def forward(self, feature_vec):
    # Define how data is passed through the model
    hidden1 = self.linear1(feature_vec).clamp(min=0) # ReLU
    output = self.linear2(hidden1)
    return F.log_softmax(output, dim=1)
```

你可以注意到，中间层和输出都是变量（hidden1 和 output），它们保留了各层的激活输出（本例中是 PyTorch 张量，即一维数组）。因此，我们只需简单地添加一个参数以返回所有层，并相应地修改代码即可（见代码清单 4-1）。

代码清单 4-1　实现同时返回 softmax 值和隐藏层输出的模型代码

```python
def forward(self, feature_vec, return_all_layers=False):
    # Define how data is passed through the model and what is returned
    hidden1 = self.linear1(feature_vec).clamp(min=0) # ReLU
    output = self.linear2(hidden1)
    log_softmax = F.log_softmax(output, dim=1)
    if return_all_layers:
        return [hidden1, output, log_softmax]
    else:
        return log_softmax
```

与返回函数相同，但将其单独提取出来并存储到一个变量中

唯一真正的新的行，在遇到 return_all_layers=True 时返回所有层

就是这样！修改后的代码将包含在 active_learning.py 文件中。此时，可以利用模型的任何部分来识别模型中的离群值。此外，还可以通过其他方式来查询模型的隐藏层。[1] 我个人倾向于在推理函数中对选项进行显式编码，类似于 forward() 函数的处理方式。在后续的章节中，我们会探索多种查询模型的方式，这样可以使构建的代码最简单。

---

[1] 访问 PyTorch 隐藏层信息的另一种方式是通过 hook() 方法。详细信息可参考文档：http://mng.bz/XdzM。

主动学习的良好编码实践

在编码实践方面，建议将 forward( ) 函数中的 return log_softmax 一行改为也返回一个数组的形式：return［log_softmax］。这样做的好处是，无论传入什么参数，函数都将返回统一的数据类型（数组），这是软件开发中的一个优良实践。但这种做法的缺点在于不具备向后兼容性，所以需要对调用函数的每一段代码进行相应的修改。熟悉 PyTorch 的用户可能已经习惯于利用函数中的一个功能：知悉当前是处于训练模式还是评估模式。这个功能对于一些常见的机器学习策略来说非常便利，例如在训练阶段屏蔽神经元、在预测阶段则不屏蔽神经元的策略。但是，此处建议大家避免使用这一功能；在本例中，这会是一种糟糕的软件开发方法，因为全局变量会增加编写单元测试的难度，并降低代码的可读性。建议使用诸如 return_all_layers=True/False 这样的命名参数，尽可能地使用最透明的方式来扩展代码。

在推理阶段添加了访问模型各层的代码后，可以利用该代码确定离群值。在第 2 章我们通过以下代码从模型获取了对数概率：

```
log_probs = model(feature_vec)
```

现在，我们可以通过以下代码调用函数，根据需要选择使用模型的哪一层输出：

```
hidden, logits, log_probs = model(feature_vector, return_all_layers=True)
```

由此得到了数据项模型的隐藏层、logits（z）和 log_probabilities。

第 3 章和附录中讲到，logits（最终层的分数）在经过 softmax 函数转换为概率分布后会失去绝对值。图 4-3 展示了附录中关于 softmax 函数扩展部分的一些示例。

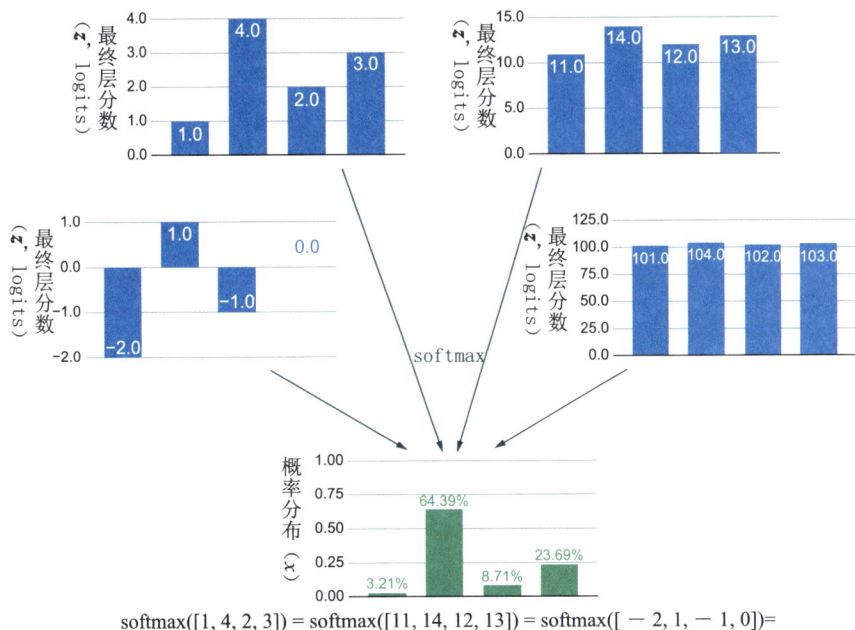

图 4-3　通过以 e 为底的 softmax 函数从不同输入得到的四个相同的概率分布

因此，我们的概率分布无法区分缺乏信息导致的不确定性（如图4-3左侧示例所示）与信息相互冲突但高度确信而导致的不确定性（如图4-3右侧示例所示）。所以，利用logits（最终层的分数）区分这两种不确定性是最佳的选择。

除了不确定性，我们还可以识别确定但错误的离群值。最有价值的未标注数据是预测错误且远离决策边界的数据项，即当前模型确信但预测错误的数据项。所有神经元的低激活值通常是一个很好的信号，表明还没有足够多的训练数据具有该数据项中发现的特征。

4.2 基于模型的离群值采样

既然可以解析模型，我们便能够通过查询模型找到离群值。在神经网络中，"模型离群值"是指在特定层中激活值最低的数据项。最终层的激活值表现为logits。

要选择一个确定离群值的合适指标，最大的障碍在于知悉神经元的数值分布。我们在高中阶段学过，任何偏离平均值三个标准差以上的数据点都被视为离群值，但这一规则仅适用于呈正态分布的情况。遗憾的是，线性激活函数并不会产生正态分布的结果：如果它们能准确地为任务建模，则应呈现出双峰分布的特征。深入探究模型时，你会发现某些神经元可能只是在对噪声进行建模或仅仅是在传递信息，即便在相同的数据集上进行两次训练，它们的表现也可能不尽相同。此外，除非模型的架构相对简单，否则网络的不同部分将采用不同的激活函数，使得它们之间无法直接进行比较。

正如我们不能完全依赖置信度的绝对值来进行不确定性采样一样，我们也不能仅仅依赖神经元的绝对值来判定离群值。但是，正如我们可以依靠置信度的排序来识别最不确定的预测结果一样，我们也可以通过神经元激活值的排序来识别激活值最低的预测结果。排序是一种稳健的方法，它允许我们不必确定每个神经元实际的激活分布。

以下是一个简单的排序示例，用于确定某些数据项的离群程度。假设我们对10个数据项进行了预测，并按神经元激活值从高到低进行了排序（排名）：

[2.43, 2.23, 1.74, 1.12, 0.89, 0.44, 0.23, -0.34, <u>-0.36</u>, -0.42]

其中激活值为-0.36（标记下划线）的数据项在10个数据项中排名第九，因此其离群值分数为9/10=0.9。在量表的两端，激活值-0.42的数据项分数为1.0，激活值2.43的数据项分数为0，因此，我们可以将这些神经元的激活值排序转化成一个量表。接下来的问题是使用什么数据生成排名。

4.2.1 使用验证数据进行激活值排名

我们不能使用训练数据进行排名，因为模型已经在这些数据上进行了训练，某些神经元可能对这些数据产生过拟合，因此，我们必须使用与训练数据分布一致的数据，即与训练数据分布一致的验证数据集。从实现过程的角度看，这并没有太大差别：我们只需计算验证数据的排名，然后利用这一排名获取未标注数据的离群值，本节将对此进行介绍。

主要的区别在于，我们将基于未标注数据来获取排名中两个值之间的分值。我们可以采用简单的线性插值法计算这些分值。假设验证数据仅有 10 个数据项，正好与第 4.2 节的示例一致：

[2.43, 2.23, 1.74, 1.12, 0.89, 0.44, 0.23, -0.34, (-0.35) -0.36, -0.42]

现在假设一个未标注数据项，其激活值为 -0.35。这个值位于排名第八和第九的数据项之间，因此其离群值分数为 8.5/10=85%。同样，如果一个未标记数据项的激活值为 -0.355，即位于排名第八和第九的数据项之间的四分之三处，则其分数为 87.5%。我们将高于第一个数据项的激活值视为 1，低于最后一个数据项的激活值视为 0，从而形成了一个 0 至 1 的分数范围，其中 100% 代表最大的离群值。

合并每个数据项的神经元分数有多种方法。从统计学的角度看，最保守的方法是取每个数据项所有神经元的平均激活值。尤其是当使用某个隐藏层的激活值时，可能存在一些实质上是在输出随机值的神经元，因此可能会得到一个虚高的最大值，它实际上却是一个离群值。logits 对每个数值的可靠性较高，因此可以尝试使用等同于最低置信度的 logits：所有神经元中的最低的最大值。要查看基于模型的离群值采样结果，请运行：

```
>python active_learning.py --model_outliers=95
```

正如第 2 章所述，代码会选择这种采样策略，并选取 95 个未标注数据项，同时从剩余未标注数据项中随机选取 5 个数据项进行人工标注。如第 2 章所述，务必确保在样本中加入少量的随机数据作为安全保障。如果不想评估任何随机数据，可加入 random_remaining=0 选项来实现：

```
>python active_learning.py --model_outliers=95 --random_remaining=0
```

此外，也可以调整数字，以查看和 / 或标注多于或少于 95 个数据项。如果你跳过了第 2 章的内容，你首先需要对一批完全随机的样本进行标注，直到积累足量的初始训练数据和测试数据。标注的这段时间在评估模型准确率和理解数据方面至关重要，因此，如果之前未进行过标注，建议现在开始。

计算排名模型离群值的代码分为四个部分。模型离群值函数利用当前模型、未标注数据及一个与训练数据分布一致的保留验证数据集。首先，用保留验证数据生成排名（见代码清单 4-2），相关代码位于 diversity_sampling.py 文件中。

代码清单 4-2　使用验证数据获取激活值排名

```
def get_validation_rankings(self, model, validation_data, feature_method):
    """ Get activation rankings using validation data
    
    Keyword arguments:
        model -- current machine learning model for this task
        validation_data -- held out data drawn from the same distribution as
        ⮕ the training data
        feature_method -- the method to create features from the raw text
    
    An outlier is defined as
    unlabeled_data with the lowest average from rank order of logits
    where rank order is defined by validation data inference
```

(清单续)

```
validation_rankings = [] # 2D array, every neuron by ordered list of
➥ output on validation data per neuron

# Get per-neuron scores from validation data
if self.verbose:
    print("Getting neuron activation scores from validation data")

with torch.no_grad():
    v=0
    for item in validation_data:
        textid = item[0]
        text = item[1]

        feature_vector = feature_method(text)
        hidden, logits, log_probs = model(feature_vector,
        ➥ return_all_layers=True)

        neuron_outputs = logits.data.tolist()[0] #logits

        # initialize array if we haven't yet
        if len(validation_rankings) == 0:
            for output in neuron_outputs:
                validation_rankings.append([0.0] * len(validation_data))

        n=0
        for output in neuron_outputs:
            validation_rankings[n][v] = output
            n += 1

        v += 1

# Rank-order the validation scores
v=0
for validation in validation_rankings:
    validation.sort()
    validation_rankings[v] = validation
    v += 1

return validation_rankings
```

由此获取所有模型层的结果。

存储每个验证数据项和每个神经元的 logit 分数。

根据保留验证数据的分数对所有神经元进行排序。

其次，以每个神经元为基准，对每个未标注数据项进行排序（见代码清单 4-3）。

代码清单 4-3　PyTorch 中基于模型的离群值代码

```
def get_model_outliers(self, model, unlabeled_data, validation_data,
➥ feature_method, number=5, limit=10000):
    """Get model outliers from unlabeled data

    Keyword arguments:
        model -- current machine learning model for this task
        unlabeled_data -- data that does not yet have a label
        validation_data -- held out data drawn from the same distribution
        ➥ as the training data
        feature_method -- the method to create features from the raw text
        number -- number of items to sample
        limit -- sample from only this many items for faster sampling
        ➥ (-1 = no limit)

    An outlier is defined as
    unlabeled_data with the lowest average from rank order of logits
```

```
           where rank order is defined by validation data inference

           """

           # Get per-neuron scores from validation data
           validation_rankings = self.get_validation_rankings(model,
           ➡ validation_data, feature_method)     ◁──── 调用获取验证数
                                                        据的激活值。
           # Iterate over unlabeled items
           if self.verbose:
               print("Getting rankings for unlabeled data")

           outliers = []
           if limit == -1 and len(unlabeled_data) > 10000 and self.verbose:
               # we're drawing from *a lot* of data this will take a while
               print("Get rankings for a large amount of unlabeled data: this
               ➡ might take a while")
           else:
               # only apply the model to a limited number of items
               shuffle(unlabeled_data)
               unlabeled_data = unlabeled_data[:limit]

           with torch.no_grad():
               for item in unlabeled_data:
                   text = item[1]

                   feature_vector = feature_method(text)
                   hidden, logits, log_probs = model(feature_vector,
                   ➡ return_all_layers=True)

                   neuron_outputs = logits.data.tolist()[0] #logits

                   n=0
                   ranks = []
                   for output in neuron_outputs:
                       rank = self.get_rank(output, validation_rankings[n])
                       ranks.append(rank)
                       n += 1

                   item[3] = "logit_rank_outlier"

                   item[4] = 1 - (sum(ranks) / len(neuron_outputs)) # average
                   ➡ rank

                   outliers.append(item)

           outliers.sort(reverse=True, key=lambda x: x[4])
           return outliers[:number:]
```

由此获取所有模型层的结果。

获取每个未标注数据项的排序。

排名函数取值于一个神经元对一个未标注数据项的激活值，以及该神经元在验证数据上计算出的排名。执行以下代码可根据验证数据排名对每个未标注数据项进行排序（见代码清单4-4）。

代码清单 4-4　返回一个数据项的验证数据集激活值排名顺序

```
def get_rank(self, value, rankings):
    """ get the rank of the value in an ordered array as a percentage

    Keyword arguments:
        value -- the value for which we want to return the ranked value
        rankings -- the ordered array in which to determine the value's
```

```
    ➡ ranking
                                                                (清单续)
    returns linear distance between the indexes where value occurs, in the
    case that there is not an exact match with the ranked values
    """

    index = 0 # default: ranking = 0

    for ranked_number in rankings:
        if value < ranked_number:
            break #NB: this O(N) loop could be optimized to O(log(N))
        index += 1

    if(index >= len(rankings)):
        index = len(rankings) # maximum: ranking = 1
    elif(index > 0):
        # get linear interpolation between the two closest indexes
        diff = rankings[index] - rankings[index - 1]
        perc = value - rankings[index - 1]
        linear = perc / diff
        index = float(index - 1) + linear

    absolute_ranking = index / len(rankings)

    return(absolute_ranking)
```

以上只是用于实现排序的示例代码，不必过于担心其中的线性插值部分；虽然应用起来，这些代码的细节可能显得有些晦涩，但其实不会比示例中展示的内容更加复杂。

4.2.2 应用哪些层计算基于模型的离群值？

你可以考虑在模型的不同层尝试离群值检测，以探索它们是否能提供更优质的离群值样本。通常，越早形成的层，其神经元与原始数据的距离越近。如果选择模型的输入层，即特征向量所在的层，那么该层的离群值检测与第 2 章中实现的方法几乎一致。隐藏层的性质都处于代表原始数据（早期层）与代表预测任务（后期层）之间。

你还可以选择研究同一样本中的多个层。这种方法适用于预训练模型的迁移学习。通过"扁平化"处理，模型生成一个融合所有层信息的单一向量。采用这种扁平化模型进行离群值检测时，可能需要根据每层神经元的数量进行相应的归一化处理。在我们的模型中，隐藏层的 128 个神经元将是离群值检测算法的主要贡献者，不过该算法也包括了最终层的 2 个神经元，因此你可能需要分别计算各层的离群值排名，然后将两个结果合并。

另一种思路是，从 logits 层和隐藏层各取一半的模型离群值。值得注意的是，如果只有大约 1000 个训练数据项，那么隐藏层的 128 个神经元可能无法提供太多有用信息。在标注训练数据量没有大大超过隐藏层中神经元数量的情况下，你应该预期隐藏层会存在噪声，且部分神经元的行为可能呈现随机性——理想情况下，训练数据量要比隐藏层中的神经元多两个或更多数量级（超过 10000 个标注数据项）。

如果使用接近输入的层，注意当特征值不代表激活值时需小心处理。在我们的文本示例中，输入确实代表一种激活形式，因为它们反映了单词的出现频率。但在计算机视觉领域,输入值越高,代表的 RGB 颜色越浅。在这种情况下,接近模型输出的层和 logits 层将提供更可靠的信息。

4.2.3 基于模型的离群值采样的局限性

基于模型的离群值采样方法主要存在以下几个缺点:

· 此方法可能会产生相似的离群值,导致在主动学习的迭代过程中样本多样性不足。

· 难以避免模型内部固有的统计偏差,这意味着某些类型的离群值可能会持续被忽略。

· 在开始采样之前,需要首先构建一个模型,且随着训练数据量的增加,这种方法的效果才会得到优化,因此基于模型的离群值采样并不适合冷启动场景。

· 我们依赖未标注数据确定离群值,这容易导致采集到与期望相反的数据,即与尝试匹配于新标签的数据最不相符的数据。因此,我们利用验证数据来获取排名,而其他任何基于模型的离群值检测方法都应遵循这一规则。

在第 5 章我们将介绍一些针对第一点的解决方案,即结合离群值检测与迁移学习的算法。第二、第三和第四点的问题更加棘手。因此,如果决定采用基于模型的离群值采样,应考虑同时采用其他多样性采样方法,包括后续将提及的聚类等冷启动方法。

4.3 基于聚类的采样

聚类能够帮助我们从一开始就锁定多样化的数据。这种策略的原理非常直观:不是一开始就对训练数据随机采样,而是先将数据分成众多簇,然后再从每个簇中均匀抽取样本。

这种方法之所以有效,原因同样直观。此时,你可能已经注意到,有数以万计的新闻标题涉及澳大利亚本地体育队。如果仅仅随机采样进行人工审查,将会耗费大量时间在人工标注相似的体育比赛结果标题上。但如果事先进行数据聚类,那么这些标题很可能会被归入同一簇中,从而只需标注该体育类的簇中的少数示例。这种方法将极大地节约时间,让我们能够将更多精力用于标注其他簇中的数据。其他簇可能包含更为罕见但极其重要的标题类型,这些类型由于数量稀少,在随机采样过程中可能会被遗漏。因此,聚类不仅节省了时间,还增加了数据的多样性。

到目前为止,聚类是现实世界机器学习领域最常见的多样性采样方法。它是本章讨论的第二种方法,这么做与本书的整体结构更为契合。在实践中,你可能会优先尝试这种多样性采样方法。

你或许已经接触过无监督学习,也很可能对我们即将使用的聚类算法 k 均值聚类比较熟悉。无监督聚类与主动学习中的聚类方法本质相同,不过我们的目的是利用聚类选取需要人工审查及标注的数据项,而不是解释聚类或在下游处理中利用聚类。

4.3.1 簇的成员、质心和离群值

距离簇的中心最近的数据项被称作"质心"（centroid）。实际上，一些聚类算法会明确地度量与质心数据项的距离，而非与簇的整体属性的距离。

在第 2 章你已经学习了如何计算整个数据集的离群值，在进行聚类时同样可以计算离群值。离群值的意义在统计学上与质心的意义刚好相反：它距离任何簇的中心的距离都最远。

图 4-4 展示了一个分为五个簇的例子，其中两个簇分别标出了质心和离群值。图中大部分数据项都属于一个簇：位于中间的大簇。因此，如果不采用聚类而是直接随机采样，最终将花费大量时间标注相似的数据项。首先执行聚类，然后从每个簇中采样，可以有效增加样本的多样性。

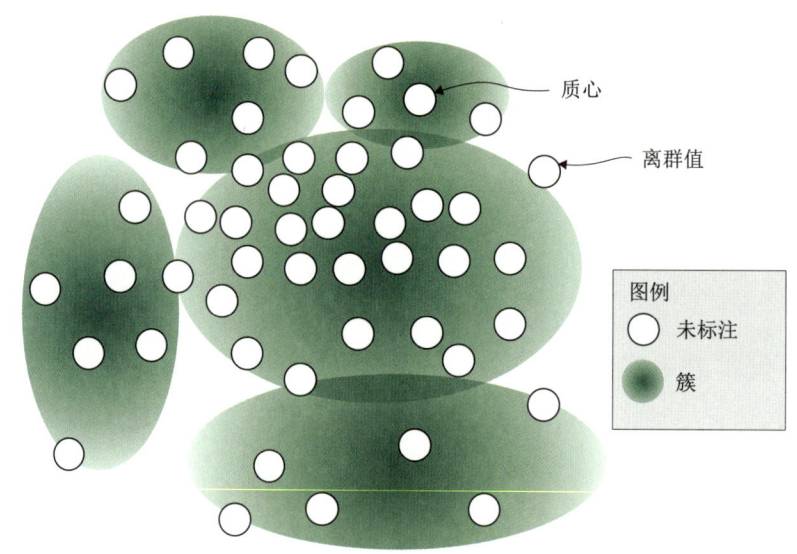

图 4-4 应用于数据、将数据分成五个独立的簇的聚类算法示例

每个簇中最中心的数据项为质心，离中心最远的数据项为离群值。

我们将通过三种方法从簇中采样：

- 随机——从每个簇中随机抽取数据样本。这一策略接近于随机采样，但能比纯粹的随机采样更加均匀地覆盖整个特征空间；
- 基于质心——选择簇的质心进行采样，获取数据中主要趋势的核心特征；
- 基于离群值——从聚类算法中抽取离群值样本，以发现簇中可能遗漏的、有潜在价值的数据。簇中的离群值有时被称作"基于邻近度"（proximity-based）的离群值。

在单个簇中，排序靠前的质心之间可能存在相似性，即最靠近中心的数据项与次靠近中心的数据项类似。因此，在该簇中，我们可以进行随机采样或者仅选取质心作为样本。

同理，我们只需从每个簇中提取少量的离群值。这些离群值或许代表了算法遗漏的有意义的趋势，但更多情况下它们只是确实稀少：在文本中表现为重复的罕见词汇，在计算机视觉中表现为带有噪声/损坏的图像。通常，仅需对少数离群值进行采样即可，

在簇的数量较多的情况下，每个簇仅需抽取一个离群值。

为了简化示例，假设需要抽取每个簇的质心、每个簇中的最大离群值，以及在每个簇中随机抽取三个数据项。要使用基于聚类的采样，请执行以下命令：

```
> python active_learning.py --cluster_based=95 --verbose
```

此命令通过基于聚类的采样方法选取 95 个未标注数据项样本，并从剩余未标注数据项中随机选取 5 个数据项进行人工标注。建议在运行代码时启用 verbose 标志，以便代码运行时显示每个簇的三个随机数据项，帮助检查簇中的数据项在语义上是否相关，进而评估簇是否捕捉到了有意义的差异。这一方法还有助于探索数据中有哪些有意义的趋势正待人工标注。

4.3.2 任何一种聚类算法

据我所知，目前尚无深入研究探讨一种聚类算法在主动学习场景中是否始终优于其他算法。虽然存在许多针对成对的特定聚类算法变体的研究，但缺乏全面的广泛研究。因此，如果对此感兴趣，这将是一个极佳的研究课题。

部分聚类算法仅需对数据遍历一次，而其他算法的复杂度可能是 $O(N^3)$ 或更差。尽管计算强度更高的算法会触及数据中数学动机更强的簇，但这并不表示在为需要标注的数据项进行采样时，跨簇的信息分布一定更优或更劣。

对于即将在此应用的系统，我们不希望用户在等待聚类算法寻找最佳簇时耗费过多时间，因此我们会选择一种高效的聚类算法。我们将采用 k 均值聚类算法的一种变体，该算法使用余弦相似度而非更常见的欧几里得距离作为距离指标（图 4-5）。鉴于我们的数据维度较高，在高维数据中欧几里得距离的效果并不理想。考虑数据有多个角点的情况，可以帮助我们理解这一问题。几乎所有聚类算法在处理高维数据时都容易产生不可靠的结果。图 4-4 显示了二维示例，其中只有 4 个角点，离群值避开了数据分布的中心。如果是三维特征，离群值可能占据 8 个角点（想象一个立方体的 8 个角）。当特征数量达到 300 时，数据空间将拥有 10^{90} 个角点，这一数字甚至超过了可观测宇宙中的原子总数。在几乎所有自然语言处理任务中，特征数量肯定会超过 300，因此离群值可能隐藏在空间的许多角点中。在维度超过 10 的数据中，超过 99% 的空间位于角点，这意味着如果数据是均匀分布或呈高斯分布，测量角点处的伪影将多于测量距离的情况，这并不是一个可靠的方法。

我们可以通过观察夜空中的星星来理解余弦相似度的概念。假设以自身为原点，分别朝两颗星星的方向画直线，再测量这两条直线间的夹角，这个夹角就是余弦相似度。这个夜空的例子只涉及三个物理维度，但在处理数据时，每个特征都对应一个维度。尽管余弦相似度无法规避高维度的问题，但它在处理稀疏数据如文本编码时，往往比欧几里得距离更加有效。

余弦相似度考量的是两个向量是否指向同一方向，而非两者之间的距离。例如，在天空中，两颗星星与你之间的角度差异可能很小，但其实其中一颗与你相距更远。由于仅考量夹角大小，所以会误认为两颗星星与你的距离相同。因此，余弦相似度有时也被称作"球形 k 均值聚类"，它假设所有数据点在多维球体中到 0 的距离相等。这个示例确实存在一个问题：数据点可能会偶然落在同一方向上，从而被误判为相似。然而，在高维数据中，这种情况发生的概率较低，因此高维度实际上会起到帮助（并简化计算工作）。在计算一个簇的向量时，可以将该簇中所有数据项的向量（特征）相加，无需考虑根据数据项值进行归一化，因为余弦对于距离函数的绝对值并不敏感。

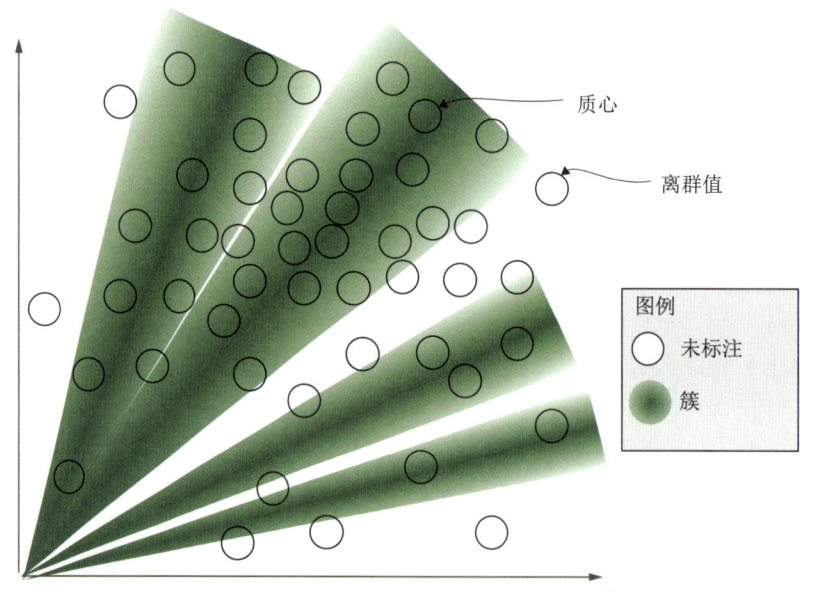

图 4-5 使用余弦相似度的聚类算法示例

在此算法中，每个簇的中心被定义为一个起始于 0 的向量，而簇的成员则是代表该簇的向量与代表数据项的向量之间的夹角。需要注意的是，尽管与图 4-4 中所示的球形簇相比，此例看似不那么符合真实的簇的形态，但这主要是因为它受到了二维数据表示的局限。在处理更高维度的稀疏数据（这也是你的模型更有可能使用的数据）时，采用余弦相似度的聚类通常优于球形聚类。

4.3.3 使用余弦相似度进行 k 均值聚类

给定两个大小相同的特征向量 v_1 和 v_2，可以根据以下等式计算这两个向量之间夹角的余弦值：

$$\phi_{CS}(v_1, v_2) = (v_1 \cdot v_2) / (\|v_1\|_2 \cdot \|v_2\|_2)$$

余弦相似度在 PyTorch 中是一个原生函数，因此无需深入了解其具体实现细节。双竖线符号表示向量的范数。夜空中星星间夹角的直观感知，结合图 4-5 中的示例（见第 4.3.2 节），足以帮助我们理解其背后的逻辑。如果对余弦相似度或 PyTorch 中其他距离函数感兴趣，可以参阅相关文档（http://mng.bz/XdzM）获取更多信息。

其他主流的机器学习库也提供了许多聚类算法的实现代码。这些算法的效果与此处的示例相当。一般认为，聚类算法不适用于超过 10000 条数据的数据集，但事实并非如此。总有聚类算法能够通过一次数据遍历就有效运作，因此，除非你的目标是将处理时间缩短至几秒钟，否则不必考虑数据集的大小限制。即使是计算密集型聚类算法，通常也可以用较小的数据子集（批次）构建簇，由此得到的簇在使用效果上与使用整个数据集几乎无异。

k 均值聚类的一般策略如下：

（1）根据需要标注的数据量倒推出需要的簇的数量并进行选择。

（2）将数据项随机添加到初始的簇中。

（3）对数据项进行迭代，再将迭代后的数据项转入更接近的簇中。

（4）重复第 3 步，直到没有数据项需要转移，或者数据达到预定的迭代次数。

> **余弦相似度与余弦距离是同一概念**
>
> 在阅读相关文献时，你可能会发现余弦相似度又被称为"余弦距离"（cosine distance），这两个术语实际上指的是同一概念。通常，聚类算法倾向于使用"距离"一词，而非"相似度"，因为按照严格定义，距离 =1- 相似度。然而，由于余弦相似度不满足三角不等式（施瓦茨不等式）的严格定义，因此它并不符合距离指标的正式定义，由此被称为相似度。在本章中，我们将质心和离群值视为互补概念，从而使每个采样数据项的范围在 [0, 1] 之间，各种术语已经足够让人困惑了，所以不要让这一点增加你的困惑。

如第 1 步所述，应根据每个簇中要采样的数据量，倒推出最合理的簇数并进行选择。例如，如果想要在每个簇中抽取 5 个数据项（包括 1 个质心、1 个离群值和 3 个随机数据），并希望通过这种采样策略在本轮主动学习迭代中标注 100 个数据项，那么需要选择 20 个簇，因为 20×5=100。

为了确保完整性，本书中的示例代码囊括了利用余弦相似度进行 k 均值聚类的完整代码。相关代码可通过访问 http://mng.bz/MXQm 查看。无论采用何种距离指标，k 均值聚类算法的策略保持不变。k 均值函数需要两个参数：数据（可以是未标注或已标注数据，后者将忽略标签），以及期望的簇数。在 diversity_sampling.py 文件中，可以看到 k 均值聚类策略以及代码清单 4-5 中的 main 函数。

代码清单 4-5　PyTorch 中基于聚类的采样

```
def get_cluster_samples(self, data, num_clusters=5, max_epochs=5,
➥ limit=5000):
    """Create clusters using cosine similarity
        Keyword arguments:
            data -- data to be clustered
            num_clusters -- the number of clusters to create
            max_epochs -- maximum number of epochs to create clusters
            limit -- sample only this many items for faster clustering (-1 = no
            ➥ limit)

        Creates clusters by the k-means clustering algorithm,
        using cosine similarity instead of more common euclidean distance

        Creates clusters until converged or max_epochs passes over the data
    """

    if limit > 0:
        shuffle(data)
        data = data[:limit]
    cosine_clusters = CosineClusters(num_clusters)
```

```
                cosine_clusters.add_random_training_items(data)    ← 用随机分配
                                                                     对簇进行初
                                                                     始化。
                for i in range(0, max_epochs):                     ┌ 将每个数据项移入最适
                    print("Epoch "+str(i))                         │ 配的簇，然后重复。
                    added = cosine_clusters.add_items_to_best_cluster(data)
                    if added == 0:
                        break                                      ┌ 从每个簇中抽取最适
                centroids = cosine_clusters.get_centroids()    ←   │ 合的样本（质心）。
                outliers = cosine_clusters.get_outliers()
                randoms = cosine_clusters.get_randoms(3, verbose) ← 从每个簇中抽取三个
                                                                     随机数据项，并传递
                return centroids + outliers + randoms                verbose 参数以了解
                                                                     每个簇的内容。
```

对每个簇中最大的离群值进行采样。

你可以使用余弦值替代任何其他距离/相似度指标，效果可能同样出色。为了提高聚类效率，建议先在数据的一个子集上创建簇，然后将剩余数据分配到这些簇中。这种方法既能快速创建簇，也能保证对整个数据集进行采样。此外，还可以尝试调整簇数和每个簇中随机抽取的样本数量。

你可能还记得高中数学课上学过的知识，$\cos 90° = 0$，$\cos 0° = 1$。这使我们能够轻松实现目标范围 $[0,1]$，因为在仅考虑正特征值时，余弦相似度的计算结果自然落在 $[0,1]$ 的范围内。对于质心，可直接采用余弦相似度作为各数据项的多样性分数。对于离群值，则用 1 减去余弦相似度值，确保主动学习排名策略保持一致，始终对分数最高的样本进行采样。正如第 3 章所述，保持一致性对下游任务至关重要。

4.3.4　通过嵌入或 PCA 降低特征维度

对文本聚类比对图像聚类更高效。如果你具备计算机视觉的背景，可能已经知道这一点。观察本章示例中的簇，可以看到每个簇内的数据项在语义上彼此相关，例如，所有簇都包含了主题相似的新闻标题。然而，将余弦相似度应用于图像数据时，情况就不同了，因为相较于文本内容中的字符序列，单个像素图像内容的抽象程度要高得多。余弦相似度应用于图像时，可能会得到一个风景图片的簇，但其中也可能错误地包含以蓝色墙为背景的绿色汽车图片。

在数据降维方面，最常见的方法是主成分分析（principal component analysis，PCA）。PCA 通过合并高度相关的特征来降低数据集的维度。如果你已经在机器学习领域深耕一段时间，或许会认为 PCA 是降维的首选方法。PCA 是早期非神经网络机器学习算法中的常用技术，维度（特征）数多且特征间存在相关性时，此类算法的质量下降幅度更大。如今，学术界更偏向于使用基于神经网络模型的嵌入技术，但在产业领域，PCA 则更加常用。

本书并不深入探讨 PCA 的具体实现细节。但是，PCA 是机器学习领域中值得了解的一项技术，建议阅读更多关于 PCA 的资料，掌握多种降维工具。PCA 并非 PyTorch 中的原生函数（但可能迟早会加入），不过 PCA 的核心运算是奇异值分解（singular value decomposition，SVD），详情可以参考：https://pytorch.org/docs/stable/torch.html#torch.svd。

作为 PCA 的替代方案，你可以利用模型中的嵌入（embedding）作为降维手段，即使用模型的隐藏层或在其他数据上训练过的模型的隐藏层，直接作为建模的表征，或者在聚类过程中利用模型蒸馏（model distillation）来降维。具体步骤如下：

（1）选择所需的簇数。
（2）根据现有的（高维）特征空间对数据项进行聚类。
（3）将每个簇视为一个标签，构建模型，将数据项分类到各个簇中。
（4）利用新的中间隐藏层作为新的特征集，继续将数据项重新分配到最合适的簇中。

在此过程中，模型设计至关重要。对于文本数据，第 4.2 节介绍的架构可能已足够，即一个包含 128 个神经元的隐藏层。对于图像数据，则可能需要更多层，并采用卷积神经网络（convolutional neural network，CNN）或类似网络来帮助实现特定像素位置的泛化。无论哪种情况，都应依据所拥有的数据量和所选择的簇（标签）的数量，运用建模直觉来指导设计。

需要注意的是，在使用 Leaky ReLU 等激活函数进行隐藏层聚类时，如果向量中存在负值，余弦相似度的返回值将在［-1,1］范围内，而非［0,1］。为了确保结果的一致性，需要通过将余弦相似度的结果加 1 后再除以 2，实现归一化，将其值域转换为［0,1］。

对于更密集的特征向量，无论是直接从模型获取还是经过 PCA 处理，可能还需要考虑除余弦之外的其他距离函数。余弦相似度最适用于大规模稀疏向量，例如用于词汇表征。你可能不希望像处理余弦相似度那样，将激活值为［0.1, 0.1］的情况与为［10.1, 10.1］的情况等同对待。PyTorch 内置了成对距离计算函数，这在处理更密集的特征向量时可能更为合适。在 pytorch_clusters.py 文件中，余弦函数相应的位置注释了这一函数。你可以尝试采用不同的距离函数，观察是否能够获得更有意义的簇。正如代码中所述，你可能需要根据簇中的数据项数量对聚类向量进行归一化处理；否则，你应该能够在不需修改代码的情况下，引入其他的距离函数。

进阶的计算机视觉聚类方法还需注意最后一点：若聚类目的是实现多样性采样，那么簇是否具有语义意义可能并不重要。从采样角度来看，即便簇本身在语义上不一致，你依然能够跨簇获得丰富的图像多样性。也就是说，你可以不考虑嵌入和 PCA，而是直接基于像素值进行聚类。这种方法同样可能取得成功。例如，由余弦相似度得到的 RGB=（50 100 100）与 RGB=（100 200 200）的向量相同，因此图像中颜色较浅、饱和度较高的向量可能是相同的，但这或许并无影响。目前尚无深入的研究表明，在主动学习采样中，基于像素级别的图像聚类是否总是劣于降维方法，因此，对于感兴趣的研究者来说，这一课题无疑是值得探索的。

4.3.5 其他聚类算法

除了 k 均值聚类的其他变体，你还可以尝试其他聚类算法及相关的无监督机器学习算法。本书并不详尽讨论各种流行的聚类算法，市面上已有许多聚类相关的优秀著作。本书将从高层次介绍三种算法：

- 基于邻近度的聚类，例如 k 最近邻（k-nearest neighbors，KNN）算法和谱聚类（spectral clustering）算法。
- 高斯混合模型（Gaussian mixture models，GMM）。
- 主题建模（topic modeling）。

KNN 算法对你来说可能并不陌生。它根据簇内部少数数据项（即 k 个数据项，而非整个簇）之间的邻近度形成簇。k 均值聚类的优势和局限在于所有簇均包含一个有意义的中心：均值本身。对于不含有意义的中心的簇形态，如 L 形簇，KNN 能更有效地进行捕捉。同理，谱聚类算法是一种基于向量的聚类方法，也能够通过新向量表示特征空间，发现更加复杂的簇形态。

然而，目前尚无明确证据表明，在主动学习方面，基于邻近度的聚类方法始终优于 k 均值聚类。你可能希望在 L 形簇中分别捕捉位于两个极端的数据点，因为即使两者之间存在不间断的数据项链接，它们也具有充分的差异。此外，如果你在隐藏层或 PCA 推导的向量上构建簇，k 均值聚类算法将发现簇在特征空间中展现出不同的形态，正如之前所讨论的。k 均值聚类算法仅会在其学习的向量中发现简单的球形簇，但如果这些向量是从更大量的特征中抽象出来的，那么映射回原始特征时，簇的形态将变得更加复杂。实际上，将 k 均值聚类应用于隐藏层的向量与使用谱聚类算法发现不同的簇形态是类似的过程。因此，谱聚类算法在主动学习方面不具有明显的优势——至少目前尚无深入的研究证明，某一种方法在大多数主动学习场景中明显更胜一筹。

GMM 允许单个数据项同时属于多个簇，相较于 k 均值聚类算法，GMM 算法能够生成数学动机更强的簇，而在两个簇自然重叠的情况下，k 均值聚类算法会强制划分簇的边界。GMM 及相关算法可能被称为软聚类（相较于硬聚类而言）或模糊聚类。与基于邻近度的聚类相似，目前并无强有力的证据表明 GMM 在主动学习方面优于 k 均值聚类。我在职业生涯的早期，曾同时研究混合模型和主动学习，但未将二者结合起来；我从未发现需要通过 GMM 或类似算法来弥补其他主动学习技术的不足。因此，基于实践经验，我认为没有必要尝试将二者结合，尽管我也未对 GMM 在主动学习中的应用进行深入测试。不过，这是一个潜在的研究领域，值得进一步探索。

主题建模几乎专用于文本数据。主题建模能够明确识别某一主题中的一系列相关词语以及不同文档中各主题的分布。其中最流行的算法是隐含狄利克雷分布（latent Dirichlet allocation，LDA），在一些文献中主题建模可能会直接被称为 LDA。与 GMM 不同，主题建模在实践中被大量使用，在社交媒体监测工具中尤为常见。单个主题内的相关词语通常在语义上相关，熟练的用户可以创建主题，并选择最感兴趣的主题进行分析。这种方法代表了一种"轻监督"（light supervision）形式，是重要的人在回路策略，我们将在第 9 章进一步讨论。在多样性采样中，你可以生成代表不同主题的簇，并从每个主题中选取数据样本，就像使用任何其他聚类机制一样。

虽然在数据建模方面，没有任何聚类算法能够绝对胜过 k 均值聚类，但算法的差异能够增加样本的多样性。因此，如果能够通过多种聚类算法为主动学习生成样本，就不太可能因为某一种聚类方法的数学假设而产生偏差。如果你因其他原因已经在使用某种聚类算法处理数据，不妨考虑将其作为采样策略之一。

4.4 代表性采样

代表性采样是指明确地计算训练数据与模型部署的应用域之间的差异。在基于模型的离群值和基于聚类的采样方法中，对于模型与评估其准确率所依据的数据之间的差距，我们并未明确地尝试建模。因此，下一步自然是尝试找到适配部署场景的数据项：哪些未标注数据与模型部署领域最为相似？这一步对作为数据科学家的你及你的模型都非常有用：了解哪些数据与你需要调整模型去适应的场景最为吻合，能够让你对整个数据集及可能遇到的问题有直观的认识。图 4-6 通过示例阐明了这一点。

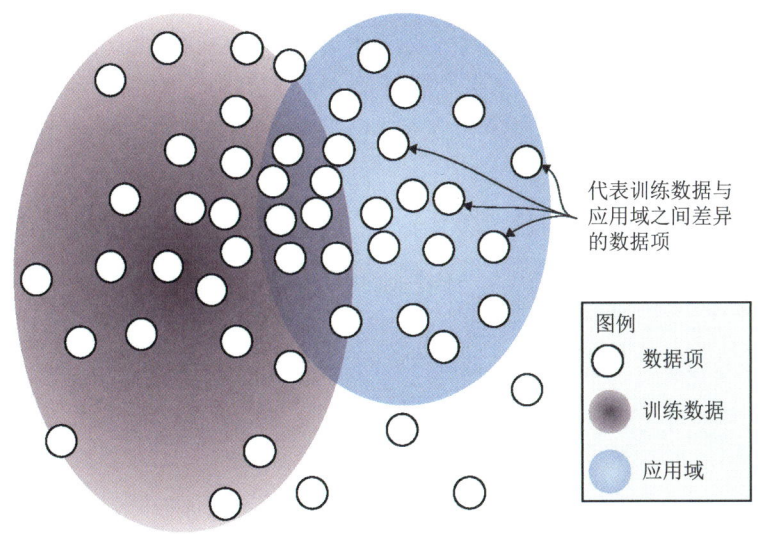

图 4-6 代表性采样示例，显示当前训练数据与应用域数据分布之间的差异

代表性采样会最大限度地选取相对于当前训练数据与应用域最为相似的数据项。

4.4.1 代表性采样很少单独使用

如果有人认为代表性采样是主动学习的最佳方法，也是可以理解的。毕竟，如果能够采样到与模型要部署场景最适配的数据，岂不是解决了大部分多样性问题吗？尽管这种直观理解大体是正确的，代表性采样确实是最强大的主动学习策略之一，但它也非常容易出错且易于出现过拟合。因此，在实施之前，我们需要了解它的一些局限性。

首先，在大多数真实场景中，未标注数据并非源自模型的部署领域。如果你要部署一个模型来识别未来的新闻标题（如本书中的示例），或者帮助自动驾驶汽车在未来某个时间点进行导航，那么你手头的数据样本并非来自目标域，而是来自更早的时间。这是大多数真实场景的常态：在为未来部署模型。因此，如果训练数据与未标注数据过于接近，当模型部署到未来数据时，它仍旧停留在过去。

在某些部署场景中，例如处理新闻标题的集中式模型，你可能能够近乎实时地做出调整以适应新数据，这种情况下问题不大。而在其他用例中，如自动驾驶汽车，你不可能近乎实时地调整模型并部署至每辆汽车。无论哪种场景，你都需要更加多样化的训练数据，而不仅仅局限于与当前未标注数据最为相似的数据。

在本书介绍的所有主动学习策略中，代表性采样最容易受到噪声的干扰。如果拥有干净的训练数据，那么未标注数据中的噪声通常与训练数据的差异最显著。在自然语言处理任务中，噪声可能包括损坏的文本、非目标域语言的文本、来自训练数据中不存在的地名列表的文本等。在计算机视觉任务中，噪声可能包括损坏的图像文件、意外拍摄的照片（例如相机镜头对准地面时拍下的照片），以及因相机、分辨率或压缩技术不同而产生的图像伪影。上述几类噪声对你的任务来说都不是有意义的内容，由此获得的待标注样本并不具有相关性或多样性。

最后，代表性采样若仅在主动学习的后期阶段采用，尤其是没有域适应问题时，可能会弊大于利。假设在主动学习的前几轮迭代中使用了不确定性采样，然后在后续迭代中转为代表性采样。早期迭代中采样过度集中在决策边界附近的数据项，因此在后期迭代中，代表性采样会对远离决策边界的数据项过度采样。如果用这种做法，代表性采样的效果会比随机采样差。

基于上述原因，代表性采样很少单独使用，而是通常用于将代表性采样与不确定性采样组合的算法或流程中。例如，可以仅对同样在决策边界附近的数据项进行代表性采样。在一些关于代表性采样的基础性学术论文中，"代表性采样"一词是指多样性采样和不确定性采样的组合。第5章将再次讨论方法的组合，充分发挥各种采样技术的作用。本章将单独介绍代表性采样，以确保在学习如何将它与其他方法组合之前，你能够掌握其基本原理。

尽管存在以上限制，代表性采样在域适应方面仍可以发挥作用。在学术界，人们专注于无需任何额外标签即可进行的域适应，这种情况下通常称之为"差异性"（discrepancy）而非"代表性"（representation）。在产业界，我尚未遇到完全无需人工介入即可实现域适应的案例，因此，代表性采样应当成为你的一项重要工具。

4.4.2 简单的代表性采样

如第4.4.1节的聚类示例，实施代表性采样可以采用多种算法。在第2章我们讨论过一种算法，仅需对离群值检测方法稍作调整，就可以判定某个数据是否在训练数据中属于离群值，而在未标注数据中不属于离群值。本节将进一步增加该方法的复杂性，采用从训练数据到未标注数据的余弦相似度，具体步骤如下：

（1）创建一个包含训练数据的簇。
（2）创建另一个包含未标注数据的簇。
（3）从训练数据中选取与未标注数据相比离群值分数最高的数据样本。

要尝试代表性采样，请执行以下命令：

```
> python active_learning.py --representative=95
```

此命令利用代表性采样方法选取 95 个未标注数据项样本,并从剩余未标注数据项中随机选取 5 个数据项进行人工标注。代表性采样函数接受训练数据和未标注数据作为输入参数,以筛选出相较于训练数据而言最具代表性的未标注数据项。在现有的聚类算法的基础上,我们仅需简单追加几行代码即可(见代码清单 4-6)。

代码清单 4-6　PyTorch 中的代表性采样

```
def get_representative_samples(self, training_data, unlabeled_data,
    number=20, limit=10000):
    """Gets the most representative unlabeled items, compared to training data
    Keyword arguments:
        training_data -- data with a label, that the current model is trained
        ➥ on
        unlabeled_data -- data that does not yet have a label
        number -- number of items to sample
        limit -- sample from only this many items for faster sampling (-1 =
        ➥ no limit)
    Creates one cluster for each data set: training and unlabeled

    """

    if limit > 0:
        shuffle(training_data)
        training_data = training_data[:limit]
        shuffle(unlabeled_data)
        unlabeled_data = unlabeled_data[:limit]

    training_cluster = Cluster()                   ⬅── 为训练数据创建一个簇。
    for item in training_data:
        training_cluster.add_to_cluster(item)
                                                   ⬅── 为未标注数据创建一个簇。
    unlabeled_cluster = Cluster()
    for item in unlabeled_data:
        unlabeled_cluster.add_to_cluster(item)
                                                   ⬅── 对于每个未标注数据项,
                                                        计算其相对于已标注数据
                                                        与未标注数据的邻近度。
    for item in unlabeled_data:
        training_score = training_cluster.cosine_similary(item)
        unlabeled_score = unlabeled_cluster.cosine_similary(item)
        representativeness = unlabeled_score - training_score
        item[3] = "representative"
        item[4] = representativeness

    unlabeled_data.sort(reverse=True, key=lambda x: x[4])
    return unlabeled_data[:number:]
```

就聚类代码而言,若要将此采样策略应用于图像数据,可能需要通过低维向量对图像进行抽象化,从单个像素级别提取特征。如果引入不同维度的特征,无需对算法代码本身做任何修改,只需将新的数据向量直接整合进算法即可。

4.4.3　自适应代表性采样

仅需对代码进行微调,即可在每轮主动学习迭代中赋予代表性采样策略自适应性。抽取最具代表性的数据项之后,我们明白该数据项不久后将接受标注,即便我们尚不清楚其确切标签。因此,我们可以将此数据项并入假设的训练数据中,随后对下一个数据项重新进行代表性采样。此方法有助于防止代表性采样仅选取相似数据项。要尝试自适应代表性采样，请执行以下命令：

```
> python active_learning.py --adaptive_representative=95
```

此命令利用自适应代表性采样方法选取 95 个未标注数据项样本，并从剩余的未标注数据项中随机选取 5 个数据项进行人工标注。新代码更加简短，参数保持不变，每新增一个数据项调用一次代表性采样函数（见代码清单 4-7）。

代码清单 4-7　PyTorch 中的自适应代表性采样

```
def get_adaptive_representative_samples(self, training_data, unlabeled_data,
➥ number=20, limit=5000):
    """Adaptively gets the most representative unlabeled items, compared to
    ➥ training data

    Keyword arguments:
        training_data -- data with a label, that the current model is trained on
        unlabeled_data -- data that does not yet have a label
        number -- number of items to sample
        limit -- sample from only this many items for faster sampling (-1 =
        ➥ no limit)

    Adaptive variant of get_representative_samples() where the training_data
    ➥ is updated
    after each individual selection in order to increase diversity of samples
    """

    samples = []
    for i in range(0, number):
        print("Epoch "+str(i))
        representative_item = get_representative_samples(training_data,
        ➥ unlabeled_data, 1, limit)[0]
        samples.append(representative_item)
        unlabeled_data.remove(representative_item)

    return samples
```

在聚类和代表性采样这两大构建模块的基础上，仅需对代码进行小幅扩展，便可着手实施更复杂的主动学习策略。第 5 章将详细探讨这些进阶技术。在大多数案例中，代码会比较简短，但了解其中的构建模块至关重要。

请注意，此函数的运行将耗费一定时间，原因在于它需重新评估采样的每个未标注数据点的代表性分数。因此，如果在小型服务器或个人电脑上运行此代码，可能需要削减采样数量或考虑限制数据项的数量，以确保无需长时间等待即可观察到此采样策略的结果。

4.5　现实世界多样性采样

识别并减少偏差的策略非常复杂，内容足以撰成一部专著。本书聚焦于数据标注的问题：确保训练数据尽可能公平地反映现实世界的多样性。正如本章引言所述，我们对机器学习的期望有时甚至超过了对人类的期望。例如，我们希望许多模型能够掌握接近 20 万个英语单词，远超一般流利使用者的约 4 万个单词。因此，本节将从主动学习的视角介绍确保模型公平的当前最佳做法。我们认识到，衡量和减少现实世界的偏差是一个复杂的问题，还远未得到解决。

体现现实世界多样性的人口统计特征可以是任何对你的数据有意义的现实类型。以下列出的是在灾害应对案例中我们可能关注的人口统计特征类型清单（并非全面列举）：

- 语言——是否对于用某种语言撰写的灾害相关内容，我们识别得更准确？此处明显存在偏差，因为数据以英语为主。
- 地域——是否对于源自/关于某些国家的灾害相关内容，我们识别得更准确？此处很有可能存在偏差，因为一些国家会有更多的媒体报道灾害，同时也会存在国家层面的人口偏差。
- 性别——是否对于源自/关于某一性别人群的灾害相关内容，我们识别得更准确？可能有更多男性参与内容创作，这一点可能反映在写作风格上。
- 社会经济状况——是否对于源自/关于不同收入人群的灾害相关内容，我们识别得更准确？富裕国家的报道通常较多，这种情况可能导致数据和模型出现偏差。
- 种族和民族——是否对于源自/关于特定种族或民族的灾害相关内容，我们识别得更准确？对于相同性质的事件（例如，单身男子枪击事件），媒体报道也经常因涉事者的种族或民族差异而有所不同：针对某些民族，事件会被归类为恐怖活动（因此与灾害相关），而对于其他民族则视作个体犯罪（因此与灾害无关）。
- 日期和时间——是否对于一天中的某个时段、一周中的某个日子或一年中的某个月份的灾害相关内容，我们识别得更准确？周末发布的新闻报道较少，而这些报道往往更注重人文关怀。

多重偏差的交汇可能造成影响，这种现象被称作"交叉偏差"（intersectional bias）。例如，针对特定性别群体的偏见在不同种族和民族背景下，可能会带来更有利或更不利的后果，甚至导致完全相反的结果。

根据模型部署所在地，还需要遵照当地法律法规。以美国加利福尼亚州为例，当地劳动法禁止基于多项人口统计特征的区别对待，包括前述的种种特征，以及年龄、移民身份、性取向和宗教信仰。在某些情况下，仅仅通过数据编码改变采样策略并不能妥善解决问题；相反，你需要在数据收集阶段就解决问题。

4.5.1 训练数据多样性的常见问题

图 4-7 汇总了数据公平性的三个常见问题。图中的三项人口统计特征分别体现了我们在创建训练数据时会遇到的常见问题：

- 在训练数据中比例过高，但与训练数据分布不一致的人口统计特征（X）。
- 分布与总体数据分布相似，但在训练数据中的比例尚不均衡的人口统计特征（O）。
- 在训练数据中代表性不足，致使所构建的模型可能逊于随机采样模型的人口统计特征（Z）。

机器学习算法本身不太容易产生数据中没有的偏差，尽管也确实存在这种可能。大多数情况下，当算法表现出偏差时，是在反映或放大训练数据中存在的偏差，或训练数据对模型特征的表示方式引入的偏差。即便偏差完全源自模型本身，你也可能需要负责创建评估数据，以检测和衡量这种偏差。如果数据源带来不良结果，你也有责任在开始标注数据时认识到这一点。因此，负责数据标注的你，在确保模型公平性方面的影响力，可能超过组织内的任何其他成员。

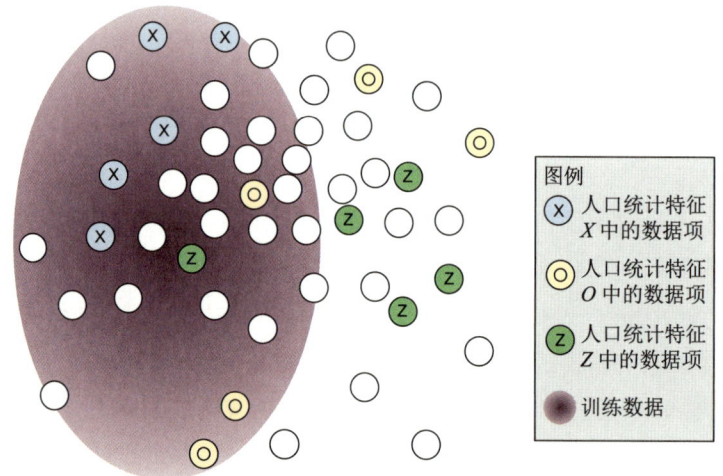

图 4-7 多样性采样试图解决的问题的示例

图中将数据项对应到现实世界中的三个人口统计特征，分别命名为 X、O 和 Z。人口统计特征 X 的状况看起来比较不错，现有的示例均位于当前训练数据的边界之内。但 X 的分布与训练数据整体的分布并不一致。这个问题在神经网络模型中并不常见，然而，在朴素贝叶斯等更为简单的模型中，则可能涌现此类问题。X 代表带有正面偏差的优势人口统计特征，例如多语言数据集中的标准英语数据。

人口统计特征 O 一部分位于当前训练数据的边界之内，一部分超出了边界。O 在整个特征范围内的分布相当均匀。因此，若能收集到能够代表整个特征空间的训练数据，那么对 O 的关注程度将降至最低。O 代表偏差（正面或负面）最小的人口统计特征，如基于时间的人口统计特征，其中每个数据项都是在特定时间段内精心收集的。

相比之下，人口统计特征 Z 大多聚集在当前训练数据的边界之外。更糟糕的是，当前训练数据内部的 Z 数据点反倒成了 Z 的离群点。模型可能对 Z 缺乏了解，实际上亦可能对 Z 建模出错。Z 是典型的代表性不足的人口统计特征，如某代表性不足的民族群体，除非其某一个体恰好与处于优势地位的群体存在相同的特征，否则就不会出现在数据集中。

请注意，相较于大多数计算机科学家，众多人工智能伦理学研究者对"算法"（algorithm）一词的定义更为宽泛，将机器学习模型的数据处理和对输出结果的解读也算在内。这种定义本身并没有更好或更坏，仅仅代表了不同的理解角度。因此，在翻阅人工智能伦理学文献时，请注意其中所涉及的"算法"是指机器学习应用中的哪些部分。

4.5.2　确保人口统计特征多样性的分层采样

若缺乏各人口统计特征未标注的参考数据集，你就需要沿用先前实施的主动学习策略，以分层方式对所有数据进行处理：

（1）针对每个人口统计特征，采取最低置信度采样法，选取数量相等的数据项，这些数据项在该人口统计特征中的预测置信度最高。

（2）针对每个人口统计特征，采取置信度边际采样法，选取数量相等的数据项，这些数据项在该人口统计特征中的预测置信度最高或次高。注意，置信度边际采样法明确关注置信度最高的两个数据项。

（3）针对每个人口统计特征，采取基于模型的离群值检测。

（4）针对每个人口统计特征，采取基于聚类的采样。

正如我们希望从整体未标注数据中筛选出最优质的数据集一样，我们也希望能在各个人口统计特征中实现此目标，同时注意采用分层采样方法。

本章不提供专门针对此任务的代码。你应当能够依据所关注的人口统计特征对数据进行分类，并只对各个人口统计特征下的数据实施采样。

4.5.3 得到代表和具有代表性：哪个重要？

数据具有人口统计特征的代表性（representative）与人口统计特征在数据中得到充分代表（well-represented）之间存在细微而重要的差别。根据所采用的模型类型，二者之间的区别尤为重要，因此我们在此做出明确区分：

- 具有代表性的人口统计特征数据——如果数据源自和某人口统计特征相同的分布，则数据对该人口统计特征具有代表性。从统计学角度看，如果已标注数据与从该人口统计特征中随机抽取的数据具有独立同分布（identically distributed，IDD）的特性，则已标注数据具有代表性。

- 得到充分代表的人口统计特征——如果有充足的数据量代表某人口统计特征，使模型具有公平性，则表示该人口统计特征得到充分代表，但并不要求这些数据是独立同分布。

若已知未标注数据公平代表所关注的人口统计特征，且未标注数据针对该人口统计特征进行了准确编码，则可以另外创建一个评估数据集，从各人口统计特征中随机抽取数据。如果人口统计特征数据出现频率不均的情况，相较于在整个数据集中随机采样，以这种方法创建评估数据更为高效。但是，由此得到的数据集仅可用来评估按人口统计特征划分的准确率（第 4.5.4 节）。

请务必注意，未标注数据可能不具有各人口统计特征的代表性。在本章中，源于澳大利亚媒体机构的数据聚焦于澳大利亚国内新闻及其地理或政治上的邻国的新闻。因此，它们对于乌干达等国的报道、对乌干达本土所发生的事件并不具有代表性，这些数据偏向于反映对澳大利亚更重要的事件。在这种情况下，获取能代表乌干达真实情况的数据是不可能的任务。你应通过聚类方法，获取尽可能多样化的关于乌干达的报道，确保此类报道在数据集中至少占据一定比例。

在采用神经网络模型的情况下，即便数据仅做到了充分代表但不具有代表性，亦不会造成问题。只要数据量充足，神经网络模型便能准确地处理给定人口统计特征中的所有数据项，即使模型的训练数据对该人口统计特征表现不均衡。以乌干达的新闻报道为例，报道内容可能过分偏重于体育相关主题，但只要确保其他类型的乌干达新闻示例充足，使得模型能够准确处理相关主题，那么体育新闻的比例偏高也无妨，模型仍能够以相同的准确率处理乌干达所有类型的新闻。

但是，如果采用的是生成式模型，特别是如朴素贝叶斯这类简易模型，模型将预设数据具有代表性，以此为前提来对分类任务进行显式建模。在这种情况下，我们需要尽力确保数据具有代表性，或者尝试通过调整参数（如特定数据类型的先验概率）在模型中为代表性编码。

这种方法区分了现实世界多样性采样与分层采样。在社会科学领域，分层采样技术旨在确保数据有高度代表性，并可用于评估问卷调查等活动的结果，以平衡人口统计特征的不均衡。在一些神经网络模型中，训练数据中存在具有代表性的数据或许足以消弭偏差。另一方面，模型可能会放大偏差。因此，这一问题的复杂性随之增加，需要我们考虑到机器学习的架构，从整体上加以解决。如果关注模型的现实世界多样性，不妨从分层采样的相关文献着手，但需认识到，这种采样策略并非解决问题的唯一办法。

4.5.4 按人口统计特征划分的准确率

若数据中包含了现实世界的人口统计特征，则可据此计算宏观准确率的变化。针对属于特定人口统计特征的数据项，有多少能根据给定标签被准确预测？请注意，每一次的"错误"既是假正例又是假负例。因此，除非将某些标签排除在准确率统计之外，或者设定可信预测的阈值，否则在按人口统计特征划分的准确率中，精确度和召回率的值是相同的（这一点同样适用于微观精确度和召回率）。以 d 表示各人口群体的成员，则精确度和召回率分别可表示为：

$$P_{人口统计特征} = \frac{\sum_d P_d}{d}$$

$$R_{人口统计特征} = \frac{\sum_d R_d}{d}$$

在产业界，这种技术并不常用，但这不代表它不值得被采纳。大多数关于人口统计特征不平等的研究通常是有针对性的。以人脸识别为例，众多主流媒体机构会挑选少数代表不同民族的图像，以此分析各民族群体之间的识别准确率差异。在这类场景中，媒体机构测试的对象仅限于精确度，而所用的样本量较小（可能缺乏代表性）。这一做法虽适用于媒体报道，但若真心期望提高模型的公平性，此法显然不奏效。

如果你负责构建模型并确保其公平性，那么在度量模型准确率时，应考虑采用种类更广泛的手段。根据特定的场景需求，你可能希望进一步细化基于人口统计特征的准确率。以下列出几种选项：

- 最低准确率（minimum accuracy）——各人口统计特征的最低精确度、召回率和/或 F 分数。如果希望模型在不同人口统计特征间的公平性上达到与最薄弱环节同等的水平，则应取最低准确率。可以取一个人口统计特征的最低 F 分数。如果评估标准更加严格，可以取不同标签的最低精确度和最低召回率，并据此计算 F 分数。
- 调和准确率（harmonic accuracy）——按人口统计特征划分的准确率的调和平均数，比取人口统计特征的平均准确率更为严格，但不及取最低值（除非无值存在）。通过取精确度和召回率的调和平均数得到 F 分数，同样地，可以取调和平均数来替代算术平均数。调和平均数对异常低准确率的惩罚超过对异常高准确率的奖励，但其严格程度不如取最低值。

4.5.5 现实世界多样性采样的局限性

现实世界多样性采样的最大缺点在于无法保证模型完美无缺,但它能更准确地度量偏差,确保模型的公平性远超过仅依赖随机采样的方法。有时,偏差是难以消除的,其原因很简单:缺乏充足的未标注数据。我参与过涉及海地克里奥尔语和乌尔都语等语种的灾害应对工作,这些语种的可用数据量带来的多样性,远不及英语的同类新闻标题。仅凭标注无法解决这一问题。数据收集不在本书的讨论范围之内,但在第 9 章我们将重新探讨一些其他相关技术并介绍创建合成数据的方法。

4.6 不同类型模型的多样性采样

多样性采样可以应用于任何类型的模型架构。与第 3 章讲到的不确定性采样类似,有时其他模型的多样性采样与神经网络模型相同,有时多样性采样仅适用于特定类型模型。

4.6.1 不同类型模型的基于模型的离群值

对于采用线性回归的模型,可以用与神经网络模型相同的方法计算模型的离群值:在所有标签中,哪些数据项的激活值最低?如果可能,利用预归一化的预测分数(正如本章所示,利用 logits)。

对于贝叶斯模型,每个标签的总体概率以基于模型的离群值为最低。正如神经网络模型的情况,最低总体概率可以通过计算最低平均值或最低最大值得出,选择哪种计算方式取决于哪种更适合当前场景。

对于 SVM,目标是获取位于超平面(决策边界)附近但与支持向量(即确定决策边界的训练数据项)自身距离最大的预测结果。这些数据项等同于神经网络模型中不确定性较高的模型离群值。

4.6.2 不同类型模型的聚类

本章介绍的无监督聚类方法(如 k 均值聚类)适用于任何监督机器学习算法的采样。对于不同类型的监督机器学习算法,使用 k 均值聚类方法无需做出修改,因此可以首先依循本章的方法进行操作,随后根据具体的模型和数据对其进行优化。

如果想要深入探索基于聚类的采样方法,21 世纪初有大量研究关注多样性采样。在此期间,支持向量机正值其流行巅峰,因此,重温 SVM 的相关知识能帮你最大限度地从当时的研究成果中受益。

4.6.3 不同类型模型的代表性采样

正如本章前文所述,可以利用朴素贝叶斯或欧几里得距离替代余弦相似度进行代表性采样。对于特定数据,任何距离函数的效果几乎相同;本书采用余弦相似度,仅仅是为了延续第 4.3 节关于聚类的讨论。如果在聚类算法中将距离函数从余弦相似度改为簇成员的概率,仅需修改几行代码,即可尝试贝叶斯聚类的方法。

决策树提供独特的多样性采样方式。你可以看到从训练数据到评估数据，不同叶节点的预测数据量的差异。假设决策树有 10 个叶节点，在验证数据的预测过程中，所有 10 个叶节点均等分配了数据项。然而，当此模型应用于未标注数据时，其中 90% 的数据汇聚于某一个叶节点。这一现象明显表明，相较于训练数据，该叶节点所代表的数据类型更贴近目标域。因此，应重点从包含 90% 数据的叶节点中采集更多的数据项，因其对于模型要部署的场景更加重要。

4.6.4 不同类型模型的现实世界多样性采样

提升神经网络模型多样性的策略同样适用于其他类型的机器学习模型。但需确保优化目标是不同人口统计特征的标签数量相同且准确率相同。

4.7 多样性采样速查图

图 4-8 为本章用到的四种多样性采样方法的速查图。如果你对这些策略抱有信心，不妨将此速查图作为便捷的参考资料。

4.8 延伸阅读

如果你想查看与多样性采样相关的许多重要论文，需要查阅机器学习文献之外的其他领域的资料。如果重点是收集正确数据，不妨从 21 世纪初的语言文献和档案资料入手。如果重点是数据分层采样，则可以借鉴已有百年研究沉淀的社会科学文献，如教育和经济学等不同领域的研究成果。本节虽聚焦于机器学习文献的延伸阅读，但须知优秀的研究论文建立在其他学科取得的进步的基础之上。

4.8.1 基于模型的离群值延伸阅读

基于模型的离群值算法由我个人开发，除了非正式演讲和课堂分享，未曾在本书之外的地方公开发表。关于基于神经网络的离群值判别方法的文献日益增多，但多集中于统计离群值而非低激活值。

研究神经网络模型以确定其知识范围（或知识缺失）的做法，有时称作"探测"（probing）。尽管目前尚无关于通过探测发现主动学习离群值的研究论文，但在更多的关于模型探测的文献中，无疑包含了一些可供调整以适应此目的的优秀技术。

4.8.2 基于聚类的采样延伸阅读

关于基于聚类的采样，最佳的入门文章是由 Hieu T. Nguyen 和 Arnold Smeulders 所著的"Active Learning Using Pre-clustering"（《使用预聚类的主动学习》，http://mng.bz/ao6Y）。要想了解基于聚类的采样的最前沿研究，不妨搜索引用这两位作者且本身被引用率较高的最新论文。

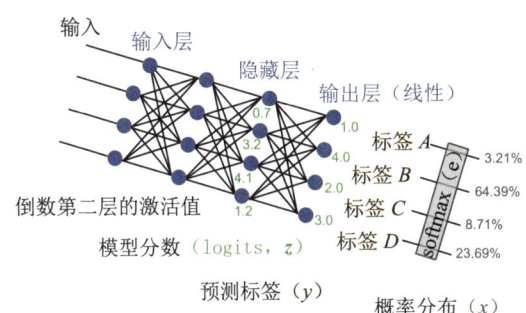

基于模型的离群值：通过 logits 层和隐藏层的低激活值进行采样。

目的：寻找因信息缺失而使模型混淆的数据项。这与由矛盾信息引发的不确定性不同，后者为一种辅助采样方法。

建议：尝试平均激活值与最大激活值。

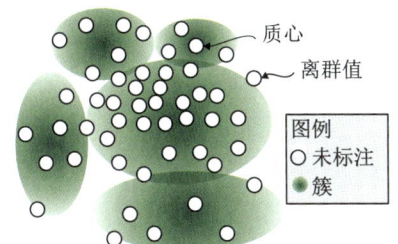

基于聚类的采样：通过无监督学习对数据进行预分割。

目的：确保采样数据涵盖数据特征空间内所有有意义的趋势，而非仅限于数据量最大的趋势；同时，寻找不属于任何趋势的离群值。

建议：尝试不同的距离度量和聚类算法。

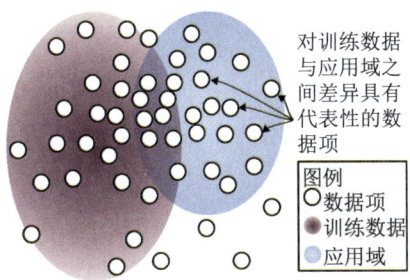

代表性采样：寻找最能代表目标域的数据项。

目的：当目标域与当前训练数据存在差异时，需采样最能代表目标域的数据项，以尽快适应目标域。

建议：在一个主动学习周期内可扩展到实现自适应。

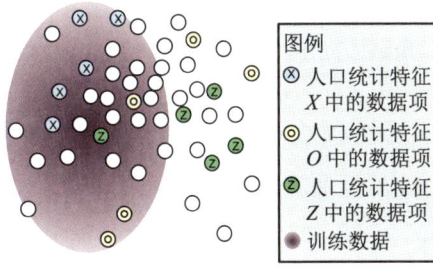

现实世界多样性：利用支持现实世界多样性的数据，提升模型公平性。

目的：让尽可能多的人利用模型，同时避免放大现实世界中的偏差。通过运用所有主动学习策略，实现数据方面的最大程度公平。

建议：模型的公平性并不总是需要具有代表性的数据来实现。

图 4-8　本章各类型多样性采样速查图——基于模型的离群值采样、基于聚类的采样、代表性采样和现实世界多样性采样

　　监督机器学习模型的性能受限于其数据。例如，一个仅用某种类型的英语数据训练的聊天机器人，难以支持多样性。众多任务中，我们都需要寻找既能反映数据多样性又能贴合现实世界多样性的数据。这种主动学习形式被称为多样性采样。

　　此速查图介绍了增加训练数据多样性的四种策略。

　　这四种策略可以确保数据的多样性和代表性。数据分别是：模型在当前状态下未知的数据项，在统计学意义上对整体数据分布具有代表性的数据项，对模型部署环境最具代表性的数据项，以及对现实世界人口统计特征最具代表性的数据项。

值得一提的是，Ngyuen 和 Smeulders 采取了聚类和不确定性采样相结合的主动学习度量。正如本章前文所述，这种组合是采用聚类进行主动学习的最常见方式。本书将这两个主题分开讨论，以便于读者分别理解，但在深入研究二者的组合应用之前，建议先行阅读第 5 章，该章节介绍了如何组合聚类和不确定性采样。

最早关于主动学习聚类的研究论文出自俄罗斯科学家之手。据我所知，这方面的首篇英文论文是由 Novosibirk Zagoruiko 所著的 "Classification and Recognition"（《分类与识别》，http://mng.bz/goXn）。如果你能读懂俄语，不妨探索更早期的文献，那是 50 多年前便开始探讨此问题的科学家们的智慧结晶！

4.8.3 代表性采样延伸阅读

Andrew Kachites McCallum 和 Kamal Nigam 在 "Employing EM and Pool-Based Active Learning for Text Classification"（《利用 EM 和基于池的主动学习进行文本分类》，http://mng.bz/e54Z）一文中首次探讨了代表性采样的原理。要想了解代表性采样的最前沿研究，不妨搜索引用这两位作者且本身被引用率较高的最新论文。

4.8.4 现实世界多样性采样延伸阅读

以下所列的两篇论文，分别涉及计算机视觉和自然语言处理领域，均是现实世界多样性机器学习的优秀研究成果。这两篇论文都发现，时下流行的模型针对较为富裕人群的准确率更高，训练数据偏向于富裕人群所常见的物体以及富裕/多数群体使用的语言：

- "Does Object Recognition Work for Everyone?"（《对象识别对每个人都有效吗？》，http://mng.bz/pVG0），作者为 Terrance DeVries、Ishan Misra、Changhan Wang 和 Laurens van der Maaten。
- "Incorporating Dialectal Variability for Socially Equitable Language dentification"（《融入方言变异实现社会公平的语言识别》，http://mng.bz/OEyO），作者为 David Jurgens、Yulia Tsvetkov 和 Dan Jurafsky。

关于语言技术文献中偏差（包括"偏差"一词使用上的不一致性）的批判性评论，推荐阅读由 Su Lin Blodgett、Solon Barocas、Hal Daumé Ⅲ 和 Hanna Wallach 所著的论文 "Language (Technology) Is Power: A Critical Survey of 'Bias' in NLP"（《语言（技术）就是力量：对自然语言处理中"偏差"的批判性研究》，http://mng.bz/Yq0Q）。

4.9 小结

- 本章介绍了四种常见的多样性采样方法：基于模型的离群值采样、基于聚类的采样、代表性采样及现实世界多样性采样。这四种方法有助于我们了解模型中的各种"未知的未知"。
- 基于模型的离群值采样允许我们针对模型当前状态下未知的数据项进行采样，帮助拓展模型知识，弥补当前的知识缺口。
- 基于聚类的采样允许我们采集在统计学意义上对整体数据分布具有代表性的数据

项，帮助拓展模型知识，捕捉数据中所有有意义的趋势，包括随机采样可能会遗漏的稀有趋势。

· 代表性采样可用于采集对模型部署的环境最具代表性的数据项，帮助调整模型以适应与当前训练数据不同的领域，从而解决现实世界机器学习面临的一大常见问题。

· 为了支持现实世界多样性，需要部署不确定性采样和多样性采样的所有技术，确保应用程序在不同的用户群中达到更高的准确率和公平性。

· 微观和宏观 F 分数等准确率指标可应用于现实世界人口统计特征，作为衡量模型中潜在偏差的手段。

· 通过解析神经网络模型各层来实现多样性采样，可以为主动学习获取尽可能多的信息，为计算模型离群值提供更多选择，并为进阶的迁移学习技术搭建构建模块。

· 在实施多样性采样时，用来确定人工审查数据量的策略与不确定性采样不同，因为在某些场景中，这些策略可以在主动学习的每轮迭代中实现自适应。自适应采样方法可以提高人在回路机器学习反馈回路的效率，因为无需等待模型重新训练。

· 任何监督机器学习算法都可以实现多样性采样，包括神经网络模型、贝叶斯模型、SVM 和决策树。你可以借助现有的任何类型的机器学习算法来实现主动学习，而不是只使用本书示例中重点介绍的神经网络模型。你甚至可以尝试使用额外的主动学习算法，以充分利用其独特性能。

第 5 章
进阶主动学习

本章内容包括:

- 不确定性采样与多样性采样技术组合。
- 利用主动迁移学习对最不确定和最具代表性的数据项进行采样。
- 在一个主动学习周期内实施自适应迁移学习。

在第 3 章和第 4 章，我们分别探讨了如何确定模型的不确定性（模型"知道自己不知道"的部分）以及模型的知识空白领域（模型"不知道自己不知道"的部分）。在本章，我们将学习如何将这些技术组合到一个综合的主动学习策略中，同时，还将学习如何利用迁移学习调整模型来预测需要采样的数据项。

5.1 不确定性采样与多样性采样组合

本节将探讨如何将目前所掌握的所有主动学习技术组合起来，以便在特定场景中发挥效用。同时，还将介绍一种新的主动学习策略：期望误差减少（expected error reduction）。这一策略结合了不确定性采样和多样性采样的原理。正如第 1 章所述，理想的主动学习策略旨在对位于决策边界附近但彼此相距较远的数据项进行采样，如图 5-1 所示。

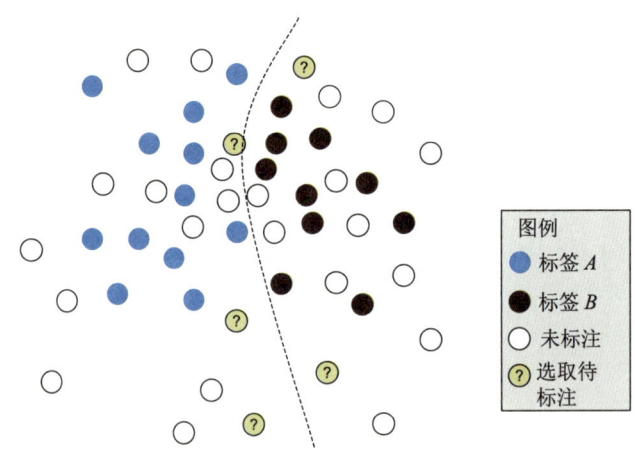

图 5-1 不确定性采样和多样性采样组合的一种可能结果

通过组合两种策略，选择的数据项既满足多样性，又靠近决策边界。因此，针对加入训练数据后可能引起决策边界变动的数据项，需要优化其被搜索到的机会。

至此，我们已经掌握了如何识别位于决策边界附近（不确定性采样）且彼此相距较远的数据项（基于聚类的采样和自适应代表性采样）。本章将展示如何对既靠近决策边界又各不相同的数据项进行采样，如图 5-1 所示。

5.1.1 最低置信度采样与基于聚类的采样组合

在产业界的应用中，不确定性采样和多样性采样组合的最普遍做法是，先通过一种方法提取大批样本，继而通过另一种方法对这些样本进行进一步的筛选。尽管此种做法广泛存在，但它并没有统一的名称，可能是因为众多企业都是根据自身需求独立开发各自的方法。

如果先用最低置信度采样法选取 50% 最不确定的数据项，再通过基于聚类的采样法从中选取 10% 的数据项，最终得到的 5% 数据样本大致会与图 5-1 所示的样本相似：达到不确定性与多样性的近乎最优组合。图 5-2 通过图形展示了这一结果。首先，抽取 50% 最不确定的数据项；然后通过聚类确保所选数据项的多样性，并对每个簇的质心进行采样。

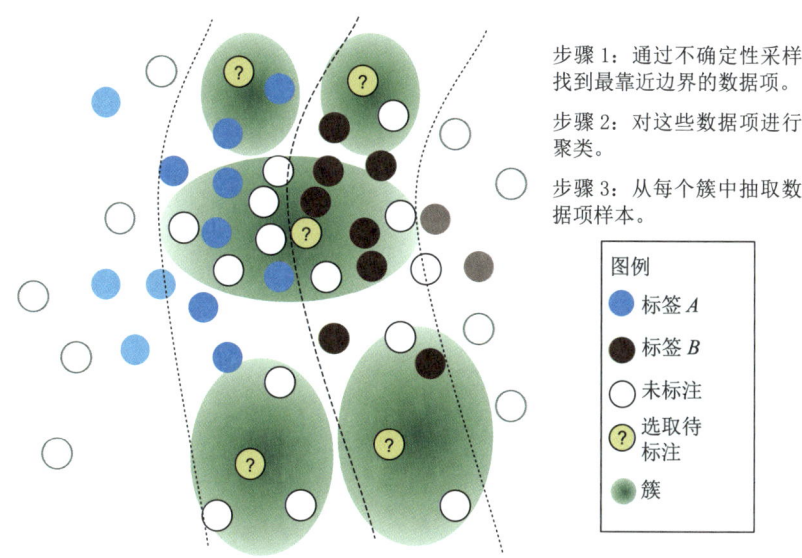

图 5-2　最低置信度采样和基于聚类的采样的组合示例

首先，通过不确定性采样找到决策边界附近的数据项；然后，通过聚类法确保所选数据的多样性。在本图中，我们对每个簇的质心进行了采样。或者，你也可从离群值中随机选取。

依照之前学习的代码，可以观察到最低置信度采样与聚类的组合实际上是 advanced_active_learning.py 文件的简单扩展，该文件可以参见我们一直使用的代码库（https://github.com/rmunro/pytorch_active_learning），具体如代码清单 5-1 所示。

代码清单 5-1　最低置信度采样与聚类的组合

```
def get_clustered_uncertainty_samples(self, model, unlabeled_data, method,
    feature_method, perc_uncertain = 0.1, num_clusters=20, max_epochs=10,
    limit=10000):
    if limit > 0:
```

(清单续)

```
    shuffle(unlabeled_data)
    unlabeled_data = unlabeled_data[:limit]
uncertain_count = math.ceil(len(unlabeled_data) * perc_uncertain)

uncertain_samples = self.uncertainty_sampling.get_samples(model,
➥ unlabeled_data,
➥ method, feature_method, uncertain_count, limit=limit)
samples = self.diversity_sampling.get_cluster_samples(uncertain_samples,
➥ num_clusters=num_clusters)

for item in samples:
    item[3] = method.__name__+"_"+item[3] # record the sampling method

return samples
```

获取大量最不确定的数据样本。

针对不确定数据项,利用聚类法确保样本的多样性。

仅需新增两行代码即可完成这两种方法的组合:一行用于获取最不确定的数据项,一行用于对这些数据项进行聚类。如果你对灾害应对相关文本分类任务感兴趣,可尝试以下新命令:

> python active_learning.py --clustered_uncertainty=10 --verbose

你将立刻发现,数据倾向于集中在可能与灾害相关或无关的文本分界线附近,同时数据项具有多样性。要通过不确定性采样找到决策边界附近的数据项,然后通过基于聚类的采样确保数据项的多样性,有很多种方式。你可以尝试不同类型的不确定性采样、不同的不确定性阈值及不同的聚类参数。在许多场景中,聚类和不确定性采样的组合是为主动学习挖掘最高价值数据项的最快方法,应该作为首选策略之一。

这种简单的策略组合方法鲜少见诸学术论文。学术界倾向于研究将多种方法整合为单一算法,而非将多个简单算法串联应用。这种偏好有其合理性,因为如我们所见,组合不同方法比较简单,仅需几行代码就能实现,并不需要撰写专门的学术论文来阐述。然而,对于构建现实世界主动学习系统的开发者来说,在尝试更具实验性质的算法之前,应始终优先实施简单的解决方案。

首先考虑简单方法的另一个理由是,你可能需要对应用程序进行长期维护。如果不需要开发新技术便能实现 99% 的目标,那么代码的维护工作将大大简化。以下专家轶事提供了一个早期决策重要性的示例。

早期数据决策的持久影响

基兰·斯奈德(Kieran Snyder)的专家轶事

在机器学习项目中,早期决策将在未来长久地影响你要开发的产品,尤其是数据决策:特征编码策略、标注本体和源数据都将产生深远的影响。

我研究生毕业后的第一份工作,就是负责构建让微软软件支持全球数十种语言的基础架构。在这个过程中,我需要做出一些基础性决策,如决定某种语言中字母的排列顺序——当时许多语言并不存在此类规则。2004 年海啸袭击了印度洋周边国家，对于斯里兰卡的僧伽罗语使用者来说，问题变得尤为紧迫：由于缺乏标准化的僧伽罗语编码，人们无法简便地采用技术手段搜寻失踪人员。为助力救援失踪人员，我们携手母语使用者，将让软件支持僧伽罗语的任务时间周期由数月压缩至短短数日，尽快开发出了解决方案。

我们当时决定的编码方案被 Unicode 正式采纳为僧伽罗语的官方编码，这种语言如今也得到了永久编码。我们的工作并非总是面临如此紧迫的时间要求，但我们应该从一开始就考虑产品决策的长远影响。

基兰·斯奈德，现任 Textio 首席执行官兼联合创始人，Textio 是一个用户群广泛的增强写作平台。基兰·斯奈德曾在微软和亚马逊担任产品开发领导职务，拥有宾夕法尼亚大学语言学博士学位。

不要想当然地以为复杂的解决方案就一定是最佳的方案。你可能会发现，简单地将最低置信度和聚类组合起来就能满足数据需求。同样，你可以测试不同的方法，看看相比随机采样基线，哪种方法带来的准确率变化最大。

5.1.2　不确定性采样与基于模型的离群值采样的组合

将不确定性采样与基于模型的离群值采样组合，会使模型当前的混淆程度最大化。这种方法旨在寻找决策边界附近的数据项，确保数据项的特征对当前模型而言是相对未知的。图 5-3 展示了这种方法可能产生的样本类型。

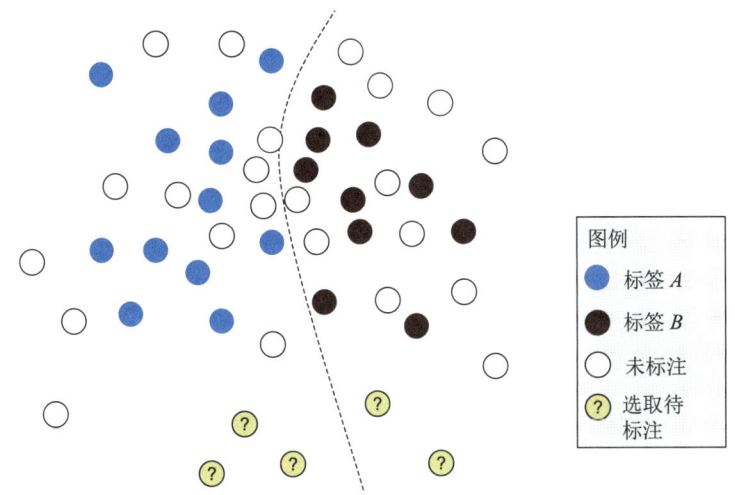

图 5-3　不确定性采样与基于模型的离群值采样的组合示例

其选取的数据项位于决策边界附近，但与当前训练数据项不同，因而与模型不同。

与代码清单 5-1 的示例一样，你仅需两行代码即可实现两种方法的整合（见代码清单 5-2）。在寻找最有可能增加模型知识量和整体准确率的数据项时，将不确定性采样

与基于模型的离群值采样进行组合是不错的选择,它也同样适用于相似数据项的采样。通过以下命令即可尝试这种技术:

```
> python active_learning.py --uncertain_model_outliers=100 --verbose
```

代码清单 5-2　不确定性采样与基于模型的离群值采样的组合

```
def get_uncertain_model_outlier_samples(self, model, outlier_model,
    unlabeled_data, training_data, validation_data, method, feature_method,
    perc_uncertain = 0.1, number=10, limit=10000):

  if limit > 0:
    shuffle(unlabeled_data)
    unlabeled_data = unlabeled_data[:limit]
  uncertain_count = math.ceil(len(unlabeled_data) * perc_uncertain)

  uncertain_samples = self.uncertainty_sampling.get_samples(model,
    unlabeled_data, method, feature_method, uncertain_count, limit=limit)

  samples = self.diversity_sampling.get_model_outliers(outlier_model,
    uncertain_samples, validation_data,feature_method,
    number=number, limit=limit)

  for item in samples:
    item[3] = method.__name__+"_"+item[3]

  return samples
```

获取最不确定的数据样本。

对这些数据项进行基于模型的离群值采样。

5.1.3　不确定性采样与基于模型的离群值和聚类组合

第 5.1.2 节中的方法可能会对邻近数据项进行过度采样,因此可能需要首先应用这一方法,然后通过聚类确保数据的多样性。在前一种代码方案的末尾新增一行代码引入聚类即可轻松实现这一策略。另外,如果主动学习快速迭代,通过组合不确定性采样与基于模型的离群值采样,可以确保提高多样性。每轮迭代中只需抽取少量数据项。

5.1.4　代表性采样与基于聚类的采样组合

我们在第 4 章学习的代表性采样技术存在一个缺点:它将训练数据和目标域视为单一簇。实际上,数据通常呈多节点分布,单一簇无法充分捕捉数据的多样性。

为了捕捉这种复杂性,可以将代表性采样与基于聚类的采样组合,构建一个稍稍复杂的架构。通过对训练数据和未标注数据分别进行聚类,找出对未标注数据最具代表性的簇,并对其进行过采样。与只进行代表性采样相比,这种方法能提供更具多样性的数据集(图 5-4)。

如图 5-4 所示,当前训练数据和目标域在特征空间内可能并非均匀分布。首先对数据进行聚类有助于更准确地为特征空间建模,采样得到更具多样性的未标注数据项。首先,为训练数据和应用域的未标注数据创建簇(见代码清单 5-3)。

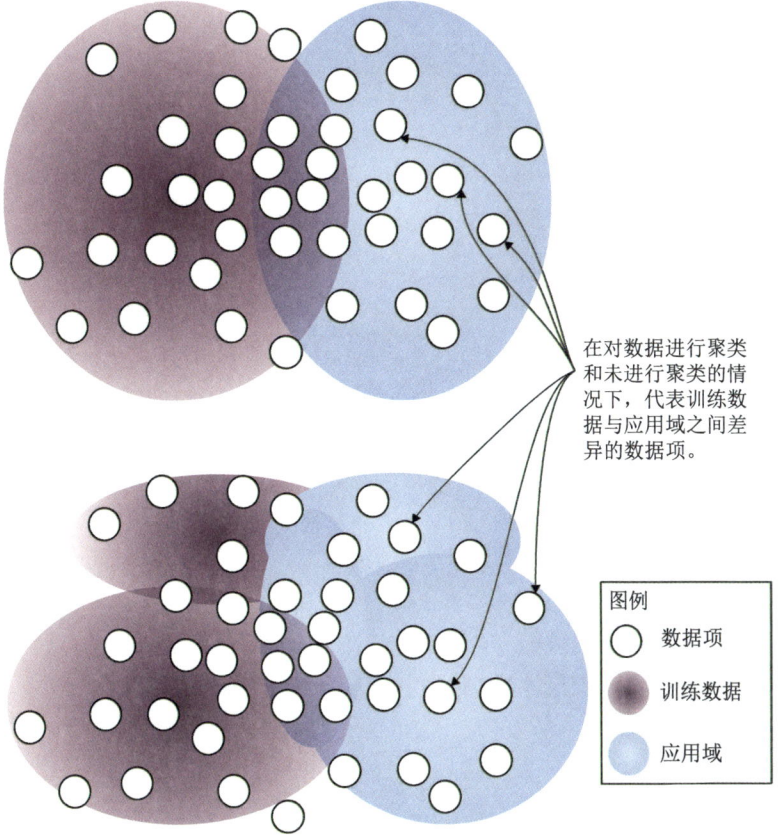

图 5-4 代表性采样与基于聚类的采样的组合示例（底部）

相对于当前训练数据，这种方法采样得到的数据项更加贴近应用域，同时也保持了彼此之间的差异性。相比之下，第 4 章提到的更简单的代表性采样方法会将每个分布视为单一分布。

代码清单 5-3　代表性采样与聚类组合

```
def get_representative_cluster_samples(self, training_data, unlabeled_data,
➥ number=10, num_clusters=20, max_epochs=10, limit=10000):
    """Gets the most representative unlabeled items, compared to training data,
    ➥ across multiple clusters
    Keyword arguments:
        training_data -- data with a label, that the current model is trained on
        unlabeled_data -- data that does not yet have a label
        number -- number of items to sample
        limit -- sample from only this many items for faster sampling (-1 =

        num_clusters -- the number of clusters to create
        max_epochs -- maximum number of epochs to create clusters



    shuffle(training_data)
    training_data = training_data[:limit]
    shuffle(unlabeled_data)
    unlabeled_data = unlabeled_data[:limit]
    # Create clusters for training data

    training_clusters = CosineClusters(num_clusters)
```

```
        training_clusters.add_random_training_items(training_data)
        for i in range(0, max_epochs):
          print("Epoch "+str(i))
          added = training_clusters.add_items_to_best_cluster(training_data)
            if added == 0:
              break

        # Create clusters for unlabeled data

        unlabeled_clusters = CosineClusters(num_clusters)
        unlabeled_clusters.add_random_training_items(training_data)

        for i in range(0, max_epochs):
          print("Epoch "+str(i))
          added = unlabeled_clusters.add_items_to_best_cluster(unlabeled_data)
            if added == 0:
              Break
```

在已存在的训练数据中创建簇。

在未标注数据中创建簇。

然后，遍历未标注数据的每个簇，找出每个簇中相对于训练数据簇最靠近该簇质心的数据项（见代码清单 5-4）。

代码清单 5-4　代表性采样与聚类组合

```
        most_representative_items = []

        # for each cluster of unlabeled data
        for cluster in unlabeled_clusters.clusters:
            most_representative = None
            representativeness = float("-inf")
        # find the item in that cluster most like the unlabeled data
        item_keys = list(cluster.members.keys())

        for key in item_keys:
            item = cluster.members[key]

            _, unlabeled_score =
            unlabeled_clusters.get_best_cluster(item)
            _, training_score = training_clusters.get_best_cluster(item)

            cluster_representativeness = unlabeled_score - training_score

            if cluster_representativeness > representativeness:
                representativeness = cluster_representativeness
                most_representative = item

        most_representative[3] = "representative_clusters"
        most_representative[4] = representativeness
        most_representative_items.append(most_representative)

    most_representative_items.sort(reverse=True, key=lambda x: x[4])
     return most_representative_items[:number]
```

在未标注数据簇中找出最适合的簇。

在训练数据簇中找出最适合的簇。

将两者之间的差值记为代表性分数。

在设计上，这段代码与第 4 章中用来实现代表性采样的代码几乎相同，但要求聚类算法为每个分布创建多个簇，而非仅为训练数据和未标注数据分别创建一个簇。通过以下命令即可尝试这种技术：

```
> python active_learning.py --representative_clusters=100 --verbose
```

5.1.5 从熵值最高的簇中采样

若某一簇的熵值较高,则说明在判断标签时该簇内的数据项很容易混淆。换言之,这些簇内的数据项平均而言呈现出最高的不确定性。因此,这些数据项标签的变动可能性最高,且变动空间最大。

图 5-5 的示例在某些方面与多样性聚类相反,特地聚焦于问题空间的某一部分。然而,有时这种聚焦恰好满足了特定的需求。

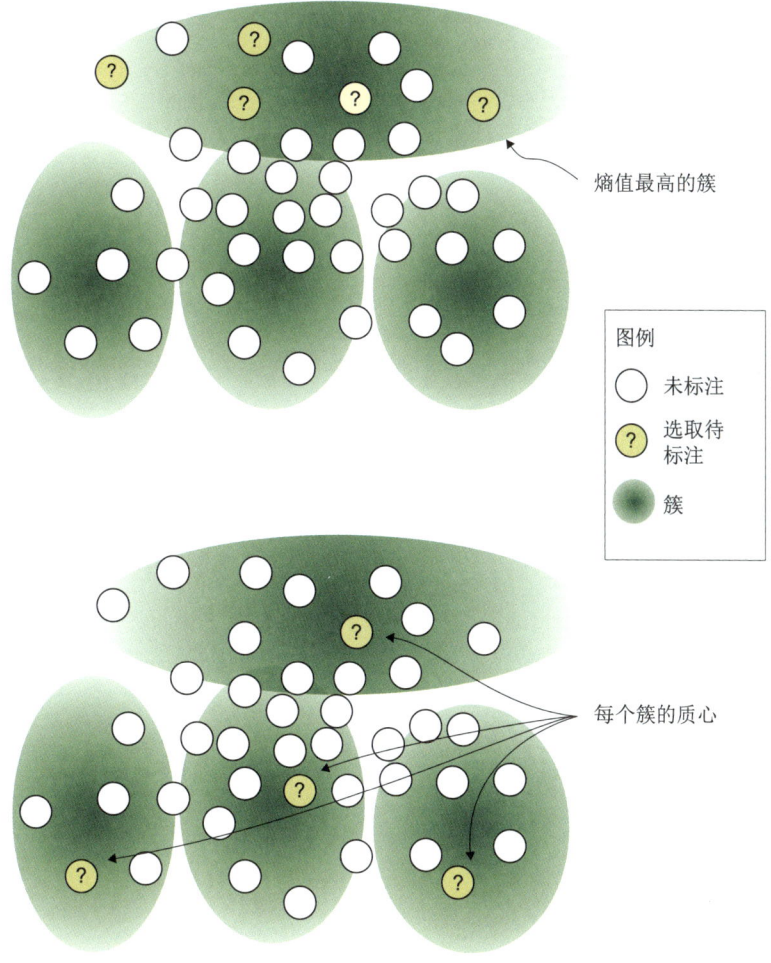

图 5-5 基于聚类的采样与基于熵的采样的组合示例

结合基于聚类的采样与基于熵的采样(下图),从混淆程度最高的簇中抽取数据项。此簇可视为最靠近决策边界的簇。在此示例中,对簇内的数据项进行了随机采样,除此之外,还可以尝试对质心、离群值进行采样和 / 或对簇内熵值最高的数据项过采样。相比之下,简单的聚类采样法(上图)则是从每个簇中抽取数据项。

值得注意的是,当数据标注准确无误,且确信机器学习能够有效解决任务时,此方法将发挥最佳效果。如果数据本身存在大量的模糊性,此方法则倾向于聚焦在模糊的方面。解决这一问题的办法是,检查现有训练数据中高熵值簇的数量。如果这些簇在训练数据中已占有相当比例,便足以证明其为特征空间中的固有模糊部分,因而新增标签无益于解决问题。代码清单 5-5 中的代码展示了如何选取平均熵值最高的簇。

代码清单 5-5　从熵值最高的簇中采样

```python
def get_high_uncertainty_cluster(self, model, unlabeled_data, method,
    feature_method, number=10, num_clusters=20, max_epochs=10, limit=10000):
    """Gets items from the cluster with the highest average uncertainty

    Keyword arguments:
        model -- machine learning model to get predictions from to determine
            uncertainty
        unlabeled_data -- data that does not yet have a label
        method -- method for uncertainty sampling (eg: least_confidence())
        feature_method -- the method for extracting features from your data
        number -- number of items to sample
        num_clusters -- the number of clusters to create
        max_epochs -- maximum number of epochs to create clusters
        limit -- sample from only this many items for faster sampling
            (-1 = no limit)
    """

    if limit > 0:
        shuffle(unlabeled_data)
        unlabeled_data = unlabeled_data[:limit]

    unlabeled_clusters = CosineClusters(num_clusters)
    unlabeled_clusters.add_random_training_items(unlabeled_data)

    for i in range(0, max_epochs):          # ← 创建簇。
        print("Epoch "+str(i))
        added = unlabeled_clusters.add_items_to_best_cluster(unlabeled_data)
        if added == 0:
            break

    # get scores

    most_uncertain_cluster = None
    highest_average_uncertainty = 0.0

    # for each cluster of unlabeled data
    for cluster in unlabeled_clusters.clusters:
        total_uncertainty = 0.0
        count = 0

        item_keys = list(cluster.members.keys())

        for key in item_keys:
            item = cluster.members[key]
            text = item[1] # the text for the message

            feature_vector = feature_method(text)
            hidden, logits, log_probs = model(feature_vector,
                return_all_layers=True)

            prob_dist = torch.exp(log_probs) # the probability distribution of
                our prediction
            score = method(prob_dist.data[0]) # get the specific type of
                uncertainty sampling

            total_uncertainty += score
            count += 1

        average_uncertainty = total_uncertainty / count            # ← 计算每个簇中数据项的平均不确定性（熵值计算）。
        if average_uncertainty > highest_average_uncertainty:
            highest_average_uncertainty = average_uncertainty
            most_uncertain_cluster = cluster
```

```
        samples = most_uncertain_cluster.get_random_members(number)
    return samples
```

在上述代码示例中,我们取了每个簇中所有数据项的平均熵值。根据采样策略的不同,可以尝试不同的聚合统计量。例如,如果仅抽取前 100 个数据项,则可以计算每个簇中最不确定的 100 个数据项的平均熵,而非簇中所有数据项的平均熵。通过以下命令即可尝试这种技术:

```
> python active_learning.py --high_uncertainty_cluster=100 --verbose
```

5.1.6 其他主动学习策略组合

主动学习技术存在太多可能的组合方式,本书难以全部论述。但至此,你应该对如何进行组合有了一定的认识。建议从以下几种方法着手尝试:

- 不确定性采样与代表性采样组合——对目标域中最具代表性且不确定的数据项进行采样。此方法对主动学习的后期迭代尤为有效。如果在早期迭代中采用不确定性采样,目标域将存在某些数据项与决策边界的距离远得过分,因而被误认为具有代表性。
- 基于模型的离群值采样与代表性采样组合——此方法是域适应的终极方法,其目标是当前模型未知但在目标域中相对常见的数据项。
- 聚类与分层聚类组合——若某些簇规模较大,或者希望在一个簇中进行多样性采样,可从一个簇中提取数据项,用以构建一组新的簇。
- 从熵值最高的簇中采样与置信度边际采样(或其他不确定性指标)组合——找到熵值最高的簇,然后对其中最靠近决策边界的所有数据项进行采样。
- 将集成方法或丢弃法与单种策略组合——你或许会构建多个模型,认为贝叶斯模型更适合用来判断不确定性,而神经网络模型更适合用来确定基于模型的离群值。你可以先用一种模型采样,再用另一种模型进行细化。如果基于隐藏层进行聚类,在创建簇时可通过不确定性采样调整丢弃法,随机忽略某些神经元。此法可以防止簇对网络的内部表征出现过拟合。

5.1.7 综合主动学习分数

将输出从一种采样策略传输至另一种采样策略存在一种替代性的方法:统计不同采样策略的分数,求出最高平均分数,此分数对除聚类之外的所有方法都具有数学意义。例如,通过计算每个数据项在置信度边际、基于模型的离群值和代表性学习方面的平均分数,得出一个综合分数,并据此对所有数据项进行排名。

尽管所有分数均应介于 [0~1] 范围内,需要注意的是,部分分数可能聚集在更小范围内,因此对平均值的影响甚微。若数据出现此种情况,你可以尝试将所有分数转化为百分位数(分位数),以实现所有采样分数的分层排序。利用数学库中的内置函数,可将任何数值转化为百分位数。在各式 Python 库中,可寻找名为 rank( )、percentile( ) 或 percentileofscore( ) 的函数。相较于其他采样方法,将分数转化为百分位数的方法相对快捷，选用哪个最佳函数无需过度纠结，从常用库中挑选一个即可。

此外，采样亦可通过方法的联合而非过滤（即交叉组合）来实现。此做法适用于任何一种采样方法，在综合多种不确定性采样分数时最有意义。可通过最低置信度、置信度边际、置信度比率或熵中的任一指标，抽取不确定性最高的前 10% 数据项，形成一个总体的"不确定"样本集，这些样本既可直接使用，亦可与其他方法结合以细化采样。有很多种方法可以将你学到的构建模块组合起来，建议逐一尝试。

5.1.8 期望误差减少采样

期望误差减少采样旨在将不确定性采样和多样性采样组合起来形成单一指标，是为数不多的以此为目的的主动学习策略之一，可见于文献。为确保内容的完整性，本书介绍了此算法，但须知，我还未曾见过此算法在现实世界中的应用案例。期望误差减少采样的核心指标，在于评估未标注数据项被赋予标签后模型中的误差减少量。[1] 通过为每个未标注数据项标注可能的标签，并以此重新训练模型，观察模型准确率的变化。计算模型准确率变化的常用方法有两种：

- 计算总体准确率（overall accuracy）——数据项标注后，预测正确的数据项数量的变化。
- 计算总体熵（overall entropy）——数据项标注后，计算总体熵的变化。此方法采用了第 3.2.4 节和第 3.2.5 节介绍不确定性采样时对熵的定义。总体熵对预测结果的置信度敏感，而第一种方法仅对预测结果的标签敏感。

分数的计算依据每个标签的频率加权，然后对最有可能提升模型整体性能的数据项进行采样。然而，此算法存在一些实际问题：

- 对大部分算法而言，为每个未标注数据项按每个标签重新训练一次模型所需的成本极其高昂。
- 重新训练模型时可能出现显著变化，使得新增一个标签带来的变化与噪声无异。
- 由于标签的高熵值和递减的可能性，此算法会对远离决策边界的数据项过采样。

因此，在神经网络模型中使用此方法存在实际局限性。此算法的原作者采用的是增量式朴素贝叶斯，通过更新新数据项特征的计数来适应新的训练数据项，属于确定性算法。鉴于此，期望误差减少采样在原作者的特定算法中有效。通过采用每个标签的预测概率而非标签频率（先验概率），可以解决对远离决策边界的数据项过采样这一问题，但你需要从模型中获得准确的置信度预测，这一点可能无法做到，正如第 3 章所述。

若你确实想应用期望误差减少采样，可以尝试采用不同的准确率指标和除熵之外的不确定性采样算法。由于此方法基于信息论中的熵，在讨论此算法变体的文献中它可能被称作"信息增益"（information gain）。阅读此类文献时需注意，"增益"可能意味着"更少"的信息量。尽管这一术语在数学意义上正确，但在预测信息量较少时认为模型知道得更多可能是反直觉的。

正如本节开篇所述，（据我所知）目前尚无公开发表的研究期望误差减少采样是否优于通过采样策略的交叉和/或联合来实现方法的简单组合。你可以尝试使用期望误差

---

[1] "Toward Optimal Active Learning through Sampling Estimation of Error Reduction"（《通过减少误差的采样估计实现最佳主动学习》，https://dl.acm.org/doi/10.5555/645530.655646），Nicholas Roy 和 Andrew McCallum 著。

减少采样和相关算法,探索它们是否对你的系统有帮助。或许,通过仅用新数据项重新训练模型的最终层,可以快速应用这些方法。

若你的采样目标类似于期望误差减少采样的目标,可以在将数据聚类后,寻找预测结果中熵值最高的簇,如图 5-4 所示。但是,期望误差减少采样存在一个问题,它可能仅在特征空间的一部分寻找数据项,类似于孤立使用的不确定性采样算法。如果扩展图 5-4 中的示例,从 n 个熵值最高的簇而非仅从单个熵值最高的簇中采样,仅需几行代码即可解决期望误差减少采样的局限性。

然而,与其手动打造一种将不确定性采样和多样性采样合二为一的算法,不如让机器学习来实现这种组合。"Toward Optimal Active Learning through Sampling Estimation of Error Reduction"(《通过减少误差的采样估计实现最优主动学习》是最早的关于期望误差减少采样的论文,发表已逾二十载,可能正体现了作者们当时所考虑的方向。本章剩余部分将探讨用于主动学习中采样过程的机器学习模型。

5.2 不确定性采样的主动迁移学习

最先进的主动学习方法融汇了本书目前所介绍的所有知识:第 3 章中用来解释混淆的采样策略,第 4 章中查询模型不同层级的方法,以及本章第一部分各种技术的组合。

借助这些技术,我们可以构建一个新模型,其任务是预测最大不确定性之所在。首先,我们回顾一下第 1 章中对迁移学习的描述,见图 5-6。

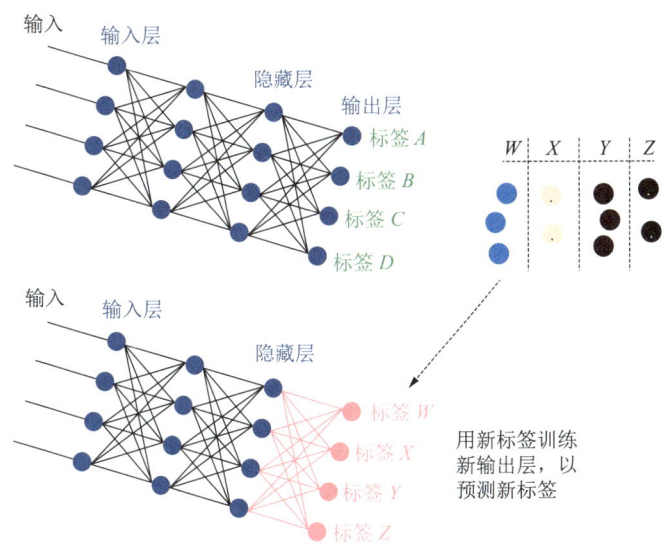

图 5-6 预测标签 A、B、C 或 D 的模型,以及包含标签 W、X、Y 和 Z 的单独数据集

仅重新训练模型的最终层,模型就能够成功预测标签 W、X、Y 和 Z,这样用到的人工标注数据量远远少于从头开始训练模型所需的数据量。

如图 5-6 所示,先在一组标签上训练一个模型,然后保持该模型的架构不变并冻结该模型的一部分,在此基础上利用另一组标签数据重新训练最终层。将迁移学习和上下文模型用于人在回路机器学习的方法还有很多。本章中的各种示例都是图 5-6 所示的迁移学习类型的变体。

5.2.1 让模型预测自身误差

迁移学习产生的新标签可以是你需要的任何类别,包括任务本身的信息。这一点是主动迁移学习的核心:通过让模型预测自身的误差,你可以利用迁移学习找出模型感到困惑的部分。图 5-7 概括了这一过程。

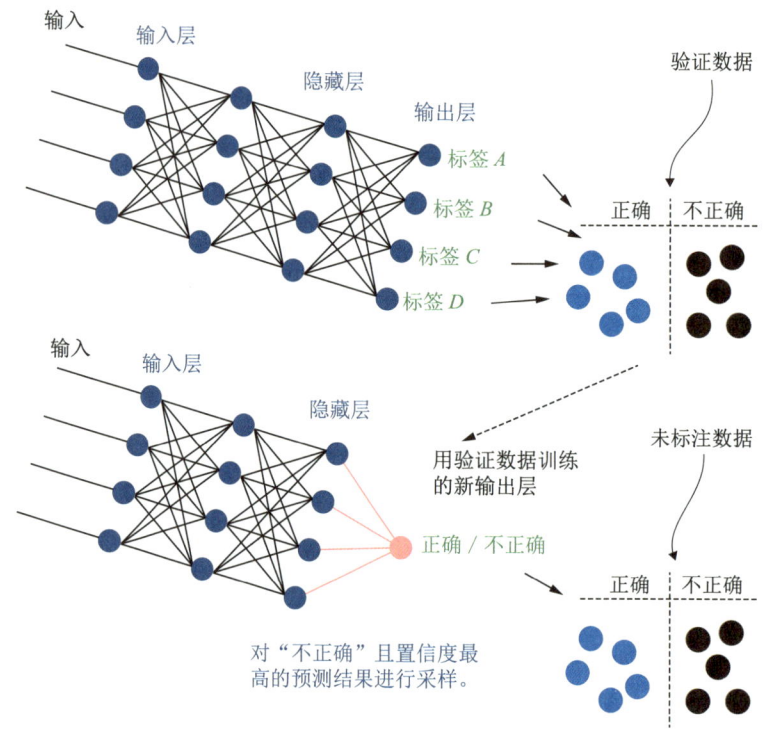

图 5-7 模型对验证数据进行预测

依据分类是否正确,将数据分为"正确"或"不正确"两个类别。对模型的最终层进行重新训练,以预测数据项属于"正确"还是"不正确",从而有效地将这两类转化为新的标签。

如图 5-7 所示,这一过程包括以下几个步骤:

(1)将模型应用于验证数据集,分别捕捉正确分类和不正确分类的数据项,将其作为新的训练数据。现在,验证数据项有了一个新标签:"正确"或"不正确"。

(2)为模型创建一个新的输出层,并用新的训练数据训练新层,预测新的"正确"和"不正确"标签。

(3)用新模型运行未标注数据项,并对预测为"不正确"且置信度最高的数据项进行采样。

此时得到的数据样本被模型预测为最有可能分类不正确,因而最好交由人工进行标注。

5.2.2 实现主动迁移学习

通过你已掌握的代码构件可构建主动迁移学习最简单的形式。为了实现图 5-7 中的架构,可以创建新层构成模型,使用最终隐藏层作为该层的特征。

代码清单 5-6 显示了如何利用 PyTorch 实现第 5.2.1 节讲到的三个步骤。首先,将模型应用于验证数据集，分别捕捉正确分类和不正确分类的数据项，将其作为新的训练数据。验证数据项得到了新标签："正确"或"不正确"。此标签包含在（名称略显冗长但意义明确的）get_deep_active_transfer_learning_uncertainty_samples()方法中。

代码清单 5-6　主动迁移学习

```
correct_predictions = [] # validation items predicted correctly
incorrect_predictions = [] # validation items predicted incorrectly
item_hidden_layers = {} # hidden layer of each item, by id

for item in validation_data:

    id = item[0]
    text = item[1]
    label = item[2]

    feature_vector = feature_method(text)
    hidden, logits, log_probs = model(feature_vector, return_all_layers=True)

    item_hidden_layers[id] = hidden      ◁── 存储该数据项的隐藏层，
                                              后续用于新的模型。
    prob_dist = torch.exp(log_probs)
    # get confidence that item is disaster-related
    prob_related = math.exp(log_probs.data.tolist()[0][1])

    if item[3] == "seen":                    该数据项预测正确，因此在新模
        correct_predictions.append(item) ◁── 型中，该数据项标注为"正确"。

    elif(label=="1" and prob_related > 0.5) or (label=="0" and prob_related
    ➥ <= 0.5):
        correct_predictions.append(item)    该数据项预测不正确，因此在新模
    else:                                    型中，该数据项标注为"不正确"。
        incorrect_predictions.append(item) ◁──
```

然后，为模型创建一个新的输出层，并用新的训练数据训练新层，预测新的"正确"和"不正确"标签（见代码清单5-7）。

代码清单 5-7　创建新的输出层

```
correct_model = SimpleUncertaintyPredictor(128)
loss_function = nn.NLLLoss()
optimizer = optim.SGD(correct_model.parameters(), lr=0.01)

for epoch in range(epochs):     ◁── 训练代码与本书中的其他示例类似。
    if self.verbose:
        print("Epoch: "+str(epoch))
    current = 0

    # make a subset of data to use in this epoch
    # with an equal number of items from each label

    shuffle(correct_predictions) #randomize the order of the validation data
    shuffle(incorrect_predictions) #randomize the order of the validation data

    correct_ids = {}
    for item in correct_predictions:
        correct_ids[item[0]] = True
    epoch_data = correct_predictions[:select_per_epoch]
    epoch_data += incorrect_predictions[:select_per_epoch]
    shuffle(epoch_data)
```

（清单续）

```
# train the final layers model
for item in epoch_data:
    id = item[0]
    label = 0
    if id in correct_ids:
        label = 1

    correct_model.zero_grad()

    feature_vec = item_hidden_layers[id]    ◁── 此处以原模型的隐藏层作为特征向量。
    target = torch.LongTensor([label])

    log_probs = correct_model(feature_vec)

    # compute loss function, do backward pass, and update the gradient
    loss = loss_function(log_probs, target)
    loss.backward(retain_graph=True)
    optimizer.step()
```

最后，通过新模型运行未标注数据项，并对预测为"不正确"且置信度最高的数据项进行采样（见代码清单 5-8）。

代码清单 5-8　预测"不正确"标签

```
deep_active_transfer_preds = []                    ◁── 评估代码与本书中的其他代码类似。
with torch.no_grad():
    v=0
    for item in unlabeled_data:
        text = item[1]

        # get prediction from main model
        feature_vector = feature_method(text)       ◁── 首先，需要从原模型中获取隐藏层。
        hidden, logits, log_probs = model(feature_vector,
        ➥ return_all_layers=True)

        # use hidden layer from main model as input to model predicting
        ➥ correct/errors
        logits, log_probs = correct_model(hidden, return_all_layers=True)    ◁──

        # get confidence that item is correct                                    然后，以该隐藏层作为
        prob_correct = 1 - math.exp(log_probs.data.tolist()[0][1])               新模型的特征向量。

        if(label == "0"):
            prob_correct = 1 - prob_correct

        item[3] = "predicted_error"
        item[4] = 1 - prob_correct
        deep_active_transfer_preds.append(item)

deep_active_transfer_preds.sort(reverse=True, key=lambda x: x[4])

return deep_active_transfer_preds[:number:]
```

如果对灾害应对文本分类任务感兴趣，不妨尝试这种主动迁移学习的新方法：

> python active_learning.py --transfer_learned_uncertainty=10 --verbose

从上述代码可见，预测信息是否与灾害应对相关的原模型未有变动。我们未替换模型的最终层，而是在现有模型的基础上新增了一个输出层。或者，也可以用相同的结果

替换最终层。

本书采用此种架构，是因其能保持原模型不受损害。原模型得以保留，当我们希望在生产环境或其他采样策略中使用原模型时，此架构可以避免不必要的误差。此外，此方法无需额外的内存来同时存储两个完整模型副本。无论是构建新层还是复制并修改模型，二者本质上是等效的，因此可根据个人的代码库选择合适的方法。所有这些代码与本章前文讨论的方案位于同一文件中：advanced_active_learning.py。

5.2.3 多层次主动迁移学习

你无需将主动迁移学习局限于单一新层，也不是只能在最后一个隐藏层上构建。如图 5-8 所示，你可以构建多个新层，且新层可以直接与任何隐藏层相连。

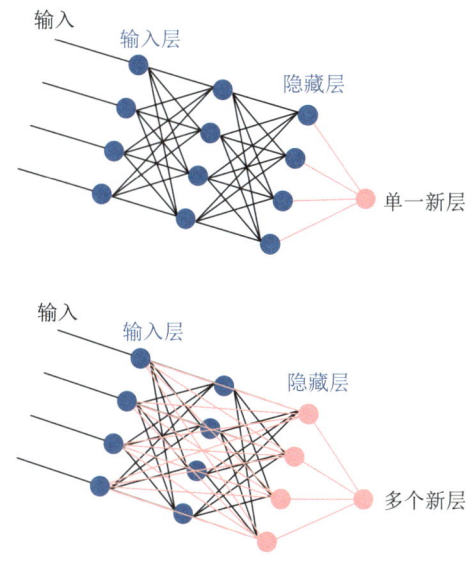

图 5-8 更复杂的主动迁移学习架构，利用主动迁移学习创建预测

在上面的示例中，新输出层仅包含一个神经元。下面的示例是更复杂的架构，新隐藏层与多个现有隐藏层相连。

实现图 5-8 中更复杂的主动迁移架构仅需新增几行代码。首先，预测"正确"或"不正确"的新模型需创建一个隐藏层。然后，新模型将从多个隐藏层获取特征。不同层的向量可以相互附加，经过扁平化的向量成为新模型的特征。

如果你对自然语言处理的上下文模型或计算机视觉的卷积模型有所了解，就会对这一过程感到熟悉；从网络的多个部分提取神经元的激活值，随后将其扁平化为一个长特征向量。由此产生的向量常被称作"表征"，因为是用一个模型的神经元在另一个模型中表征特征。我们将在第 9 章再次讨论表征，表征对于某些创建训练数据的半自动方法亦有重要意义。

然而，构建更复杂模型是可行的，却不一定是必要的。在验证数据量不大时，复杂模型出现过拟合的可能性更大。相比之下，仅训练一个新的输出神经元可以更容易地避免训练误差。你可以凭直觉，基于面对特定数据量的二元预测任务时通常会构建的模型，来判断模型所需的复杂度。

5.2.4 主动迁移学习的优缺点

主动迁移学习具有一些优良特性，使其适用于广泛的问题场景：

- 由于模型构建重复利用了隐藏层，因此直接以模型当前的信息状态为基础。
- 模型的有效运行不需要大量已标注数据项，尤其是在仅对最终层进行重新训练的情况下（在验证数据较少时非常方便）。
- 训练速度快，尤其是仅对最终层进行重新训练时。
- 适用于多种架构。可以预测文档或图像级别的标签，预测图像中的目标，或生成文本序列。在这些用例中，均可通过新增一个或多个最终层来预测"正确"或"不正确"（有关主动学习用例的更多信息，请参见第 6 章）。
- 不需要对不同神经元的不同激活值范围进行归一化处理，因为模型会自行处理这项任务。

最后一点尤其棒。回想一下，在使用基于模型的离群值时，你需要使用验证数据对激活值进行量化，因为某些神经元的平均激活值可能会随意升高或降低。若能将信息传递给另一层神经元，并让新的神经元层计算出应用于每个现有神经元激活值的确切权重，那将是极好的。主动迁移学习也存在一些缺点：

- 与其他不确定性采样技术一样，它可能过分关注特征空间的某一部分，因此缺乏多样性。
- 可能会对验证数据出现过拟合。如果验证数据项不多，不确定性预测模型可能无法从验证数据泛化到未标注数据。

正如稍后的第 5.3.2 节所述，第一个问题可以在不增加人工标注的情况下得到部分解决。与其他不确定性采样算法相比，这是此方法的最大优势之一。

过拟合问题的诊断也相对容易，因为它表现为高度确信某个数据项不正确。如果主模型做的是二元预测，而误差预测模型对数据项分类不正确的置信度达到 95%，则主模型应该一开始就对该数据项进行了正确分类。

如果发现过拟合并提前停止训练无法解决问题，可以尝试使用第 3.4 节中的集成模型，通过获取多个预测结果来避免过拟合。该方法涉及训练多个模型、在推理时使用丢弃法（蒙特卡洛丢弃法），以及从验证数据项和特征的不同子集中进行抽样。

5.3 代表性采样的主动迁移学习

同一套主动迁移学习的原理同样适用于代表性采样。通过调整模型，可以预测某一数据项与当前训练数据相比是否与模型的应用域最为相似。

如同第 4 章所述的代表性采样方法，此法有助于域适应。事实上，代表性采样并无显著不同。在第 4 章和后续各节的示例中，我们都在构建一个新的模型，预测某一数据项是否对模型调整后要适应的数据最具代表性。

5.3.1 让模型预测其未知项

原则上，我们无需依赖现有模型来预测某一数据项是属于训练数据还是未标注数据。

可以新建一个模型，将训练数据和未标注数据作为二元预测问题。在实践中，将对所要构建的机器学习任务有重大意义的特征包含在内非常有用。

图 5-9 显示了具有代表性的主动迁移学习的过程和架构，展示了如何重新训练模型以预测未标注数据项是更贴近当前训练数据还是模型的应用域。

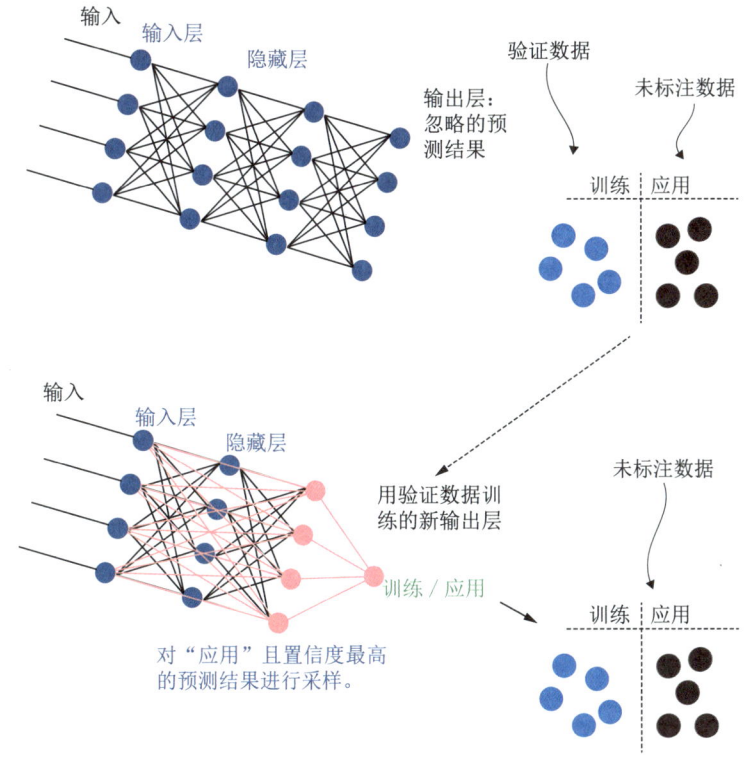

图 5-9 构建一个模型来对与当前训练数据最不相似的数据项进行采样

首先，选取与训练数据分布相同的验证数据，标为"训练"标签。其次，从目标域选取未标注数据，标为"应用"标签。训练一个新的输出层以预测"训练"和"应用"标签，使其能够访问模型的全部层级。将新模型应用于未标注数据（忽略训练时使用的未标注数据项），并抽取预测为"应用"且置信度最高的数据项。

如图 5-9 所示，代表性采样的主动迁移学习与不确定性采样的区别不大。

首先，忽略原模型的预测结果。验证数据与未标注数据可以被直接标注。验证数据的分布与训练数据相同，因而标记为"训练"标签。目标域的未标注数据标记为"应用"标签。基于这两个标签对模型进行训练。

其次，新模型应能访问更多层。如果你想要适应新的域，那里可能有许多在训练数据中尚不存在的特征。在这种情况下，现有模型所包含的唯一信息就是，这些特征作为特征存在于输入层，但在先前的模型中并未对其他任何层产生影响。更复杂的架构类型能够捕捉到这些信息。

5.3.2 自适应代表性采样的主动迁移学习

正如代表性采样（第 4 章）能够自适应一样，代表性采样的主动迁移学习也可以自适应，即在一个主动学习周期内完成多轮迭代，如图 5-10 所示。

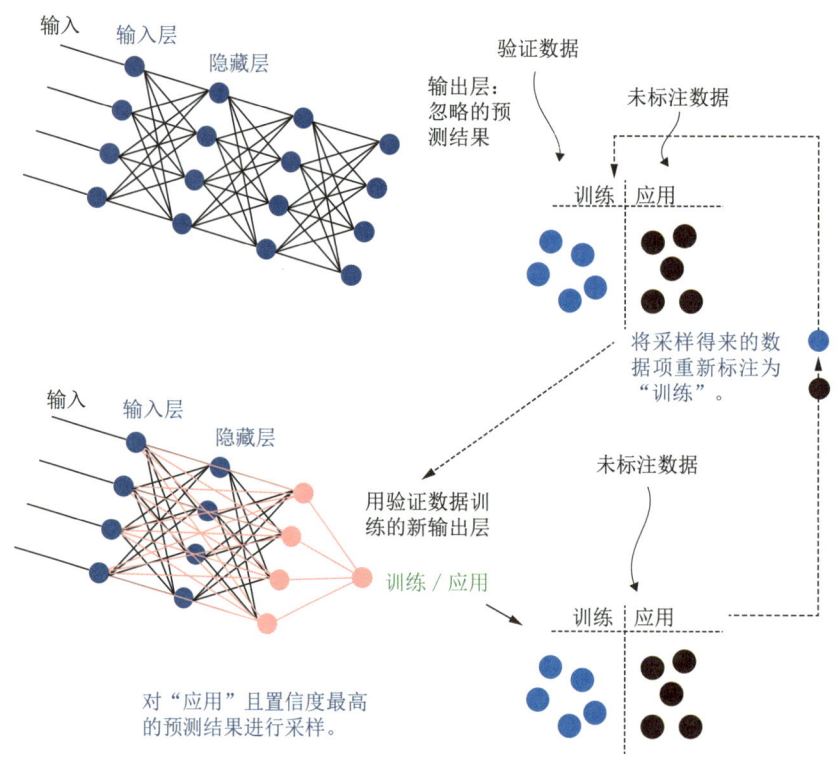

图 5-10 由于采样得来的数据项后续将获得人工标注，可以假设它们会成为训练数据的一部分，而无需预先了解具体的标签内容

首先，选取与训练数据分布相同的验证数据，标为"训练"标签。然后，从目标域选取未标注数据，标为"应用"标签。训练一个新的输出层以预测"训练"和"应用"标签，使其能够访问模型的全部层级。将新模型应用于未标注数据（忽略训练时使用的未标注数据项），并对预测为"应用"且置信度最高的数据项进行采样。假设这些数据项随后将获得标注并成为训练数据的一部分，因此选取这些被抽取的数据项，将其标签从"应用"改为"训练"，并使用新的数据集重新训练模型的最后一层（或多层）。

图 5-10 中的过程的起始步骤与非自适应版本相似。创建新的输出层，将数据项分类归入现有训练数据或目标域，对预测为"应用"且置信度最高的数据项进行采样。为了将此过程扩展到自适应策略，我们假设采样得来的数据项后续将获得标注并成为训练数据的一部分。因此，选取这些数据项，将其标签从"应用"改为"训练"，并使用新数据集重新训练模型的最后一层（或多层）。这一过程可重复进行，直至对"应用"域数据项的预测不再有高置信度，或达到本轮主动学习迭代中所需的最大数据采样量。

5.3.3 代表性采样的主动迁移学习的优缺点

代表性采样的主动迁移学习的优缺点与第 4 章所述的简单的代表性采样方法相同。相比之下，其优点可能更加突出，因为其依赖的模型性能更强大，但是，某些缺点，如过拟合的风险，也可能带来更严重的误差。

我们再次概括其优缺点：在你拥有新域全部数据的情况下，代表性采样非常有效，但若你还需要适应尚未采样的未来数据，模型可能受到既往数据的影响。此方法也是本书讨论的所有主动学习策略中最易受到噪声干扰的。如果新数据是损坏的文本——非目标域语言的文本、损坏的图像文件、因相机不同而产生的伪影等——这些因素中的任何一个都可能让新数据与当前训练数据显著不同，且这种差异并非有益的。最后，若在采用不确定性采样后又在迭代过程中应用代表性采样的主动迁移学习，可能会弊大于利，因为此时应用域中远离决策边界的数据项将超过训练数据。因此，建议你仅将代表性采样的主动迁移学习方法与其他采样策略结合使用，正如第 5.1 节所述。

5.4 自适应采样的主动迁移学习

这是本书介绍的最后一种主动学习算法，亦是最强大的算法。它采用的不确定性采样形式能够在主动学习的一轮迭代中实现自适应。第 3 章所述的所有不确定性采样技术均为非自适应。在一个主动学习周期内，这些技术都有可能仅对问题空间的一小部分进行采样。

自适应采样的主动迁移学习（active transfer learning for adaptive sampling，ATLAS）的方法则是例外，它在一轮迭代中实现自适应采样，无需同时采用聚类以确保多样性。需要说明一点，本书介绍的 ATLAS 是截至本书出版时经受测试最少的算法。我于 2019 年底发明了 ATLAS，当时我意识到主动迁移学习具有某些特性，借此可以赋予其自适应性。ATLAS 在我实验的数据上取得了成功，但它尚未在产业界得到广泛部署，亦未经过学术界同行评议的检验。与尝试任何新方法一样，你要做好实验的准备，以确定此算法适合自己的数据。

5.4.1 通过预测不确定性使不确定性采样具有自适应性

正如第 3 章所述，大多数不确定性采样算法都存在同样的问题：它们仅能从特征空间的一个部分进行采样，这意味着在主动学习的一轮迭代中，所有样本具有相似性。若不加注意，最终只能从特征空间的一小部分中抽取数据。

正如第 5.1.1 节所述，此问题可以通过聚类与不确定性采样组合来解决。我仍推荐你以此方法开始主动学习：在建立了基线后，可以尝试 ATLAS。不确定性采样的主动迁移学习具有两个引人注目的特性可供利用：
- 预测模型是否正确，而非其实际标签。
- 通常，可以期望模型对训练数据项的标签的预测是正确的。

综合上述两点，即使标签未知，也可以假设采样得来的数据项后续将被正确预测（见图 5-11）。

图 5-11 中的过程起始步骤与非自适应版本相似。创建新的输出层，将数据项分为"正确"或"不正确"两类，对被预测为"不正确"且置信度最高的数据项进行采样。为了将此架构扩展到自适应采样，我们假设采样得来的数据项后续将获得标注并成为训练数据的一部分，并且在受到标注（无论标签是什么）后会被正确预测。因此，选取这些数据项，将其标签从"不正确"改为"正确"，并使用新数据集重新训练模型的最后一层（或多层）。这一过程可重复进行，直至对"不正确"域数据项的预测不再有高置信度，或达到本轮主动学习迭代中所需的最大数据采样量。将 ATLAS 作为主动学习用于不确

定性采样的包装程序，只需 10 行代码即可实现（见代码清单 5-9）。

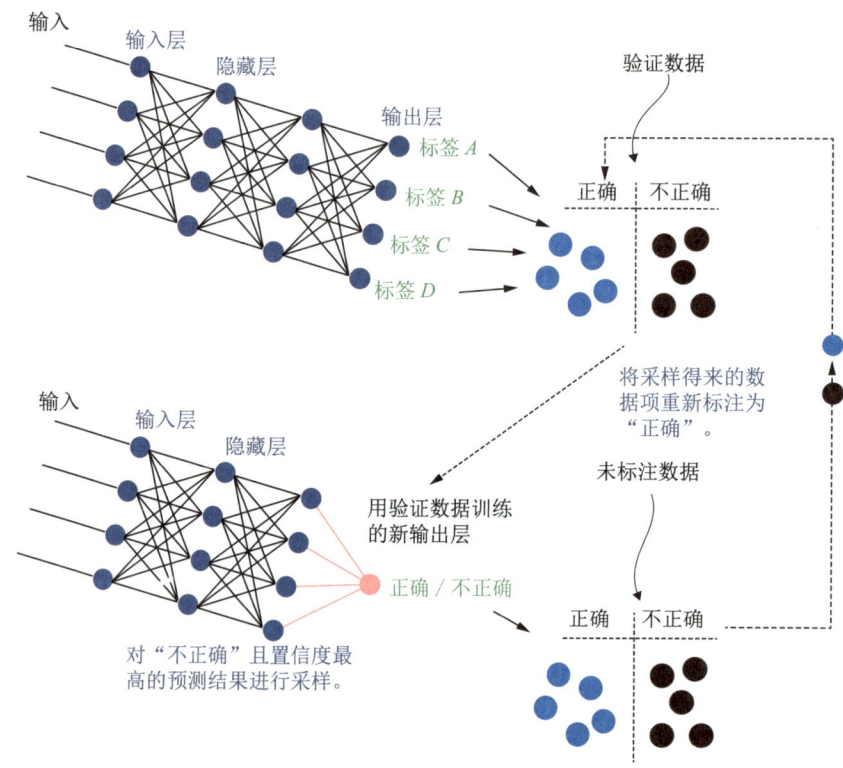

图 5-11 采样得来的数据项后续将获得人工标注并成为训练数据的一部分，因此可以假设模型后续会正确预测这些数据项，毕竟模型对实际训练数据的预测通常最准确

首先，模型对验证数据进行预测，依据分类是否正确，将数据分为"正确"或"不正确"两个类别。其次，对模型的最终层进行重新训练，以预测数据项属于"正确"还是"不正确"，从而有效地将这两类转化为新的标签。将新的模型应用于未标注数据，以预测每个数据项属于"正确"还是"不正确"。对最有可能属于"不正确"的数据项进行采样。最后，假设这些数据项后续将获得标注并成为训练数据的一部分，这些数据将被以相同数据进行过预测的模型正确标注。因此，选取这些采样得来的数据项，将其标签从"不正确"改为"正确"，并使用新数据集重新训练模型的最后一层（或多层）。

代码清单 5-9　自适应采样的主动迁移学习

```
def get_atlas_samples(self, model, unlabeled_data, validation_data,
    feature_method, number=100, limit=10000, number_per_iteration=10,
    epochs=10, select_per_epoch=100):
"""Uses transfer learning to predict uncertainty within the model

Keyword arguments:
    model -- machine learning model to get predictions from to determine
        uncertainty
    unlabeled_data -- data that does not yet have a label
    validation_data -- data with a label that is not in the training set, to
        be used for transfer learning
    feature_method -- the method for extracting features from your data
    number -- number of items to sample
    number_per_iteration -- number of items to sample per iteration
    limit -- sample from only this many items for faster sampling (-1 = no
        limit)
"""
if(len(unlabeled_data) < number):
```

（清单续）

```
        raise Exception('More samples requested than the number of unlabeled
        ➥ items')
    atlas_samples = [] # all items sampled by atlas

    while(len(atlas_samples) < number):
        samples =
        ➥ self.get_deep_active_transfer_learning_uncertainty_samples(model,
        ➥ unlabeled_data, validation_data, feature_method,
        ➥ number_per_iteration, limit, epochs, select_per_epoch)

        for item in samples:
            atlas_samples.append(item)
            unlabeled_data.remove(item)

            item = copy.deepcopy(item)
            item[3] = "seen" # mark this item as already seen

            validation_data.append(item) # append so that it is in the next
            ➥ iteration

    return atlas_samples
```

关键的一行代码在每个周期结束后将采样得来的数据项的副本加入验证数据。如果对灾害应对相关的文本分类任务感兴趣，不妨尝试以这种新方法来实现 ATLAS：

> python active_learning.py --atlas=100 --verbose

由于默认选取 10 个数据项（number_per_iteration=10），总共需要 100 个数据项，在采样过程中模型将经历 10 次重新训练。若尝试每轮迭代减少数据量以增加多样性，重新训练所需的时间将相应增加。

尽管 ATLAS 只是在你最初学习的不确定性采样的主动迁移学习架构上增加了一个步骤，但理解它可能需要一点时间。在机器学习中，在无需人工审查的前提下，能够确信地标记未标注数据项的情况并不多。其诀窍在于，我们不必标记数据项的实际标签，只需知道数据项后续将被标注。

5.4.2 ATLAS 的优缺点

ATLAS 的最大优点在于，它用一种方法同时处理不确定性采样和多样性采样。与其他不确定性采样方法相比，此方法还有一个有意思的优势：它不会一直纠缠在特征空间固有的模糊部分。若数据本身模棱两可，对于模型来说，这些数据将保持高度不确定性。在一轮主动学习迭代中标注数据后，模型在下一轮迭代中可能仍会发现这些数据中存在最大的不确定性。模型对于自己后续能够正确预测这些数据的（错误）假设反而会带来帮助。需要注意的是，只要有少量模糊数据，ATLAS 便开始关注特征空间的其他部分。模型的误判在少数情况下反而有益，而此时正是其中之一。

它最大的缺点恰恰与优点相反：有时，无法从特征空间的某一部分获得足够的标签。在获得实际标签之前，无法确定需要从特征空间的每个部分获取多少数据项。这一问题相当于在聚类与不确定性采样组合使用时，需要决定从每个簇中采样多少数据项。幸运的是，如果某一部分标签不足，主动学习的未来迭代将返回特征空间的这一部分。因此，如果预知后续还将进行更多的主动学习迭代,低估所需数据量是安全的。

其他缺点主要在于此方法未经测试,且架构最为复杂。为了构建能够最准确地预测"正确"和"不正确"的模型,可能需要进行大量的超参数调整。如果这种调整无法自动完成,需人工介入,那么该过程便无法实现自动化的自适应。模型是简单的二元任务,且无需重新训练所有层,因此模型应该不需要过多调整。

5.5 进阶主动学习速查图

为便于快速查阅,图 5-12 和图 5-13 的速查图分别汇总了第 5.1 节的进阶主动学习策略以及第 5.2、5.3、5.4 节讲到的主动迁移学习技术。

1. **最低置信度采样与基于聚类的采样组合**:对令模型产生混淆的数据项进行采样,然后对其进行聚类,以确保样本的多样性。
2. **不确定性采样与基于模型的离群值组合**:对令模型产生混淆的数据项进行采样,并在其中找到模型中激活值较低的数据项。
3. **不确定性采样与基于模型的离群值和聚类组合**:方法 1 和方法 2 的组合。
4. **基于聚类的代表性采样**:对数据进行聚类,捕捉多节点分布,选取与目标域最相似的数据项。

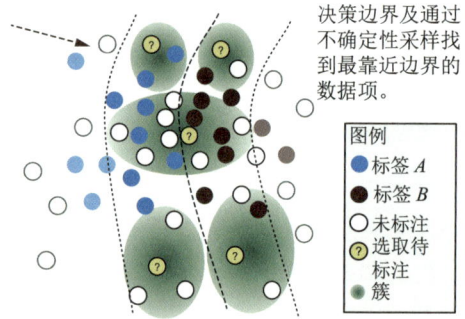

5. **从熵值最高的簇中采样**:对未标注数据进行聚类,找到模型平均混淆度最高的簇。
6. **不确定性采样与代表性采样组合**:对令当前模型产生混淆且与目标域最相似的数据项进行采样。
7. **基于模型的离群值与代表性采样组合**:对在模型中激活值较低,但在目标域中相对常见的数据项进行采样。

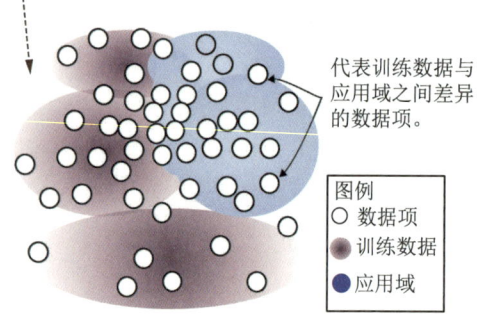

8. **聚类与分层聚类组合**:执行递归聚类,使多样性达到最大化。
9. **从熵值最高的簇中采样与置信度边际采样组合**:找到混淆度最高的簇,然后针对该簇内最大成对标签混淆度进行采样。
10. **集成方法和丢弃法与单一策略组合**:通过蒙特卡洛丢弃法(又称贝叶斯深度学习),聚合多个模型的结果或单一模型的多个预测结果。

建议:将单个主动学习方法视为可组合的构建模块。
不确定性采样与多样性采样组合使用的效果最佳。尽管学术论文通常侧重于结合不确定性采样与多样性采样的单一度量指标,但在实践中,这两种方法可以简单地串联使用:首先应用一种方法获取大量样本,然后利用另一种方法进行细化。

图 5-12 进阶主动学习速查图

在监督机器学习模型中,存在两类可以通过增加标注数据量得到纠正的误差:一类是模型已知的误差,另一类是模型未知的误差。不确定性采样是找到已知误差的主动学习策略,而多样性采样则是找到未知误差的策略。本速查图列出了不确定性采样与多样性采样组合的十种常见方法。具体背景信息请参阅:http://bit.ly/uncertainty_sampling 和 http://bit.ly/diversity_sampling。

不确定性采样的主动迁移学习： 模型对验证数据进行预测，依据预测是否正确，将数据重新标注为"正确"或"不正确"。然后，对模型的最终层进行重新训练，以预测数据项属于"正确"还是"不正确"。此时，新模型可以预测原始模型对未标注数据项的预测是"正确"还是"不正确"，抽取最有可能属于"不正确"的数据项。

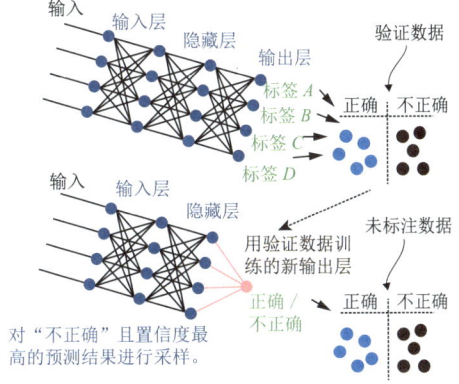

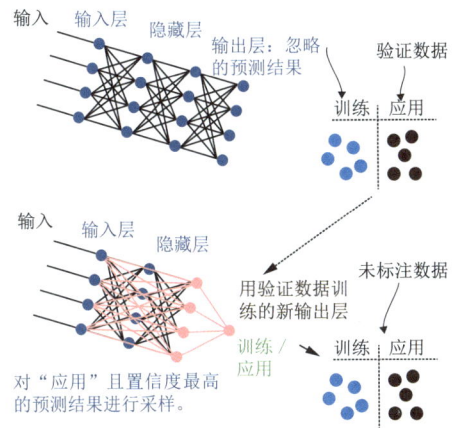

代表性采样的主动迁移学习： 为了适应新域，对模型进行重新训练，以预测未标注数据项更贴近当前训练数据分布的验证数据，还是应用域中的数据。建议：允许新模型访问所有层，以最大限度地减少当前模型状态的偏差。

自适应采样的主动迁移学习（ATLAS）： 通过假设数据项后续将获得人工标注（即使目前标签未知），可以实现模型的自适应性。假设用这些数据项训练后，模型将能正确预测这类数据项。因而，可以不断使用这些样本重新训练模型。因此，ATLAS 可以在一个自适应系统中同时处理不确定性采样和多样性采样。

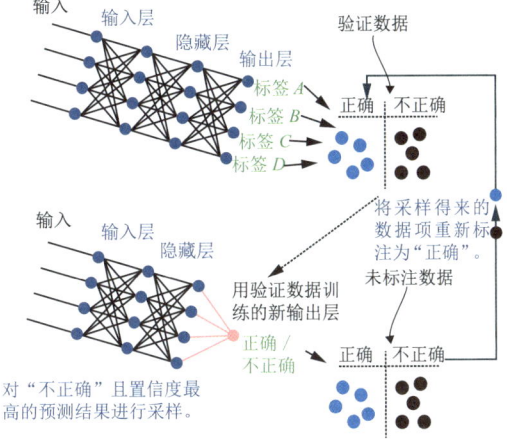

图 5-13　主动迁移学习技术速查图

在监督机器学习模型中，通过结合主动学习和迁移学习，选取最优的未标注数据项以供人工标注。通过迁移学习可以得知，模型是否能正确预测某个数据项的标签，以及哪些数据项与应用域的数据最为相似。本速查图基于不确定性采样和多样性采样的原理构建，可参阅：http://bit.ly/uncertainty_sampling | http://bit.ly/diversity_sampling。

5.6　主动迁移学习延伸阅读

正如本章所述，关于进阶主动学习技术的研究尚不多见，其中一种方法用于对大量数据项进行采样，另一种方法用于细化样本。关于不确定性采样与多样性采样组合的学术论文侧重于结合二者的单一度量指标，但在实践中，可以简单地将这两种方法串联使用：首先应用一种方法获取大量样本，然后利用另一种方法细化样本。学术论文倾向于将组合度量指标与使用单种方法进行比较，未能充分展示组合方法是否优于串联方法（第5.1节）。

本章介绍的主动迁移学习方法，比目前的学术论文或产业相关的论文所载的方法更为先进。在出版本书之前，我曾就这些方法发表多次演讲，但演讲所涉内容皆汇集于本章，此外别无他处可读到相关内容。直至2019年末，在创建本章配套的PyTorch库时，我才开始发现主动迁移学习向自适应学习扩展的可能性。本书出版后，你可以去查找涉及ATLAS的最新研究论文。

若你对ATLAS将主动学习转化为机器学习问题本身感兴趣，可以找到诸多引人注目的研究论文。自主动学习问世以来，人们一直在思考如何将机器学习应用于数据采样以供人工审查的过程。推荐最新的一篇优秀论文——由Ksenia Konyushkova、Sznitman Raphael和Pascal Fua所著的"Learning Active Learning from Data"（《从数据中学习主动学习》，http://mng.bz/Gxj8）。请查阅此篇论文提及的被引用次数最多的文章，以及引用此篇论文的最新文章，以了解利用机器学习的主动学习方法。如需深入了解，请查看这篇NeurIPS（神经信息处理大会）论文的第一作者Ksenia Konyushkova的博士论文，其中包括一份全面的文献综述。

关于研究如何将不确定性采样与代表性采样组合起来的早期论文，推荐由Yuhong Guo和Russ Greiner所著的"Optimistic Active Learning Using Mutual Information"（《使用互信息的乐观主动学习》，http://mng.bz/zx9g）。

5.7 小结

- 不确定性采样与多样性采样组合的方法繁多。这些方法可以帮助你优化主动学习策略，对最有助于提高模型准确率的待标注数据项进行采样。
- 不确定性采样与聚类组合是最常见的主动学习技术，且在掌握本书内容后，实现这个方法相对容易，因而探索进阶主动学习策略不妨从这个方法着手。
- 利用不确定性采样的主动迁移学习，你可以构建模型来预测未标注数据项是否会被正确标注，并以现有模型为不确定性预测模型的基础。通过此方法，你能在不确定性采样过程中利用机器学习。
- 利用代表性采样的主动迁移学习，你可以构建模型来预测未标注数据项是否比现有训练数据更贴近目标域。通过此方法，你能在代表性采样过程中利用机器学习。
- ATLAS能够扩展不确定性采样的主动迁移学习，避免从特征空间的某一区域过采样，并将不确定性采样和多样性采样结合到单一的机器学习模型中。

第 6 章
将主动学习应用于不同机器学习任务

本章内容包括:

- 在目标检测任务中计算不确定性和多样性。
- 在语义分割任务中计算不确定性和多样性。
- 在序列标注任务中计算不确定性和多样性。
- 在语言生成任务中计算不确定性和多样性。
- 在语音、视频和信息检索任务中计算不确定性和多样性。
- 选择适当数量的样本以供人工审查。

在第 3、4、5 章中,示例和算法的重点是文档级或图像级标签。在本章中,你将了解如何将不确定性采样和多样性采样的同一套原理应用于更复杂的计算机视觉任务,如目标检测和语义分割(像素标注),以及更复杂的自然语言处理任务,如序列标注和自然语言生成。一般原理是相同的,在许多场景下甚至完全一致。最大的区别在于如何对主动学习选择的数据项进行采样,而这将取决于要解决的实际问题。

现实世界中的大多数机器学习系统所使用的任务都比文档级或图像级标签预测更为复杂。即使是看似简单的问题,我们在深入研究后往往也会发现它们需要进阶的主动学习技术。想象一下,你正在构建一个计算机视觉系统来辅助农业生产。智能拖拉机配有摄像头,需要区分秧苗和杂草,才能高效、准确地施用化肥和除草剂。田间除草是人类历史上最常见、最重复的任务之一,但要实现这项任务的自动化,你需要的是图像目标检测,而不是图像级标签。

此外,模型存在不同类型的混淆。在某些场景下,模型知道某个物体是植物,但无法确定它是幼苗还是杂草。在另一些场景下,模型无法确定某个新物体是不是植物,因为各种小型物体都有可能出现在田地里。你需要通过不确定性采样来区分幼苗和杂草,并结合多样性采样来识别新物体。

最后一点,摄像头拍摄的每幅图像能捕获多达 100 株植物,因此必须决定如何解决图像级的混淆和物体级的混淆。是应当优先审查图像中某一物体的显著混淆,还是 100 个物体的轻微混淆?是优先确保物体类型标注的正确性,还是物体轮廓的准确性?根据面临的问题,任何一种类型的误差都可能产生重大影响,因此我们需要妥善决定如何给现实问题匹配恰当的采样和评估策略。所以,尽管面对的是自动化历史上最常见且最重复的任务之一,解决此问题仍需借助先进的主动学习技术。

6.1 将主动学习应用于目标检测

在此之前,我们探讨的机器学习问题相对简单:预测整幅图像(图像标注)或整篇文本(文档标注)。然而,许多问题需要更细粒度的预测。

例如,仅希望识别图像中的特定目标,因而更关注目标本身而非背景的不确定性和多样性。本章开篇的示例正属此类情况:关注点在于识别杂草而非杂草周围的田地。对背景的关注,仅限于将杂草与不同背景区分开。

面对此类例子,则需采取同样专注于你所关注的区域的主动学习策略。在某些情况下,这种专注可自然而然地实现:比如,模型自身便聚焦于关注区域,因而你无需对之前所学习的图像和文档标注方法做出任何调整。而在其他情况下,则需裁剪/遮罩数据以聚焦于关注区域,并注意避免在此过程引入偏差。本章后续部分将讨论几种机器学习问题,探究如何将你已掌握的主动学习策略应用于这些问题。

图 6-1 展示了目标检测任务中识别不确定性和多样性的问题。假设此任务使用的是与第 3 章相同的示例图像,但与第 3 章仅预测图像标签不同,现在需要识别图像中的特定目标并围绕它绘制边界框。如图 6-1 所示,我们关注的目标"自行车"在其边界框内所占的像素比例极小。

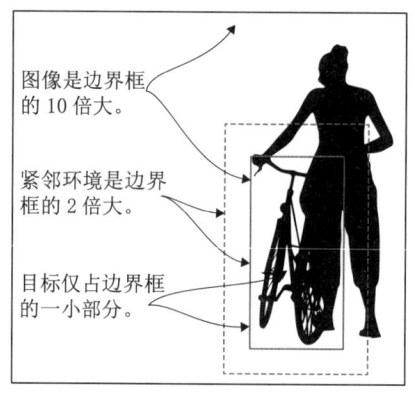

图 6-1 目标检测任务中识别不确定性和多样性问题的示例

我们关注的目标"自行车"在其边界框内所占的像素比例极小。即便是取适量的环境信息,其所占的像素数量也是自行车边界框的 2 倍,而整个图像的像素数量更是自行车边界框的 10 倍。因此,若尝试计算整个图像的不确定性或多样性,便会面临关注大量无关信息的风险。

目标的边缘往往信息量最丰富,但增加 20% 的环境信息足以使所观察的像素总量近乎翻倍。整个图像的像素数量是边界框的 10 倍。因此,若尝试计算整个图像的不确定性或多样性,便会面临关注大量无关信息的风险。尽管我们可以使用在第 4 章和第 5 章学到的不确定性采样和多样性采样技术,但我们希望将这些技术集中在最关注的区域使用。

本节剩余部分将介绍如何计算不确定性和多样性。从模型中获取不确定性相对容易,不确定性往往在目标区域而非背景中达到最高水平。至于多样性,我们主要需要关注不确定性区域的多样性。

6.1.1 目标检测的准确率：标签置信度和定位

本节将探讨两项任务：目标检测和目标标注。这两项任务都应采用不同的不确定性和多样性采样策略：

- 标注每个目标（自行车、人、行人等）。
- 识别图像中目标的边界。

这两项任务的置信度分别为：

- 目标标签置信度（标签正确的置信度）。
- 目标定位置信度（边界框正确的置信度）。

从目标检测算法获得的置信度分数，一般仅代表目标标签置信度。现行的目标检测算法大多基于卷积神经网络（CNN），并依赖回归方法确定精确的边界框。这些算法会返回标签置信度，但鲜少有算法能返回通过回归确定边界框的分数。

确定此类标签准确率的方法与确定图像和文档级标签准确率的方法相同：通过查看 F 分数或曲线下面积（AUC）的某种变体，正如前几章和附录介绍的。交并比（IoU）是衡量定位准确率最常用的指标。如果之前有涉足计算机视觉领域，应当不会对 IoU 陌生。图 6-2 展示了利用 IoU 衡量边界框准确率的示例，计算准确率的方法是：预测边界框与实际边界框交集面积除以两个边界框并集面积。

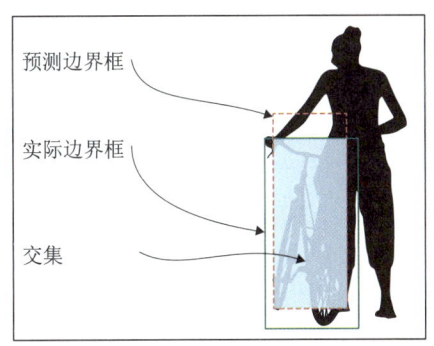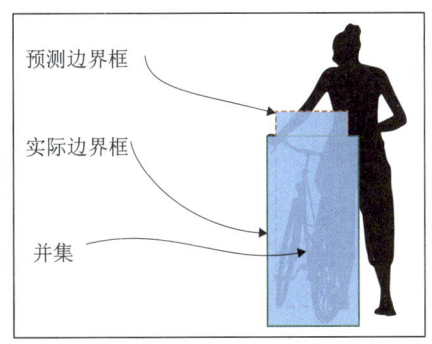

图 6-2　使用 IoU 衡量边界框准确率的示例

计算准确率的方法：预测边界框与实际边界框交集面积除以两个边界框并集面积。

此外，IoU 可用于目标检测的主动学习，因此，在进行目标检测的不确定性采样和多样性采样之前，学习（或复习）这一度量指标非常重要。IoU 是更为严格的准确率指标，相同数据得到的 IoU 值相对较低。我们可以根据预测正确或错误的区域（或像素）数量来计算 IoU：

$$\text{精确度} = \frac{\text{真正例数}}{\text{真正例数} + \text{假正例数}}$$

$$\text{召回率} = \frac{\text{真正例数}}{\text{真正例数} + \text{假正例数}}$$

$$F \text{ 分数} = \frac{2 \times \text{精确度} \times \text{召回率}}{\text{精确度} + \text{召回率}}$$

$$IoU = \frac{真正例数}{真正例数 + 假正例数 + 假负例数}$$

与 F 分数一样，IoU 综合了两类误差：假正例数和假负例数。除了在准确率达到 100% 的特殊情况，IoU 的值总是低于 F 分数。F 分数在自然语言处理中更为常见，而 IoU 几乎专用于计算机视觉领域。在大部分机器学习领域的文献中，AUC 都会被提及，但其在自然语言处理和计算机视觉领域的使用并不频繁。

平均精确度均值（mAP）同样见于计算机视觉领域的文献。mAP 是一种不同于 AUC 的曲线，但其原理与 AUC 相似。在计算 mAP 时，首先根据精确度对数据项进行排序，随后根据召回率绘制精确度 – 召回率曲线，平均精确度即为该曲线下的面积。mAP 的应用需要设定将一个目标识别为"正确"的阈值，通常为 IoU 值 0.5 或 0.75。mAP 的确切阈值的计算方式通常随数据集和用例的不同而有所变化。例如，在自动驾驶这一需要高度校准的任务中，显然需要远高于 0.5 的 IoU 值才能认定预测正确。对于本书而言，不必深入了解 mAP 的具体计算方法，只需知晓 mAP 是针对特定任务的常用准确率指标即可。

在主动学习中，通常需要采用同时考虑目标定位置信度和目标标签置信度的采样策略。你需要确定对这两种类型的关注程度。尽管标签和 IoU 准确率可以帮助你确定哪些方面需要更多关注，但关注点具体取决于你正在开发的应用程序。

假设你正在部署一个模型用来检测道路上的行人、汽车、自行车等目标。如果应用程序旨在预测碰撞，那么定位准确率尤为重要；标签是否错误显得并不重要，重要的是目标边界是否偏离。然而，如果应用程序旨在识别交通流量，那么目标的确切边界并不重要，但标签的准确率却变得重要，因为你需要确切地知道有多少汽车、行人和其他目标。

因此，即便是在同一地点部署相同的模型，根据用例的不同，主动学习和数据标注策略的重点可能是定位也可能是置信度。你应该根据具体用例确定最重要的方面，并据此调整主动学习策略的重点。

6.1.2 目标检测中标签置信度和定位的不确定性采样

和第 3 章所述的图像级标签相同，我们亦可利用标签置信度进行不确定性采样。目标检测模型将提供一个概率分布，你可以应用最低置信度、置信度边际、置信度比率、熵或集成模型来衡量标签预测的不确定性。在目标定位置信度方面，集成模型是最优选择，它通过整合多个确定性预测结果，形成可被解释为置信度的单一预测结果。图 6-3 展示了一个示例。你可以从两种方法中选择其一：用真正的集成模型，或在单一模型中采用丢弃法，这两种方法均在第 3 章阐述过。

如果选择真正的集成模型，你需要从多个模型中获取预测结果，并通过以下方式确保预测结果的多样性：对不同模型运用不同的超参数，对每个模型运用特征子集进行训练，对每个模型运用数据项子集进行训练，以其他方式在训练过程中引入随机变化（如打乱训练数据项的顺序）。

对于单个模型,可以通过对每个预测结果随机选择的神经元运用丢弃法(又称蒙特卡罗丢弃法),生成多个预测结果。此方法比构建多个模型更为快捷简单,而且效果极好。此外,还可将两种方法结合:用不同的参数训练多个模型,然后对每个模型应用丢弃法。

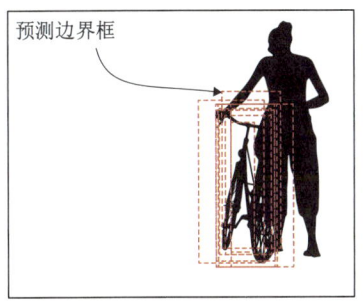
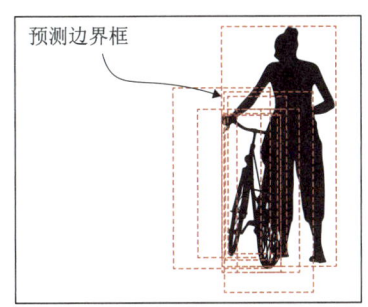

图 6-3 单个目标的预测热图示例,显示了低变化(左)和高变化(右)

高变化表明模型中存在更多不确定性,因此,右侧示例适合人工评估。通过运用集成模型、从多个模型中获取预测结果并调整参数、运用特征子集或数据项子集或以其他方式在模型中引入随机变化,可以生成多预测结果。在单个模型中,可通过对每个预测结果随机选择的神经元运用丢弃法(又称蒙特卡洛丢弃法),为单个数据项生成多个预测结果。此外,还可将这两种方法结合:创建集成模型,并对每个模型的多个预测结果运用丢弃法。

不确定性由所有预测结果的平均 IoU 计算得出。这种计算自然产生一个 [0,1] 的范围,因此无需进行归一化处理。计算时除以模型数量而非预测结果数量。部分模型可能未做出预测,而这一信息极为重要:将所有未预测视为 IoU=0。

获取每个边界框的不确定性分数后,可以对不确定性最高的边界框进行采样,以供人工审查。如果定位采用的是集成方法或丢弃法,也可以将其用于标签置信度,作为其他不确定性采样方法的替代或补充方案。

6.1.3 目标检测中标签置信度和定位的多样性采样

为了实现多样性采样,需要解决本章开篇提出的问题:相比背景的多样性,我们更关注目标本身的多样性。最简单的解决方案是根据预测的边界框裁剪图像,然后应用多样性采样,但本节将讨论更为复杂的方案。第 4 章介绍了以下几种多样性采样:

- 基于模型的离群值采样。
- 基于聚类的采样。
- 代表性采样。

- 现实世界多样性采样。

在本章中应用基于模型的离群值采样和现实世界多样性采样时，你需要做的未必比已经介绍过的图像级标签技术更复杂：

- 你可以将基于模型的离群值采样应用于目标检测问题，方法与将其应用于图像标注问题相同。
- 在目标检测问题中，可以采用与图像标注问题相同的采样方法，进行现实世界多样性采样。

对于基于模型的离群值采样，隐藏层同时关注标签和定位问题，因此神经元将主要捕捉目标和标签的信息。可以根据预测的目标裁剪图像，然后寻找基于模型的离群值，但背景专用的少量神经元可能对多样性颇具价值，所以此时可能会遗漏一些信息。

对于多样性采样，第4章介绍的原理同样适用。需要组合所有主动学习方法，以确保数据在现实世界人口统计特征方面的公平性。在这个场景下，背景同样重要，因为稍有不慎，就会错误地针对目标的背景而非目标本身建立模型（见下方补充花絮）。目标检测需要确保数据在各种因素（包括相机类型、变焦、时间和天气）的影响下均能均衡覆盖各类目标。即使是在医学影像等高度受控的场景下，我也曾见过一些系统因仅依赖少数的患者和单一成像设备的数据训练而引入了不必要的现实世界偏差。

模型真的忽略了背景吗？

本书假设模型聚焦于目标本身，而非其背景。然而，模型有时可能误用了背景信息。例如，如果仅拍摄了自行车道上的自行车，模型可能会预测出自行车道，而完全忽略其他环境中的自行车。或者，模型仅在自行车道出现时才会依赖自行车道，这同样不尽如人意，因为模型未能将在这些环境中对自行车的认知泛化到其他背景之中。

近期一篇关于模型可解释性的颇具影响力的论文提出了另一个例子。作者构建了一个表面上能够准确区分狼和哈士奇的模型[a]，但只使用了雪地背景下的狼和非雪地背景下的哈士奇的照片。结果显示，该模型预测的是背景中是否有雪，而非实际的动物！这一问题在图像级标注任务中更为严重，因为在目标检测任务中，模型被明确要求学习目标本身的轮廓，使得模型难以聚焦于背景。但是，在任何需要控制环境的机器学习任务中，这类问题都会在一定程度上发生。

解决方法是优化现实世界多样性的采样，确保环境尽可能多样化，覆盖关注的所有标签和目标。若担忧模型存在此类问题，以下是诊断方法：采用某种方法找出哪些像素是预测的重要特征（比如关于狼和哈士奇的那篇论文中提及的 LIME 方法，或者利用截至 2019 年 10 月存在于 PyTorch 中的 Captum 可解释性库），然后测量验证数据上边界框外的像素比例。分数最高的图像最有可能存在问题。检视这些图像，以识别模型是否具有聚焦于边界框外的模式。

a "Why Should I Trust You?": Explaining the Predictions of Any Classifier（《"为什么要相信你？"：解释任何分类器的预测》，https://www.kdd.org/kdd2016/papers/files/rfp0573-ribeiroA.pdf），Marco Tulio Ribeiro、Sameer Singh 和 Carlos Guestrin 著。

在基于聚类的采样和代表性采样中，应聚焦于目标本身，而非背景。如果背景占图像的 90%，如图 6-1 中的示例（图 6-4 中再次出现），则对于形成哪些簇或何为代表性，背景占影响因素的 90%。图 6-1 中还包含一个相对较大的目标，占画面高度的一半。但在许多场景中，这个示例更类似于图 6-4 中的第二幅图像，其中目标所占像素不足 1%。

图 6-4 图像中的单个目标（自行车）示例——图像中 99% 区域非自行车

通过虚线框出的自行车及其紧邻的环境应足以让模型识别出该目标为一辆自行车。我们需要结合某些策略（如代表性采样和聚类），对图像进行裁剪或遮罩，以锁定相关区域。

在图 6-4 中，自行车本身及其紧邻的环境足以让模型将目标识别为一辆自行车。在边界框之外，部分信息可能有助于确定自行车更常出现的范围和环境，但作用相对有限。

因此，应裁剪每个预测目标周围的区域。鉴于模型的准确率并非 100%，需要确保有效捕获目标。

利用不确定性采样（集成或丢弃）方法进行多重预测。然后执行以下任一操作：

- 按给定阈值裁剪。例如，设定最小的裁剪区域，以捕获目标预测边界框的 90%。
- 对同一目标使用每个预测边界框，并对边界框进行加权。对每个预测边界框应用代表性采样，然后求出所有代表性采样结果的平均值，其中加权平均值由每个边界框与所有其他边界框的平均 IoU 确定。

除了裁剪图像，还可以忽略环境框之外的像素，这一过程称为"遮罩"。对于用像素输入进行训练的模型，遮罩相当于第一层的丢弃，即忽略部分输入神经元（像素）。

> **环境有多重要？**
>
> 在计算机视觉中，存在一些环境很重要的例外情况。其中一个例子很常见：识别超市的空货架以辅助补货工作。一个空缺位置（即目标）的识别，同样需要结合环境信息，如邻近商品和空货架下方的价格标签。否则，模型难以清晰地判断货架是本该空置还是本该放置商品。
>
> 除非是在类似的场景中，即本质上是根据环境来标注一个空白区域，否则在进行聚类和代表性采样时，你应尽量使边界框保持紧凑。通过对整个图像采取多样性采样，可以捕捉到更广泛的环境多样性。

依据具体的应用场景，还需要对图像尺寸进行调整。如果你有计算机视觉领域的工作经验，那么你可能已经选择了一些工具来通过编程调整图像尺寸。例如，自行车位于照片底部的事实可能并不重要，你可以通过把每个预测目标裁剪成整幅图像来令数据标准化，再通过缩放所有样本图像至统一尺寸来进一步标准化数据。一般来说，裁剪/遮罩的决策应基于聚类和代表性采样中的数据编码需求而定：

- 如果以像素为特征或借助独立工具创建特征，则应裁剪图像，并考虑是否还要调整图像尺寸。
- 如果使用的是同一目标检测模型的隐藏层，则可以遮罩图像，无需移动或调整图像尺寸。这样的特征可以捕获目标在不同位置和尺度下的相似性。

此时，所裁剪或遮罩的图像便可用于聚类和代表性采样。图像中的每个裁剪或遮罩目标都可应用于聚类或代表性采样。按照第 4 章所述应用基于聚类的采样和代表性采样。

确保采样的每个图像中包含不同数量的目标。如果仅抽取到目标数量较少或较多的图像，则可能在不经意间引入了偏差。在这种情况下，应进行分层采样。可分别对 100 个含 1 个预测目标的图像、100 个含 2 个预测目标的图像进行采样，以此类推。

6.1.4 主动迁移学习用于目标检测

我们可以将主动迁移学习用于目标检测，方法与将其应用于图像级标注相同。此外，还可以选择自适应采样的主动迁移学习（ATLAS），在一个主动学习周期内实现自适应，这是基于这样一个假设：首批采样的目标稍后将由人类标注员进行修正，即使标签当前未知。

无论采用何种类型的神经网络架构进行目标检测，都可以利用隐藏层作为二元"正确"/"不正确"模型的特征，并以验证数据训练此模型。这个二元的"正确"/"不正确"任务还可以扩展至计算验证数据的 IoU，并构建一个预测 IoU 的模型。即预测一个连续值而非二元的"正确"/"不正确"。这个过程很简单，只需将最终层调整为回归任务而非分类任务，并让回归任务针对每个验证数据项的 IoU 进行建模。此扩展仅需修改第 5 章 ATLAS 示例中的一两行代码即可完成。

6.1.5 设置低目标检测阈值，避免偏差长期存在

无论目标检测采用何种方法，你最好都设置较低的置信度阈值。目的在于避免仅识别与数据中已有目标相似的目标，进而避免偏向于此类目标的偏差长期存在。

低阈值会产生大量候选目标，你或许能获得 100 个置信度 50% 或以上的预测图像，但同时获得 10000 个置信度 10% 的预测图像，而这 10000 个预测图像大多其实是背景（非目标的假正例）。在这种情况下，你可能会考虑提升阈值，但切勿如此做。

除非你确信阈值设置正确，能在预测中得到近乎完美的召回率，否则模型还是有持续存在偏差的可能。相反，应当根据置信度进行分层，并在每个置信度层级内进行采样：

- 对 10%~20% 置信度的预测图像采样 100 个。
- 对 20%~30% 置信度的预测图像采样 100 个。

- 对 30%~40% 置信度的预测图像采样 100 个，以此类推。

图 6-5 展示了按置信度分层的一般策略示例。

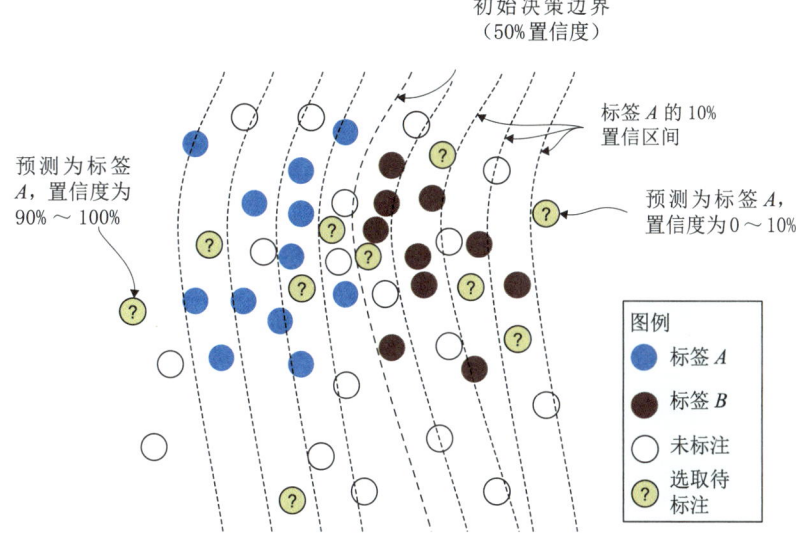

图 6-5 按置信度分层：从 0~10% 置信度、10%~20% 置信度到 90%~100% 置信度，每个区间内抽取相同数量的数据项

在此示例中，每 10% 置信度区间抽取一个标签 A 的数据项。当标签之间的数量存在较大不平衡时，按置信度分层采样尤其有益。

如图 6-5 所示，在不同的置信度区间内抽取相同数量的数据项。此策略对目标检测等任务很有帮助，因为大多数图像并不包含你所关注的目标。通过按置信度分层的采样策略，主要对置信度较高的目标进行采样，同时还选择了置信度较低的目标。值得注意的是，虽然识别非目标似乎是在浪费时间，但对于机器学习算法来说并非如此。对模型的准确率而言，学习非目标但目前以极低置信度被预测为目标的对象，与学习新目标同样重要。

这种分层策略对于避免数据偏差至关重要。此外，还可以尝试组合不同方法，作为每个置信度区间内随机采样的替代方法：

- 10%~20% 置信度取 10000 个目标进行聚类，并对质心采样，以获得样本中最多样化的 100 个目标。
- 10%~20% 置信度取 10000 个目标进行代表性采样，以获得与目标域最相似的 100 个目标。
- 10%~20% 置信度取 10000 个目标进行基于模型的离群值采样，以获得与当前训练数据最不相似的 100 个目标。

请注意，这种按置信度分层的方法可应用于任何类型的任务，而不仅限于目标检测。

6.1.6 为代表性采样创建与预测结果相似的训练数据样本

鉴于未标注图像经过裁剪或遮罩处理，如要实施代表性采样，也应对训练数据做同样的处理。若使用训练数据中的完美边界框，又使用未标注数据中的不完美预测目标，那么获得的所谓"代表性"样本可能是使用不同尺寸边界框和裁剪策略的结果，而非实际目标。以下列举了按优先级排列的四个选项。

- 对训练数据进行交叉验证。将训练数据均分为 10 个数据集。对其中 9 个数据集进行迭代训练，并对保留数据集进行边界框预测。汇总所有预测结果，并作为代表性采样语料库的训练数据部分。
- 使用与训练数据分布相同的验证数据集，获取其边界框预测，并将这些验证边界框作为代表性采样语料库的训练数据部分。
- 用训练数据进行预测，随后随机扩大或缩小边界框，确保其在预测中呈现一致的平均变化。
- 利用训练数据中的实际边界框，随后随机扩展或缩小边界框，确保其在预测中呈现一致的平均变化。

前两个选项在统计学意义上同等有效。若有保留验证数据集，则此过程比重新训练整个模型更简便，尽管它并不是训练数据集的精确数据，但已经尽可能接近。

至于后两个选项，虽然可以通过增大边界框尺寸使平均值一致，但无法匹配预测误差。预测的边框误差并非随机分布，而是取决于图像本身，这一点通过人工噪声是难以模拟的。

6.1.7 目标检测中的图像级多样性采样

与使用其他任何方法时一样，你应随机选取一些图像进行审查。这些样本不仅提供了评估数据，也为评估主动学习策略的成效提供了基准。

少量样本可以采用图像级采样，此法比本节介绍的其他方法更容易防止偏差，有助于提高多样性。如果在整个图像层面应用聚类，并发现整个簇中几乎不存在训练数据，则充分证明了应当对簇中的某些数据项进行人工审查，因为可能存在某种遗漏。

引入新类型数据（如使用新的相机，或从新地点采集数据）时，图像级代表性采样有助于模型更快地适应。与在尝试纳入新数据时仅实施目标级主动学习相比，此策略还有助于在适应过程中减少偏差。

尝试对不同类型的数据实施目标级采样时，难以避免偏向于已观察到的目标，因为其中一些目标可能仍低于所设阈值。对于域外数据，置信度阈值往往最不可靠。

6.1.8 使用多边形时考虑拉紧遮罩

若目标检测采用多边形而非边界框来标注（如图 6-6 所示），所有前述方法仍然适用。你还多了一个选项：在最贴合多边形边缘一定距离处而非在边界框之外进行遮罩。

在自行车示例中，此法能更紧密地捕获自行车本身，避免捕获大量无关的空白区域。

基于同样的逻辑，这么做可以带来更准确的误差检测，尤其是对于形状不规则的目标。参见图 6-6 中的自行车，车把的形状在许多照片中都会突出一块。若使用边界框，非目标的像素几乎会占整个边界框面积的一半，从而产生大量的误差空间。在图像识别领域，比边界框和多边形标注更加复杂的是语义分割。

图 6-6 采用多边形而非边界框进行标注的目标检测示例

边界框和多边形标注可采用相同的主动学习方法,另外多边形标注还可选择拉紧遮罩。

6.2 将主动学习应用于语义分割

"语义分割"是指对整体图像进行标注,围绕所有目标准确描绘多边形边界。由于此技术对图像中的每个像素进行标注,故此又被称为"像素标注"(pixel labeling)。图 6-7 展示了一个例子。

图 6-7 每个像素都被标注的语义分割示例

许多语义分割工具的界面犹如一副彩色照片:就像着色练习用的图画。本书后续章节尤其是第 10 章将详细介绍这些工具。若以黑白图像呈现,则对比鲜明的灰色调将有助于理解彩色图像所呈现的效果。若目标获得标注(例如,分别标注四棵树),则此任务称为"实例分割"(instance segmentation)。

如果需要估计延伸到其他目标背后的目标(即存在遮挡),更常见的做法是采用第 6.1 节所介绍的边界框式目标检测。此外,通过语义分割将所有目标涂成单一类型,而非逐一识别每个目标,也是一种更常见的做法。例如,图 6-7 中的每棵树都被涂上相同的颜色,图像并未将树各自区分开。然而,这种共性并非一成不变:在某些情况下,会采用忽略遮挡的边界框,语义分割会尝试捕捉遮挡,并区分目标(又称"实例分割")。如果一个模型融合了所有这些方法,它有时被称为"全景分割"(panoptic segmentation),能够识别目标和背景像素。本章讨论的所有方法均具备充分的通用性,适用于边界框或语义分割的任何变体。

这些方法也适用于其他类型的传感器获取的数据,例如自动驾驶汽车常用的激光雷达、雷达或声呐产生的二维及三维图像。在农业领域,收集人类视觉范围之外的红外和紫外波段数据,然后将这些数据转化成可见光色彩以供人工标注,也是一种常见做法。搜索"红外森林"或"紫外花卉"照片,你便可发现:大量有用的信息都在人类可见范围之外！即使涉及更多的维度和传感器信息，本节的原理仍然适用。

6.2.1 语义分割的准确率

语义分割的准确率是按像素计算的。相对于保留数据集，分类正确的像素占多少？你可以采用目前学过的所有准确率指标：精确度、召回率、F 分数、AUC、IoU 以及微观和宏观分数。如何正确衡量机器学习的准确率取决于具体的应用场景。

在评估不确定性时，宏观 F 分数或宏观 IoU 通常最有用。如同边界框的示例，在语义分割中，我们经常遇到许多非关注焦点的区域，如天空和背景。图像中存在大片不连续的区域将造成麻烦。例如，在图 6-7 中，树叶间可能散布着 100 多块独立的天空区域。从整体尺寸和总数量来看，这些天空区域将在每像素或每区域的微观分数中占主导地位，而它与树叶的混淆则主导了不确定性采样策略。因此，假如你对所有标签抱有同等关注，不在乎目标在图像中所占面积的大小，就采用宏观分数：每个标签每区域的平均 IoU 或每个标签每像素的平均 F 分数。

此外，你也可以决定忽略某些标签。如果仅关注人和自行车，可选择一个仅关注这些标签的宏观准确率值。由此得到的结果仅基于将人和自行车与背景、地面和天空区分开的误差，而非其他不相关标签间的误差。需要注意的是，什么区域最重要取决于应用场景。如果任务是识别森林覆盖率，那么树叶之间的区域和天空将最为重要！

计算不确定性将参考已部署机器学习模型的准确率。计算应采取以下两种方式之一，具体取决于在计算准确率时标签是否经过加权处理：

- 如果未对标签进行加权（即对每个标签的关注程度为全是或全非，等同于绝对权重），则应采用与模型准确率相同的指标确定采样位置。如果模型准确率仅关注两个标签混淆的情况，则在主动学习中只对涉及其中一个或两个标签的混淆预测结果进行采样；
- 如果某个准确率指标经过加权，则不应采用与模型准确率相同的指标，而应采用第 3 章中介绍的分层采样方法。图 6-8 展示了一个例子。

如图 6-8 所示，按标签分层采样有助于主动学习策略聚焦于最重要的像素。尽管分层采样适用于任何机器学习问题，但语义分割是效果最明显的案例之一。

需注意，分层采样可能与评估模型准确率的策略不同。假设对标签 A 的关注程度是标签 B 的九倍，模型准确率的计算方法如下：90%× 标签 A 的 F 分数 +10%× 标签 B 的 F 分数（加权宏观 F 分数）。此策略对评估模型准确率有效，但遗憾的是，不能以类似于不确定性分数的方式应用权重，因为加权几乎肯定会使标签 A 的数据项排在最前，占据头名。相反，应将权重视为采样数量的比率。例如，选取 90 个最不确定的标签 A 数据项和 10 个最不确定的标签 B 数据项。此方法比在不同标签间创建加权采样策略更简单且更有效。如果存在不关注的标签，仍可考虑选取少数样本，尤其是采用基于模型的离群值的采样和代表性采样时，因为它们可能代表你关注的标签的假负例。

6.2.2 不确定性采样用于语义分割

大多数语义分割算法均基于卷积神经网络（CNN）构建，利用 softmax 函数为每个像素生成可能标签的概率分布。因此,你可采用第3章介绍的方法,计算每个像素的不确定性。虽然模型不太可能低效地对每个像素逐一进行预测,但可以按区域预测,必要时仅选取较小(如像素大小)区域。你需要准确了解预测置信度来自哪里。

与边界框的情况一样,由模型得到的置信度可能反映的是标签置信度,而非目标边界置信度。若此情况发生,可以根据像素置信度推导出定位置信度:知晓哪些像素紧邻不同标签的像素,因此所有边界像素置信度的聚合即定位置信度。几个像素的误差或许是可以接受的;此时,可利用此误差幅度来决定计算置信度的位置。例如,如果在计算机器学习模型准确率时忽略了所有小于3像素的误差,那么在计算不确定性时也应采取同样的做法,计算距离边界3像素内像素的平均不确定性。

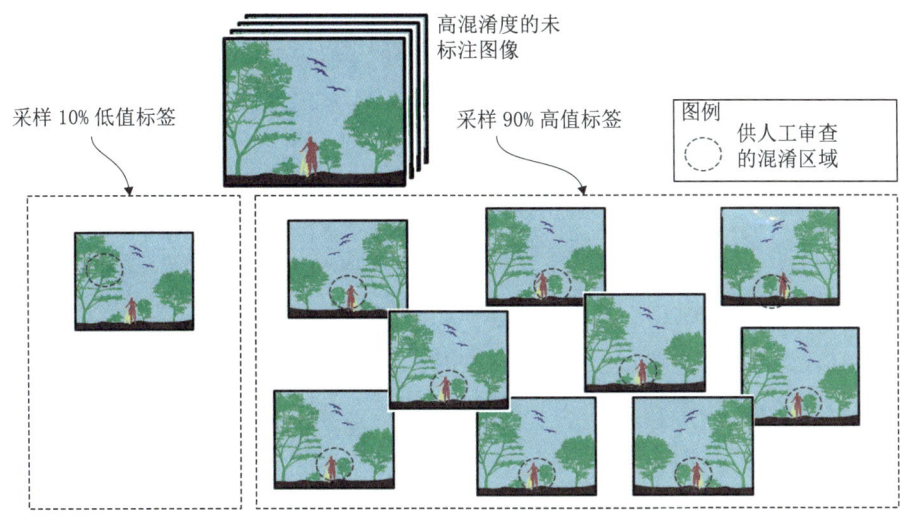

图 6-8　应用于语义分割的标签分层采样示例

在此示例任务中,假定我们相较于与树和天空像素相关的误差,更加关注与人和自行车像素相关的误差。主动学习的样本按照 90:10 的比例分配:90% 是最关注的标签中最易混淆的样本,10% 是不关注的标签。需注意,位于天空和树的交界处的像素数量远远超过了人和自行车交界处的像素,所以分层采样有助于聚焦最关注的误差。因此,你的采样策略可能与准确率评估策略不同,后者可能会简单地将 90% 和 10% 的相对权重应用于高值或低值误差。不确定性采样并不容易采用这种加权方式,因此,除非充分确信自己的统计学知识足以调整加权策略,否则应采用这里的分层方法。

基于某些原因,所采用的模型可能无法提供特定标签的概率分布。在这种情况下,可以采用集成方法和/或丢弃法来生成多个预测,并以预测中标签一致的数量来计算不确定性。

既然仅对你关注的像素进行采样,且每个像素均有不确定性分数,你可应用任何一种不确定性采样算法。计算整个图像不确定性的最简单方法是取所关注的每个像素的平均不确定性。如果主要关注点是边界,则可以仅对另一个标签几个像素内的数据项进行采样。

根据具体任务的需要,也可以尝试平均值以外的指标,例如,如果想要赋予图像一个不确定性分数,即任何一个区域的最大不确定性。这时,能否仅关注图像中的区域,部分取决于标注设置。需要标注员标注整个图像,还是仅标注所关注的标签?第 9 章将从标注的角度探讨这些问题。

6.2.3 多样性采样用于语义分割

在进行多样性采样时，不能像在目标识别任务中一样，直接从模型中对基于模型的离群值进行采样。此方法适用于目标识别，是因为模型已经被要求聚焦于所关注的区域，但语义分割算法被要求对每个像素进行分类。因此，如第 6.1 节所述，应当遮罩或裁剪图像，使图像仅包含所关注的预测标签，然后应用基于模型的离群值。

聚类和代表性采样遵循同样的做法：将图像裁剪或遮罩至所关注的区域，然后应用聚类和/或代表性采样。至于现实世界多样性采样，应该采取与边界框方法相同的策略：利用主动学习中掌握的所有技术，针对你关注的人口统计特征进行多样性采样。有关这些方法的更多信息，请参见第 6.1 节的目标检测相关内容。

6.2.4 主动迁移学习用于语义分割

你可以将主动迁移学习用于语义分割，方法与将其应用于图像级标注相同，但应采用自适应版本：ATLAS。如果不采用此算法的自适应版本，可能会仅抽取到你并不关注的区域的混淆内容，例如，你主要关注的是地面上的物体，语义分割却是在树叶和天空之间进行的。需注意，ATLAS 并不能完全解决问题；它最初可能抽取到你不关注的混淆类型。但它将快速适应，假设此类混淆得到解决，继而覆盖你关注的区域。对比一下数据中标签对的总数量和真正关注的标签对所占比例，你就能够理解 ATLAS 的成功之处。

为了最大限度地利用 ATLAS 进行语义分割，可以有策略地设置用于迁移学习的验证数据。例如，如果不关注搞混树叶和天空的误差，那么在通过原模型运行验证数据以生成"正确"/"不正确"标签时，可以忽略这些误差。这样一来，模型就会仅预测你关注的标签类型的误差。

6.2.5 语义分割中的图像级多样性采样

与目标检测一样，你可能希望从整张图片中对少数数据项（尤其是在从新的地点、新类型的相机等引入数据时）进行采样，由此实现快速适应，找到所关注标签的假负例。在结合多种方法的情况下，还可以尝试放宽裁剪或遮罩的限制。对整张图片采用代表性采样，找到对新域或图像类型最具代表性的图像，然后对最具代表性的图像进行采样，应用遮罩/裁剪，并对样本进行聚类以确保多样性。通过此技术，可以从对你关注的领域具有代表性的整张图片中获得最多样化的数据项。

6.3 将主动学习应用于序列标注

序列标注是用于标注序列内跨度的机器学习，是自然语言处理领域最常见的任务之一。以下列这个句子（序列）为例：

"The E-Coli outbreak was first seen in a San Francisco supermarket."（大肠杆菌疫情首次出现在旧金山的一家超市。）

若要建立一个通过文本报道跟踪疫情的模型，你可能需要从句子中提取信息，如疾病名称、数据中的地点以及重要的关键词，如表 6-1 所示。

表 6-1 序列标签示例：关键词检测和两类命名实体（疾病和地点）

标签 B（beginning，开端）应用于跨度的开端，标签 I（inside，内部）应用于跨度内的其他词汇，从而明确地区分相邻的跨度，如 "San Francisco" 和 "supermarket"。此过程又叫 "IOB 标注"（IOB tagging），其中 O（outside，外部）表示非标签。（为便于阅读，本表省略了 O。）

类别	The	E-Coli	out-break	was	first	seen	in	a	San	Fran-cisco	super-market
关键词		B	I						B	I	B
疾病		B									
地点									B	I	

在文献中，将 IOB 标注应用于跨度是最常见的，如表 6-1 所示。需要注意的是，在使用不同类型的标签时，跨度的定义可能会有所不同。命名实体 "E-Coli" 是一个单词，在提取关键词时我们提取的是短语 "E-Coli outbreak"。虽然 "San Francisco" 既是实体（地点）又是关键词，但普通名词 "supermarket" 是关键词而非实体。严格来说，此过程叫 "IOB2 标注"（IOB2 tagging），且 IOB 仅在一个跨度中有多个词元时使用 B。IOB2 是文献中最常见的方法，有时也简称为 IOB。

此外，其他编码标记的是跨度的末尾而非开头。这种编码方式在整句分割任务中较常见，如标注每个单词及子单词跨度的末尾，以及标注每个句子的末尾。在句子中，标记句尾是因为识别句尾（通常通过标点符号）比识别句首要容易一些。本章所介绍的方法适用于任何类型的序列编码，因此本章将坚持采用 IOB2 示例，并假定不同的编码系统也能便捷地进行调整。

还可以将某些标签视为同一任务的自然组成部分。我在命名实体识别（named entity recognition，NER）方面做了大量工作，将识别 "locations"（地点）和 "disease"（疾病）视为同一任务的一部分，但将识别关键词视为不同的任务。即使在同一个任务中，标签的定义也存在很大差异。一些流行的 NER 数据集仅包含四类实体："people"（人物）、"location"（地点）、"organizations"（组织）和 "miscellaneous"（其他）。相比之下，我帮一家汽车公司构建的实体识别系统则包含数以千计的实体类型，每种发动机、车门甚至头枕都有多种型号和名称。

尽管你在自然语言处理中可能执行多种多样的序列标注任务，但都可归结为在序列中识别文本跨度。这类序列标注任务在文献中被称为 "信息提取"（information extraction），通常是更复杂的多字段信息提取任务的基石。如果一个句子包含一种疾病和多个地点，那么还需要确定该疾病的检测地点（如果有）。本章将以识别单个跨度为例，并假设可以将其扩展到更复杂的信息提取任务中。

6.3.1 序列标注的准确率

序列标注的准确率衡量指标因任务而异。命名实体的指标通常是整个跨度的 F 分数。因此，将 "San Francisco" 识别为地点则准确率为 100%，而预测 "Francisco" 或 "San

Francisco supermarket"为地点的话，准确率则为 0%。

在某些情况下，这种严格的准确率指标可以放宽，或结合更宽松的指标，如基于单词（per-word）的准确率——也称为"基于词元"（per-token），因为并非所有词元都是单词。在其他情况下，准确率可能通过实体与非实体之间的对比来表述，不同类型的实体（如"disease"或"location"）则会分别列出。

在处理序列任务时，你很可能不关注"O"标签。F 分数能够捕获其他标签与"O"之间的混淆，这可能已经足够。如同目标检测和语义分割任务，你会更加关注每个数据项的某些部分。将主动学习聚焦于数据的这些部分，能够提升样本的质量。

与计算机视觉示例一样，主动学习采样指标应与自然语言处理模型准确率的衡量标准一致。在许多自然语言处理任务中，上下文的重要性超过目标检测。我们知晓"San Francisco"指的是地点而非名称中包含"San Francisco"的组织，是由于整个句子提供了上下文。因此，在预测的序列周围保持更大段的上下文通常是更为稳妥、更可取的，因为上下文可能是重要的预测手段。

6.3.2 不确定性采样用于序列标注

在序列标注任务中，几乎所有算法均会输出标注的概率分布，其中 softmax 函数的运用尤为普遍，便于直接计算基于词元的不确定性。此外，通过集成模型和/或丢弃法生成多个预测，并将这些预测的一致性或熵计算为不确定性，以此代替（或补充）softmax 置信度。此法类似于计算机视觉中的目标检测示例。

在计算机视觉示例中，置信度是每个词元的标签置信度，而非整个跨度或跨度边界的置信度。但是，如果采用的是 IOB2 标注，"B"标签将同时预测标签和起始边界。

你可以自行决定计算整个跨度不确定性的最佳方法。所有置信度的乘积代表（数学上）最正确的联合概率，但是，词元数量必须做复杂的归一化处理。因此，计算跨度内所有词元的平均或最低置信度可能比计算乘积更简单。

对于跨度外的词元，其不确定性同样重要。若将"Francisco"错误地预测为非地点，则需要考虑其可能为地点的事实。表 6-2 展示了一个例子。

表 6-2　地点识别及各标签相关置信度示例

表中显示了一个误判：误将"San Francisco"中的"San"判定为地点，但"Francisco"的置信度却相当高。因此，在计算置信度时，要确保考虑了预测跨度以外的信息。

类别	The	E-Coli	out-break	was	first	seen	in	a	San	Fran-cisco	super-market
地点									B		
置信度	0.01	0.32	0.02	0	0.01	0.03	0	0	0.81	0.46	0.12

表 6-2 显示了一个误判：误将"San Francisco"中单独的"San"判定为地点。尽管"Francisco"是假负例，但其置信度却相当高（0.46）。因此，不仅要计算预测跨度之外的不确定性，还要确保边界的正确性。

在表 6-2 中，通过将"Francisco"的置信度调整为 1-0.46=0.54，可以降低跨度边界的置信度。相比之下，开始预测时，"a"的置信度为零，可以通过1-0=1提高置信度。"B"标记也有助于提高初始边界的置信度。

6.3.3 多样性采样用于序列标注

机器学习模型广泛采用了一种能够捕获大量上下文信息的架构和/或特征表示。在部分模型中，这种表示被直接编码。若采用基于 Transformer 的方法，则模型本身会自动识别出上下文（即注意力机制），而你或许仅需设置最大尺寸限制。为了帮助确定主动学习中使用的上下文，可以选择与预测模型上下文匹配的采样窗口。第4章介绍了四种多样性采样：

- 基于模型的离群值采样。
- 基于聚类的采样。
- 代表性采样。
- 现实世界多样性采样。

与介绍目标检测时一样，在此我们先介绍最简单的方法，即第一种和最后一种方法：

- 可以将基于模型的离群值检测应用于序列标注问题，方法与将其应用于文档标注问题时相同。
- 在序列标注问题中，可以采用与文档标注问题相同的采样方法，进行现实世界多样性采样。

对于基于模型的离群值采样，隐藏层聚焦于所关注的跨度，也就是说，神经元捕获的信息主要用于区分跨度与非跨度（即"B""I"与"O"），以及跨度的不同标签。因此，可以直接应用基于模型的离群值，无需根据每个预测跨度的上下文来截断句子。

图 6-9 展示了不同的特征表示：独热（one-hot）编码、非上下文嵌入（如 word2vec）和上下文嵌入（如 BERT）。若你曾涉足自然语言处理任务，或许用到过上述常见的特征表示。这三种表示均需提取文本的预测跨度，并为其构建特征向量表示。主要区别在于，独热编码需要求和而非取最大值（尽管最大值亦可行），而采用上下文嵌入时，向量已包含上下文信息，因此无需对预测跨度外的内容进行采样。在提取短语前，先计算上下文嵌入。而对于其他方法，提取短语的时机（计算向量之前或之后）并不关键。对于多样性采样，第4章所述的原理同样适用：你需要结合所有主动学习方法，以确保获得更加公平的现实世界人口统计特征数据。

至此，你可以看到多样性采样用于序列标注与多样性采样用于目标检测存在诸多相似之处。你关注目标/跨度的上下文，但不一定需要关注基于模型的离群值，因为模型将大部分神经元聚焦于图像/文本中你最关注的部分。

在采用基于聚类的采样和代表性采样时，应将模型聚焦于跨度本身，而非过度延伸至两侧的上下文。如果采用的是词元的上下文向量表示法，可能不需要额外的上下文，因为向量中已经包含了上下文。

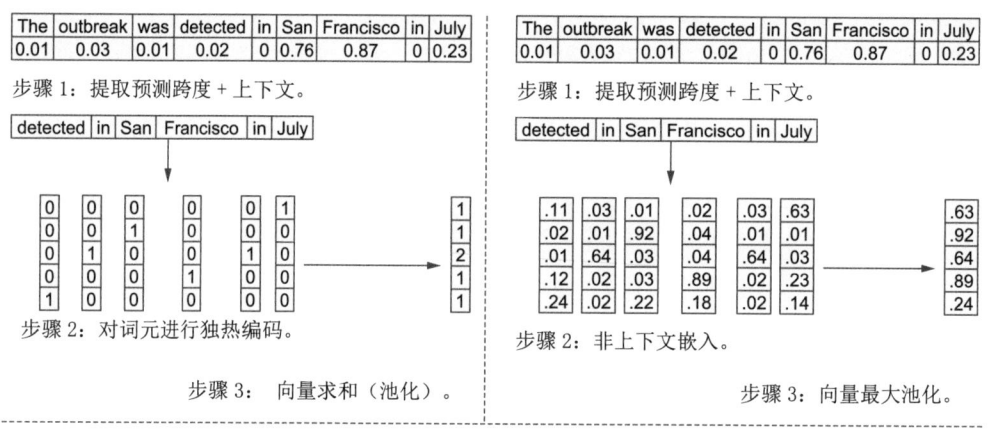

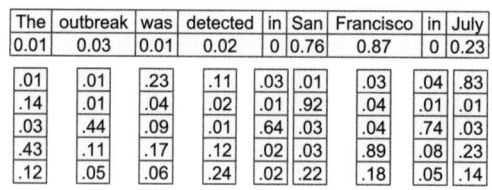

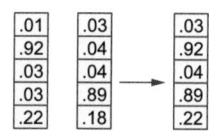

图 6-9 主动学习预测跨度的三种编码方法：采用独热编码将每个词元编码为其特征（左上）；采用非上下文向量（嵌入），如 word2vec（右上）；采用上下文嵌入，如 BERT（下）

此外，可尝试采用平均池化（avepool）代替或补充最大池化（maxpool）。

因此，在裁剪文本时，应在有意义的距离以及单词或句子边界（或短语边界，如果你拥有相关信息）处进行操作。鉴于模型的准确率并非 100%，你需要确保有效捕获完整跨度。

- 按给定阈值裁剪。若跨度为 Location，则应将选择范围扩大至该预测前后的单词，其中 Location 的预测置信度应至少低至某一标准（如 10%）。
- 裁剪较宽的阈值，可能涉及整个句子，并依据每个单词成为跨度一部分的概率对每个单词或子单词序列进行加权。

并非所有算法都能对特征进行有意义的加权。若难以实现，可采取与目标检测相同的策略：通过集成法或丢弃法生成多个跨度。随后尝试对每个预测进行代表性采样，并根据它们与其他预测跨度的平均重叠度进行加权。直接使用每个跨度中的单词和子单词进行聚类和代表性采样，正如第 5 章所述。

若需裁剪文本并利用模型的隐藏层进行基于聚类的采样、基于模型的离群值采样或代表性采样，则应在裁剪文本前获取这些隐藏层信息。为跨度中的每个单词获取准确的上下文表征，完整的句子上下文是必不可少的。在获取了句子中每个单词或子单词的神经元激活向量后，可根据跨度进行裁剪选择。

需要解决的最后一个问题是如何合并每个单词或子单词的向量。若所有跨度长度一致，可将它们连接起来。若长度不一致，则需将它们组合起来——这一过程称为神经向量池化。向量往往比较稀疏，因此最大池化可能是最好的方法（取每个单词或子单词向量索引中的最大值），但也可尝试平均法或其他池化方法，以探索不同的效果。

无论是单词、子单词还是矢量表示法，都可运用第 4 章介绍的基于聚类的采样和代表性采样。可以对质心、离群值和随机的簇成员进行采样，还可以从目标域中抽取最具代表性的数据项。

6.3.4 主动迁移学习用于序列标注

可以将主动迁移学习用于序列标注，方法与将其应用于文档级标注相同。此外，还可以应用 ATLAS，在一个主动学习周期内实现自适应，这是基于这样一个假设：首批采样的序列稍后将由标注员进行修正，即使标签当前未知。

无论序列标注采用何种神经架构，可以充分利用隐藏层的输出，将其作为以验证数据训练的二元的"正确"/"不正确"模型的特征。需要明确在验证数据中如何定义"正确"和"不正确"。如果更关注某些序列，在新模型中，仅将此序列的错误定为"不正确"，以此聚焦于最关注的错误类型。同时，针对错误统计，还需明确是基于词符计算错误，还是整个序列计算错误。采用计算机器学习模型准确率的相同方法来计算错误率是合理的出发点，但也可以尝试使用其他方法。

6.3.5 按置信度和词元分层采样

无论采用何种方法，建议将预测跨度的阈值设置得较低。目的是避免仅识别与数据中现有跨度相似的跨度，从而防止偏差长期存在。目标检测可采用相同的按置信度分层采样方法（第 6.1.5 节），或许可按置信度 0~10%、10%~20% 分层，以此类推，对相同数量的跨度进行采样。

此外，还可以根据词元本身进行分层采样。限制"San Francisco"（或任何其他序列）跨度的样本数量，最多对 5 个或 10 个实例采样，从而提升词元采样的总体多样性。

6.3.6 为代表性采样创建与预测结果相似的训练数据样本

若你在代表性采样前，对未标注文本进行了裁剪处理，也应对训练数据做同样的处理。若仅使用训练数据中的完美跨度标注，而使用未标注数据中的不完美预测，那么所谓的"代表性"样本可能是不同裁剪策略的结果，而非实际跨度差异。

第 6.1.6 节介绍了一些裁剪训练数据和未标注数据以减少偏差的策略。这些策略也适用于跨度，因此若要对跨度进行代表性采样，不妨参考这些方法。

正如在目标检测中一样，在处理未裁剪文本时你应考虑采用一些采样方法，但在这里，你需要多采样一些，因为文本跨度的上下文通常是紧密相关的语言片段，可用来优化信息的编码；相比之下，目标检测中的背景更可能是现实世界中随机的无关元素。

一些简单的代表性采样方法可能很有效，而且你可能不需要构建模型，甚至可以选择仅关注训练数据中尚未出现的预测跨度。

6.3.7 全序列标注

在自然语言处理的少数任务中，你需要对文本中的每个数据项进行标注。词性（part-of-speech，POS）标注就是一个例子，如表6-3所示。

表6-3 全序列解析示例

显示多种POS标记（标签），如名词、动词、副词、专有名词等

类别	The	E-Coli	out-break	was	first	seen	in	a	San	Fran-cisco	super-market
词性	限定词	专有名词	名词	助动词	副词	动词	介词	限定词	专有名词	专有名词	名词
置信度	0.01	0.32	0.02	0	0.01	0.03	0	0	0.81	0.46	0.12

可将此任务视为文本序列标注的一种，但其简化之处在于，无需过分关注文本的裁剪或忽略"O"标签。按标签分层可能有助于如表6-3所示的案例，即选取100个最不确定的名词、100个最不确定的动词、100个最不确定的副词等。可以结合此采样方法和宏观F分数来评估模型的准确率。

6.3.8 序列标注中的文档级多样性采样

与采用其他任何方法时一样，应始终随机选取文本进行审查。此做法不仅提供了评估数据，也为主动学习策略的成效提供了基准。如果在整个文档层面应用聚类，并发现整个簇中几乎无训练数据存在，则充分证明你应当对簇中的某些数据项进行人工审查，因为可能存在某种遗漏。

在进行文档级多样性采样时，也很可能要考虑到现实世界多样性：文本的体裁、创作者的流利程度、语言等。在这些情况下，文档级的现实世界多样性分层采样可能比序列级的更有效。

6.4 将主动学习应用于语言生成

在某些自然语言处理任务中，机器学习算法产生的序列类似于自然语言。最常见的用例是文本生成，即本节中的示例。大多数手语和口语的语言生成都始于文本生成，然后在单独的任务中生成手语或语音。机器学习模型通常采用通用的序列生成架构，可以应用于其他类型的序列，如基因和音乐，但这些类型的序列不如文本常见。

即便如此，全文本生成系统的准确率达到实际应用的水准，离不开迁移学习领域的最新进步。

最明显的例外是机器翻译，它长期以来在学术界和产业界得到普遍应用。机器翻译是

一个定义明确的问题：用一种语言提取一个句子，然后用一种新语言生成一个句子。从历史上看，机器翻译积累了海量的训练数据可供利用，包括人工翻译的书籍、文章和网页。

作为文本生成的一个例子，问答（question-answering，即对问题提供完整回答的句子）系统正变得越来越流行。另一个例子是对话系统（dialogue system），如聊天机器人，它们能够根据交互生成句子。此外，摘要生成算法也是一个例子，即从长文本中提炼出简短的句子。然而，并非所有这些用例都一定需要利用全文本生成系统。许多问答系统、聊天机器人和摘要生成算法，在提取输入中的重要序列后，利用模板化的输出创建看似真实的对话。上述场景利用了文档级标签和序列标签，因此前文介绍的针对文档标注和序列标注的主动学习策略足以胜任。

6.4.1 计算语言生成系统的准确率

语言生成的一个复杂因素是，正确答案很少是唯一的。解决这个问题的方法通常是让评估数据包含多个正确答案，并以最佳匹配度作为评分标准。在翻译任务中，评估数据通常包含多种正确的译文，准确率则根据译文与评估数据中与之最匹配的一种译文的匹配度来计算。

近年来，神经机器翻译的主要进步体现在完整的句对句生成之上：机器学习接收相同句子的两种语言示例，然后训练一个模型，实现将一个句子直接翻译成另一个句子。这一特性极为强大。以前，机器翻译系统需要多个步骤来解析不同语言的句子并对齐两个句子。每个步骤都使用了自己的机器学习系统，而这些步骤通常通过一个元机器学习系统组合起来。新一代的神经机器翻译系统只需要平行文本就能够处理整个流程，其代码量仅为早期那种拼凑起来的系统的1%，而且准确率更高。唯一的退步是，如今的神经机器翻译系统的可解释性不如其非神经系统前身，因此更难识别模型中的混淆。

6.4.2 不确定性采样用于语言生成

在不确定性采样中，可以观察多个预测结果之间的变化，操作方法与序列标注和计算机视觉任务一致，但此领域的研究比较少。如果正在构建文本生成模型，可能会采用生成多个候选文本的算法。通过观察候选文本的变化，或许可以衡量不确定性。但是，神经机器翻译模型通常利用集束搜索（beam search）方法生成少量候选词（约5个），此数量不足以准确衡量变化。最近的研究表明，扩大搜索范围会降低模型的整体准确率，这显然是需要避免的情况。[1]

不确定性建模可尝试采用集成模型或单一模型的丢弃法。在机器翻译中，衡量集成模型间一致性的方法长期被用于确定不确定性，但模型的训练成本高昂（通常需要数天或数周），因此，仅为了不确定性采样而训练多个模型的成本可能过高。

在句子生成过程中采用丢弃法可以帮助从单一模型中获得多个句子，从而产生不确定性分数。我在本书写作期间发表了一篇论文，在其中首次尝试了此方法。[2] 最初，我打

---

1 Analyzing Uncertainty in Neural Machine Translation（《神经机器翻译中的不确定性分析》，https://arxiv.org/abs/1803.00047），Myle Ott、Michael Auli、David Grangier 和 Marc'Aurelio Ranzato 著。
2 Detecting Independent Pronoun Bias with Partially-Synthetic Data Generation,（《通过部分合成数据生成检测独立代词偏误》，https://www.aclweb.org/anthology/2020.emnlp-main.157.pdf），Robert (Munro) Monarch 和 Alex (Carmen) Morrison 著。

算将这项侧重于语言模型偏差检测的研究纳入本书，作为最后一章的示例。然而，鉴于这篇论文中已经包含了相关内容，加上撰写本书期间疫情的暴发使得本书中的灾害应对示例变得更加重要，因此将第12章中的论文示例替换为跟踪潜在食源性疾病暴发的示例任务。

6.4.3 多样性采样用于语言生成

用于语言生成的多样性采样比不确定性采样更简单。对于文本输入，可以完全按照第4章文档级标注的方法进行多样性采样。可以利用聚类确保输入的多样性，利用代表性采样适应新域，利用基于模型的离群值对当前模型的混淆项进行采样。此外，还可以根据现实世界的人口统计特征进行分层采样。

多样性采样通常是机器翻译的重点。大多数机器翻译系统属于通用型，因此训练数据的语言对需要涵盖尽可能多的单词，每个单词需要有尽可能多的上下文，尤其是单词的译文因上下文而异的情况。

针对特定领域的机器翻译系统，要经常通过代表性采样确保对该领域重要的新单词或短语均能找到相应的译文。例如，调整机器翻译系统使之适应新的技术领域时，对该领域的专业术语进行过采样是有效的策略，因为这些术语不仅对翻译的正确性至关重要，还很可能不为通用型机器翻译系统所熟知。

文本生成多样性采样的应用领域令人瞩目，其中之一是为其他任务创建新的数据。一种长期存在的方法是"回译"（back translation）。如果一段英语文本被标记为负面情感，可以通过机器翻译将该文本翻译成多种其他语言，然后再将其翻译回英语。尽管文本本身可能发生变化，但负面情感标签或许仍然是准确的。这种训练数据的生成方法被称为"数据增强"（data augmentation），其中涉及我们将在第9章介绍的人在回路机器学习领域的一些最新进展。

6.4.4 主动迁移学习用于语言生成

主动迁移学习可以被用于语言生成，方法与本章中的其他用例类似。此外，你还可以应用ATLAS，在一个主动学习周期内实现自适应，这是基于这样一个假设：首批采样的序列稍后将由标注员进行修正，即使标签当前未知。

但是，你需要谨慎定义验证数据中的"正确"或"不正确"预测。通常情况下，此任务需要设置一定的准确率阈值，根据此阈值来将句子划分为正确或不正确。如果能基于词元计算准确率，则可以选择将所有词元的准确率汇总为一个准确率数值，这样就可以预测一个连续值，而不仅仅是二元的"正确"/"不正确"，如第6.1.1节中目标检测的IoU示例所示。

6.5 将主动学习应用于其他机器学习任务

第3~5章所述的主动学习原理几乎适用于所有机器学习任务。本节将从高层次上继续探讨主动学习的更多原理。虽然不会像在计算机视觉和自然语言处理示例中那样详细地阐述具体的实现方法，但本节内容将帮助你理解相同的原理如何适用于各种不同类型的数据。

在某些用例中，收集新的未标注数据是不可能的任务，因此需要寻找其他方法衡量准确率。以下专家轶事介绍了其中一种方法：合成控制法。

> **合成控制法：在缺乏评估数据的情况下评估模型**
>
> **埃琳娜·格鲁瓦尔（Elena Grewal）博士的专家轶事**
>
> 如果部署的应用程序无法进行 A/B 测试，如何衡量模型的成效呢？在这种场景下，可使用合成控制法：找到在特征上与模型部署环境最接近的现有数据，并将这些数据作为对照组。
>
> 在研究教育政策分析时，我首次接触到合成控制法。当一所学校尝试用某种新方法改善学生的学习环境时，不能只改善一半学生的生活，而让另一半学生作为统计对照组。教育研究者们可以创建一个合成对照组，由在学生人口统计数据及成绩数据最相似的学校的学生构成。我在 Airbnb 领导数据科学工作时，也采用了这一策略。当 Airbnb 在一个新的城市/市场推出产品或政策变更而无法进行实验时，我们便创建一个来自最相似的城市/市场的合成对照组。由此，我们能够在参与度、收入、用户评分和搜索相关性等指标上，衡量我们的模型相比于合成对照组所产生的影响。合成对照组使我们得以采用数据驱动的方法来衡量模型的影响，即使在缺乏评估数据的情况下也是如此。
>
> 埃琳娜·格鲁瓦尔，现任 Data 2 the People 公司创始人兼首席执行官，这是一家利用数据科学支持政治候选人的咨询公司。埃琳娜曾领导 Airbnb 的数据科学团队，拥有斯坦福大学教育学博士学位。

6.5.1　主动学习用于信息检索

"信息检索"（information retrieval）是一套驱动搜索引擎和推荐系统的算法。信息检索系统在面对查询时会返回多个结果，你可以通过多种指标来计算系统的准确率。目前，最常用的指标是折损累计增益（discounted cumulative gain，DCG），其中 rel_i 表示排名位置 p 的结果的分级相关性：

$$DCG_p = \sum_{i=1}^{p} \frac{2^{rel_i}-1}{\log_2(i+1)}$$

函数 $\log_2()$ 用于降低递减条目权重。或许，你希望第一个搜索结果最准确，对第二个搜索结果的关注稍低，对第三个搜索结果的关注更低，以此类推。虽然最初引入对数加权的方式颇具随意性，但一些相对较新的理论表明了其在数学上的合理性。[1]

---

[1] A Theoretical Analysis of NDCG Type Ranking Measures（《NDCG 类型排序指标的理论分析》，https://arxiv.org/abs/1304.6480），作者是 Yining Wang、Liwei Wang、Yuanzhi Li、Di He、Wei Chen 和 Tie-Yan Liu。

现实世界中的搜索系统堪称当今人在回路机器学习领域最复杂的用例。设想一个网店的简单搜索场景。商店利用第一种机器学习算法检索搜索结果，第二种机器学习算法识别搜索字符串中的关键词和实体，第三种机器学习算法从搜索结果中的每个产品中提取相关的摘要文本，用第四种机器学习算法来对产品进行分类（如电子产品、书籍等），以帮助提升搜索的相关性。商店还可能采用第五种机器学习算法来决定理想的展示图片（纯背景或带有上下文）。许多当下的搜索引擎还致力于最大限度地提高多样性，返回不同的产品类型，而非同一产品的 10 个版本。因此，在任何模型尝试个性化搜索结果之前，可能已经有 6 种或更多不同的机器学习系统对搜索结果产生了影响。每个机器学习系统都需要各自的训练数据。其中一部分数据可以通过用户的点击行为获取，但大部分数据来源于提供反馈的离线标注员。

在网上购物时，你可能并未意识到自己正在利用前沿的机器学习技术，而幕后正进行着大量的技术活动。事实上，正是这一用例催生了众所周知的众包平台——亚马逊的 Mechanical Turk，其创立就是为了整理网店商品的目录信息。

相较于其他机器学习应用，信息检索更倾向于采用更贴近现实世界的准确率指标。虽然 DCG 在离线评估搜索相关性中非常流行，但实际系统的使用效果往往是根据商业导向的指标来优化的：用户的购买频率、搜索到购买的点击数/时间、客户在未来六个月内的潜在价值等。这些指标直接关联模型的实际使用场景，因此有时被称作在线指标，而与之形成对比的 F 分数和 IoU 则属于离线指标。在线指标与 F 分数和 IoU 不同，更加以用户为中心，因此信息检索领域的实践对其他应用场景有着丰富的借鉴意义。

6.5.2　主动学习用于视频

大部分针对静态图像的解决方案同样适用于视频中的目标检测和/或语义分割任务。集中识别视频中最关注的区域，并将其作为样本。如果模型仅集中识别所关注的目标或标签，可以实施不确定性采样和基于模型的离群值采样，无需对视频中所关注的目标进行裁剪或遮罩。相反，若采取多样性采样，则几乎肯定要先对目标执行裁剪或遮罩处理。

视频与静态图像之间的主要区别在于，同一视频能够提供大量几乎相同的连续帧图像数据。一个直观有效的解决方法是：如果模型识别到同一目标在多个帧中出现，应优先对不确定性最高的帧进行采样。通过对新目标的迭代重新训练，模型可能在后续阶段提供一些或全部的高置信度的其他帧。

通过多样性采样，减少了不同帧中同一目标因看似相同而被重复选取的次数。若目标改变了形态，或许应在其不同的形态下进行采样，以适应相应的变化。以手语识别为例，此场景下的关注点并非在于追踪某一目标，而是解析一个连续的信息流。因此，此场景下应用的主动学习策略，相较于目标检测，其形式与处理文本和语音的方法更相似。

需要注意的是，在视频目标检测中，若未采用多样性采样策略，可能会发现最不确定的样本属于连续帧内的同一目标。大多数企业采取的做法是，按每 N 帧采样一次，并且/或者在每个视频中采样固定的帧数，通常是首帧、末帧及若干中间帧。虽然这种分层采样方法本身没有问题，但通过聚类和自适应代表性采样来实现采样多样性通常能够获得更丰富的样本。此外，某些视频可能需要超量采样，以获得更多包含特定稀有标签的帧，从而提高样本的现实世界多样性。对每段视频的每一帧进行采样会产生大量的单张图像数据，因此，也可以先对整体图像进行大规模聚类，以视频总数为基准：

- 如果簇数量少于视频总数，则可将相似视频归入同一簇，以实现目标多样性。
- 如果簇数多于视频总数，将部分视频分成多个簇，最好选择内容更加多样化的视频。

此方法为结合本书中介绍的主动学习方法尽快标注视频提供了灵活的空间。

6.5.3 主动学习用于语音

与文本或手语一样，语音可以是标注任务、序列任务或语言生成任务。如同处理文本或图像，每个用例需采取不同的处理策略。

若在整个语音行为层面上进行语音标注（在对智能设备或类似对象发出的命令进行标注时，称为意图标注），模型已经聚焦于所关注的现象，正如目标检测和序列标注。因此，不确定性采样和基于模型的离群值采样应能够有效应用于语音数据，无需额外裁剪。

将语音转录为文本或执行其他需要综合考虑整个录音中错误的任务时，此过程更接近于文本生成，你需要关注多样性，尽可能广泛地对语音进行采样。世界上几乎所有语言的书写系统都比口语更加标准化。因此，与文本处理相比，在尝试捕获各种可能的口音和语言变异时，多样性变得更加重要。

就数据采集技术的重要性而言，语音介于文本和图像之间。麦克风品质、环境噪声、录音设备、文件格式和压缩技术都会产生伪影，而模型可能会错误地学习这些伪影，而非实际信息。

与本文涉及的任何其他数据类型相比，语音数据在其感知结构与实际物理结构之间的差异最显著。例如，人们感知到单词间存在间隔，但这种感知更多是一种错觉，因为在实际的语音流中，单词之间几乎总是连续的。此外，几乎每个音都会随上下文而变化。在英语中，复数形式 s 的发音是/s/还是/z/取决于前一个音素（如"cat"后发/s/，"dog"后发/z/），但需假设复数后缀只有一个音。在对语音数据采样时，注意勿仅依赖于其文本转录。

6.6 选择适当数量的数据项进行人工审查

当前所学的原理同样适用于进阶的主动学习技术。部分主动学习策略（如代表性采样）可以在主动学习迭代中实现自适应，但是，当模型以新标注数据重新训练时，大多数技术的结合使用能产生最大效益。

从一定数量的簇中抽取样本或根据现实世界人口统计特征进行分层采样，可能需要最小化采样量。根据数据类型的不同，每次迭代的最大数据量也会有所不同。例如，你可能每小时能够标注 1000 条短信中的地点信息，但在同样的时间内，只能完成对一张图像的语义分割。因此，数据类型及其相应的标注策略成为决策的一个关键因素，这些内容将在第7~12章中详细探讨。

6.6.1 主动学习用于完整或部分标注数据

如果机器学习模型能够从部分标注数据中学习，那么系统的效率将大大提高。继续以本书中的一个示例来说明，假设你正在做一个城市街道目标检测模型，该模型或许已经能够足够准确地识别汽车和行人，但尚不能准确识别自行车和动物。

你手头可能有数千张包含自行车和动物的图像，而每张图像同时包含的汽车和行人数量平均达到数十个之多。在理想情况下，只需对图像中的自行车和动物进行标注，而无需投入十倍以上的资源来同时标注其中的汽车和行人。然而，许多机器学习架构不支持对数据进行部分标注；它们要求标注图像中的每一个目标，否则未标注的目标可能会被错误地归类为背景。

你可能会选择对混淆性和多样性最大的100个自行车和动物目标进行采样，但随后又投入大部分资源标注其周围的1000个汽车和行人目标，由此获得的额外收益却相对较少。这种场景下无捷径可言：如果仅对不含大量汽车或行人的图像进行采样，将导致数据偏向于特定环境，而这些环境并不能代表整个数据集。如果系统要求对每张图像或每个文档进行完整标注，你就必须格外注意，确保每次采样的都是价值最高的数据项。

随着不同模型的结合或对异构训练数据的使用变得越来越容易，或许可以分别训练识别行人和汽车的模型，然后通过迁移学习构建一个将两者相结合的模型。

6.6.2 将机器学习与标注相结合

在设计标注和模型策略时，你应考虑到这一选项，因为你可能会发现，在没有必须完全标注或完全不标注图像的限制时，准确率稍低的机器学习架构最终能产生更高准确率的模型。

针对需要在大型图像/文档中标注少数目标/跨度的情况，最有效的解决方案是将机器学习算法整合进标注流程。虽然对整幅图像执行语义分割标注可能耗时长达一个小时，但对于每个标注的接受/拒绝决策可能只需要30秒。整合模型预测与人工标注存在的风险是，人们可能会对模型的不准确预测产生过度信任，进而延续现有的偏差。这构成了一个复杂的人机交互问题。本书的第9~11章将讨论如何最有效地结合模型预测和人工标注。

6.7 延伸阅读

有关在序列标注和序列生成任务中计算置信度的更多信息，请参阅由Jan Niehues和Ngoc-Quan Pham所著的"Modeling Confidence in Sequence-to-Sequence Models"（《序列到序列模型的置信度建模》，http://mng.bz/9Mqo）。作者在研究语音识别的同时，还以一种有趣的方式扩展了机器翻译问题，讨论了如何计算源文本词元而不仅仅是预测词元的置信度（不确定性）。

有关机器翻译主动学习技术的概述，请参阅由 Xiangkai Zeng、Sar-thak Garg、Rajen Chatterjee、Udhyakumar Nallasamy 和 Matthias Paulik 所著的 "Empirical Evaluation of Active Learning Techniques for Neural MT"（《神经机器翻译主动学习技术的经验评估》，http://mng.bz/j4Np）。该篇论文中的许多技术可应用于其他序列生成任务。

6.8 小结

- 在许多应用场景中，你希望识别或提取图像或文档中的信息，而不是标注整个图像或文档。本章介绍的主动学习策略也适用于此类应用场景。了解正确的策略有助于你了解可以应用主动学习的问题类型，以及如何构建适合特定应用场景的策略。
- 为充分利用某些主动学习策略，需要对图像和文档进行裁剪或遮罩处理。正确的裁剪或遮罩策略可以为人工审查提供更优质的样本，而了解何时需要裁剪或遮罩数据项可以帮助你选择适合应用场景的方法。
- 主动学习的应用范围不止于计算机视觉和自然语言处理，可以广泛应用于信息检索、语音识别和视频相关的任务。了解更广泛的主动学习应用领域，有助于你适应任何机器学习问题。
- 在进阶主动学习的每一轮迭代中，选择供人工审查的数据量与具体的数据密切相关。掌握适合数据的正确策略，对于针对具体问题部署最高效的人在回路机器学习系统而言非常重要。

第3部分

Part 3

标注

是标注将人类纳入了人在回路机器学习的过程。在机器学习的应用中，创建含有准确且具有代表性的标签的数据集常常是最被低估的环节。

第 7 章介绍了如何找到并管理合适的数据标注员。

第 8 章涵盖了标注质量控制的基础知识，阐述计算整个数据集、标注员间、标签间及基于单个任务的总体准确率与一致性的最常用方法。不同于机器学习的准确率，我们通常需要对人类标注员的随机的准确率与一致性做出调整，这意味着评价人类表现的评价指标要更加复杂。

第 9 章讨论了标注质量控制的进阶策略，先介绍引入主观标注的技术，然后扩展到质量控制的机器学习模型。此外，该章还将介绍多种半自动化标注方法，包括基于规则的系统、基于搜索的系统、迁移学习、半监督学习、自监督学习和合成数据创建等。这些方法都是当今人机交互机器学习领域中最引人注目的研究方向。

第 10 章首先以连续值标注为例，探讨了群体的智慧在数据标注中的应用频率（提示：比许多人认为的要低）。该章将讨论标注质量控制技术如何应用于不同类型的机器学习任务，包括目标检测、语义分割、序列标注和语言生成。这些信息有助于针对任何机器学习问题制定标注质量控制策略，并思考如何将复杂的标注任务分解为更简单的子任务。

第 7 章
与数据标注员合作

本章内容包括：
- 了解内部员工、外包工人和按任务计酬的标注人员。
- 激励不同标注人员的三个关键原则。
- 非金钱报酬系统下的标注人员评估。
- 评估标注量需求。
- 了解标注员完成特定任务所需的培训和/或专业知识。

在本书的前两部分，我们了解了如何选择合适的数据以供人工审查。本部分的章节将探讨如何优化人际交互，首先介绍如何找到并管理适合提供人工反馈的人员。机器学习模型通常需要成千上万（甚至数百万）的人工反馈实例，才能获得必要的训练数据以确保其准确率。

人员类型的需求取决于任务的性质、规模和紧急程度。对于简单任务，如识别社交媒体帖子的情感倾向是正面还是负面，如果需要尽快获得数百万个人工标注，那么你所需的标注人员不必具备专业技能。在理想的情况下，你的标注团队应能达到数千人同时工作的规模，且每个人都可以短期雇佣。

然而，对于较复杂的任务，如在金融术语繁多的金融文档中识别欺诈的证据，可能需要具备金融领域经验或经过相关培训能够理解金融术语的标注员。如果文档的语言并非自己掌握的语言，那么找到并评估合适的标注人员的工作就会更加复杂。

通常，你需要一种融合不同类型人员的数据标注策略。假设你在一家大型金融公司工作，正在构建一个系统来监控可以显示各种公司价值变化的财经新闻文章。这个系统将并入一个广泛使用的应用程序，帮助人们做出买卖上市公司股票的决策。你需要给数据标上两类标签：每篇文章讨论的是哪家公司，以及每篇文章中的信息是否暗示股价会变动。

对于第一类标签"公司识别"，聘用非专业标注员即可，因为无需理解财经新闻也能识别出公司名称。然而，理解哪些因素会导致股价变动则比较复杂。在某些情况下，如果内容明确，例如，"预计股价将暴跌"，标注人员有普通的语言理解能力则足以胜任。而在其他情况下，上下文可能不那么明显。例如，"Acme 公司达到调整后的第三季度预测"这句话，公司达到调整后的季度预测一事是正面还是负面的呢？你需要了解调整的背景。对于更复杂的带有金融缩略语的语言，未受过金融领域培训的人是不可能理解的。

由此,你可以判断自己需要三类人员:

- 众包工人(crowdsourced workers),他们能在新闻文章发布时迅速扩大或缩小规模,识别文章中提及的公司。
- 外包工人(contract workers),他们能学习金融术语,理解股价变动。
- 内部专家(in-house experts),他们负责标注最难判断的边缘情况,裁定冲突的标签,并为其他工人提供指导。

无论适合的人员属于哪一类,当得到公平报酬、工作有保障、任务透明时,他们会有最佳的工作表现。换言之,最合乎道德的人员管理方式也是对组织最有利的。本章将介绍如何为标注任务选择并管理合适的人员。

7.1 标注简介

标注是为模型创建训练数据的过程。对于几乎所有被预期自主运行的机器学习应用,所需的数据标签数量超过一个人能够实际标注的数量,因此你需要好的方法来选择合适的数据标注人员并进行管理。图 7-1 中的人在回路示意图展示了从获取未标注数据到输出已标注训练数据的标注流程。

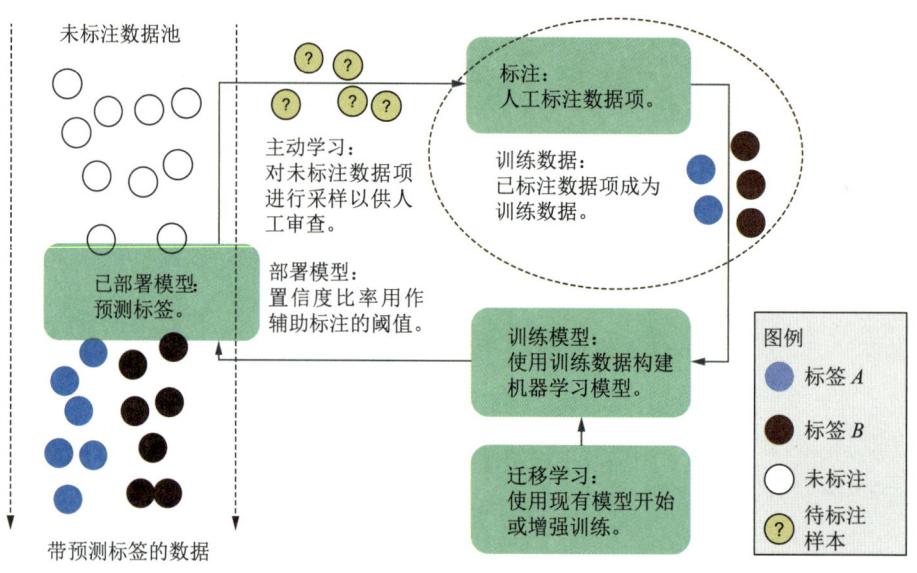

图 7-1 数据标注是通过标注未标注数据或审查模型生成的标签来创建未标注数据的过程

在本章及后续章节中,我们将深入探讨图 7-1 中的标注组件,展示正确运行标注项目所需的子流程和算法。建议从算法策略入手制定数据策略。细化标注策略和指南所需的时间不少于创建算法架构和调整超参数所需的时间,而算法和架构的选择应参考预期的标注类型和数量。

7.1.1 规范数据标注的三大原则

你越是尊重数据标注员,获取的数据质量越高。无论是对内部的主题专家(subject-matter expert,SME),还是仅贡献几分钟时间来标注的外包工人,你只要遵循以下基本原则就可以获得最优的标注结果:

- 薪酬——公平报酬。
- 保障——定期付款。
- 责任感——任务透明。

图 7-2 概括了三个主要类型的标注人员,并显示不同时期所需的不均衡工作量。众包工人最容易扩大和缩小规模,但他们的工作质量通常最低。内部员工最难扩大规模,但他们通常是主题专家,提供的数据质量最高。外包工人介于两者之间:他们具备众包工人的灵活性,同时能接受培训掌握高水平的专业知识。上述差异应会影响你具体的人员选择。在接下来的章节中,我们将详细介绍每种类型的人员,并阐述适用于每种人员的薪酬、保障和责任感原则。

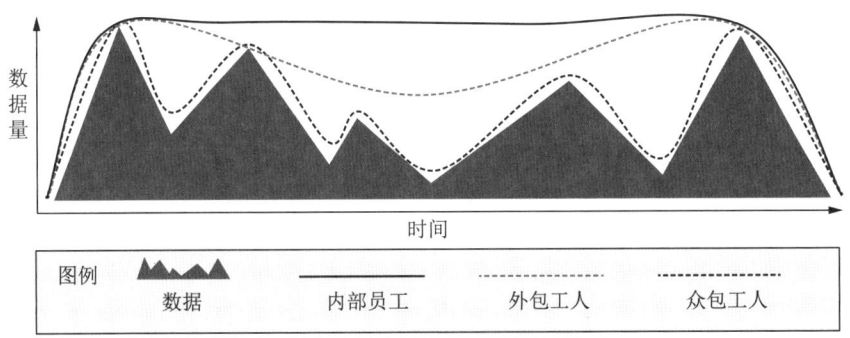

图 7-2 三个主要类型的数据标注人员概览

内部员工、外包工人和众包工人,其灵活性与专业知识是主要权衡因素。

在监督机器学习中,工作的要义在于人员管理

要用到人工标注的数据,就涉及人员管理。大多数现实世界的机器学习应用利用了监督学习,并采用相应用途的已标注数据,因此无法回避对数据标注人员负责:如果你正在构建的模型利用了他们的工作成果,就对他们负有关怀责任。

许多数据科学家将自己的工作视为纯粹的研究活动。企业里的许多资深数据科学家不需要管理其他研究人员,因为人员管理被认为可能妨碍他们从事"真正"的研究工作。遗憾的是,即使组织有一个独立的数据标注团队或者将标注工作外包,你也无法外包对数据标注人员的责任。

本章更偏向于管理方面的建议而非技术方面的建议,但这一侧重点是经过深思熟虑的,因为对数据科学家而言,掌握如何管理分布式团队是一项重要技能。正如本章所述,优秀的管理对于确保模型贡献者均享有公平的工作条件亦是必不可少的。

> 你的责任也包括与数据标注人员沟通交流。难以设想一位优秀的经理会在项目启动之初，仅对工作人员予以指导而不征询反馈。在权力不平衡的局面下，征求反馈可能变得复杂，因此，建立沟通渠道时需要谨慎和同理心。

7.1.2 标注数据和审查模型预测

在本书中，"标注"一词应用范围广泛，在不同场景下含义各异：有时指标注原始数据，有时指机器学习模型辅助人类或与人类交互。

第 11 章将再次讨论用户界面和质量控制问题。当前，须知计算标注工作量时，需要综合考虑待标注数据的不同展示方式以及所需的不同工作量。

7.1.3 源于机器学习辅助人类的标注数据

许多任务的目标是辅助人类流程。实际上，根据应用场景的不同，许多模型可用于自动化或辅助人类。例如，经过训练的碰撞检测算法可以驱动全自动驾驶汽车，或向驾驶员提供预警。同理，经过训练的医学成像算法不仅能独立诊断，也能辅助医生的决策。

本章内容适用于上述两类应用场景。在第 7.5.1 节，我们将介绍最终用户即标注员的概念，并讨论即便应用程序在辅助人类完成任务时免费获取了大量标注数据，你可能仍需要聘请并非最终用户的标注员。

对于机器学习辅助人类，还有一点与工作保障和透明度原则有关：应明确你的目标是辅助最终用户的工作，而非训练其自动化替代方案。但是，如果你知道自己从最终用户处获得的反馈会被用来推进某项旨在取代人类的自动化任务，则必须让此信息保持透明，确保标注人员的期望与现实相符，同时应当给予他们相应的补偿。

7.2 内部专家

在大多数机器学习项目中，以与算法构建人员属于同一组织的内部员工占大多数。尽管如此，与外包工人和众包工人相比，关于内部标注员质量控制和人员管理的研究最少。大多数关于标注的学术论文集中讨论的是外包、（特别是）按任务计酬的众包工人。如果模型构建人员和标注员处于同一组织，他们可以直接沟通，这显然带来诸多好处。

内部员工的优势在于其具有相关领域专业知识，也便于你保护敏感数据。若工作涉及如分析财务报告或诊断医学影像等复杂问题，内部团队成员可能是全球范围内少数掌握标注数据所需技能的专家。若数据包含敏感信息，内部员工还能为数据提供最高水平的隐私和安全保护。

在某些应用场景下，出于监管原因，数据可能只能在内部保存。对此，第 10 章中介绍的数据生成工具可以提供帮助。即便合成数据并非 100% 准确，它极有可能不如真实数据敏感。因此，当实际数据因过于敏感而无法与外包工人共享时，可以聘用外包人员过滤或编辑合成数据达到所需的准确率。

尽管内部员工通常掌握更多的关于某个主题的专业知识，但认为他们代表了全体的潜在应用程序用户群是一种误解。以下专家轶事介绍了关于谁能成为最佳主题专家的更多信息。

> **家长是最佳的主题专家**
>
> **艾安娜·霍华德（Ayanna Howard）的专家轶事**
>
> 对于数据中未得到充分代表的群体，基于人的模型极少是准确的。多种人口统计特征偏差均会导致代表性不足的问题，如能力、年龄、民族和性别。交叉偏差也是常见现象：当某些人群在多个人口统计特征中均缺乏代表性时，有时这种交叉超过各部分之和。即便拥有数据，寻找具备适当经验的标注员进行正确标注亦是一大困难。
>
> 在针对特殊需求儿童研发机器人时，我发现缺乏足够的数据可供我们用来检测儿童、少数族裔人群及孤独症患者的情绪。缺少亲身体验的人往往难以辨识此类儿童的情绪，这大大限制了能够提供训练数据判断儿童情绪状态的人群范围。即使是一些训练有素的儿科医生，在处理能力、年龄和/或民族的交叉性问题时，也难以准确标注数据。幸运的是，我们发现儿童的家长能够最准确地判断孩子的情绪，因此，我们为家长们创建了一个界面，让他们能快速接受或驳回模型对孩子情绪的预测。此界面可帮助我们获取尽可能多的训练数据，同时最大限度地减少家长提供反馈所需的时间和专业技术知识。事实证明，这些家长是调整我们系统以满足其孩子需求的最佳主题专家。
>
> 艾安娜·霍华德，俄亥俄州立大学哥伦布分校工程学院院长。曾任佐治亚理工学院交互计算系主任，以及Zyrobotics公司联合创始人，该公司针对有特殊需求的儿童生产治疗和教育产品。她曾任职于美国国家航空航天局，拥有南加州大学博士学位。

7.2.1 内部员工的薪酬

你很可能不必为公司内部的标注员专门设定薪酬，因此这一项是免费的：他们已经获得了自己同意的薪酬。如果公司确实为内部标注员设定了薪酬，确保他们与其他职员享受同等的尊重和公平待遇。

7.2.2 内部员工的保障

内部员工已经拥有了一份工作（顾名思义），因此保障源自他们在得到工作的同时保住工作的能力，即为他们保住工作提供保障。如果内部员工因是临时工或外包工人，其岗位的保障更少，那么可以采用一些适用于外包工人的原则。以外包工人为例，应尽量安排稳定的工作量，并明确他们的工作期限。确保工作流动性的透明度。明确是否存在成为长期员工和/或调岗的可能性。

7.2.3 内部员工的责任感

对于内部员工来说,透明度往往是最重要的原则。若员工无论是否创建标注都能获得报酬,则需要确保任务本身的趣味性。

提高重复性工作的趣味性,关键在于强调其重要性。对于内部标注员而言,如果他们能够清晰地理解自己的工作会对公司产生积极影响,这将成为强大的激励因素。实际上,标注工作是对组织做出贡献的最透明方式之一。通过设定每日标注量目标或展示训练模型准确率的提升,可以很容易将标注工作与公司目标紧密联系。标注员比尝试新算法的科学家更有可能提高模型的准确率,因此应与标注员分享这一事实。

除了每天从见证标注的量化贡献中获得激励,内部标注员还应知晓其工作是如何支持公司的整体目标的。当标注员投入 400 个小时标注数据以支持新应用的开发时,他们应当与投入同样时间的编程工程师有同等的责任感。

然而,我常见许多公司在这一概念的理解上出现偏差,导致内部标注团队对自己的工作如何影响公司的日常或长期目标一无所知。这种做法不仅对标注工作人员不尊重,还会引起积极性低落、人员流失率高和标注质量低下的问题,最终对所有人都不利。

此外,还要负责确保内部员工有稳定的工作量。数据可能因不可控的问题而成批涌现。例如,在新闻文章分类的场景中,特定时区的新闻发布会导致你在某一天或某一周的特定时间段收到更多数据。这种情况下适合依靠众包人员来标注,但你也可以选择推迟某些数据的标注工作。图 7-3 展示了一个示例,即在接收到数据时优先标注最关键的数据,将其他数据留待后续标注。

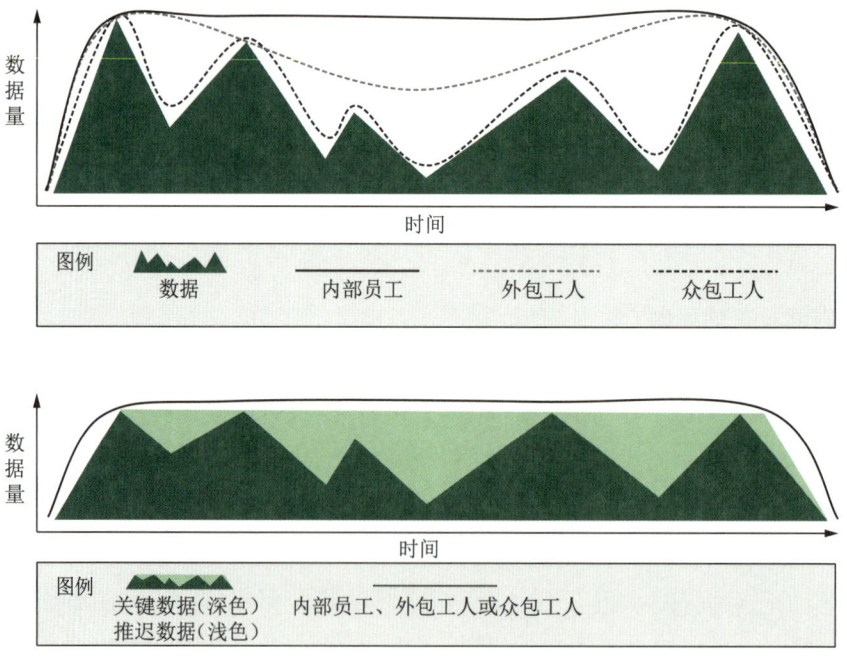

图 7-3 内部员工工作量平滑处理

当数据因不可控的问题成批涌现时,可以优先标注最关键的数据,后续再标注其他数据,实现数据量的平滑处理。下方的图显示了平滑化的标注工作量。

需要标注的数据越一致，标注过程的管理越容易。在尝试使工作量平滑化时，可以随机安排优先处理哪些数据，但也可以探索其他方案。例如，可以先对所有数据进行聚类，并优先标注所有质心，以确保数据的多样性。或者，可以采用代表性采样的方法，优先标注看起来最新的数据项。上述方法均能有效地使所需标注量平滑化，还能让你在数据到达后立即充分利用数据。

7.2.4　建议：始终开展内部标注会议

无论采用何种人员配置，建议在尽可能最多样化的内部团队中开展标注会议。这种做法具有多个好处。

- 由内部人员创建的高质量标注可以作为（人类）训练示例，构成质量控制数据的一部分（见第 8 章）。召开内部标注会议有助于你尽早发现边缘情况，例如因当前标注指南未涵盖而难以标注的数据项。了解这些边缘情况有助于完善任务定义和提供给数据标注人员的工作说明。
- 召开会议是促进团队建设的绝佳方式。若能将公司各部门的人员汇聚一室（若需长时间工作，你可以考虑提供食物与饮品），这一过程不仅充满乐趣，还能激发每位公司成员为机器学习应用做出贡献。让每个人至少投入一个小时进行数据标注，其间可以实时讨论遇到的边缘情况。在我工作过的众多公司中，开会的"标注时间"是许多人一周中最喜欢的时光。

此外，会议也可以有效地建立内部专家团队，为扩大的标注团队制定并更新指南。尤其是当数据随时间不断变化时，你需要定期更新标注指南，并提供最新的标注示例。

另外，会议还可以引入一些外包标注员作为专家，有时，优秀的众包工人能够在此过程中提供帮助。许多专注于标注的组织掌握了关于如何最有效地制定指南和培训材料的内部专业知识。你要信赖他们的专业知识，并考虑邀请外包组织的成员参加内部标注会议。

图 7-4 展示了引入专家标注员的示例，从完全忽略专家标注员的模型（建议仅用于试点项目）讲到更复杂的工作流程，这些工作流程针对数据随时间变化时如何借助专家确保质量控制进行了优化。

在试点项目中采用图 7-4 中的第一种方法时，你需要剔除混淆的数据项，避免将它们与可能不正确的标签混合。如果有 5% 的数据项无法标注，则应从训练数据和评估数据中剔除这 5% 的数据项，并假设存在 5% 的额外误差。

如果训练数据和评估数据中包含因标签错误而产生的噪声数据，将难以衡量模型的准确率。不应认为包含难以标注数据项的噪声训练数据是可以接受的。尽管许多算法能在噪声训练数据上保持准确率，但这是建立在噪声可预测（随机、均匀、高斯分布等）的假设之上。如果数据项难以标注，它们可能并非随机分布。

图 7-4 中的第二个例子展示了行业中最常见的做法，即将难以标注的案例转交给专家进行人工审查。如果数据在一段时间内保持相对一致，此方法将十分有效。

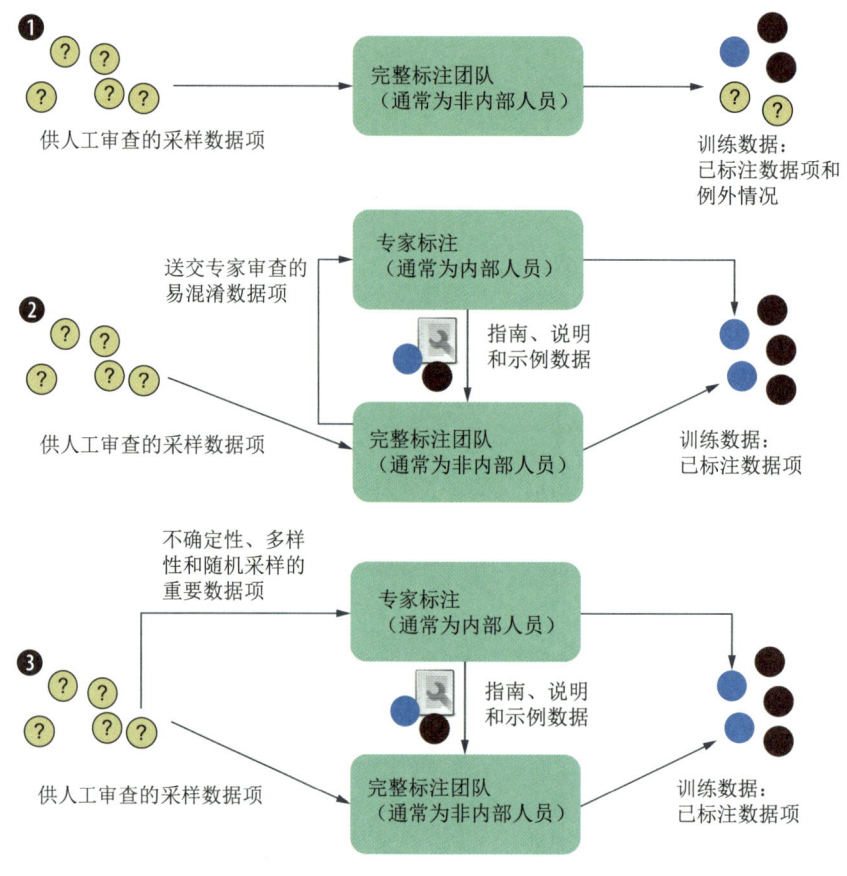

图 7-4 三种内部标注工作流程

最上面的工作流程建议你仅用于试点项目；它不涉及内部标注员，同时忽略了难以标注的数据项。第二种方法是行业中最常见的做法，即将难以标注的案例转交给专家进行人工审查。如果数据在一段时间内保持相对一致，此方法将十分有效。如果数据变化迅速，建议采用第三种方法。在这一方法中，专家标注员会在主要标注流程启动之前，利用多样性采样和不确定性采样寻找潜在的新的边缘情况，然后将这些案例和更新后的指南传递给主要标注团队。此方法是唯一能确保指南紧跟实际数据的方法。基于质量控制原因，专家标注员还会对一些随机选取的数据项进行标注，详细内容将在第 8 章中讨论。

如果数据变化迅速，建议采用图 7-4 中的第三种方法。在这一方法中，专家标注员在主要标注团队之前先行查看新数据，利用主动学习策略尽可能地识别边缘情况，确保指南与实际数据同步。如果定期接收数据，此方法允许你更有预见性地安排内部员工的工作，而不是如第二种方法所示，让他们应对临时性的困难案例。

我们可以结合第二种方法和第三种方法，尽可能提前识别新的用例，但仍允许将困难的案例转给专家进行人工审查。仅当数据特别难以标注，或者在标注早期迭代中还未发现所有主要边缘情况之前，可能才需要结合这两种方法。

7.3 外包工人

外包工人是数据标注领域增长最快的劳动力群体。据我观察，在过去五年中，外包公司（有时称为业务流程外包商）的工作量增长速度超过了其他类型的标注人员。

外包本身并非新鲜事物。技术行业历来就有外包公司，大量的外包公司员工可以签约承接不同类型的任务。最典型的例子是呼叫中心。当拨打电话给银行或公共事业公司时，我们可能是在与某个呼叫中心通话，接线员受雇于一家外包公司，而该外包公司与我们电话联系的公司签有合同。

越来越多的外包公司关注机器学习。其中一些公司专注于提供劳动力资源，而另一些公司则在其更广泛的服务范围内提供机器学习技术。通常，外包公司的工人位于世界上生活成本相对较低的地区，因此他们的薪酬也较低。成本通常被认为是外包的主要原因；相比雇人在公司内部完成工作，外包成本更低。

规模可调性是使用外包工人的另一个原因。与内部员工相比，外包工人通常更容易扩大或缩小规模。在机器学习领域，在尚未掌握大量训练数据、应用程序能否成功还不可知时，能够灵活调整队伍就显得尤为重要。如果能与外包公司正确设定期望，此方法对双方更加有利：你无需扩大内部员工的规模，他们期望的工作期限更长；外包公司则可以安排其员工变更任务，这是他们常规的操作，也配有相应的薪酬方案。

最后，并非所有外包工人都是低技能劳动者。在自动驾驶汽车领域工作多年的标注员，实际上属于高技能专家。对于初涉自动驾驶汽车领域的公司，外包工人可提供宝贵的专业知识；他们凭借丰富的经验，能够凭直觉判断需要标注的数据以及哪些数据对模型很重要。

如果无法使内部员工的标注量平滑化，可以找到一个折中方案，适度调整标注工作量，委托外包工人，他们能够比内部员工更迅速地接手或结束工作（尽管不及众包工人）。图7-5展示了一个例子。

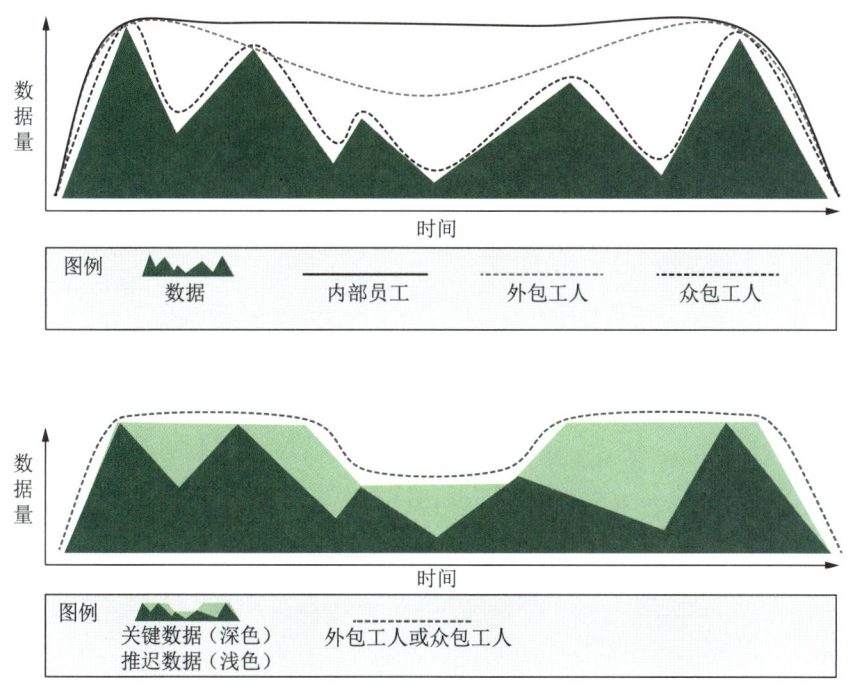

图 7-5　外包工人工作量平滑处理

如果无法完全使数据量平滑化，可以适度调整数据量，以适应外包工人的团队规模。

7.3.1 外包工人的薪酬

外包工人应由其雇主提供公平薪酬,但你仍需核实薪酬的公平性。对于任何工作人员,你都负有关怀责任,即使他们是其他公司输送的外包工人。你有这种责任,是由于你处于权力结构中最有利的地位。你不会希望外包公司通过压低工人薪酬,以低价竞标你的业务。特别是当你与不熟悉的外包公司合作时,应提出以下问题:

- 每名工人的时薪/日薪是多少,这一薪酬与当地的最低工资和最低生活成本标准相比如何?
- 工人是在接受任务培训时就获得薪酬,还是仅在进行标注工作时才有?
- 工人在项目间歇期或项目工作量减少时会获得补偿,还是仅在直接参与项目工作时才有报酬?

你可以深挖以上问题的细节。例如,在薪酬方面,可以询问工人能否获得医疗保险、退休金和带薪休假等福利。考虑到项目间隙减薪或无薪的情况,计算酬金能否匹配工人工作所在地的生活成本。记住,你也是这个计算公式的一环;如果项目能提供稳定的工作量,则可减少工人在等待数据或项目转换时的空档期。

无法给出明确回答的外包公司可能不是你合适的选择。该公司最好的情况可能是在管理其他外包公司或众包工人,但与标注员相隔过多的中介层级,将难以保证高质量的标注。最糟糕的情况是,该公司可能在掩盖其支付剥削性工资的事实。

在薪酬方面注意考虑文化和国家差异。例如,欧洲大多数国家的工人享有完善的国家医疗保险,可能不会考虑雇主提供医疗保险的重要性,而美国的工人可能不会期待享有育婴假福利。反之亦然:在美国,无需强求雇主为那些国家医疗体系完善的国家的工人提供医疗保险。

建议不妨多提几个问题,哪怕显露出对文化的不敏感,事后再表达歉意。与其因害怕提问而致使工人遭受不公平待遇,不如冒犯你给予了公平薪酬的对象,并从中学习成长。

7.3.2 外包工人的保障

外包工人的工作保障源自其直接雇主。除了询问他们的报酬情况外,还应该询问他们的工作保障和晋升机会。

许多外包公司设有清晰的内部晋升途径。标注员可能会晋升为部门经理,进而成为现场管理者。他们可能还具备特定专长,比如能够处理难度较大的标注任务和敏感数据,因而享有更高的报酬。

如果你的工人不享有内部晋升机会,你可以考虑增加他们的工作报酬作为补偿,因为他们为了职业发展可能需要自费接受培训和教育。如果他们满足于职业标注员的角色,不希望成为管理层或担任专门职务,这也完全没有问题。只要他们在一个积极的环境中工作,获得公平的报酬,并对自己的工作有责任感,这本身就构成一份有尊严的工作。

7.3.3 外包工人的责任感

外包工人最有可能成为全职标注员。因此，透明度非常重要，以便他们知晓自己对企业的贡献。与内部员工一样，如果外包工人能够清晰了解他们标注数据的目标，他们会更有动力。例如，如果他们负责标注城市公园的场景，他们应该知道应用场景的重点是行人还是植物。了解目标不仅能大大提高数据准确率，还能让外包工人直观感受到自己对重要任务的贡献。

尽可能让外包工人感受到他们对公司的直接贡献。一些公司刻意不将外包工人纳入公司的组织。从品牌角度来看（担忧作为其他公司员工的外包工人可能影响公司形象），此做法是可以理解的，但如果目的是掩盖业务外包的实际情况，这么做并不公平。

无论你的组织政策如何，全职的外包工人在职时的贡献与全职的内部员工相等，他们也理应如此觉得。尽可能让外包工人知道他们对组织的贡献，但如果你不允许他们公开谈论，也需明确告知。通常，你可以找到一个折中方案，向外包工人明确他们所创造的价值，同时指出工作内容仅限于私下谈论。内部员工可能同样存在无法公开谈论工作的情况。

外包工人对公司目标的直观了解不如内部员工。你的公司可能是大型跨国企业或热门社区初创公司，但不能保证外包工人对此有所了解，因此不宜过多假设。当外包工人对其任务的背景有更多了解时，将形成双赢局面：他们将以更快的速度完成更高质量的工作，获得更高的报酬，同时对工作过程感到更加满意。在与标注员合作时，要努力维护沟通渠道。

7.3.4 建议：与外包工人沟通

如果你正在执行机器学习项目，建议直接与负责日常标注管理的部门经理沟通。沟通方式包括电子邮件、论坛或（最理想的）在线聊天。与标注员本人的直接沟通可以更加丰富，但考虑到规模和隐私方面的问题，这种互动可能受到限制。

作为一种折中方案，你可以与部门经理建立畅通的沟通渠道，并定期组织包括标注员在内的全员会议。如果定期组织此类会议，应明确告知外包公司，这段时间应计入工时，并相应地向标注员支付报酬。在标注过程中难免会遇到各种问题，比如未曾预料到的边缘情况，以及指南中未明确的假设。此外，允许标注员直接与数据创建委托人沟通，这体现了对他们的尊重。

在我所见的情况中，外包工人与机器学习模型构建人员之间往往相隔四五个层级。数据科学家可能会委托公司内部的其他员工负责管理数据，数据管理者与外包公司的客户经理协作，客户经理与公司的标注负责人协作，标注负责人与部门经理协作，最后，部门经理与各个标注员协作。传达任何指南或反馈需要经过以上五个层级。

请记住，除了向标注员支付薪酬，你实际上还要为中间环节的所有人买单。在某些行业，管理费用占总开支的 50%。如果你无法避免这种低效的管理结构，至少你可以避免这样的沟通方式。你应该与标注员或其直接上级建立联系。

7.4 众包工人

按任务计酬的众包工人是数据标注领域最常被讨论的群体，但实际上他们的人数最少。我曾服务于两个会提供最多的众包标注工作岗位的公司，但我雇用外包工人（按小时计酬）的频率仍然高于众包工人。

众包工作的在线市场通常允许发布标注工作岗位，然后工人可以按网上发布的任务报酬完成工作。你也可以提供奖金或按比例计算的时薪，作为按任务计价的补充。工人通常是匿名的，平台通常会通过技术手段以及条款条件强制实行匿名化。

由于众包（crowdsourcing）是一个涵盖数据收集的通用术语，标注活动因此又称微任务化（microtasking）。由于标注工作按数据项计酬，此过程亦被称作"按任务计酬"（pay-per-task），或者更笼统地说，它属于"零工经济"（gig economy）的一环。无论在哪种场景下，它都代表了工作的极致灵活性，但这类工作者也最容易受剥削。

众包工人的最大优势在于能够迅速调整规模。如果需要的工作量只有几分钟，但需要成千上万的人来完成，按任务计酬的众包工人就成了理想的选择。

在大多数公司中，依靠众包工人完成大规模、长期的机器学习项目较为罕见。众包工人通常适合于快速试验，以验证新任务是否可以达到一定的准确率。他们同样适合需要在短时间内快速完成标注的场合，尽管部分外包公司提供全天候服务的劳动力，并愿意接受更短的完成期限。

学术研究往往更侧重于针对不同用例的快速试验，而非针对单一用例持续提升准确率，因此众包工人已成为许多学术机构优先选择的标注劳动力。正因如此，众包工作有时被误认为是业界普遍采用的标注方法。关于学术界与众包之间的关系及其如何影响现实世界机器学习的更多信息，请参阅第 7.4.3 节的"不宜将研究生的经济思维应用于数据标注策略"。

工人选择成为众包工人而非加入外包公司有其合理的原因。其中最主要的原因是，他们所在地并没有外包公司设点招募。但只要能够接入互联网，无论身在何处，几乎都可以成为众包工人。

对于原本可能面临歧视的人群，众包工作提供了平等机会。匿名性极大降低了工人因民族、性别、犯罪记录、国籍、残疾或其他常见就业限制因素而遭受歧视的可能性。他们的工作将依据绩效来考核。

一些个体更喜欢众包工作，因为他们只能做或者倾向于做按任务计酬的工作。或许由于照料家庭或已有全职工作（有余暇承接额外的众包任务）等，他们每次只能做几分钟的标注工作。众包工作是最难保证公平性的领域。如果一个工人完成大多数人 15 分钟可完成的任务需要 60 分钟，仅支付 15 分钟的报酬是不公平的，应当为其支付 60 分钟的报酬。如果此标准超出了预算，后续可不再给他们分配任务，但不得在任何线上的声誉系统中对他们造成负面影响。

众包工人是最容易受剥削的劳动力群体。某些任务难以事先预测完成时间，因此，即便是出于好意设定的按任务计酬方式，也容易导致低薪。此外，容易出现不怀好意设定任务报酬的情况，比如虚报完成任务所需的时间或提供剥削性的低薪。

我注意到一种论调：对于有空闲时间且无其他收入来源的人来说，低薪工作（比如时薪 1 美元）胜过一无所有。但这一论点并不成立。以低于个人生存需求的薪资支付劳动报酬，在伦理上是不妥的。除此之外，这种做法还助长了同样的不平等现象。如果某个商业模式仅靠剥削性薪酬才能维系，那么它实际上是在拉低整个行业的标准，迫使行业内的其他企业为了保持竞争力也不得不采取同样的做法。因此，这实际上助长了一种只有延续剥削性薪酬模式才能存续的行业生态，对任何人都无益。

7.4.1 众包工人的薪酬

你应当始终确保会支付给众包工人公平的劳动报酬。虽然所有主流的众包平台都能提供工人在任务上花费的时长，但这一数据可能并不准确，原因在于众包网站依赖浏览器追踪时间，可能未计入工人在正式开始任务之前用于研究任务的时间。

建议基于工人所在地区及该地区已发布的公平薪酬标准，为其完成的工作支付公平的时薪。各大众包市场都允许以附带奖金的形式支付时薪，即使时薪制无法直接融入支付流程。如果无法确定某个工人投入的确切时间，应直接询问工人本人，避免支付过低报酬的风险。在这方面，一些软件工具亦可提供帮助。[1]

如果认为某个工人的工作不符合预算要求，各大众包平台均允许你将其排除在未来的任务之外。但你仍应为他们已完成的工作支付报酬。即使你 99% 确定其工作不符合要求，也应支付报酬，以免出现剩余 1% 的让工人受到不公平待遇的可能性。

每个主流众包平台都提供了仅允许某些工人参与任务的功能。这可以通过授予资格认证或制定工人 ID 列表来实现，最终结果相同：仅允许这部分人参与你的任务。一旦找到能够高效完成任务的工人后，你可以将最重要的任务专门分配给他们。

各大主流众包平台都实施了一种自动评估工人过往表现的"可信工人"分类，其评估标准通常是工人完成的经过验证的工作量。然而，这些系统很容易受到恶意控制的机器人欺骗，因此你可能需要建立自己的可信工人库。

与其他劳动力相比，给众包工人编写有效的工作说明一事更加复杂，因为你通常无法与他们直接交流。此外，众包工人使用的语种或许与你不同，他们需要通过浏览器提供的机器翻译来理解工作说明。如果他们阅读工作说明并不会获得报酬，就更倾向于匆匆浏览，如你的工作说明需要不断滚动屏幕查看，可能会引起他们的不满。因此，制作准确、简洁且经机器翻译后仍易于理解的工作说明至关重要。虽然这并不容易，但这么做是对工人的尊重；如果你是按任务而非按小时支付报酬，你应当尽可能优化界面的效率。建议将任务分解为更简单的子任务，既能提高任务的质量，也能帮助按任务计酬的工人尽可能提高效率和时薪。

7.4.2 众包工人的保障

众包工人的工作保障主要源于市场本身。他们知道，手头任务完成任务后，市场上

---

[1] 可参考 Mark Whiting、Grant Hugh 和 Michael Bernstein 所著的论文 "Fair Work: Crowd Work Minimum Wage with One Line of Code"（《公平劳动：众包工作中用一行代码支付最低工资》，http://mng.bz/WdQw）。

总会有其他工作。

在短期保障方面,明确告知工人此次任务的工作量对他们有所帮助。如果工人得知能够在你的任务上投入数小时、数天或数月,就更倾向于启动你分配的任务。但如果你将任务细分,他们可能无法明显感知到工作保障。如某项任务仅需标注100个数据项,但需要重复该任务且总标注量高达数百万个数据项,则应在任务描述中说明此情况。工人知晓后续有接到更多熟悉任务的机会将提高任务的吸引力。

一般来说,应考虑到工人在按任务计酬的工作中不会获得任何福利,且工人可能花费大量时间(通常为50%或更多)来寻找工作项目和阅读工作说明且未获报酬。因此,应支付相应报酬,为短期的一次性任务提供额外酬劳。

7.4.3 众包工人的责任感

与外包工人一样,众包工人在任务信息透明的环境下,通常具有更高的责任感并能产出更好的成果。信息透明应是双向的:你应始终向众包工人征求任务的反馈意见。仅需简单的评论栏足以达到此目的。

即使出于敏感原因无法透露公司信息,也应分享标注项目的动机及其潜在益处。当意识到自己在创造价值时,所有人的满足感都将提升。

不宜将研究生的经济思维应用于数据标注策略

众多数据科学家将他们在大学时期所积累的数据标注经验带入产业界。在大多数计算机科学课程中,数据标注并未被当作一门科学来重视,或者至少未得到像算法开发一般的高度重视。与此同时,学生被灌输了一种观念——不必过分珍惜个人时间;花费数周时间处理一个通过几百美元的外包服务亦可解决的问题,似乎也并无大碍。

还有一个因素是,研究生通常几乎没有或完全没有人工标注预算。他们或许能够依赖计算机集群或云服务供应商提供的免费额度,但他们可能无法轻松获得资金来支付人工标注新数据的费用。

因此,追求数据预算效益最大化的研究生们青睐于按任务计酬的众包平台。面对相同的预算约束,他们宁愿投入大量时间进行质量控制,而不是支付费用聘请专业人士以确保数据质量。由于他们的任务通常规模较小,极少成为垃圾邮件发送者的攻击目标,因而质量似乎维持在较高水平。

由于标注工作本身并非研究生们科研追求的一环,因此往往只被视作实现目的的一种手段。数据科学家在职业生涯初期,也常以这种心态对待标注任务。他们想要采取一种忽视态度,将数据视为与自身无关的存在,宁愿投入资源组织合适的低薪工人,而非支付合理薪酬给更优秀的工人以确保数据标注的准确率。

注意避免让研究生的经济思维误导你的数据标注策略。本章中的多项建议,如召开内部数据标注会议、与外包标注员直接沟通等,都将完善你的公司文化,并确保你的数据标注工作能让多方实现共赢。

7.4.4　建议：开辟稳定的工作岗位及职业发展之路

即使你起初只需要兼职标注员，最终也可能希望某些标注员能提供全职服务。如果你的公司存在成为全职员工的途径，应在任务描述中明确提及，以吸引优秀人才。

然而，是否提供全职工作的机会应取决于个人表现，避免营造竞争的氛围。在竞争环境中，如果工人担心错失机会，可能导致过度妥协，因为这样的环境会造成严重的权力失衡而不公平。简而言之，不要说"前 10 名的员工将获得 3 个月合同"，应该说"任何达到 X 产量且 Y 准确率的人都将获得 3 个月合同"。如果无法兑现承诺，最好不要承诺任何事情，以防无意中营造出剥削性环境。

如果市场提供反馈和评论，请加以利用！任何表现出色的人都应获得认可，这将有助于他们未来的工作和职业发展。

7.5　其他人员

目前介绍的三类人员（内部员工、外包工人和众包工人）可能涵盖了你所参与的大多数机器学习项目的人员构成，但还有其他类型的人员可能介于这些类别之间。外包公司可能会以与众包类似的结构雇用众包工人，你也可能以外包工人的形式雇用内部标注员远程办公。你可以针对不同配置恰当地结合薪酬、保障和责任感原则，最大限度地尊重标注工人，并确保获得最优质的工作成果。

在运营较小规模的公司时，我发现直接与个人签约比使用外包公司更容易取得成功。一些外包工人标注员在线市场能让你清晰地查看个人的过往工作，直接与他们合作时，更容易确保报酬的公平性和沟通的开放性。此法并不一定适用于大规模项目，但对于规模较小的一次性标注项目颇有成效。

你可能还需要其他一些人员：最终用户、志愿者、游戏玩家。你也需要计算机生成的标注。本章后续部分将逐一进行简要说明。

7.5.1　最终用户

如果你能够从最终用户那里免费获取数据标签，就能构建出强大的商业模式。能否从最终用户那里获取数据标签，甚至可能是决定所需开发产品成败的重要因素。如果你能够借助零成本的数据标签启动首个可行的应用，稍后再考虑标注项目也不迟。届时，你也已经通过主动学习获得优质的待采样用户数据，可专注于标注工作。

对众多应用而言，用户反馈能够令机器学习模型变得更强大。然而，尽管许多应用似乎依赖最终用户提供训练数据，它们实际上仍需要大量的标注员。搜索引擎便是最直观、最普遍的例子。无论搜索的是网站、商品还是地图上的位置，对搜索结果的选择将帮助搜索引擎在未来匹配类似查询时变得更加智能。

人们常误以为搜索系统仅依赖用户反馈，实际情况并非如此。搜索相关性任务是雇用标注员最多的用例。付费标注员通常承担着组件的标注工作。一个商品页可根据商品类型（电子产品、食品等）编制索引，从页面内容中提取关键词，显示自动选择的最佳展示图片，每项任务都是独立的标注任务。大多数能够从最终用户获取数据的系统，实际上都会花费大量时间对相同的数据进行离线标注。

由用户提供训练数据的最大不足之处在于，用户实质上影响着采样策略。如第 3 章和第 4 章所述，标注错误的数据样本容易引入模型偏差。如果仅对某天用户最感兴趣的数据进行采样，可能导致数据缺乏多样性。用户中最热门的互动可能与随机分布的互动不同，或者并非对模型最重要的学习数据，因此最终得到的数据质量可能不如随机采样。模型可能最终仅对最常见的用例准确，对其他所有用例则表现不佳，这可能会对现实世界多样性产生影响。

如有庞大的原始数据池，要消除最终用户的偏差，最佳做法是利用代表性采样发现用户提供的标注中的遗漏之处，然后对代表性采样所得的数据项进行额外标注。如果训练数据针对对用户重要的信息而非对模型最有利的信息进行了过采样，此方法将减少训练数据的偏差。

机智地获取用户生成标注的方式之一是采取间接手段。验证码是日常遇到的例子。验证码（CAPTCHA[1]）的作用是让你在完成一项测试后，即可向网站或应用程序证明自己并非机器人。如果要求你填写的验证码是转录扫描文本或识别照片中的目标对象，你实际上可能是在为某家公司创建训练数据。这一用例的巧妙之处在于，如果机器学习已足以完成此类任务，则本就无需训练数据。而能胜任此类任务的人员有限，除非你所属的组织能提供这类人员，否则此法可能收效甚微。

即使无法依赖用户的标注，也应利用他们进行不确定性采样。如果不存在数据敏感性的问题，你可以定期查看已经部署的模型对哪些方面的预测感到不确定。这些信息将深化你对模型弱点的直观认识，而采样到的数据项在标注时将对模型有所帮助。

7.5.2 志愿者

在任务本身具有益处时，你或许能够吸引人们以众包志愿者的身份做出贡献。2010 年，我负责了规模最大的灾害响应众包项目。当年，海地遭遇地震，超过 10 万人当场死亡，超过 100 万难民无家可归。我负责灾害应对和报告系统的初步工作。我们设立了一个免费电话号码 4636，在海地的任何人都可以向此号码发送短信，请求帮助或报告当地情况。大多数海地人只说海地克里奥尔语，而参与海地的国际灾害应对人员大多只说英语。因此，我招募并管理了来自 49 个国家的 2000 名海地侨民志愿者协助救灾。每当有短信发送至海地的 4636 号码，就会有志愿者对其进行翻译，对请求进行分类（食物、药品等），在地图上标注位置。在地震发生后的第一个月内，说英语的灾害应对人员收到了 45000 多条结构化报告，周转时间中位数不足 5 分钟。

与此同时，我们还将翻译成果与微软和谷歌的机器翻译团队共享，以便他们利用这些数据推出针对海地克里奥尔语的机器翻译服务，准确地翻译与灾害应对相关的数据。本次项目是人在回路机器学习应用于灾害应对的首例。自此以后，此法逐渐普及，但当

---

[1] 全称为 "completely automated public Turing test to tell computers and humans apart"，意为"全自动区分计算机和人类的图灵测试"。

参与者是志愿者而非有偿工人时，成功的案例寥寥可数。

我所见过的其他高知名度的志愿者推动项目都是在科学领域，如基因折叠项目"Fold It"[1]，但这类项目往往是例外而非常规。一般来说，启动众包志愿者项目颇具难度。海地的情况比较特殊，大量受过良好教育的人即使身处远方，也希望尽自己所能提供帮助。

如果需要招募志愿者，强烈建议通过强有力的社交关系进行寻找与管理。有众多尝试通过社交媒体公开征集志愿者的行动，其中 99% 未能吸引到预期数量的参与者。更严重的是，志愿者流动频繁，导致他们在离开前无法达到你所需的工作准确率，同时培训过程也消耗了大量资源。此外，对于正在投入大量劳动的志愿者而言，目睹众多人员的流动会打击他们的士气。

在直接与个人沟通并围绕少数志愿者建立社群时，成功的可能性更高。这一模式在开源编程项目和维基百科等项目中也有所体现，主要工作量由少数人承担。

7.5.3 游戏玩家

游戏化的工作介于有偿工作和志愿服务之间。大多数利用游戏获取训练数据的尝试都以失败告终。虽然可以采用此策略，但我不建议将其作为获取标注的方法。

我在游戏方面取得的最大成功发生在参与疫情追踪时。在欧洲暴发大肠杆菌疫情（E-Coli）期间，我们需要人员对报道受影响人数的德语新闻进行标注。我们无法在众包平台找到足够的德语使用者，而且这一事件发生前尚无专注于机器学习标注的外包公司。最终，我们在一款网络游戏 Farmville 中找到了德语使用者，并通过游戏内虚拟货币支付他们标注新闻文章的报酬。因此，室内的德国人通过虚拟农业赚取报酬，帮助追踪德国室外田地里真实发生的农业疫情。

这一案例是一次性用例，难以看出其中是否存在剥削性。我们为每项任务支付少量金钱，但游戏玩家得到的补偿是其在游戏中可能花费的十倍时间的价值。

除了游戏中的人工智能，或在相关学术研究中，我还没有看到一款游戏能够生成有价值的训练数据。尽管在线游戏吸引了大量用户投入时间，但这一潜在劳动力资源目前尚未得到充分利用。

需注意，我并不建议将有偿工作游戏化。如果你强迫别人在类似游戏的环境中进行有偿工作，且这种方式并非标注数据的最有效方式，那么人们很快就会对这种工作产生厌烦情绪。你可以想象一下自己的工作，若其中存在游戏中那样的人为障碍，会更加有趣吗？

有充分证据表明，采用排行榜等策略实际上会带来负面影响，仅对少数排名靠前的人有激励作用，反而打击了大多数未能位列前排的人的积极性。若想从游戏产业中借鉴元素应用于有偿工作，那么你应采用透明度原则：让个人了解自己的进展，但要基于个人对组织的贡献，而非与同行的比较。

---

[1] "Building de novo cryo-electronic microscopy structures collaboratively with citizen scientists"（《与公民科学家合作建立全新的冷冻电镜结构》，http://mng.bz/8NqB），作者为 Firas Khatib、Ambroise Desfosses、Foldit Players、Brian Koepnick、Jeff Flatten、Zoran Popović、David Baker、Seth Cooper、Irina Gutsche 和 Scott Horowitz。

7.5.4 将模型预测作为标注

如能从其他机器学习应用获取标注，则可低成本获得大量标注。此策略极少作为获取标注的唯一手段。如果机器学习算法已能产出准确的数据，为何新模型还需标注？利用现有模型的高置信度预测作为标注，就是所谓的半监督机器学习策略。

第9章将详细探讨将模型预测作为标注的方法。所有自动标注策略均可能延续模型的现有偏差，故应结合人工标注使用。无需额外人工标注即可实现域适应的学术论文都只探讨了特定的小范围。

图7-6展示如何启用计算机生成标注以尽量避免延续旧模型的偏差及局限性。首先，利用现有模型自动生成标注，仅选取高置信度的标注。如本书第3章所述，尤其在模型应用于新数据领域时，切勿仅仅信赖置信度。若现有模型为神经网络且可访问其逻辑层或隐藏层，则应排除模型中整体激活值较低的预测（基于模型的离群值），这表明预测与模型训练数据不相似。随后采用代表性采样识别无法自动标注的数据项，并对这些数据项进行采样以供人工审查。

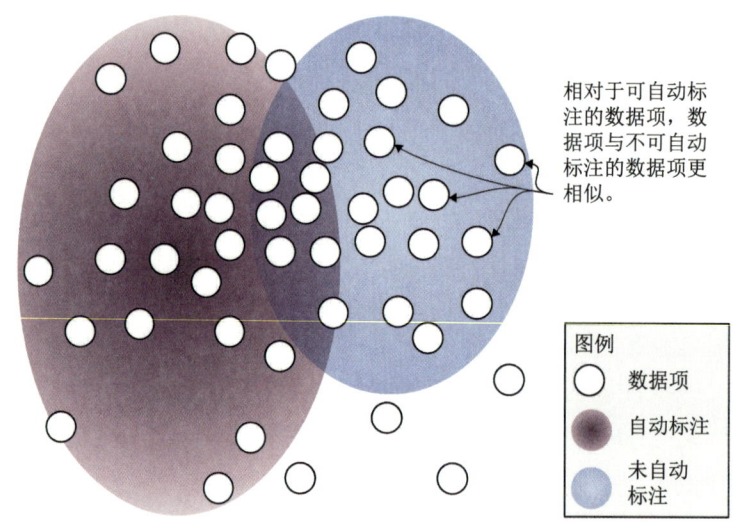

图 7-6 利用计算机生成标注，通过代表性采样增强标注

如果任务有单独的模型，可利用该模型自动生成标签。最好聚焦于高置信度的预测和（如可访问）网络中高激活值的预测：基于模型的离群值。随后采用代表性采样识别无法自动标注的数据项，并对这些数据项进行采样以供人工审查。

如果想采用稍微复杂一点的方法，可以利用自适应代表性采样减少所需的采样数据量。再复杂一点，可以如第5章所述，结合聚类和代表性采样。如果要解决的问题在数据集的特征空间中具有内在异质性，那么结合聚类与代表性采样是理想之选。

根据数据和现有模型的质量，使用计算机生成标注可能是模型的巨大助力，也可能是深不见底的陷阱。要确定此方法是否适合你，需考虑人工标注环节的整体成本。如果你已经需要投入大量时间完善工作说明、整合及培训人力资源，那么减少人工标注的工作量可能并不会显著降低成本。换言之，此方法的优势可能不如预期。

在机器翻译等场景中，直接从现有模型着手是最优选择。鉴于人工翻译大量数据的成本高昂，利用机器翻译作为初始数据集启动模型几乎总是更具成本效益。

另一个适合以计算机生成标注起步的场景是，将遗留系统进行调整以适应新的机器学习模型。设想你拥有一个遗留系统，其中包含大量用于提取正确特征的手工编码规则或手工调整系统，而你希望将其调整以适应无需手工规则或特征的新型神经机器学习系统。你可以将遗留系统应用于大量原始数据，并将预测结果作为标注。该模型可能不会立即达到你需要的准确率，但你可以以此为基础，进行额外的主动学习和标注。第9章介绍了多个将模型预测与人工标注相结合的方法，这是一个前沿且活跃的研究领域。

7.6 估算所需的标注量

无论采用何种人力资源，通常都需要估算标注数据所需的总时间。随着标注数据的增加，将标注策略分为四个阶段是有益的。

- 有意义的信号——高于随机概率的准确率。模型的准确率在统计学上优于随机概率，但参数或起始条件的微调会导致不同模型在准确率和正确分类数据项上有所不同。此时，已有充分信号表明，增加标注量应该能提升准确率，此策略值得推行。
- 稳定准确率——准确率稳定但较低。模型的准确率仍然较低，但表现出稳定性，因为小幅调整参数或起始条件，模型在准确率和正确分类数据项上的表现依然相似。在此阶段，可以开始信任模型的置信度和激活值，充分发挥主动学习的作用。
- 已部署模型——满足用例需求的高准确率。模型的准确率已达到用例的需求，准备好应用于实际场景。此时，可以开始识别已部署模型中不确定的数据项或代表全新的未曾见过的示例的数据项，使模型适应遇到的数据变化。
- 最先进模型——行业领先的准确率。模型的准确率达到业内最高水平。持续识别已部署模型中不确定的数据项或代表全新的未曾见过的示例的数据项，以确保在不断变化的环境中维持准确率。

在我观察的每个行业中，长期胜出的最先进模型之所以胜出，是因为具有更优质的训练数据，而非新颖的算法。因此，优质数据通常被称为"数据护城河"（data moat）：数据构成了一道屏障，阻碍竞争者达到相同的准确率水平。

7.6.1 所需标注量的数量级方程

在评估一个项目所需的数据量时，最好从数量级的角度出发进行考虑。换言之，实现模型准确率特定里程碑所需的标注量是呈指数级增长的。

假设处理的是一个相对简单的二元预测任务，例如本书第2章介绍的预测与灾害相关和非灾害相关信息的案例。假定 $N=2$，可能得到下列结果（见图7-7）：

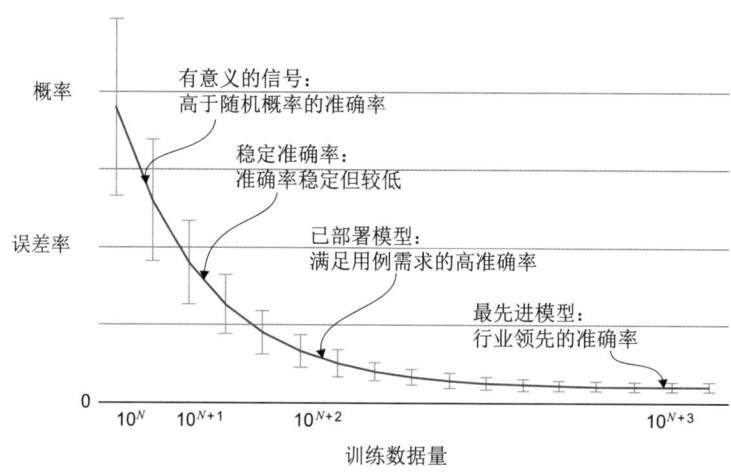

图 7-7 训练数据的数量级原则

从提取有意义的信号到达到稳定准确率,再到已部署模型,最终实现最先进模型,每一阶段估计需要增加一个数量级的数据。在开始标注数据和评估实际准确率提升之前,以此原则为基准估计所需数据量。

- 100(10^N)个标注——有意义的信号。
- 1000(10^{N+1})个标注——稳定准确率。
- 10000(10^{N+2})个标注——已部署模型。
- 100000(10^{N+3})个标注——最先进模型。

通过主动学习和迁移学习,可减少需标注的数据量,但数据需求量仍近乎呈指数级增长,不过 N 值较小(例如,$N=1.2$)。同样,对于需要大量标签的任务或复杂的任务(如全文生成),可能需要更多的标注(例如,$N=3$),此时应假设数据需求量的增长仍呈指数级,但 N 值更大。

一旦开始获得实际的数据标注,可绘制准确率的真实增长曲线,并据此更精确地估计所需的数据量。所绘制的准确率增长曲线(或误差减少曲线,如图 7-7)被称为模型的学习曲线(learning curve),但这个名称有双重含义:人们通常将单个模型收敛时的准确率增长也称为学习曲线。如果你选的机器学习框架显示学习曲线,要检查该名称是指准确率随数据量增加而提升,还是指准确率随模型收敛于固定数据量而提升。这两种情况并不相同。

即使拥有源源不断的自有数据,仍应牢记图 7-7 所示的收益递减原则。在进行最初的 100 个或 1000 个数据标注时,准确率的快速提升可能令人振奋,但随后准确率的提升会放缓,你可能就没那么兴奋了。此种体验属于常态。不要因为熟悉而过早调整算法架构及参数。若观察到准确率随着数据量的增加而提升,但提升速度呈指数级放缓,这表明模型的表现可能符合预期。

7.6.2 预计标注培训和任务细化需一至四周时间

你的机器模型已准备就绪,经验证可在流行的开源数据集上运行。此时,你可以开始为应用程序引入大量的真实标注数据了!

如果你未同时制定标注策略，则可能需要再等待数周。虽然等待令人沮丧，但正如我在本章开头所建议的，应同时启动数据和算法策略。如果发现数据与最初试用的开源数据集差异较大（可能某些标签更稀少，或者数据多样性更高），则无论如何都需要重新设计机器学习架构。不要急于完成标注，但如果必须迅速取得成果，你就要准备好未来因质量控制不足出现大量误差而废弃部分标注。

在开始大规模数据标注之前，你可能需要与数据标注负责人进行多轮协作，以精准制定标注工作说明、排查系统性错误，并逐步完善相关指导方针。

数据标注流程顺畅运行预计需要几周而非几天时间（不过正常也不应花费几个月）。如果任务比较简单，如用少量的标签对照片进行标注，则需要约一周的时间；你需要明确定义每个标签的含义，但细化过程不会太长。如果任务比较复杂，涉及非常规的数据和标注要求，任务的精细化和标注员的培训升级可能需要近一个月的时间，并且随着边缘情况的增加你将需要持续进行优化。

在等待标注人员培训期间，如需立即获取数据，可自行开始标注数据。你将加深对数据的了解，这对你的模型和标注指南都有好处。

7.6.3 利用试点标注和准确率目标估算成本

当你的标注流程经过精细调整，确信标注指南很全面且标注员已接受任务培训时，便可以估算成本。要考虑到你对准确率要求，依据第7.6.1节中的数量级指导原则，估计所需的总标注量。是否追求最先进水平？如果是，将达到最先进结果所需的数量级与每次标注的成本相乘，即可估算出总成本。此结果可能帮助你确定产品策略。如果预算不足以达到原计划的最先进准确率，你仍有可能获得足以满足应用场景的准确率，但可能会改变你的产品开发策略。诚实地评估自己及利益相关方可以实现的准确率至关重要。如果模型使用开源数据集能达到最先进水平，但由于预算限制，用自有数据无法达到该准确率，则需明确设定项目所有利益相关方的期望。

尚未探讨的一个变量是每个数据项的标注员人数。常见做法是将同一任务分配给多人，以找出多个标注员之间的一致意见，由此产生比任何单个标注员能够创建的更准确的训练数据。这种质量控制方法将在第8章详述。目前，我们只需了解每个数据项可能会得到多个标注结果，而这一点需要纳入预算。

当然，标注预算可能从一开始就已固定。在这种情况下，你应认真执行有效的主动学习策略，以确保从每个标注中获得最大收益。

7.6.4 结合不同类型人员

结合不同类型人员的一个常见原因是质量控制。工作流程和标注人员的选择是确保数据标签准确率的常用方法（见第8章）。其他常见原因包括数据敏感性和复杂性，即某些数据过于敏感或复杂、不适合交给外包工人处理，而有些数据则不敏感也不复杂，从而导致需要多类人员。

在规模较大的公司工作时，我通常会同时聘请多家数据标注公司，以降低流程风险，避免让任何一家供应商作为唯一的数据标签来源。如果你最终使用了不同类型的人员，显然需要计算出每类人员的预算，并将预算合并，得出项目总支出。

7.7 小结

- 标注人员主要有三种类型：内部员工、外包工人和众包工人。加深对他们的了解将有助于选择最适合任务的人员或人员组合。
- 激励标注员的三大关键原则是薪酬、保障和透明度。了解如何将这几个原则应用于不同的人员，将使他们的满意度达到最高，从而取得最佳的工作效果。
- 你可以考虑一些非金钱报酬系统，包括应用程序最终用户、志愿者和计算机生成数据／标注。当预算有限或需要特殊资质时，你可能会考虑这些替代选项。
- 不宜将研究生的经济思维应用于数据标注策略。
- 数量级原则可帮助你估算需要的总标注量。这一原则有助于你通过有意义的早期估算来规划标注策略，并随着标注工作的继续而不断细化它。

第 8 章
数据标注的质量控制

本章内容包括：

- 与基准事实数据对比计算标注员的准确率。
- 计算数据集整体的一致性和可靠性。
- 为每个训练数据标签生成置信度分数。
- 将主题专家纳入标注工作流程。
- 将任务分解为更简单的子任务，以改进标注。

你的机器学习模型已准备就绪，同时标注人员正排队等候标注数据。因此可以说你已基本上做好了部署的准备！但是你必须了解的是，模型的准确率取决于训练所基于的数据。如果无法获得高质量的标注，就无法得到准确的模型。此外，你需要把同一个任务交给多个人，然后由多数人投票来确定标注结果，对吧？然而，实际的标注任务可能要困难得多。我发现，标注任务比人在回路机器学习循环的任何其他部分更容易被低估。即使是看似简单的标注任务，例如判断一张图像中是否包含行人、动物、骑行者或路标——当所有标注员都看过不同的任务组合时，你如何根据大多数标注员的一致性，来确定正确的阈值？你又如何知晓何时需因整体一致性过低而改变你的标注指南或重新定义开展任务的方式？即使是较简单的标注任务，计算一致性的统计方法也比大多数神经模型的基础统计方法更为进阶，所以想要了解这些方法，需投入大量的时间进行实践。

本章和后续两章采用了"预期"（expected）标注准确率和"实际"（actual）标注准确率的概念。举例而言，如果有人对每项标注进行随机猜测，我们可预期他们能达到一定的准确率。为此，我们会考虑随机概率的基线以调整实际准确率。预期行为和实际行为的概念适用于多种类型的任务和标注场景。

8.1 比较标注与基准事实答案

比较每名标注员的答案与一组已知答案（又叫基准事实答案）是衡量标注质量的最简单方法，也是最有效的方法。假设标注员标注了 1000 个数据项，其中 100 个数据项有已知答案。在这些有已知答案的数据项中，如果标注员答对了 80 个，那么就可以估计他们这 1000 个数据项的准确率为 80%。

然而，在创建基准事实数据时，有很多因素会导致错误。遗憾的是，几乎所有错误都会使你的数据集显得比实际水平更为准确。如果你同时创建评估数据和训练数据，并且缺乏良好的质量控制，最终你的训练数据和评估数据都会出现同样的错误。在某些情况下，由此产生的模型还可能会预测出错误的标签，但基准事实评估数据也会出现同等类型的错误。这意味着，只有在部署应用程序且在程序出错后，你可能才会意识到自己犯了错。

基准事实数据出错最常见的原因是对错误的数据项进行了采样。通常，有三种采样策略可用于确定基准事实数据的数据项。

- 随机采样数据——你应该用随机数据来评估每位标注员的准确率。如果无法随机选择，或者你知道随机样本无法代表你的应用程序所服务的人群，那么你应尽可能获取与代表性样本近似的样本。
- 对具有相同特征分布和标签的数据进行采样，作为正在标注的批量数据——如果你采用主动学习策略，该样本应是当前主动学习迭代中的随机样本，这样你就可计算每个数据样本的（人工标注）准确率，进而计算整个数据集的准确率。
- 标注过程中对对标注指南最有用的数据进行采样——指南往往需要体现重要的边缘情况，有助于指导提升标注员的准确率。

在人在回路架构图中，如果放大标注组件，我们就会发现工作流程比图 8-1 所示的高层次架构图更为复杂。

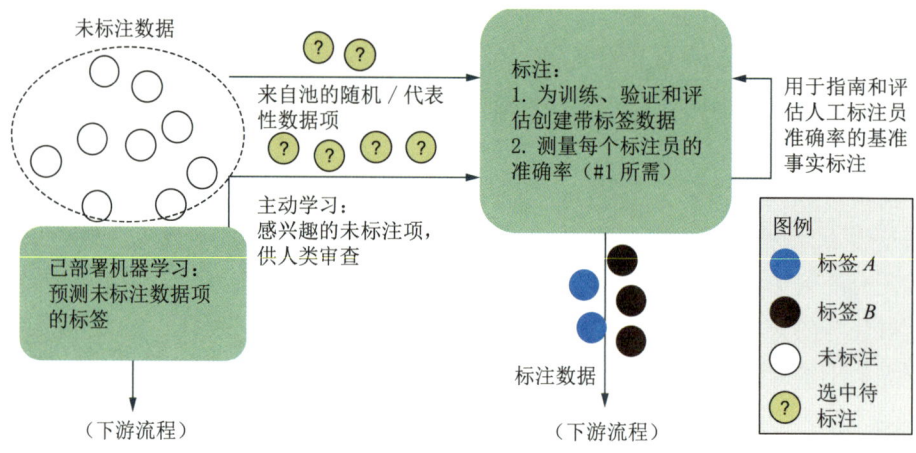

图 8-1　标注信息流

除根据当前主动学习策略对数据进行采样之外，我们还对随机数据集或代表性数据集以及某些标注员已见过的数据进行采样。通过随机/代表性数据采样，我们得以计算标注员的准确率，从而更容易确定他们在不同数据集上的可靠性，并确定这些标注员是否可晋升为专家。在当前主动学习批次中采样，我们可计算出该特定数据集的准确率。在标注过程中采样，我们可找出对制定标注指南和开展专家评审最有用的数据项。

为确保基准事实数据项尽可能准确，你需要借鉴本章（或许也包括后面两章）中介绍的不同方法。你必须确信你的基准事实数据项几乎不存在错误，否则，你可能会制定出具有误导性的指南，并且无法获得可靠的准确率指标，从而产生不良的训练数据。不要期望有捷径可走。如果你的基准事实数据项是唯一具有最高一致性的数据项，意味着你很可能对最易标注的数据项进行了过采样，进而导致准确率显得比实际水平更高。

如果你有一个可用于评估每名标注员的基准事实数据集，那么你就可以对标注进行校准，使其质量更高、效率更好。在小规模但却可靠的基准事实数据集的支持下，利用标注员间的一致性来开展质量控制更有效率。如第 9 章所示，即使是最不准确的标注员，在知晓其错误模式的情况下，你仍可从他们那里获得可靠的信号。

在本章和第 9 章中，我们将使用图 8-2 所示的示例数据。虽然你的数据项可能远多于图 8-2 所示的数据项（只有 11 行），但这 11 行足以让你了解可实施的质量控制类型。

各项标注	亚历克斯	布莱克	卡梅隆	丹瑟	埃文
任务 1	行人	行人	行人		
任务 2		路标	路标	路标	
任务 3	行人	行人	骑行者	骑行者	行人
任务 4		骑行者	骑行者	骑行者	
任务 5	行人		行人	行人	行人
任务 6	骑行者	骑行者			骑行者
任务 7	行人	行人		行人	
任务 8	动物	动物		动物	
任务 9	路标		动物	动物	动物
任务 10		路标	路标		路标
任务 11		动物			
...					

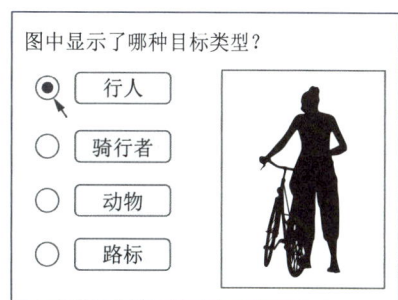

图 8-2 示例数据

五名标注员（分别为亚历克斯、布莱克、卡梅隆、丹瑟和埃文）已根据图像中的目标对图像进行了标注。我们假设该图像与前几章中使用的图像类型相同，共有"动物""骑行者""行人"和"路标"四个标签。在本例中，亚历克斯共看到七张图像（任务 1、3、5、6、7、8 和 9）。他将前三张图像标注为"行人"，将剩余的图像分别标注为"骑行者""行人""动物"和"路标"。右图展示了可能的标注界面。

在本章中，我们将使用与图 8-2 中数据对应正确答案的不同变体，但采用与该图相同的标注。在本节中，我们假设每个示例都存在基准事实标签。

应当如何称呼标注员？

创建训练数据和评估数据的人有多种称谓，包括"评定者""编码者""裁定者""代理人员""评估者""编辑""判定者""标签者""预见者""工作者"和"Turker"（源自 Mechanical Turk 平台，有时也适用其他软件）。在业内，可根据个体的岗位内容（如"分析师"）、所掌握的技能（如"语言学家"）或就业状况（如"承包商"或"零工经济工作者"）称呼不同的标注员。在其他情境中，标注员也可称为"主题专家"，有时简称为"专家"或缩写为 SME（读作"smee"）。

在检索相关资料时，请务必尝试使用不同的名称作为关键词。例如，你可能会检索到题目类似于"标注员间一致性""评分者间一致性""编码者间一致性"的论文。

本书使用"标注员"一词，因为它最不容易与其他角色混淆。如果你与数据标注者共事，请使用你组织内适用的称呼。本书还避免使用"训练标注员"的说法（以避免与训练模型混淆），并使用"指南"（guidelines）、"说明"（instructions）等术

> 语代替"培训资料"（training materials）。同样，在向标注员传授特定任务说明的过程中，也请使用你组织中的首选描述方式。

8.1.1 标注员与基准事实数据的一致性

在标注任务中，确定基准事实数据一致性的基本计算方法很简单，只需获得标注员正确标注的数据项占已知答案数据项的百分比即可。图8-3列出了针对示例数据假设的每名标注员的准确率。

相比基准事实数据的准确率						是否正确？	准确率				
各项标注					基准事实		0.714	0.900	1.000	1.000	0.750
							平均值				
	亚历克斯	布莱克	卡梅隆	丹瑟	埃文			亚历克斯	布莱克	卡梅隆	丹瑟	埃文
任务1	行人	行人	行人			行人		1	1	1		
任务2		路标	路标	路标		路标			1	1	1	
任务3	行人	行人	骑行者	骑行者	行人	骑行者		0	0	1	1	0
任务4		骑行者	骑行者	骑行者		骑行者			1	1	1	
任务5	行人	行人	行人	行人		行人		1	1	1	1	
任务6	骑行者	骑行者			骑行者	骑行者		1	1			1
任务7	行人	行人		行人		行人		1	1		1	
任务8	动物	动物		动物		动物		1	1		1	
任务9	路标		动物	动物	动物	动物		0		1	1	1
任务10		路标	路标		路标	路标			1	1		1
任务11		动物				动物			1			
…							是否正确？					

图8-3 标注员准确率与基准事实数据对比示例

假设"基准事实"一栏中包含每项任务的已知答案（图像标签）。每名标注员的准确率以其给出的正确答案的百分比来计算。

通常情况下，你需要根据随机猜测基线调整图8-3中的结果。我们可为随机概率标注计算三条基线。假设75%的图像是"行人"，10%是"路标"，10%是"骑行者"，而最后5%是"动物"，那么三条基线分别如下：

- 随机选择——标注员猜测四个标签中的其中一个。因为在我们的示例数据中有四个标签，因此基线为25%。

- 最常见标签（模式标签）——标注员知道"行人"是最常见标签，因此总是猜测这一标签。这一基线为75%。

- 数据频率——标注员根据每个标签出现的频率猜测，猜测"行人"的概率为75%，猜测"路标"的概率为10%，以此类推。该基线可计算为每个概率的平方和。

计算结果如图8-4所示。

调整后的准确率将标注员分数进行了归一化，使随机猜测基线变为0。我们假设某名标注员的整体准确率为90%。机会调整后的实际准确率如图8-5所示。

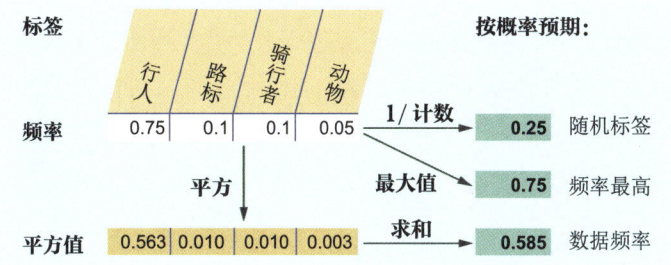

图 8-4 不同准确率的三种计算方法（通过随机概率预期）

图中展示了较广的预期准确率范围（基于所采用的基线）

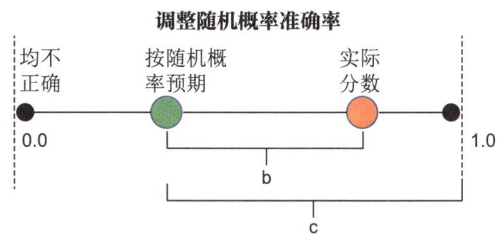

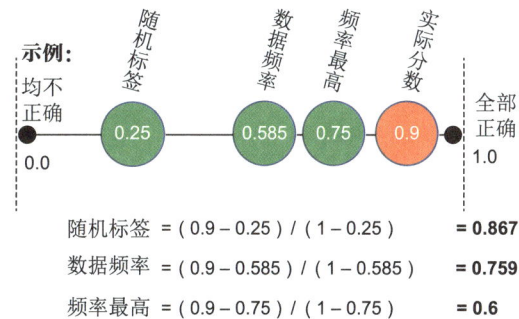

随机标签 =（0.9 − 0.25）/（1 − 0.25） **= 0.867**
数据频率 =（0.9 − 0.585）/（1 − 0.585） **= 0.759**
频率最高 =（0.9 − 0.75）/（1 − 0.75） **= 0.6**

图 8-5 根据基准事实数据测试标注员时，
从随机猜测或机会调整后的准确率中建立预期基线的不同方法

上图：结果归一化。如果某人随机选择一个标签，有时也会选择到正确的标签，因此我们用随机准确率与 1 之间的差距来衡量准确率。下图：示例数据中做出不同调整后的准确率。请注意，总是猜中"行人"的 60% 的归一化准确率与 90% 的原始准确率或根据标签数归一化后的 86.7% 准确率有所不同。本例突出强调了为预期准确率选择正确基线的重要性。三条基线中的每一条在某些情况下都可能是更好的选择，因此了解三条基线非常重要。

如图 8-5 所示，归一化标注计数的方法有很多。在统计行业，最常用的是数据频率——一种以数据为中心去思考预期行为的方式。这种方式总是介于随机选择和最常见标签之间，因此是安全的中间方案。

因为预期基线变为零，任何小于零的结果都意味着这个人的猜测结果比随机概率结果更糟。这种结果往往意味着标注员对说明的理解有误，或者是在以一种简单的方式欺骗系统，例如总是猜测一个并非最常见的答案。在上述任何一种情况下，只要将基线归一化为零，就能轻松地为任何任务设置提醒。无论是什么任务，在对随机概率进行调整后，如果出现负值，都应在标注过程中给出提醒！

如果你对标注质量控制文献很熟悉，你就会知道这种根据预期行为归一化的度量方式通常被称为"机会校正"（chance-corrected）或"机会调整"（chance-adjusted）。在本书的很多案例中，预期行为并非随机因素，比如当我们询问标注员他们期望其他标注员选择什么时（第9章）。在这些情况下，我们会使用"预期"（expected）这一更笼统的术语，但对于客观标注任务而言，"预期"和"机会"具有相同的含义。

8.1.2　你应使用哪条基线衡量预期准确率？

针对预期准确率的三条基线——随机标签、数据频率和最常见标签基线，计算所有三项指标将有助于培养你对数据的直觉性。归一化准确率的正确指标根据你的任务和标注员的经验而异。

当某人刚开始做一项任务时，并不会出于直觉了解哪个标签会更频繁出现，因此其标注更可能接近随机标注。但在一段时间后，标注员就会意识到某个标签比其他标签更频繁出现，在感到不确定时，他可能会觉得猜测为这一标签是安全的。为此，我们将在第11章专门讨论标注用户界面。

这里提出一点实用的建议：等标注员熟悉任务后，再采用最严格的基线，即最常见标签。你将任务的最初数分钟、数小时甚至是数天设为让标注员熟悉任务的过渡期。等标注员对数据培养了较强的直觉后，就会考虑标签的相对频率。不过，正如你将在第8.2.3节中所见，数据频率与计算整个数据集层面的一致性更相关。因此，了解所有基线并适时选用，这点非常重要。

想要获得良好的数据标注质量控制，需耗费大量资源，必须在预算中加以考虑。想要了解质量控制在数据项目使用不同标注员的例子，请参见下文的专家轶事。

考虑标注数据项的总成本

马修·霍尼拔（Matthew Honnibal）的专家轶事

就像和组织中的其他人沟通一样，直接与数据标注员沟通是有效的。不可避免的是，你的某些说明在实践中起不到作用，因此需要与标注员密切合作来完善它们。在投产后的很长一段时间内，你还可能要不断改进说明和添加标注。如果你愿不花时间考虑如何完善说明和剔除错误标注项，就很容易导致外包解决方案看似实惠，实则并不划算。

2009年，我参与了悉尼大学与澳大利亚一家大型新闻出版商的联合数据项目。该数据项目要求开展命名实体识别、命名实体链接和事件链接等任务。尽管当时学术界在越来越多地使用众包工人，但我们依然选择建立一支由标注员组成的小团队，并直接与这些标注员签订合同。从长远来看，这种模式可大大降低成本，尤其是在较复杂的"实体链接"和"事件链接"任务中，众包人员难以胜任。

马修·霍尼拔，spaCy自然语言处理库的创建者和Explosion公司的联合创始人。自2005年以来，他始终致力于自然语言处理的研究。

8.2 标注员间一致性

当数据科学家谈到机器学习模型比人更准确时,往往指的是模型比普通人更准确。例如,在普通口音的非技术转录方面,当前语音识别技术能达到的效果比普通英语使用者更准确。如果人类无法创造出达到这一准确率的评估数据,又如何评估这些语音识别技术的质量呢?

"群体智慧"(wisdom of the crowd)产生的数据比任何个体产生的数据更准确。一个多世纪以来,人们一直在研究如何将许多个体的判断聚合成更准确的单一结果。早期研究中有个著名例子表明,当许多人猜测一头牛的重量时,所有猜测者猜测重量的平均值接近于正确值。这一结果并不意味着每个人的准确率都低于平均值:有的人猜测的牛的重量会比平均值更准确,但平均值比大多数人的猜测值更接近牛的真实重量。

因此,当有些数据科学家声称他们的模型比人类更准确时,往往是指模型比标注员间达成的一致性(称为"标注员间一致性")更准确。模型准确率和标注员间一致性是两个不同的概念,不应直接比较。所以,要尽量避免犯这种常见错误。

因此,创建出比参与标注个体产生的数据更准确的训练数据是有可能的。介绍基础知识后,本章将在第8.3节中再次讨论这一主题。

8.2.1 标注员间一致性简介

通常,标注员间一致性以-1到1的数值表示,其中,1表示完全一致,-1表示完全不一致,而0表示随机概率标注。在计算一致性时,我们会询问一致性比预期高出多少,这与前面讨论的单名标注员准确率分数类似。不同之处在于这里针对的是一致性。图8-6展示了一个例子。

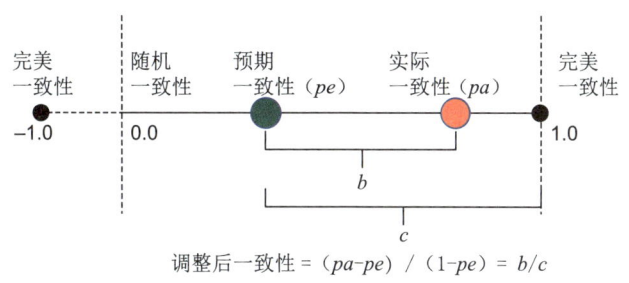

图 8-6 计算一致性指标的方法。

通常情况下,一致性以 -1 到 1 的数值表示,其中,1 表示完全一致,-1 表示完全不一致,0 表示随机分布。由此得出的一致性称为"实际一致性""调整后一致性"或"随机概率调整后一致性"。

图 8-6 展示了将随机概率一致性考虑在内的一致性计算方法。这种调整方法与根据基准事实答案调整准确率的方法相似。不同之处在于:在这种情况下,比较的对象是标注员。

在本书中,我们将介绍不同类型的标注员间一致性,包括整个数据集层面的整体一致性、标注员间个体一致性、标签间一致性以及基于每项任务的一致性。这些概念相当简单,我们将从图 8-7 中的简单一致性算法开始介绍。该算法过于简单,不应用于实际操作，但能够帮助你理解本章和后面两个章节中的算式。

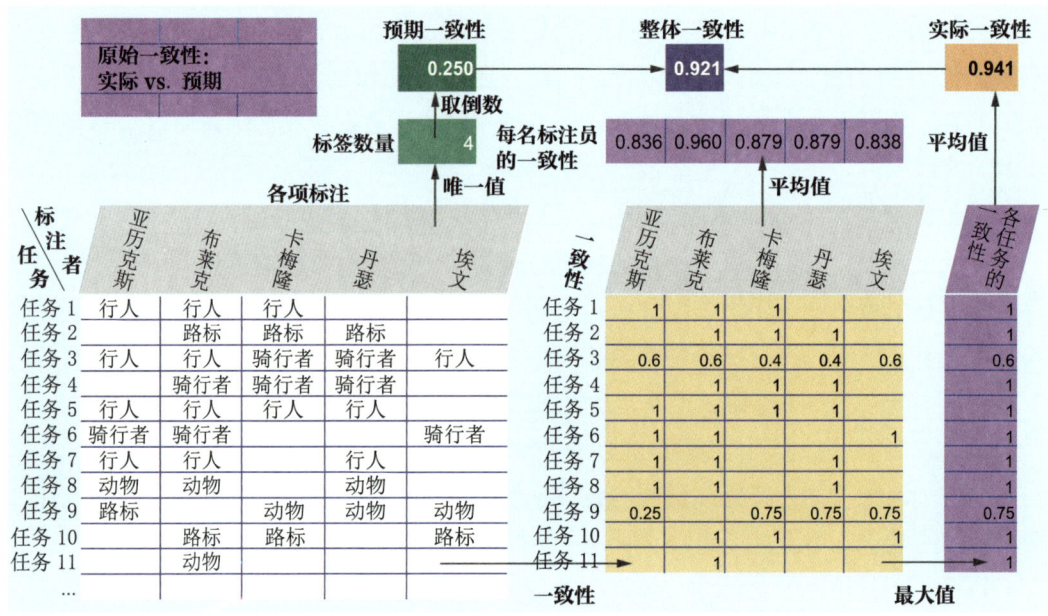

图 8-7 一种计算每名标注员的一致性、每项任务的一致性以及整套标注整体一致性的简单方法

通过随机选择四个标签中的一个，计算预期一致性。同时，我们计算位于上图中的大表格中每项任务的一致性。在一致性表格中，我们得出每个人和每项任务的一致性，并使用预期一致性和平均任务一致性的组合得出整体一致性。这种方法过于简单，不应在实际数据中使用。该表格的作用在于突出强调概念。

图 8-7 展示了三种一致性的基本思想。虽然这些计算方式都具有合理性，但也有不足之处。图 8-7 所示方法具有以下缺点，凸显了计算一致性存在的复杂性：

- 预期整体一致性基于标签数得出，但某些标签比其他标签更常见。如果第五个标签从未被选中，那么降低整体预期一致性的结果似乎就会很奇怪。
- 在同一任务中，如果有人犯了错误，那么标注者间一致性似乎会对其他人造成不公平惩罚。例如，埃文总与标签的多数票保持一致，但他的一致性分数却排名倒数第二。
- 任务一致性分数似乎过于乐观，因为它并未考虑到单名标注员的准确率。
- 实际一致性是任务一致性的平均值，但如果我们决定采用标注员一致性的平均值计算，实际一致性就会低得多。那么，如何才能正确聚合个体一致性，从而得出更准确的整体实际一致性呢？
- 任务 11 只有一个回答，因此将回答计算为 100% 一致性似乎是错误的；因为只有一个回答，因此也不存在是否一致之说。
- 我们并未跟踪标签的一致性。例如，相比"路标"，"行人"标签是否更易混淆？
- 我们并未考虑标注总数。特别是在标注数相对较少的情况下，数据规模可能会受到人为影响（尽管这与拥有数千个数据项的典型的训练数据集关系不大）。

你可参阅链接 http://mng.bz/E2qj 中的电子表格，了解这种方法。该电子表格还包含本章所列的某些算式。

第8.2.2至8.2.7节专门讨论了解决上述问题的最佳方法。虽然数学问题比你在本书中看到的任何问题都更复杂。但请记住，这不过是在解决一个简单的问题：如何公平地计算标注员间一致性，以评估我们的数据集、单个任务、单个标签或单名标注员的准确率。

8.2.2 计算标注员间一致性的好处

将标注员间一致性作为人在回路机器学习策略的一部分，有以下多种方式：

- 数据集可靠性——标注员间的一致性是否足以使你信赖已创建的标签？如果不是，你可能需要重新设计你的指令或整个任务。
- 最不可靠的标注员——是否有个别标注员经常与其他标注员的意见不一致？他们可能误解了任务，也可能缺乏继续参与的资格。无论是哪种情况，你都可忽略他们过去所做的标注，并可能由此获得新的判断。另一种情况是，不可靠的标注员的标注可能有效但代表性不足，尤其是对主观性任务而言（参照本节中后面提到的"衡量自然差异"）。
- 最可靠的标注员———致性高的标注员很可能是任务中最准确的标注员，为这些人提供奖励和晋升对你的工作很有帮助。
- 标注员间合作——是否有标注员的意见几乎完全一致？在这种情况下，你就需要在任何假定独立性的一致性计算中剔除这些回复。另外，这一结果可能证明有机器人在复制一个人的工作，从而使这个人错误地获得了两次奖励。无论根本原因是什么，你首先要了解到两组答案是不是重复的同一组答案。
- 不同时间相同标注员的一致性——如果在不同时间将相同任务交给同一个人，他给出的结果是否相同？这一指标被称为"标注员内部一致性"（intra-annotator agreement）。这一指标可证明标注员是否注意力集中，证明你的任务是否具有顺序效应和 / 或任务本身就是主观的。此外，在看到更多数据后，标注员也可能真正改变了想法，也就是所谓的"观念演变"（concept evolution）。
- 为说明创建示例——你可假设在大量标注员中具有较高一致性的数据项都是正确的，并将这些数据项作为示例列入给新标注员的指南中。然而，这种策略存在两种风险，一是有的错误会传递并传播下去，二是只有较简单且一致性较高的任务才会传递下去，因此不应将其作为创建基准事实数据的唯一策略。
- 评估机器学习问题固有的难度——一般而言，如果任务对人类很难，那么对你的模型也是如此。这一信息对于适应新领域尤其有帮助。如果你的数据在过去有 90% 的一致性，但来自新来源的数据的一致性只有 70%。这一结果显示，在处理来自新来源的数据时，你的模型的准确率将大打折扣。
- 衡量数据集的准确率——如果你知道每名标注员的可靠性以及标注过每个数据项的人数，你就可计算出任何给定标签被错误标注的概率。根据这一结果，你就可计算出数据的整体准确率。与简单的标注员间一致性相比，考虑到单名标注员的准确率，这种方法可为基于数据的训练模型的准确率提供更合适的上限。由于模型对训练数据中噪声的敏感度不一，上限并非硬性的。对于精确测量模型的准确率而言，该限制是硬性的，因为你计算出的模型的准确率不可能高于数据集的准确率。

- 衡量自然差异——对于某些数据集而言，缺乏一致性是件好事，因为这表明多种标注解释都是有效的。如果你的任务具有主观性，你可能需要确保标注员的多样性，这样就不会因为某一组标注员的社会、文化或语言背景而无意中导致数据出现偏差。
- 将困难任务上报专家——本例在第 7 章中已有所涉及，将在第 8.5 节中再次讨论。当资质较浅的标注员无法达成统一意见时，可能意味着任务应自动转给专家审查。

第 8.2 节的剩余部分将介绍当前计算数据一致性的最佳方法。

避免将一致性作为衡量准确率的唯一标准

为数据寻找正确标签时，你不应仅依赖标注员间一致性，而应始终将标注员间一致性与基准事实数据相结合。许多数据科学家不愿使用这种方法，因为它会导致训练数据的丢失。例如，如果将 5% 的标注数据用于质量控制，就会使模型少了 5% 的训练数据。没人会喜欢丢失训练数据，但在现实世界中，你可能会得到相反的效果：如果你仅依赖标注员间一致性进行标注，你将会至少多采用 5% 的人工判断，因为你可使用基准事实数据来校准一致性。

单看一致性也会掩盖错误地标注一致的情况。如果缺乏基准事实数据，就无法校准这些错误。

另外，一致性使你能够将对准确率的分析扩展到仅使用基准事实数据无法实现的范围。因此，当你将一致性与基准事实数据相结合时，将会获得最大收益。例如，你可使用基准事实数据计算每名标注员的准确率，然后在聚合任务的多项标注时使用该准确率作为置信度。本章和第 9 章将展示如何根据你要解决的问题将一致性和基准事实数据结合起来的不同例子。这些例子将单独介绍，以便对不同概念做出单独的解释。

8.2.3 应用克里彭多夫 α 系数获取数据集层面一致性

克里彭多夫 α 系数（Krippendorff's alpha）方法回答了这样一个简单的问题：数据集的整体一致性是多少？在现实情况下，并非每名标注员都会对每个数据项进行标注，克里彭多夫 α 系数对现有的一致性算法做出了大量改进。在社会科学领域，这些算法曾常被用于测量调查和普查数据的一致性水平。

按照简单解释，克里彭多夫 α 系数的范围介于 [−1,1] 之间，具体解读如下：

- >0.8——该范围较为可靠。如果对数据应用克里彭多夫 α 系数，得到的结果为 0.8 或更高，说明数据集的一致性很高，可用于训练模型。
- 0.67~0.8——该范围可靠性较低。有的标签可能高度一致，有的则不然。
- 0~0.67——当数值小于 0.67 时，表示数据集的可靠性较低。原因可能出在任务设计，也可能出在标注员。
- 0——随机分布。

- -1——完全不一致。

克里彭多夫 α 系数的另一优势在于它可用于分类、有序、分层和连续的数据。在大多数实践中，你不必深入了解算法原理，便能应用克里彭多夫 α 系数，并根据 0.8 和 0.67 的临界值解释输出结果。但是，为了更好地理解算法原理以及了解何时不适合应用克里彭多夫 α 系数，你最好先对数学培养直观认识。如果你最开始并不理解所有步骤，也无需担心。当我重新推导本书中的所有方程时，用来推导克里彭多夫 α 系数的时间比任何主动学习或机器学习算法都要长。

克里彭多夫 α 系数的目的是计算与本章的图 8-7 中的简单示例相同的指标：相对于预期一致性，实际一致性是多少？我们将从克里彭多夫 α 系数的部分实现（适用于互斥标签）开始，然后转向更通用版本。

克里彭多夫 α 系数的预期一致性是数据频率，即一项标注任务中每个标签频率的平方和。克里彭多夫 α 系数的实际一致性来自每项标注与同一任务中其他标注的平均一致性。克里彭多夫 α 系数对平均值 ε 值稍加调整，以弥补因有限标注数而造成的精确度损失。

克里彭多夫 α 系数对图 8-6 中的预期一致性和实际一致性做出了一致性调整，可参见图 8-8 中的简化示例数据。

图 8-8 所示的一致性（0.803）远低于图 8-7 中的"原始一致性"（0.921），这说明在计算一致性时需要特别谨慎，因为任何假设的微小变化都可能导致质量控制指标的巨大差异。

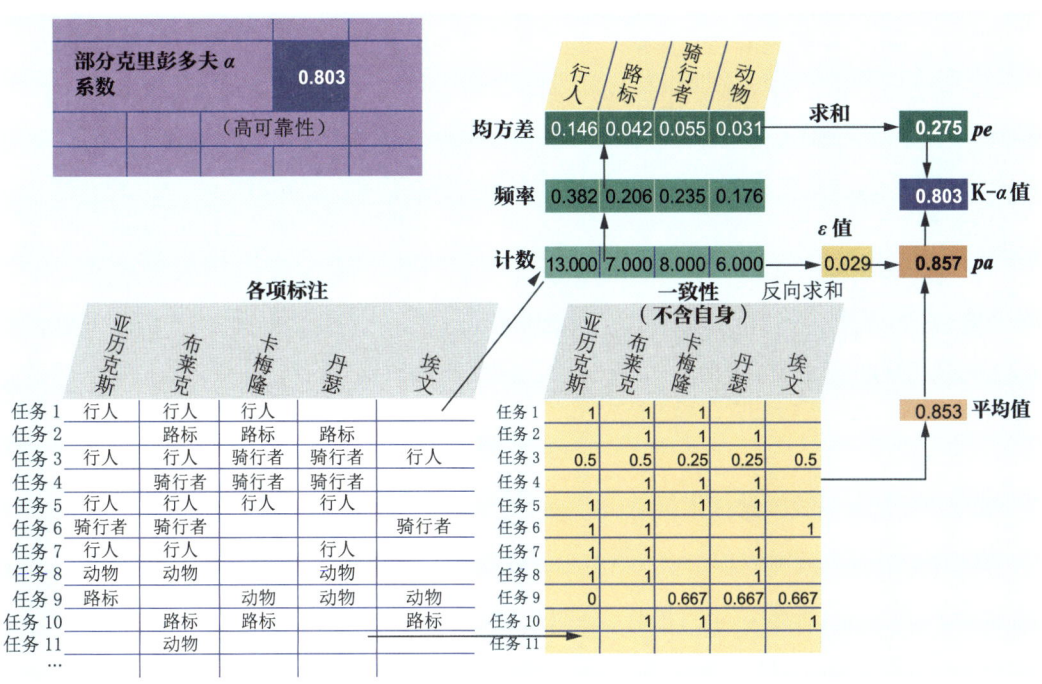

图 8-8 简化版克里彭多夫 α 系数，为示例数据标注员的可靠性提供了总体评分

预期一致性是每个标签频率的平方和。实际一致性是每项标注与该任务中其他标注一致性的平均值。在计算中，我们稍稍调整了精确度（ε 值）。

图 8-8 展示了克里彭多夫 α 系数的部分实现过程。完整的等式考虑了这样一个事实，即你可能会对某些不一致类型分配更高的权重。克里彭多夫 α 系数的完整计算公式如图 8-9 所示。

图 8-9 展示了一些复杂的过程，与图 8-8 的主要区别在于如何将标签权重纳入克里彭多夫 α 系数中。标签权重组件使克里彭多夫 α 系数能够适应不同类型的问题，如连续问题、序数问题或其他可将多个标签应用于一个数据项的任务。

更多详情，请参见第 8.2.1 节中提到的电子表格所介绍的实现方法。如你所见，与部分实现相比，预期一致性和实际一致性需开展某些矩阵运算，从而将权重纳入克里彭多夫 α 系数的完全实现中。此外，ε 值调整也考虑了权重，而不仅仅是总计数的倒数。简单实现和完全实现的总体思路是相同的，即根据实际一致性和预期一致性，计算调整后的一致性。如果你能牢记这一概念，并理解克里彭多夫 α 系数完全实现过程中的所有额外步骤均源于不同类型标注所需的灵活性，你就能正确理解克里彭多夫 α 系数。

> **何时需要计算克里彭多夫 α 系数的置信区间？**
>
> 本书并未讨论计算置信区间的克里彭多夫 α 系数的情况，因为置信区间适用于某种小型调查，克里彭多夫 α 系数正是为这种小型调查而设计的。在大多数情况下，你无需关注训练数据的置信区间，因为判断的总数是置信区间最主要的因素。你的训练数据可能包含数千甚至数百万个示例，因此置信区间可忽略不计。
>
> 只有在小规模数据集或数据子集上应用克里彭多夫 α 系数时，才需考虑置信区间。需注意的是，如果你使用的是前沿数据、轻度监督数据、少量数据或数据增强技术，这些情况下的数据量较小，因此你就需要掌握更多的统计知识，确保较小数据集的显著性。你可能认为数据越少，构建所需的支持性基础设施就越容易，但事实恰恰相反。
>
> 即使在边缘情况下，我也不建议仅依赖置信区间。如果你的训练示例数量较少，你就应该实施其他类型的质量控制，包括专家审查和纳入已知的基准事实示例。否则，你的置信区间将过宽，因而难以信任基于该数据构建的模型。

> **克里彭多夫 α 系数的替代指标**
>
> 在文献中，你可能会看到克里彭多夫 α 系数的替代指标，如科恩卡帕（Cohen's kappa）系数和弗莱斯卡帕（Fleiss's kappa）系数。克里彭多夫 α 系数一般被视为对这些早期指标的改进。不同之处体现在细节上，例如是否所有错误都应受到同等惩罚、计算预期先验值的正确方法、缺失值的处理方法以及聚合整体一致性的方法（是像克里彭多夫 α 系数一样按标注聚合，还是像科恩卡帕系数一样按任务/标注员聚合）。第 8.6 节的延伸阅读给出了一些例子。
>
> 在某些出版物中（甚至是在克里彭多夫自己发表的出版物中），你也可能遇到以

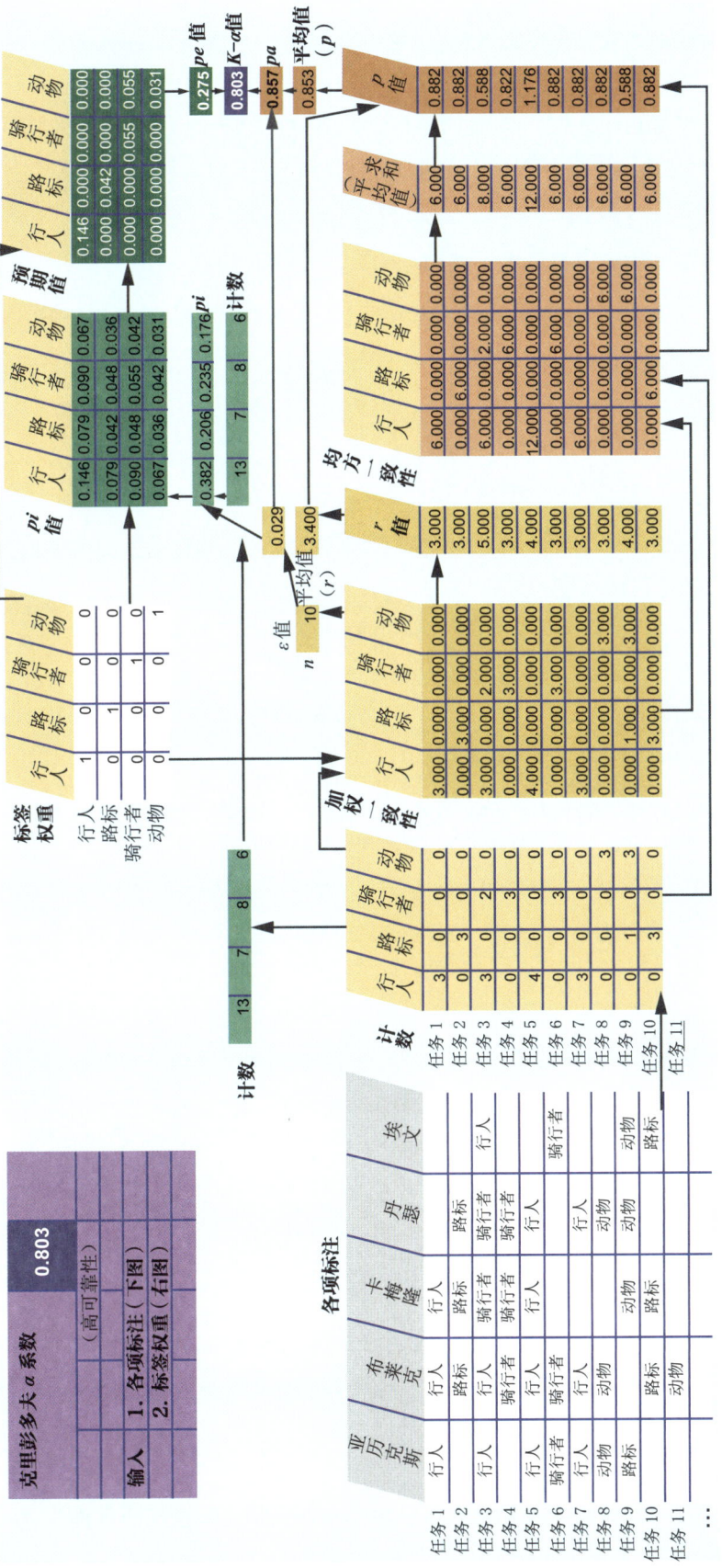

图 8-9 克里彭多夫 α 系数，用于计算数据集的整体一致性水平，以确定其用于训练数据的可靠性

输入的权重仅与自身相关。如果我们使用的是随机概率的预期一致性（pe）和实际一致性（pa），并由此计算出调整后的整体 α 系数。

不一致性而非一致性表示的克里彭多夫 α 系数。在数学层面,这两种技术是等效的,并产生相同的 α 值。在其他指标中,一致性比不一致性的应用更广,也更直观。因此,这里也使用一致性。假设不一致性是一致性的补充:$D =(1-P)$。在查阅文献资料时,请牢记这一假设,因为有些版本的克里彭多夫 α 系数可能是用不一致性计算的。

8.2.4 计算超出标注范围的克里彭多夫 α 系数

下面我们举例说明如何将克里彭多夫 α 系数用于比互斥标注任务更复杂的任务。图 8-10 显示了我们如何改变克里彭多夫 α 系数公式中的标签权重,以捕捉序数和轮转数据。

标注(互斥标注)标签权重					序数类别标签权重					轮转类别标签权重			
	行人	路标	骑行者	动物		优秀	良好	中等	差		北	东	南	西
行人	1	0	0	0	优秀	1	0.5	0.25	0	北	1	0.5	0	0.5
路标	0	1	0	0	良好	0.5	1	0.5	0.25	东	0.5	1	0.5	0
骑行者	0	0	1	0	中等	0.25	0.5	1	0.5	南	0	0.5	1	0.5
动物	0	0	0	1	差	0	0.25	0.5	1	西	0.5	0	0.5	1

图 8-10 图中展示了三种分类任务以及如何在这些任务中应用克里彭多夫 α 系数的标签权重

第一个示例重复了图 8-9 中的标签权重,展示了贯穿本章示例的互斥标注任务。第二个示例展示了一个从"差"到"优秀"的序数尺度,我们希望对相邻标注(如"良好"和"优秀")给予部分加权。第三个示例展示的是轮转类别(本例中使用的是罗盘上的点)。在这种情况下,我们会给任何偏离 90 度的对象(如"北"和"西")打分,而对偏离 180° 的对象(如"北"和"南")打零分。

本章接下来的部分主要讨论互斥标注问题。在第 9 章中,我们将介绍其他类型的机器学习问题。

用于训练数据时,克里彭多夫 α 系数存在一些缺点,因为它最初的设计应用场景包括在学校多名评分员(标注员)间随机分发试卷等,无法捕捉到某些标注员会根据他们自身所见产生不同的预期一致性这一事实。在创建训练数据时,我们有充分理由以非随机的方式分配标注任务,例如将一个较难的示例分配给更多的人裁定。在计算标注员、标签和任务层面的一致性方面,第 8.2.5 节至第 8.2.7 节所列的方法与克里彭多夫 α 系数存在诸多明显不同之处。

8.2.5 标注员个体一致性

个体标注员层面的一致性有多种用途。它可以告诉你每名标注员的可靠性如何。你可以在宏观层面计算一致性,计算标注员所给出的每种答案的可靠性,也可以了解他们在某些标签或数据片段上的一致性。该结果将帮助你了解标注员的准确率高低,也可能会突出显示一组多样化的有效标注。

计算每名标注员在特定任务中与大多数人意见保持一致的频率,这是衡量标注员间一致性最简单的标准。图 8-11 展示了一个例子。

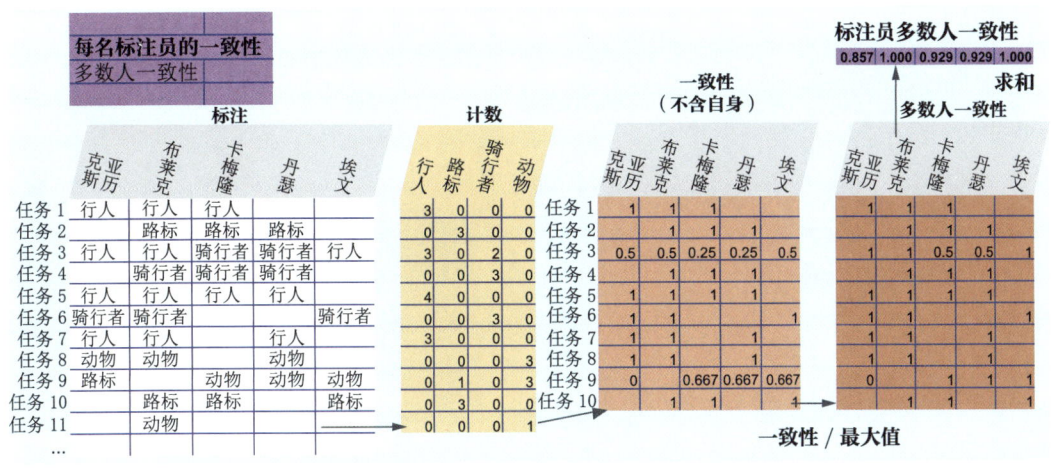

图 8-11 每项任务中每名标注员与最常见标注的一致性（多数人一致性）

该示例显示，两名标注员布莱克和埃文始终与多数人意见保持一致。这种方法是计算标注员间一致性的最简单方法；当每项任务有大量标注员时，这种方法会很有效。然而，由于预算限制，这种方法很少用于创建训练数据。它可帮助你深入了解你的数据，但不应成为判断数据质量的唯一方法。

如图 8-11 所示，"多数人一致性"评估的是一个人对每项任务中最常见标注标签达成一致意见的次数。这一结果也可计算为一个人与大多数人意见一致的次数。然而，如果按每项标注对一致性进行归一化，结果会更准确一些。在图 8-11 和本章其他示例数据中，卡梅隆和丹瑟都认为任务 3 是"骑行者"，尽管大多数人认为任务 3 是"行人"。相比之下，只有亚历克斯认为任务 9 是"路标"。因此，在图 8-11 的"多数人一致性"表中，卡梅隆和丹瑟在任务 3 上的一致性分数为 0.5，而亚历克斯在任务 9 上的一致性分数为 0。

多数人一致性使我们能快速了解标注员看到的是不是更容易（或更难）的示例。在本章图 8-6 中的原始一致性示例中，埃文的一致性分数位居倒数第二（0.836），但在图 8-11 中，他的一致性分数最高（1.0）。换言之，埃文与其他人的平均一致性较低，但总与大多数人意见一致。这一结果告诉我们，埃文对任务的整体一致性低于其他人。因此，良好的一致性衡量标准应考虑到埃文遇到的任务更难这一事实。

预期一致性是图 8-11 中最大的缺失部分。图 8-12 显示了计算预期一致性的一种方法：如果埃文总是选择"行人"，那么他的预期一致性将最低。

在图 8-12 中，首先要注意的是，我们使用最常见标签（模式标签）计算基线。回想一下，克里彭多夫 α 系数使用的是数据中相同数量的标签，好比这些标签是随机分配的。在我们的例子中，有人可能会随机分配 13 个"行人"标签、7 个"路标"标签，以此类推。虽然本例是关于预期分布的（统计）定义，但人类标注员在标注时不太可能会考虑到每个标签的概率。更可能的一种情况是，标注员对最常见标签（模式标签）产生了一种直觉。这种结果在数据标注中很常见。通常情况下，当一个标签的使用频率明显高于其他所有标签，它就像是一个安全的默认选项。在第 9 章中，我们将介绍如何减轻某人因不确定而在压力下标注默认选项造成不良标签的问题。在这里，我们将这一最常见标签作为预期基线。

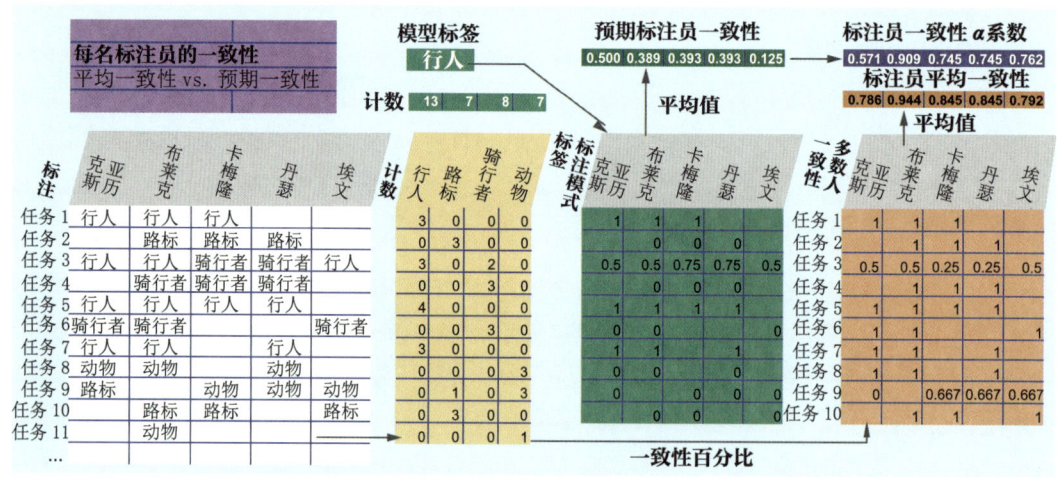

图 8-12 按实际一致性（右下）计算的每名标注员的一致性，以及按每名标注员计算的预期一致性（中上）

请注意，埃文的预期一致性分数仅为 0.15。换言之，如果埃文每次都猜中了最常见标签（"行人"），那么在任务中他也就会对大约 15% 的其他标注达成一致。相比之下，亚历克斯可能每次都猜"行人"，其一致性约为 51%。这种方法考虑到了埃文看到的任务想必更难，但一致性较低这样一个事实。

图 8-12 与标准克里彭多夫 α 系数计算的第二个区别在于，图 8-12 计算的是每项任务的一致性，而克里彭多夫 α 系数计算的是每项标注的一致性。如果每项任务的标注数相同，那么数值将完全相同。在我们的示例数据中，任务 3 有 5 项标注，因此在克里彭多夫 α 系数中，其权重实际上大于其他任务。然而，在计算个体一致性时，克里彭多夫 α 系数给予任务 3 的权重与其他任务相同。

基于各种各样的原因，你可能不希望为数据标注的不同任务赋予不同的权重。例如，你可能会故意将相同的任务交给更多的标注员，以此解决不一致性问题，或者你可能会根据标签或外部信息将更容易的任务交给较少的人。在这两种情况下，克里彭多夫 α 系数都会偏向于较难的任务，从而人为地给出较低的分数。如果标注员在不同任务间的分布确实是随机的，任意的一些任务最终将有更多标注，那么就能够采用标准的克里彭多夫 α 系数方法。

> **避免通过迭代删除一致性最低的标注员的方式，对克里彭多夫 α 系数进行 p 值操纵**
>
> 你往往希望忽略最不准确的标注员所做的标注。通过删除表现最差的标注员并将其任务交给其他标注员，可以提高训练数据的整体一致性和准确率。
>
> 然而，如果你反复删除表现最差者，直到数据集达到神奇的 $k\text{-}\alpha=0.8$（表示高度一致性），那么你就犯了一个错误。将显著性阈值本身作为剔除标注者的阈值，这就是雷吉娜·努佐（Regina Nuzzo）2014 年在《自然》杂志上所称的"p 值操纵"（p-hacking）（http://mng.bz/8NZP）。
>
> 相比依赖克里彭多夫 α 系数，你可选择按照以下标准之一（按优先顺序排列）剔

除标注员：

- 使用与克里彭多夫 α 系数不同的标准来决定谁表现好，谁表现差。理想情况下，你应使用标注员与已知基准事实答案的一致性。然后，你可使用该标准来剔除表现最差者。你可对已知答案的准确率设置一个阈值水平，或者决定删除一定比例的标注员（如最差的 5%）。在决定阈值或百分比时，不应考虑克里彭多夫 α 系数；

- 剔除表现差者，因为在统计上，表现差者的表现是离群值。如果你对自己的数学能力有信心，可使用这种方法。例如，如果你能计算出所有的一致性分数都为正态分布，那么你就可删除一致性低于平均一致性三个标准差的标注员。如果你对自己识别分布类型和适当离群值度量的能力没有信心，请还是使用第一种方法，并在必要时使用已知答案创建其他问题；

- 提前确定你预期的表现不佳的标注员比例，并仅剔除这些标注员。如果你发现通常有 5% 的标注员表现不佳，请剔除最差的 5%，但如果尚未达到目标一致性，就不要继续剔除。这种方法可能会产生些许偏差，因为你仍在使用克里彭多夫 α 系数来计算最低的 5%。不过，这种偏差可能很小。但是，在任何情况下，如果你能使用前两种方法，就不应使用这种方法。

如果你对克里彭多夫 α 系数进行 p 值操纵，会发生什么？你可能会得到错误的说明或不可能完成的任务，但你永远不会知道这一结果。除了那些碰巧坐在一起分享笔记的标注员之外，你最终可能删除所有人。

如果你已确定某名标注员不值得信任，那么你就应在计算一致性时剔除该标注员的判断。图 8-13 显示了我们的示例数据的结果，其中假定我们剔除了第一名标注员。

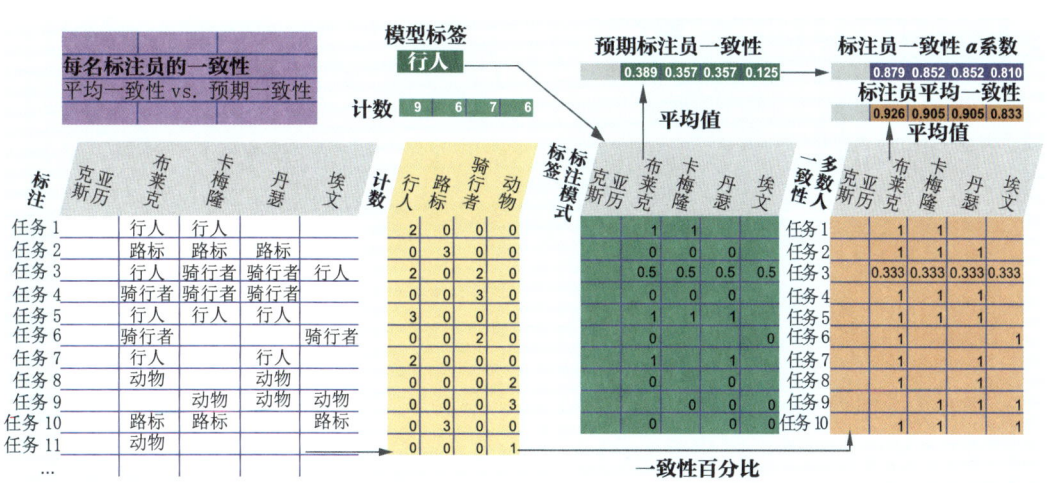

图 8-13　剔除第一名标注员后，重新计算标注员的一致性

请注意，与图 8-12 相比，四项评分中有三项都有所上升，但布莱克的一致性略有下降，埃文的一致性从第二名下滑到最后一名。

如图 8-13 所示，当与图 8-12 相比，当最不准确的人被剔除时，整体一致性会上升，但一些个体一致性分数仍可能下降（就像布莱克的情况一样），而且排名可能会发生很大变化，如埃文。在图8-11中，当我们计算大多数人的一致性时，埃文的一致性最高，但在图8-13中，在剔除亚历克斯后，当我们计算调整后的一致性时，埃文的一致性最低。

该图很好地说明了为何将一致性作为衡量准确率的唯一标准需要谨慎：因为你的选择可能会对不同个体产生不同的结果。

8.2.6 按标签和按人口统计特征划分的一致性

理想情况下，你的数据集会存在一些基准事实标签，因此你可使用这些标签在混淆矩阵中绘制误差图。这种混淆矩阵与机器学习模型所用的混淆矩阵大体相同。不同之处在于，它显示的是人类错误模式，而非模型错误模式。

你还可使用一致性混淆矩阵，来显示哪些标注与其他标注同时出现。图8-14显示了针对我们示例数据的矩阵。

	预测			
实际	行人	路标	骑行者	动物
行人	10	0	0	0
路标	0	6	0	0
骑行者	3	0	8	0
动物	0	1	0	7

计数	行人	路标	骑行者	动物
行人	30	0	6	0
路标	0	12	0	3
骑行者	6	0	14	0
动物	0	3	0	12

图 8-14 标注混淆矩阵

与示例数据中的基准事实数据比较（上图），与每对一致性或不一致性数据比较（下图）。

第二类混淆矩阵不会告诉你错误是什么，只会告诉你一致性或不一致性发生在哪里。无论是哪种类型的矩阵，你都可看到标注中最易混淆的地方。该信息可帮助你改进交给标注员的标注说明，并指出哪些标签对模型而言可能是最难预测。

8.2.7 考虑到现实世界中的多样性，通过一致性提高准确率

当你要跟踪大量细粒度的人口统计特征时，将一致性作为准确率的扩展手段将很有帮助。如果要跟踪人口统计特征的交集，由于可能存在过多的人口统计特征类别组合，

你或许无法收集到足够的基准事实数据。

举个例子，我们怀疑相比白天拍摄的图像，夜间拍摄的图像更难标注。现在假设你还想跟踪 1000 个地点的标注准确率。你不可能为 24000 个时间/地点组合中的每一个组合都提供大量的基准事实标签，因为创建这么多基准事实数据的成本很高。

因此，获得 24000 个时间/地点组合中每个组合的一致性是了解每个人口统计特征交集难点的最佳窗口。一致性和准确率之间并不总是存在完美的相关性，但这种方法可揭示出某些一致性较高的区域，你可对其进行审查，并将其作为获取更多基准事实数据的目标。

8.3 聚合多项标注，创建训练数据

对许多标注数据项而言，任务层面置信度是最重要的质量控制指标，因为它允许我们聚合每名标注员的标注（可能相互冲突），并创建将成为训练数据和评估数据的标签。

因此，了解如何将多项标注组合在一起并创建将成为实际标签的单一标签非常重要。聚合任务中的多项标注建立在本章所介绍的其他类型质量控制指标的基础之上：在计算给定任务的整体一致性时，我们希望考虑到对每名标注员的置信度。此外，在理想情况下，我们需要知道这项特定任务本身是更容易还是更困难。

8.3.1 在标注员意见一致时聚合标注

从出错概率而非正确概率的角度来考虑一致性可能是最简单的方法。假设我们有三名标注员，每个人的准确率都是 90%。任何一名标注员出错的概率都是 10%。第二名标注员在同一任务中出错的概率也是 10%，因此两人在同一数据项中出错的概率是 1%（0.1 × 0.1 = 0.01）。如果有三名标注员，概率就变成了 0.1%（0.1 × 0.1 × 0.1）。换言之，出错的概率是千分之一，正确的概率是 0.999。如果三名标注员的准确率都是 90%，而且三个人的意见都一致，那么我们可假定标签正确的置信度为 99.9%。假设第 i 名标注员的准确率为 a_i，则标签正确的整体置信度为 99.9%。假设第 i 名标注员的准确率为 a_i，则标签为正确的整体置信度为：

$$1 - \prod_{i=1}(1 - a_i)$$

但是，这种方法也存在局限性，因为它假定错误是独立存在的。如果第一名标注员出错，那么第二名标注员出错的概率是否仍然只有 10%？还是说，错误倾向于聚集或出现分歧？

不难想象错误模式是非随机的。最明显的是，有些任务比其他任务更难。如果有 10% 的任务会导致人们选择错误的标签，那么在该任务上三名标注员都可能犯错。如果你的任务存在大量标签，这一问题就不那么常见了，因为人们不太可能选择相同的错误标签。你通常希望尽可能减少任务中的标注，以提高效率，因此需要在准确率和成本间做出权衡。

通过基准事实数据，你可计算出以下结果：对于每个错误的标注，该任务的错误标注的百分比是多少？让我们举例说明。假设在我们的示例数据中，每个数据项的实际标签都是本章前面图 8-3 所示的标签。表 8-1 显示了任务 3 和任务 9 这两项任务，其中错误的标注为加粗显示。

表 8-1　任务 3 和任务 9

任务 3	**行人**	行人	骑行者	骑行者	**行人**
任务 9	**路标**	动物	动物	动物	动物

在任务3中，三个错误的"行人"标注都与另外两个"行人"标注一致，因此错误标签共有六项一致性。请注意，该数字是克里彭多夫α系数中的列之和（AW）。在任务9中，只有"路标"错误，因此不存在一致性错误。至于正确答案，任务3中，我们有两项一致性（两个"骑行者"标注相互一致），在任务9中则有三项"动物"标注与彼此一致。因此，正确时，共有八次标注员达成一致；错误时，共有六次标注员达成一致。为计算错误标注的一致频率，我们如此计算：

误差相关性 = 6 / (8 + 6) = 0.429

因此，尽管我们的整体错误率为10%，但标注中的错误同时出现的可能性为42.9%，高达四倍多！在第一次出错后，我们应假设错误会以该比率同时出现。在三名标注员都达成一致的情况下，我们标签的整体置信度为：

1 − (0.1 × 0.429 × 0.429) = 0.982

因此，当三名标注员意见一致时，对标签的置信度不再是99.9%，而是98.2%。换言之，从每1000个数据项中出现一个错误变为约每55个数据项中出现一个错误。

也可能出现相反模式，即错误模式出现分歧。假设三名标注员各自的准确率仍为90%，但所犯的错误却相同。一名标注员在识别"路标"时出现的错误最多，而另一名标注员在识别"动物"时出现的错误可能最多。他们可能会在不同的图像上出错，因此错误同时出现的概率为2%：

1 − (0.1 × 0.02 × 0.02) = 0.99996

在这种情况下，如果标注员技能互补，你就有 99.996% 的把握认为标注员间达成一致就意味着标注是正确的，也就是说每 25000 个数据项中会出现一次错误。

8.3.2　不同标注员和低一致性数学案例

正如第 8.3.1 节中的例子所示，不同标注员的错误模式存在很大差异。我们可对本例做些扩展，在数学上证明拥有一组不同的标注员会获得更准确的数据。

如果每次标注的整体错误率相同，准确率最高的数据的一致性会最低，因为错误被分散了，并且产生不一致性的机会更高。因此，在这种情况下，克里彭多夫α系数分数最低，这也就是为何我们不愿意仅仅依赖克里彭多夫α系数，因为它可能会不公平地惩罚多样性。我们的示例数据就证明了这一结果，克里彭多夫α系数分数为0.803。然而，如果我们将不一致分散开来，使每项任务中出现的不一致不超过一次，我们就能得到0.685的克里彭多夫α系数分数。因此，尽管数据中每个标签的频率相同，而且大多数标签更加可靠，但数据集看起来却并不那么可靠。

一致性聚集出现的情形不难想象，例如，某些例子的难度高于其他例子，或者标注员的判断虽主观但却相似。不一致的情况我们也很容易想象，比如标注员各不相同，对数据提出了不同但却合理的观点。

然而，在现实世界中，难以想象标注员完全独立地做出错误判断（除非因为疲劳等原因）。然而，几乎所有的一致性度量都假设了这种独立性，这就是为何我们需要谨慎使用这些度量标准。正如本节和第 8.3.1 节所示，基准事实数据可让我们为特定数据集校准到正确的数字。第 9 章讲到的进阶方法将对数据驱动的一致性指标进行详细介绍。

8.3.3 在标注员意见不一致时聚合标注

当标注员意见不一致时，你基本上是在收敛所有潜在标签的概率分布。让我们扩展任务 3 中的示例，假设每个人的平均准确率为 90%（图 8-15）。

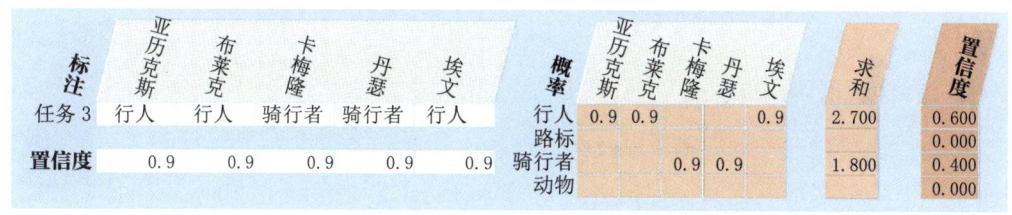

图 8-15 将每名标注员的准确率作为每项任务的一致性概率

在图 8-15 中，我们有三名标注员在这项任务中将图像标注为"行人"，两名标注员将图像标注为"骑行者"。在并非所有标注员都达成一致的情况下，将置信度视为加权表决是计算置信度的最简单方法。在计算任务 3 的置信度时，假设每名标注员的置信度都是 90%：

$$行人 = 3 \times 0.9 = 2.7$$
$$骑行者 = 2 \times 0.9 = 1.8$$
$$行人置信度 = 2.7 / (2.7 + 1.8) = 0.6$$
$$骑行者置信度 = 1.8 / (2.7 + 1.8) = 0.4$$

还可以这样理解这种计算方法：我们对本例中的每个人都有同样的置信度，五分之三的标注员都达成一致，因此置信度为 3/5=60%。

然而，这种方法存在一个问题：它并未给其他标签留下任何置信度。回想一下，在我们达成完全一致的情况下，仍有极小的可能性是错误的，正确标签是未被任何人标注的一个标签。我们可将置信度视为概率分布，并假定所有其他标签的权重都会在它们之间分配，从而将未标注标签的正确可能性考虑在内，如图 8-16 所示。

本例中对置信度的估计较为保守，也就是说看不见的答案所占权重较大。请注意，这种方法并不是我们在出现完全一致性的情况下使用的方法。想要获得更精确的标注概率分布，有许多方法，其中大部分需要用到回归模型或机器学习模型，因为它们无法通过本文所用的简单启发式方法计算得出。第 9 章将介绍这些进阶方法，对本章接下来的部分而言，这个例子就够了。

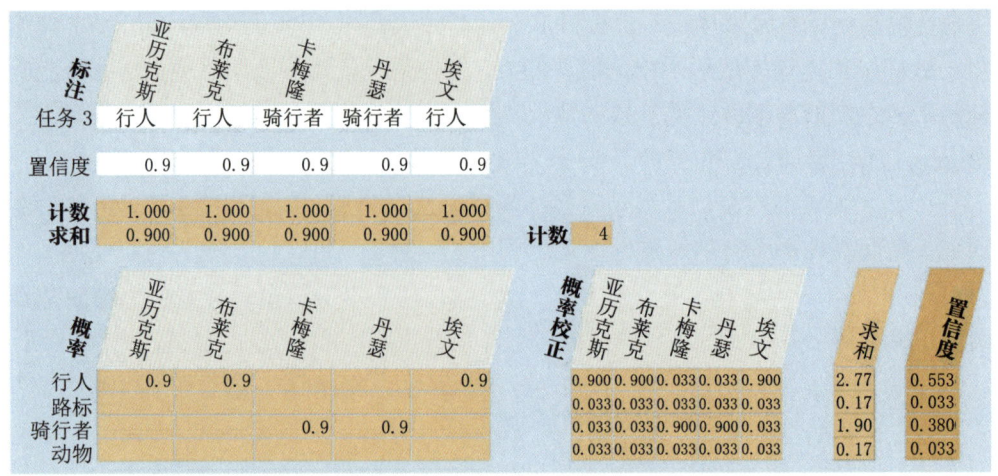

图 8-16 扩展标注员的所有置信度，为所有标签赋予一定权重

每名标注员的置信度为 0.9，因此我们将剩余的 0.1 分配给其他标签。

8.3.4 标注员报告的置信度

标注员通常对自身所犯错误以及哪些任务比其他任务更难有很好的直觉。作为标注过程的一部分，你可以询问标注员何时对特定任务的置信度不足 100%。用我们的数据举个例子（见图 8-17）：

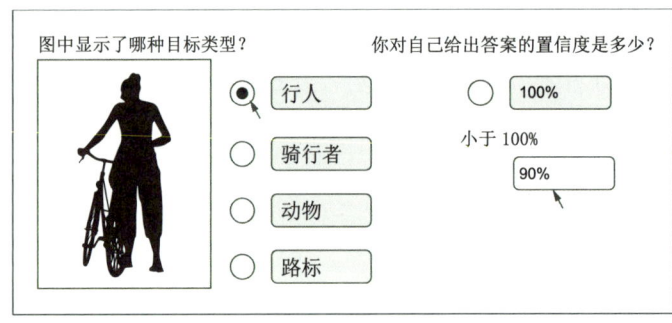

图 8-17 询问标注员对标签的置信度，是除了根据其准确率和/或一致性计算其置信度之外的另一种方法（或补充方法）

你也可以询问标注员心目中的整体概率分布，如图 8-18 所示。

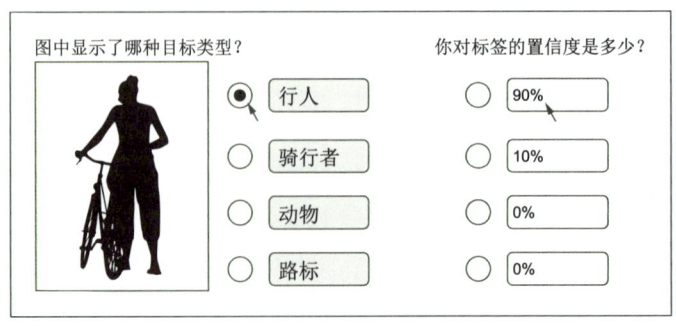

图 8-18 询问标注员对每个标签的置信度，是通过程序将其剩余置信度分配给其他标签的替代做法

根据图 8-18 所示的方法,你可将输入的百分比视为该标注员使用该标签的概率,或者当标注员的置信度低于 100% 时,你可选择忽略所有标注。你还可以询问标注员,其他标注员对问题可能做出的反应,这将产生一些不错的统计结果,有助于提高准确率和多样性,特别是对主观性任务而言。这些扩展功能将在第 9 章中介绍。

输入这些信息会显著延长简单标注任务(如本例所示)的标注时间,因此你必须权衡获取这些信息的成本及其所带来的价值。

8.3.5 决定信任哪些标签:标注不确定性

了解给定任务的标签概率分布后,就需要为何时不信任标签设定阈值,并决定不信任标签时的做法。以下列出三种选择:

- 将任务分配给另一名标注员,并重新计算置信度,以确定置信度是否足够高;
- 将任务分配给专家标注员,由其裁定标签是否正确(更多详情请参见第 8.4 节);
- 将此数据项从数据集中剔除,以避免可能的错误导致模型出错。

一般而言,为避免浪费之前在任务上所做的努力,尽量避免使用第三种情况。此外,考虑到较难任务不太可能是随机的,你还可能在数据中引入偏差。但是,出于预算或人员限制,你可能无法将相同的任务分配给很多人。

在决定是否信任标签之前,需要计算标签的整体置信度。假设我们的概率分布取自本章所用的例子:

$$行人 = 0.553$$
$$路标 = 0.033$$
$$骑行者 = 0.380$$
$$动物 = 0.033$$

计算整体置信度不确定性的方法有很多:包括单看"行人"的 0.553 置信度,考虑置信度第二高的标签("骑行者"),或者考虑所有可能的标签。

回想第 3 章的内容,这种情况与我们在主动学习的不确定性采样中遇到的情况相同。衡量标注一致性的不确定性有很多方法,而每种方法都对你所关心的内容做出了不同的假设。使用 PyTorch,本例可采用张量表示:

prob = torch.tensor([0.533, 0.033, 0.380, 0.033])

使用第 3 章的公式,我们可计算出不同的不确定性分值,如图 8-19 所示。

在本例中,我们得到了不确定性分数(请记住,1.0 表示最不确定):

$$最低置信度 = 0.6227$$
$$置信度边际 = 0.8470$$
$$置信度比率 = 0.7129$$
$$熵 = 0.6696$$

为得到整体置信度(而非不确定性),我们用 1 减去其中一项指标。

最低置信度：最高置信度预测与100%置信度预测的差值

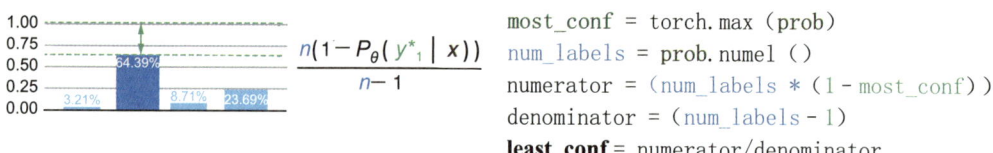

```
most_conf = torch.max (prob)
num_labels = prob.numel ()
numerator = (num_labels * (1 - most_conf))
denominator = (num_labels - 1)
least_conf = numerator/denominator
```

置信度边际：最高置信度预测与次高置信度预测的差值

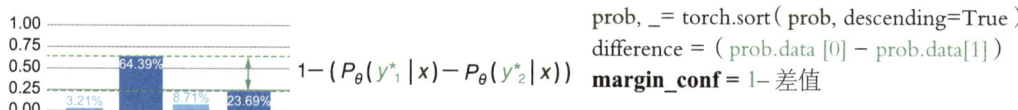

```
prob, _ = torch.sort( prob, descending=True )
difference = ( prob.data [0] - prob.data[1])
margin_conf = 1- 差值
```

置信度比率：最高置信度预测与次高置信度预测之间的比率

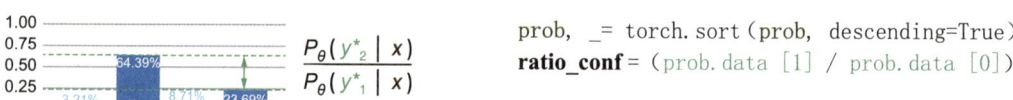

```
prob, _ = torch.sort(prob, descending=True)
ratio_conf = (prob.data [1] / prob.data [0])
```

熵：由信息论定义的，所有预测之间的差值

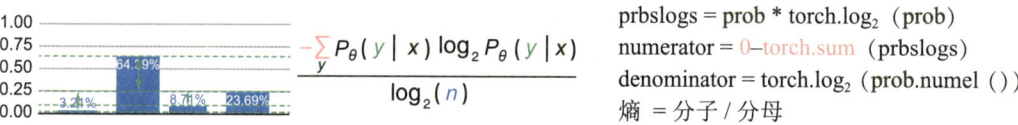

```
prbslogs = prob * torch.log₂ (prob)
numerator = 0 - torch.sum (prbslogs)
denominator = torch.log₂ (prob.numel ())
熵 = 分子 / 分母
```

图 8-19 计算概率分布不确定性分数的不同方法

这些方法与主动学习中计算模型预测不确定性(或置信度)的方法相同,此处用于计算标注员间一致性的不确定性。

获得不确定性分数后,你可根据基准事实数据,绘制不同分数的整体标注准确率图。然后,你就可借助该图计算准确率阈值获得数据的准确率(图 8-20)。

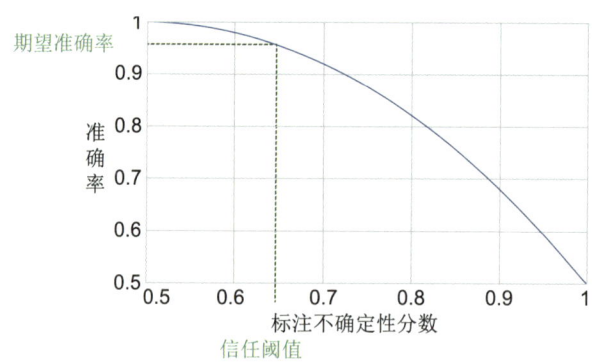

图 8-20 计算标注可信任的阈值。

在本例中,如果信任一致性不确定性低于约 0.65 的数据项,就能达到根据基准事实数据计算得出的约 0.96 的预期标注准确率。

你可为每种不确定性度量绘制曲线(如图 8-20 所示),以确定哪种方法最适合你的数据:在正确阈值下哪种不确定性采样方法能选择最多的数据项?

对于二元数据而言,不同不确定性分数的排序相同。因此,如果你已将任务分解为二元问题,你就可选择其中任何一项指标,而无需决定哪项指标最适合你的数据。

除根据基准事实数据计算阈值（如图 8-20 所示）外，在不同阈值的数据上训练机器学习模型时，你还可为其准确率找到最合适的阈值。尝试待忽略的数据项的不同阈值，然后观察模型在每个阈值下的下游准确率。模型对训练数据中错误的敏感度可能会随着训练项总数的变化而变化，因此你可能需要不断回顾过去的训练数据，并在每次新增训练数据时重新评估阈值。

8.4 通过专家审查开展质量控制

让主题专家来标注最重要的数据点是最常见的一种质量控制方法。一般而言，考虑到专家相比其他员工的稀缺性和 / 或高成本，我们往往只能将某些任务交给专家，且通常是出于下述目的之一：

- 标注数据项子集，使其成为用于制定标注指南和质量控制的基准事实示例。
- 对非专家标注员间的低一致性例子进行裁定。
- 标注数据项子集，使其成为机器学习评估数据项。在这些数据项中，人工标签的准确率更重要。
- 标注因外部原因而被视为重要的数据项。例如，想要标注来自客户的数据，你可能希望由专家来重点标注为你创造更多收益的客户的示例。

图 8-21 复制了第 7 章关于专家审查的图表，展示了上方列举的前两项的例子：为制定标注指南和质量控制创建基准事实示例，以及裁定低一致性示例（易混淆数据项）。

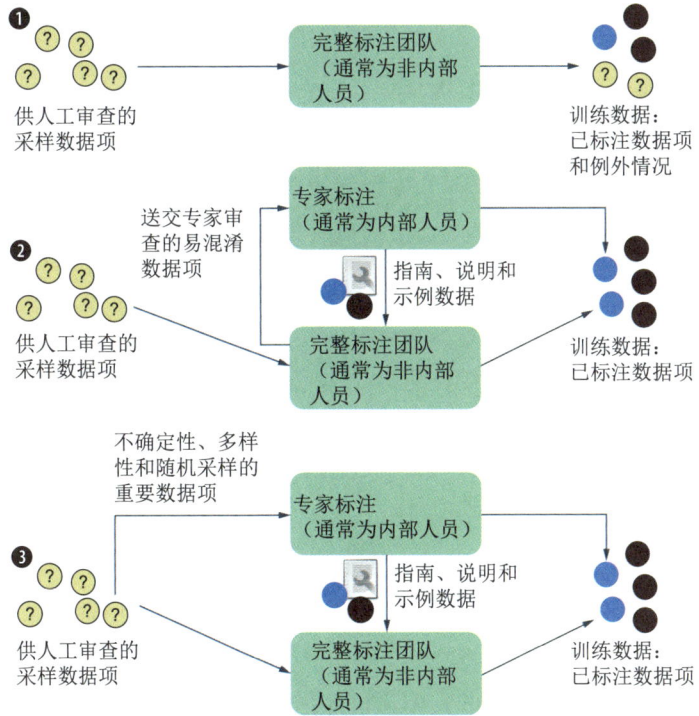

图 8-21　专家内部标注的三项工作流程（摘自第 7 章）

位于下方的两项工作流程展示了专家参与的两种不同方式：裁定对标注员而言有难度的数据项，以及为标注员制定指南。这两项工作流程可能存在于同一任务中，更复杂的工作流程也可能需要增加步骤。

要聚合专家审查后的标注，你可以将专家视为额外的标注员，也可以忽略先前的标注，根据专家置信度计算置信度。如果你知道你的专家比大多数员工更可靠，请选择后一种方法。

8.4.1 招聘和训练合格人员

正如第 7 章所讨论的，许多公司聘用了内部的主题专家，但你通常也可将这一岗位外包。例如，多年从事自动驾驶汽车标注工作的标注员就具有很高的技术水平。关于如何为任务选择合适的工作者（包括专家），更多信息请参见第 7 章。

8.4.2 训练人员使其成为专家

你可以以数据为基础，在非专家标注员群体中识别专家。跟踪单名标注员的准确率，而不仅仅是整个数据集的准确率，有助于发现哪些标注员有潜力被训练成专家。

为了将某些标注员培养成专家，你可以让这些标注员审查但不裁定他人的工作，这有助于标注员直观地了解人们常犯的错误。

在跟踪标注员的人口统计特征时，你也应跟踪专家的人口统计特征，以确保多样性（除非这种跟踪侵犯了专家的隐私）。对某项任务而言，标注员的年龄、居住国、教育水平、性别、语言水平及许多其他因素可能都很重要。如果不对标注员的人口统计学特征进行跟踪，并将一致性作为确定最佳标注员的一项指标，就有可能将标注员群体中存在的偏差带入专家标注员群体中。因此，你最好基于有代表性的数据而非随机样本确定专家。

8.4.3 机器学习辅助专家

通过机器学习强化日常任务，这是主题专家的一个常见用例。我们在第 1 章讲过，人在回路机器学习有两个不同目标：一是利用人工输入提升机器学习应用的准确率，二是借助机器学习优化人工任务。

搜索引擎就是一个很好的例子。你可能是某个科学领域的专家，正在检索一篇特定的研究论文。在你输入正确的搜索条件后，搜索引擎会帮助你找到这篇论文，并从你所点击的内容中学习，从而提升准确率。

电子发现（e-discovery）是另一个常见用例。与检索类似，电子发现的界面往往更为复杂，可用于审计等场合，方便专家分析师在大量文本中找到某些信息。假设在针对欺诈行为的法律案件的一项审计中，欺诈侦查专家分析师可能会使用某种工具，检索该案件的相关文件和通信资料，该工具可能会根据分析师已经发现的内容，展示迄今为止被标注为与该案件相关的所有类似文件和通信。到 2020 年，电子发现产业的市值已超过 100 亿美元。虽然在机器学习行业很多人可能还未听说过电子发现，但它却是机器学习最常见的用例之一。

在电子发现场景下，你可采用相同的质量控制措施，包括寻找专家间的一致性，由更高级别的专家裁定，以及根据已知答案评估等。不过，专家使用的可能是支持其日常任务的界面,而非标注专用的界面。因此其界面可能并未针对训练数据采集进行优化,而且专家工作流程可能会引入不受你控制的顺序效应。因此,第 11 章讲到的用户界面对质量控制的影响至关重要。

8.5 多步骤工作流程和审查任务

将复杂任务分解成更小、更简单的子任务,是获得更高质量标签的最有效方法之一。这种方法将带来诸多好处:

- 在较简单的任务,人们的工作速度往往更快,准确率也更高。
- 对较简单的任务更易开展质量控制。
- 针对不同的子任务,你可聘用不同的工作人员。

采用这种方法的主要缺点在于,管理更复杂工作流程的开销更大。根据特定条件,你最终会使用大量自定义代码路由数据,而这些代码可能无法在其他工作中重复使用。我从未见过哪个标注平台能通过即时使用或下拉选项的方式解决这些问题,而是几乎总是需要复杂的条件组合,要求编码或类似编码的环境才能完全解决。

图 8-22 显示了将目标标注任务分解为多个步骤的方法,其中,最后一个步骤是对前一个步骤的审查。

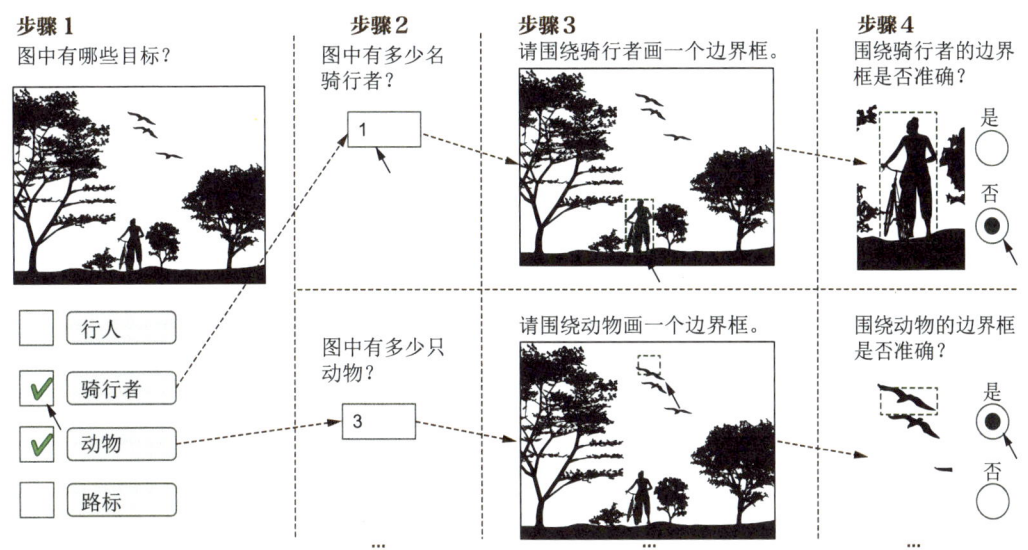

图 8-22 多步骤工作流程示例

如果将第 2—4 步划分为四种目标类型,则总共有 13 项任务。步骤 1 中的个体回答和步骤 4 中的评估均为二元任务。因此,虽然我们的目标是创建一个边界框,却需要使用第 9 章讲到的进阶质量控制指标。但是,在本章,我们可使用基于标签的简单质量控制指标。与一次性捕捉所有边界框的单一任务相比,我们可期待更高的产量和准确率,因为标注员一次只需专注于一项任务;采用按任务付费的方式,可简化预算方案,因为每项任务所需时间的可变性将减小;如果只信任某些标注员来完成最复杂的任务,也会简化团队成员之间的任务分工。

我所见过的最复杂工作流程大约由 40 项任务构成。该工作流程是为自动驾驶汽车的计算机视觉任务所设计,除语义分割外,对每种跟踪目标都有多个步骤要推进。

简单任务在用户体验上会打些折扣。一般而言,人们虽然喜欢效率的提高,往往却也会感觉简单的任务更加重复，令人疲劳。此外，有些人，特别是内部主题专家，可能会对将过去的复杂任务分解成简单任务感到不满；他们可能会认为这种情况意味着任务还不够成熟，无法在一个界面中解决所有步骤。在第 11 章，我们将再次讨论用户体验这一主题。在前述情况下，你可以说明选择工作流程的理由是考虑到机器学习能否获得良好训练数据，而不是标注员的专业知识。

8.6 延伸阅读

标注质量控制领域发展迅速，我们面临的诸多问题仍待解决。Lora Aroyo 和 Chris Welty 所写的 "Truth Is a Lie: Crowd Truth and the Seven Myths of Human Annotation"（《真相就是谎言：大众真相和人类标注的七个神话》，http://mng.bz/NYq7）是一篇高质量的文章。

关于一致性问题的最新综述，笔者推荐 Alessandro Checco、Kevin Roitero、Eddy Maddalena、Stefano Mizzaro 和 Gianluca Demartini 所写的 "Let's Agree to Disagree: Fixing Agreement Measures for Crowdsourcing" 一文（《让我们求同存异：修正众包的协议措施》，http://mng.bz/DRqa）。

20 世纪 70 年代，克劳斯·克里彭多夫（Klaus Krippendorff）提出克里彭多夫 α 系数。自那时起，已有诸多有关克里彭多夫 α 系数的论文和书籍问世。其中，笔者推荐 "Computing Krippendorff's Alpha-Reliability"（《计算克里彭多夫的 α 可靠性》，http://mng.bz/l1lB）一文，该文于 2011 年发表修订版本。值得注意的是，该文基于不一致性而非一致性开展计算，正如本书一样。

近期，Joseph Chee Chang、Saleema Amershi 和 Ece Semiha Kamar 撰写的论文 "Revolt: Collaborative Crowdsourcing for Labeling Machine Learning Datasets"（《Revolt：标签机器学习数据集的协作众包》，http://mng.bz/BRqr）就标注员如何向专家有效解释他们的决策过程提出建议。

有关标注员偏差的最新研究，请参见 Mor Geva、Yoav Goldberg 和 Jonathan Berant 所写的 "Are We Modeling the Task or the Annotator? An Investigation of Annotator Bias in Natural Language Understanding Datasets" 一文（《我们是在为任务建模还是为标注者建模？自然语言理解数据集中标注者偏差的调查》，http://mng.bz/d4Kv）。

有关说明标注员多样性如何提高准确率但降低一致性的论文，请参见 Leon Derczynski、Kalina Bontcheva 和 Ian Roberts 所写的 "Broad Twitter Corpus: A Diverse Named Entity Recognition Resource"（《广泛的 Twitter 语料库：多样化的命名实体识别资源》，http://mng.bz/ry4e）。

Nancy Ide 和 James Pustejovsky 编写的 *Handbook of Linguistic Annotation*（《语言标注手册》）是一本内容全面的书，涵盖了大量自然语言处理任务，并提供了丰富的使用案例。但是这本书需付费购买。如果你不想购买，可考虑向你感兴趣的章节的作者发送电子邮件，他们可能会分享相关内容。

8.7 小结

- 基准事实示例是指已知答案的任务。通过为数据集创建基准事实示例,你可评估标注员的准确率,为标注员创建指南,并更好地校准其他质量控制技术。

- 计算数据集中的一致性有许多方法,包括整体一致性、标注员间一致性、标签间一致性及任务层面的一致性。了解每种类型的一致性有助于你计算训练数据和评估数据的准确率,并加强对标注员的管理。

- 对任何评价指标,你应计算随机发生的预期结果,以此作为基线。通过这种方法,你可将准确率/一致性指标归一化为根据随机概率调整后的分数,从而更容易在不同任务间比较分数。

- 同时使用基准事实数据和标注员间一致性,将获得更好的结果,因为基准事实一致性可以让你更好地校准一致性度量指标。此外,相比单独使用基准事实数据,这样做可以使一致性度量指标应用于更多的标注。

- 你可以聚合多项标注,为每项任务创建一个标签。通过这种方法,你可以为机器学习模型创建训练数据,并计算每个标签正确的概率。

- 利用专家审查开展质量控制是解决标注员间不一致性的常见方法。考虑到专家的稀缺性和/或高成本,他们主要关注的是棘手的边缘情况,以及可用作其他标注员的标注指南的一部分情况。

- 通过多步骤工作流程,你能够将标注任务分解为更简单的任务,这些任务之间相互流通。这种方法能够让人们更快、更准确地标注,并且更易进行质量控制。

第 9 章
进阶数据标注与增强

本章内容包括：

- 评估主观任务的标注质量。
- 利用机器学习优化标注的质量控制。
- 将模型预测视为标注。
- 将嵌入/上下文表征与标注相结合。
- 利用检索和基于规则的系统标注数据。
- 利用轻度监督机器学习构建模型。
- 利用合成数据、数据创建和数据增强扩展数据集。
- 将标注信息纳入机器学习模型中。

对许多任务而言，简单的质量控制指标并不能满足要求。试想一下，你需要为图像标注"骑行者"和"行人"等标签。有些图像（例如推着自行车的人）如何判断本来存在主观性。标注员不该因为给出了属于少数派却有效的解释而受到惩罚。有些标注员对不同数据项的熟悉程度不一，这取决于他们对图像中地点的熟悉程度以及他们自身是不是骑行者。机器学习有助于估计标注员对特定数据点的判断有多准确率，还可自动补全某些标注过程，将候选标注快速提交给人类进行审查。如果某些环境中不存在骑行者或骑行者数量很少，你可通过合成手段创建新的数据项填补空白。整个数据集都得到完美的标注是很罕见的，因此你可能需要在基于该数据构建模型前从数据中删除某些数据项，或将不确定性纳入下游模型中。你也可能需要对数据集开展探索性数据分析，而不一定要建立一个下游模型。本章将介绍解决所有这些进阶问题的方法。

9.1 主观任务的标注质量

一项任务并非总是只有一种正确的标注，它可能本身就具有主观性；因此，你可能会得到不同的回答。我们可使用第 8 章中的示例数据（如图 9-1 所再现），其中展示了一个可能具有多种正确标注的数据项。

各项标注	亚历克斯	布莱克	卡梅隆	丹瑟	埃文
任务 1	行人	行人	行人		
任务 2		路标	路标	路标	
任务 3	行人	行人	骑行者	骑行者	行人
任务 4		骑行者	骑行者	骑行者	
任务 5	行人	行人	行人	行人	
任务 6	骑行者	骑行者			骑行者
任务 7	行人	行人		行人	
任务 8	动物	动物		动物	
任务 9	路标		动物	动物	动物
任务 10			路标	路标	路标
任务 11			动物		
...					

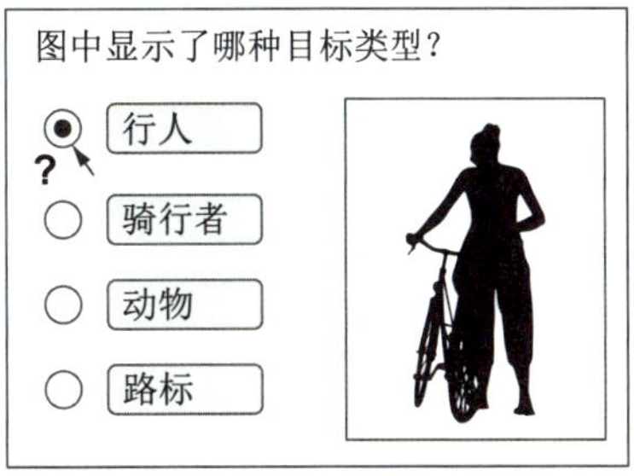

图 9-1 第 8 章图像的副本

由于"行人"和"骑行者"模棱两可,任务 3 可能存在多种有效解释。

当一名标注员热衷于选择"行人"或"骑行者"时,可能是基于以下多种原因:

- 真实情境——这人正在路上,或者该图像是从这人上/下车视频中截取的一部分。
- 隐含情境——这人看似要上车或下车。
- 社会影响导致的差异——世界不同地方的法律对一个人是否在骑行可能会有不同的界定。不同法律对是否允许在人行道、公路或专用自行车道上骑自行车,以及人们是否可在这些地方推行而非骑行自行车也有不同的规定。每名标注员所熟悉的法律或惯例都会影响他们的解释。
- 个人经历——我们可能会预料到,标注员自身是不是骑行者对其给出的答案也有影响。
- 个人差异——无论社会影响和个人经验如何,两个人对行人和骑行者的区别可能会有不同的看法。
- 语言差异——严格来说,骑行者可被解释为"任何会骑行的人",而不是"正在骑行的人",特别是当标注员的母语不是英语(这在众包和外包标注员中很常见),并且将"cyclist"(骑行者)翻译成标注员的母语时,其定义与英语中的定义也会有所不同。
- 顺序效应——如果标注者在先前标注中看到了更多的骑行者或行人,就更有可能将这幅图像解释为骑行者或行人。
- 渴望符合规范——标注者自身可能认为该图像是骑行者,但如果其认为多数其他人会将该图像看作行人时,他们可能会因害怕事后受到惩罚而选择并非自己确信的答案。
- 感知权力失衡——如果标注者认为你收集这些数据是为了帮助保障骑行者的安全,那么可能会倾向于选择"骑行者",因为他认为你更倾向于这一答案。标注员和任务创建者间的主动适应与权力不平衡对于存在明显的负面答案的任务(如情感分析)可能产生至关重要的影响。

- 真实的模糊——照片可能是低分辨率照片、失焦照片或者不够清晰的照片。

对于应当如何解释我们的示例图像，给出详细的指导原则是可能的，这也意味着需要一个客观的正确答案。然而，并非所有数据集都是如此。此外，人们往往难以提前预料所有的边缘情况。因此，我们通常希望以最佳方式捕捉主观判断，以确保收集到各种可能的回答。

在本章示例中，我们将假设存在一组正确答案。在开放式任务中，做出这种假设则要难得多，在这种情况下，专家审查就更为重要。请参见下文专家轶事，了解如果在开放式任务中不考虑主观性会出哪些问题。

在示例数据集中，我们可从示例图像中得知，"动物"和"路标"并非正确答案，因此我们需要建立一种主观质量控制方法，能将"行人"和"骑行者"（而非"动物"和"路标"）识别为有效答案。

标注偏差并非玩笑

丽莎·布雷登-哈德（Lisa Braden-Harder）的专家轶事

数据科学家往往低估了收集高质量的高主观性数据需要付出多少努力。在缺乏可靠的基准事实数据的情况下对数据进行标注，人类标注员就不容易就相关性任务达成一致。只有在有效传达目标，并且具有指南和质量控制措施的情况下，人类标注员的参与方可取得成功。这点在标注员来自不同的语言和文化背景的情况下尤为重要。

曾有一次，一家进军韩国市场的美国私人助理公司向我索要韩语版本的"敲门"笑话。我们谈了一场话，谈话的目的并非向产品经理解释为何这样做行不通，而是要为其应用程序寻找合适的文化内容。此场谈话打破了很多假设。即使是在讲韩语的人群中，创建和评估笑话的标注员也需要与目标客户具有相同的人口统计特征。该案例说明了为何减少偏差的策略会涉及数据管道的每一个部分，涵盖从指南到针对最合适标注人员的补偿策略等方方面面。请记住，标注偏差并非玩笑！

丽莎·布雷登-哈德，圣克拉拉大学全球社会福利协会的导师，巴特勒-希尔集团（Butler Hill Group）的创始人兼首席执行官。巴特勒-希尔集团是最大、最成功的标注公司之一。此前，丽莎·布雷登-哈德曾担任 IBM 的程序员，并在普渡大学和纽约大学获得了计算机科学学位。

9.1.1 了解标注员期望

当存在不止一个正确答案时，直接询问标注员可能是了解可能答案的最简单方法，而确定任务框架的最佳方法是询问标注员他们认为其他标注员可能会如何回答。图 9-2 展示了一个例子。

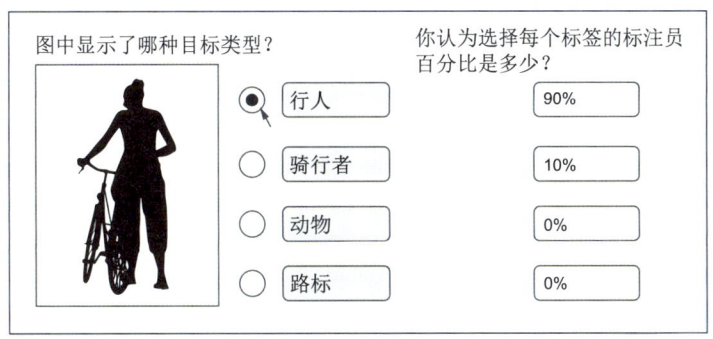

图 9-2　询问标注员认为其他标注员会选择什么答案

在这里，标注员表示他们认为图像上是行人，90% 的标注员会同意他们的观点，但 10% 的标注员则认为图像上是骑行者。这种方法可激励人们给出诚实的回答，并提供数据帮助你判断什么时候多个回答都是有效的。反过来，我们可捕捉到比任何一名标注员提供的正确答案更多样的答案。

该界面与第 8 章中的示例类似。不同之处在于，在上一章的示例中，我们要求标注员对每个标签给出自己的置信度，但在这里，我们要求标注员给出其他标注员的置信度。这一相对简单的变化具有以下多个优点：

- 任务设计明确允许人们给出他们认为并非大多数人想法的答案。此举鼓励了多样化的回答，并减少了顺从压力。
- 这可让你越过标注员多样性方面的一些限制。你可能无法让你所关注的每一个人口统计特征都有一名标注员来查看每个数据项。但通过上述方法，你只需要对所有不同的回答有正确直觉的标注员，即使他们不是对所有回答都有相同的解释。
- 由于你询问的是关于其他标注员的看法，因此可减少与感知权力动态相关的问题，从而使人们更易给出负面回答。当你认为权力动态或个人偏见影响了回答时，询问大多数人会如何回答而不是直接询问该标注员的想法不失为一个好策略。
- 你可创建数据，将有效答案和无效答案区分开来。如果我们给每个人对所观察到的对象给出 100% 的实际答案分数，并且知道他们会在多个标签中分配他们的预期分数，那么实际回答的预期分数就会低于 100%。因此，如果某个标签的实际分数超过了预期分数，那么我们就可信任这一标签，即使它的实际分数和预期分数的总体百分比都很低。

最后一点将提到的是贝叶斯推理中一个不太为人所熟知的原理：人们往往会低估自身回答的概率。因此，我们将在第 9.4.1 节中介绍一种名为"贝叶斯真相法"（Bayesian Truth Serum）的常见方法。

9.1.2　评估主观任务的可行标签

在开始分析可行标签时，我们可根据参与任务的标注员人数，计算出我们在实际标注中看到每个标签的概率。这些信息将帮助我们确定哪些标签是有效的。如果预计某个标签出现在某项任务标注的概率仅为 10%，但我们只有一到两名标注员，那么我们就不会期望实际上看到关于该标签在标注中出现。

我们使用预期概率的乘积计算每个标签应出现的概率。这与计算一致性的方法相似,我们采用了预期标注百分比的补码。该补码计算的是特定标签未被任何标注员选择的概率,而至少有一个标注员选择该标注的概率则为补码。图9-3显示了示例数据的计算结果。

据图9-3所示,在此项任务中,标注员选择了两个最可能的标签:"行人"和"骑行者"(与我们的示例数据中的相同),而选择"路标"和"动物"的百分比则分别为0%或5%。

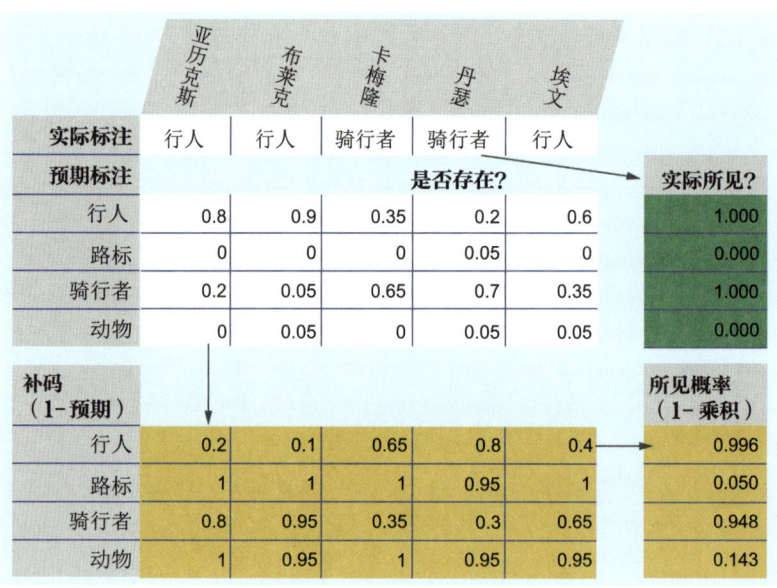

图9-3 测试主观标签是否可行

在本例中,五名标注员报告了他们对标签的标注及其认为选择每个标签的人数比例。布莱克认为标签为"行人"且90%的人会选择"行人",同时认为会选择"骑行者"和"动物"的人数比例各为5%。求出补码的乘积,就得到了在具有该数量的标注的情况下,我们遇到该标签的概率,我们可将这一概率与我们是否曾看到过这一标签的情况进行比较。

你可访问http://mng.bz/Vd4W,获取图9-3中的表格以及本章中所有其他示例的副本。

首先,我们假设没人选择"行人"作为实际标注,但人们仍然在其预期分数中向"行人"分配了一定权重。下面是图9-3的计算结果:

$$预期:[0.8, 0.9, 0.35, 0.2, 0.6]$$
$$非预期:[0.2, 0.1, 0.65, 0.8, 0.4]$$
$$非预期乘积 = 0.004$$
$$出现概率 = 1 - 0.004 = 0.996$$

根据这些预期分数,我们有99.6%的把握可确定至少应会看到一个真实的"行人"。因此,相当肯定的是,这一结果是由于标注员的感知出现了错误。如果根据预期标注,某个标签出现的概率很高,但实际却并未出现,那么我们就更有把握将其排除在可行标签之外。

现在,让我们看看图9-3中一个较少被预期出现的标签:"动物"。虽然有三名标注员认为有人会将图像标注为"动物",但在五名标注员中,有一位选择"动物"的概率仅为 14.3%。目前不曾有人选择过"动物",但并不排除"动物"出现的可能性。如果我们相信这些数字,就不会在只有五名标注员的情况下期望看到有人选择"动物",也不会在约 20 名标注员曾看到该选项前就期望看到有人选择"动物"。了解"动物"是不是个可行标签有以下几种方法(按复杂程度递增排列):

· 添加更多标注员,直到"动物"标签出现或出现的概率足够高,使我们可将"动物"排除在可行标签之外。

· 当专家标注员经验丰富,足以摒弃个人偏见时,请可信的专家标注员决定"动物"是不是个可行的标签。

· 找到那些在基准事实数据中将数据项正确标注为"动物"的标注员(虽然这种标注极其罕见,但却是正确的),并将这项任务交给他们(以程序化方式找到最优秀的非专家标注员)。

虽然第一种方案最易实施,但只有在你对你的标注员多样性有把握的情况下才会奏效。也许有人会正确地选择"动物",但他们并不在你的标注员之列,因此,这种情况永远不会发生。另外,选择"动物"可能客观上是不正确的,但这个例子比较棘手,预计有 5% 的人会选错。在这种情况下,你可能不希望选择"动物"。

因此,当对主观任务标签是否有效不确定时,你需要找到另一名理解可能存在多种回答的标注员(可能是专家)。

9.1.3 相信标注员能够理解不同回答

我们可查看某名标注员的预期标注与所有标注员实际标注之间的差异,来计算我们对该标注员预期标注的置信度。基本概念很简单。如果标注员预期两个标签的标注比例为 50:50,并且正确的比例确实为 50:50,那么该标注员在该任务中的分数应为 100%。

如果标注员人数为奇数,就不可能出现 50:50 的比例。因此,我们需要考虑在标注员人数有限的情况下可能达到的精确度。图 9-4 展示了一个略显复杂的例子。

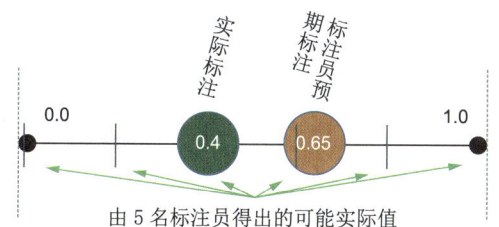

由 5 名标注员得出的可能实际值

标注员准确率:考虑到标注者不知道仅可能有 0.2 的增量(因为只有 5 名标注者),计算与 0.4 的距离大于与 0.65 的距离的值的百分比。

图 9-4 预期标注准确率示例

一名标注员估计所有标注员的回答的准确率,通过比较给定标签的实际标注数与某一标注员预期的标注数得出。在我们的示例数据中,这相当于卡梅隆预期在这项任务中有 65% 的人会选择"骑行者",而实际选择的人数比例仅为 40%。

在图 9-4 中,标注员将标注员人数高估了 0.25。在 0.15 和 0.65 之间,每一个值都更接近实际值 0.4，并且 0.65-0.15=0.5。因此，有 50% 的可能预期值更接近 0.4。然而，如果标注员人数足够多，真实的实际值会高于 0.4，因此我们按照 0.2 的最低精确度进行调整，得到 0.5×(1−0.2) + 0.2 = 0.6。也就是说，该名标注员的准确率为 60%。

图 9-5 给出示例数据中每名标注员每次估计的计算结果。要获得某名标注员的整体准确率，需对数据集中每项主观任务的准确率取平均值。

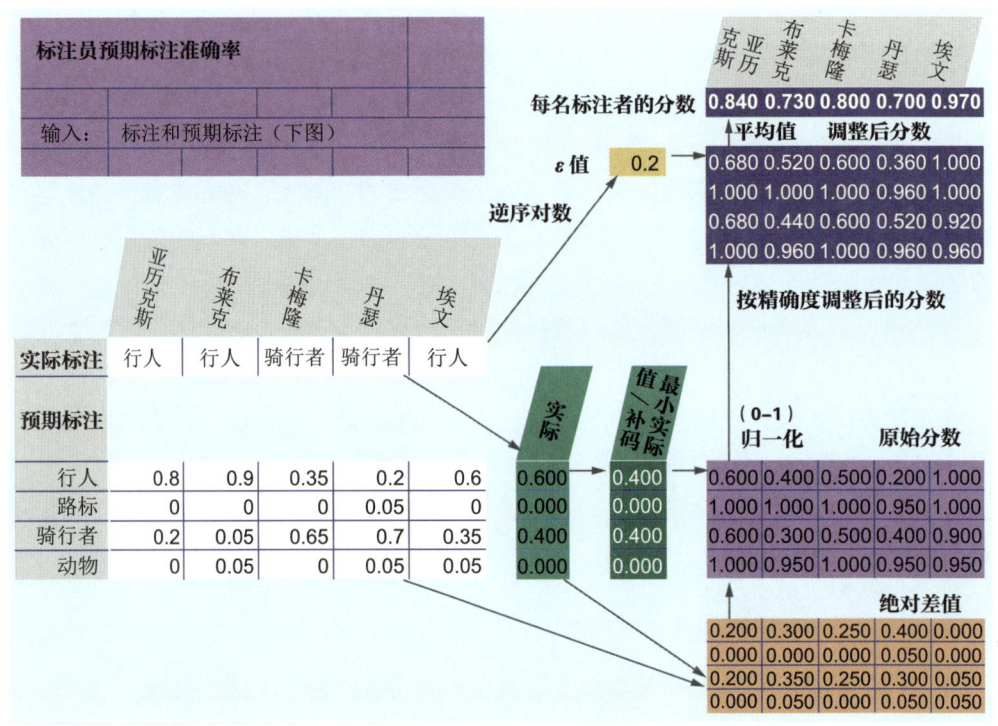

图 9-5 将每名标注员的估计准确率计算为调整后的分数，然后求得这些分数的平均值，得到这项任务中每名标注员的分数

在估计预期分布与实际分布的接近程度方面，卡梅隆的准确率为 80%。埃文的准确率最高，为 97%，而布莱克的准确率最低，为 73%。

图 9-5 中使用的 ε 值与第 8 章克里彭多夫 α 系数中使用的 ε 值相同。这在当时并不重要，因为克里彭多夫 α 系数计算的是数据集中标注总数的 ε 值。在本例中，我们计算的是单个任务中标注的 ε 值。然而，在比较原始分数和调整后分数后可以看出，ε 值产生了很大的影响，将结果调整了 20%。

如果了解标注员对实际分布的估计准确率特别重要，你可使用多种变体和扩展。对于某些任务，分数不可能为 0，因为每名标注员的预期标注分布总和必须是 1，所以，他们不可能总是为每个标签提供最差的估计值。（在图 9-5 中，如果标注员预期只有"动物"或"路标"会被选中，那么最差的分数可能是 0.44。）你可像第 8 章中的基准事实准确率和一致性一样，对这一基线进行归一化。

交叉熵是计算预期分布和实际分布间差异的另一种方法。在机器学习中，交叉熵是比较概率分布的常用方法。尽管如此，但我从未见过将其用来比较训练数据的实际标注和预期标注。这项技术将会是一个有趣的研究领域。

9.1.4 用于主观判断的贝叶斯真相法

第 9.1.3 节的方法侧重于每名标注员预测不同主观判断频率的准确程度，但分数并未考虑来自每名标注员的实际标注，而是仅考虑了他们的预期分数。由麻省理工学院的雷森·普雷勒克（Dražen Prelec）创建的贝叶斯真相法（Bayesian Truth Serum，BTS）是一种将这两者相结合的方法（见第 9.9.1 节中的《科学》杂志论文），BTS 是首个将实际标注和预期标注合并为一个分数的指标。

BTS 从信息论的角度计算分数。该分数不允许你直接解释标注员或标签的准确率。因此，BTS 寻找的是比同一标注员总体预测回复更常见的回复，而这些回复不一定是最常见的。图 9-6 展示了一个例子。

在图 9-6 中，从 BTS 的角度而言，卡梅隆的分数最高，主要是因为选择"骑行者"作为实际标注所提供的信息较多。换言之，与"行人"相比，"骑行者"的实际标注频率高于预期频率。布莱克的分数最低，主要是因为他预测 0.9 的标注会是"行人"，但实际仅为 0.6——这是所有预测中最大的误差值。因此，本节的数据集很好地展示了相比较常出现的标签，较不常出现的主观标签能够提供更多信息。不过，在某些情况下，最常见的实际标签也能提供最多的信息。

图 9-6 也是展示信息与准确率不同的很好的例子。回想一下，在图 9-5 中，埃文的分数最高，因为他的预期标注频率最接近实际标注频率。从 BTS 角度而言，卡梅隆的最终分数最高，因为即使卡梅隆的准确率比埃文低，但他对"骑行者"的预测更有价值，因为这是一个可能被忽视的较不常见的标签。

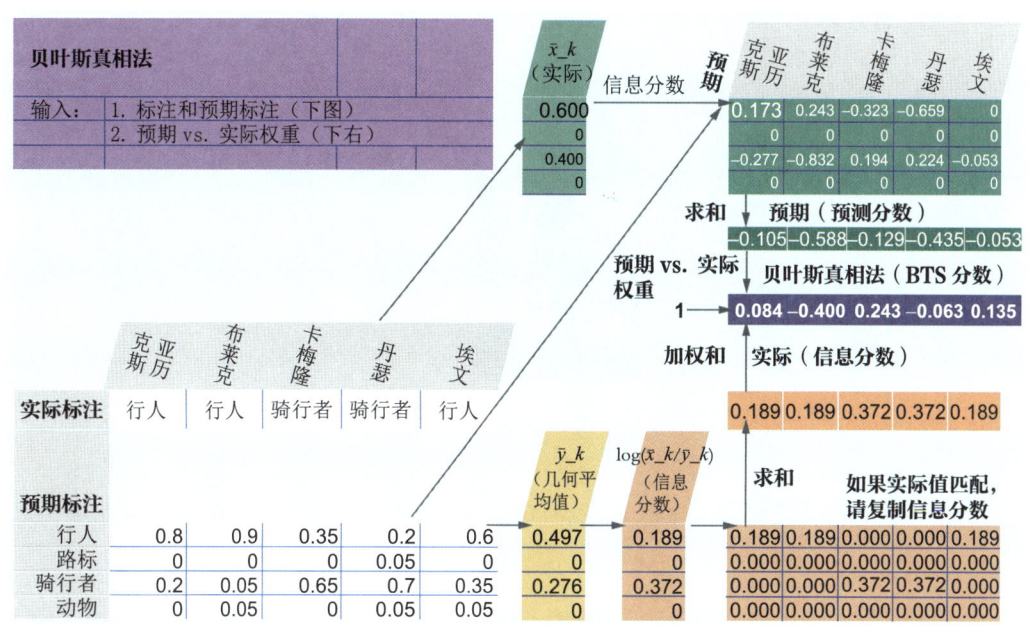

图 9-6 BTS 将个人的实际标注与对预期标注的预测组合为一个分数

信息分数指预期 × log（实际 / 预期）。每名标注员的分数显示，位列最高的是卡梅隆。对预期标注和实际标注而言，分数都是基于信息论。分数不仅与每名标注员的准确率有关，还与每名标注员所提供的信息量有关。

如果你发现，通过 BTS 获得最高信息分数的标注员始终都不是预测预期标注频率准确率最高的标注员,这一发现可能证明你的标注员缺乏多样性。这时你需要检查通过BTS分数最高的标注员是否通常选择较不常见的标签;如果是,则证明你的标注员群体比随机或有代表性的群体更常选择最常见标签。

在对BTS的一个有趣扩展中,发明者观察到,当实际标注的百分比超过某个标签的平均预期百分比时,这一发现很好地证明了出乎意料的受欢迎标签是正确的,即使它并不是大多数人选择的标签。但这一结果依赖于有足够多的标注员,并且至少有一名标注员选择了该标签。相反,当每项任务只有数名标注员时,这对于罕见但有效的标签而言是不太可能的。

请注意,在图9-6中,由于只有五名标注员,BTS分数并未进行调整,所有只能是0.2的倍数(图9-5中的ε值)。本节中的示例是关于BTS的原始计算方法。因此,出于教学目的,在此使用文献中的方法。添加这种调整也是可行的。但要注意的是,BTS具有良好的对称性。但是,在这种情况下,你将失去这种对称性;如果将预期分数和实际分数的权重设为1,正如我们的例子一样(权重相等),BTS分数相加总和都是0。如果你为精确度进行调整,情况就不再如此,因此这样修改后你将无法利用对称性。有关BTS扩展的更多信息请参见第9.9节。

9.1.5 在复杂任务中嵌入简单任务

如果前文提到的主观数据处理方式都不起作用,还有一个简单的解决方案:为任务创建一个非主观的附加问题,并假定如果标注员的回答正确,那么他们的主观标签也有效。图9-7展示了一个例子。

图9-7 主观任务与附加客观问题

本例假定如果一个人正确回答了客观问题,那么他的主观判断也是正确的,而非错误的,这将更易于开展质量控制。

在图9-7中,我们额外提出了一个问题,即在图像中能否看到天空。与目标类型不同,这一问题应是明确且客观的:天空要么可见,要么不可见。因此,我们可使用本章所讨论的技术,为某些问题嵌入已知答案,并且/或者寻求标注员间一致性,从而能够很容易地测试人们是否正确回答了问题。然后,我们假定人们在主观任务上也有相同的准确率。

使用这种方法时,我们依赖于这样一种假设,即较简单的客观任务的准确率将与主观任务的准确率强相关。一般而言，问题越接近相关内容，这种相关性就越强。在我们的例子中，我们询问的是目标的周边环境，因此准确率应高度相关。

当实际任务耗时较长时，这种方法最为有效。如果你要求某人对一大段文字进行总结，这通常需要耗时数分钟，而针对该段落额外提出一个客观问题，几乎不需要花费额外的标注成本。

9.2 用于机器学习的标注质量控制

有关数据标注的大多数质量控制策略都是统计驱动的决策过程，因此质量控制过程本身也可使用机器学习。事实上，本章和第 8 章中的大多数启发式方法均可建模为机器学习问题，并在保留数据上开展训练。下面将介绍四种机器学习驱动的质量控制方法，它们都采用标注员在基准事实数据和 / 或一致性上的表现作为训练数据：

- 将模型预测视为一项优化任务。利用标注员在基准事实数据上的表现，为实际标签找到概率分布，从而优化损失函数。
- 创建一个模型，预测标注员的单项标注是否正确。
- 创建一个模型，预测标注员的单项标注是否可能与其他标注员的标注一致。
- 预测标注员是否实际上是个机器人。

有些方法可单独使用，也可组合使用。后面的章节将依次介绍这些方法。

9.2.1 计算标注置信度是一项优化任务

在第 8 章，我们了解到可取所有标签的平均置信度。如果某名标注员的标注置信度小于 100%，那么剩余置信度就会分散到该标注员未选择的标签上。在此基础上，我们可查看所有标注员对基准事实数据的标注模式，然后将置信度视为优化问题。图 9-8 展示了一个例子。

图 9-8 显示了基准事实数据中标注的实际分布情况。如果只有少量的基准事实数据量，可考虑采用简单的平滑方式对这一数字进行平滑，例如添加一个常数（Laplace smoothing，即拉普拉斯平滑）。

与第 8 章讲到的方法相比，这种方法的优点在于：你可能不必放弃低准确率标注员的所有标注。在图 9-8 中，在大部分情况下，丹瑟的标注都是错误的，当他将一个数据项标注为"骑行者"时，只有 21% 的情况下是正确的。然而，事实上，"行人"在 72% 的情况下是正确的答案。这提供了有用的信息。也就是说，我们不能因为低准确率而将丹瑟的标注从我们的标注中剔除，而应保留它，并通过对其准确率进行建模来提高我们的整体置信度。

可取这些数字平均值，计算整体置信度。这样一来，"行人"的置信度为 68.4%，"路标"的置信度为 2.6%，"骑行者"的置信度为 27.2%，而"动物"的置信度为 1.8%。不过，平均值只是计算整体置信度的其中一种方法。你也可将这项任务视为优化任务，找到可最小化距离函数（如平均绝对误差、均方误差或交叉熵）的概率分布。如果你掌握机器学习相关知识，就知道这些方法是损失函数方法，并将这一问题视为机器学习问题：

通过找到与数据最匹配的概率分布,以最小损失为目标进行优化。

覆盖标签置信度

输入: 1. 实际标注
2. 标注基准事实分数

	亚历克斯	布莱克	卡梅隆	丹瑟	埃文
实际标注	行人	行人	骑行者	骑行者	行人
基准事实分数					
行人	0.91	0.93	0.28	0.72	0.58
路标	0.01	0	0.04	0.07	0.01
骑行者	0.04	0.05	0.67	0.21	0.39
动物	0.04	0.02	0.01	0	0.02

图9-8 使用基准事实数据表现计算模型置信度,将此作为一项优化任务。

在基准事实数据中,当亚历克斯将数据项标注为"行人"时,实际上有91%的情况为"行人",1%的情况为"路标",4%的情况为"骑行者",以及4%的情况为"动物"。当我们看到亚历克斯将某个新数据项标注为"行人"时,可假设其概率分布与此相同。

当丹瑟将数据项标注为"骑行者"时,我们知道实际上72%的情况下它为"行人",这显示了标注员对这些类别的混淆。

如果在我们的示例数据上尝试不同的损失函数,你会发现它们与平均值相差不大。把这一问题转换为机器学习问题的最大好处是,你可在置信度预测中加入标注本身以外的信息。

9.2.2 当标注员意见不一致时,收敛标签置信度

将聚合作为机器学习问题进行处理,我们可将基准事实数据作为训练数据。也就是说,相比优化从基准事实数据中提取的概率分布,我们可建立一个使用基准事实数据作为标签的模型。图9-9展示了扩展第8章基准事实数据示例的方法,以显示每个基准事实数据项目的特征表示。

如果我们采用图9-9中的数据建立一个模型,那么我们的模型将学会根据标注员在基准事实数据上的整体准确率来决定是否信任他们。我们不会明确告诉模型标注值与标签值相同,而是让模型自身来发现其中的相关性。

这种方法的最大缺点在于:标注了更多基准事实数据的人权重也会更高,因为他们的特征(标注)在训练数据中的出现频率更高。想要避免这一结果,可在标注过程早期先标注大部分的基准事实数据(在任何情况下,这都是确定准确率及微调其他过程的好方式),并在构建模型时,在每次遍历训练数据时对每名标注员抽取相同数量的标注。如图9-10所示,你也可通过聚合标签数并忽略是谁进行了标注,来克服这一缺陷。

通过机器学习开展的标签聚合稀疏特征
输入： 1. 实际标注
      2. 基准事实答案

	亚历克斯	布莱克	卡梅隆	丹瑟	埃文	基准事实 / 模型标签
任务 1	行人	行人	行人			行人
任务 2		路标	路标	路标		路标
任务 3	行人	行人	骑行者	骑行者	行人	骑行者
任务 4		骑行者	骑行者	骑行者		骑行者
任务 5	行人	行人	行人	行人		行人
任务 6	骑行者	骑行者			骑行者	骑行者
任务 7	行人	行人		行人		行人
任务 8	动物	动物		动物		动物
任务 9	路标		动物	动物	动物	动物
任务 10			路标	路标	路标	路标
任务 11			动物			动物
...						

基准事实 / 模型标签	特征	亚历克斯：动物	亚历克斯：行人	亚历克斯：路标	布莱克：动物	布莱克：行人	布莱克：路标	卡梅隆：动物	卡梅隆：行人	卡梅隆：路标	丹瑟：骑行者	丹瑟：行人	丹瑟：路标	埃文：骑行者	埃文：动物	埃文：行人
行人			1			1			1							
路标							1			1			1			
骑行者			1			1					1					1	
骑行者								1									
行人									1				1				
骑行者		1				1											
行人																	
动物		1										1					
动物				1													
路标								1									
动物						1			1								

图 9-9 以基准事实数据作为训练数据的稀疏特征表示

我们可使用基准事实数据集中的每项标注，并将实际标注作为特征，从而将基准事实标签作为机器学习模型的标签。通过这种方式，我们可建立一个可预测正确标签并给出预测相关置信度的模型。

如果你的模型预期特征值范围是［0-1］，你可能需要对图 9-10 中的数据项进行归一化。至于图 9-9 中的稀疏特征表示和图 9-10 中的聚合特征，你可尝试使用你对每个预测的置信度，而不是将每项标注计为 1。该置信度分数可以是标注员自己报告的置信度（如第 8 章所示），也可以是预期分布（如第 9.1 节讲到的主观判断）。你也可以根据标注员过去的工作，为每名标注员设定一个置信度指标。无论你尝试使用哪种指标，需要确保该指标并非从你将要用于训练的基准事实数据中得出的，否则它会对你的质量预测模型出现过拟合。

基准事实/模型标签	特征	动物	骑行者	行人	路标
行人		0	0	3	0
路标		0	0	0	3
骑行者		0	2	3	0
骑行者		0	3	0	0
行人		0	0	4	0
骑行者		0	3	0	0
行人		0	0	3	0
动物		3	0	0	0
动物		3	0	0	1
路标		0	0	0	3
动物		1	0	0	0

图 9-10 以基准事实数据作为训练数据的密集（聚合）特征表示

特征是每个标签的计数，因此忽略了标注员的身份。我们可取基准事实数据集上的每项标注，将每项标注记为特征，并将基准事实标签作为机器学习模型标签。当你的多名标注员只具备较少的基准事实标签时，参照本例比参照图 9-9 中所示的例子更为稳妥。

与稀疏特征表示的例子一样，单一神经元或线性模型应足以为图 9-10 提供可靠的结果，而不至于对密集特征表示数据出现过拟合。不管怎样，在尝试更复杂模型前，你应先从更简单的模型开始。

此时，能不能把稀疏特征和聚合特征都用作同一个模型的特征？答案是能！你可以创建一个模型，使用这些特征以及任何可能与计算聚合多项标注置信度相关的其他特征。但是，即使你决定采用"把所有东西都放到模型中"的厨房水槽法（kitchen-sink approach）来进行数据聚合，也应在尝试更复杂模型和调整超参数前，将图 9-9 和图 9-10 中的特征表示作为基线。

为评估该模型的准确率，你需要将基准事实数据拆分为训练数据和评估数据，从而评估对保留数据的置信度。如果你使用的是比线性模型或单神经元模型更复杂的模型（例如超参数调整），那么你还需要进一步拆分，以创建一个用于调整的验证数据集。稀疏表示法和聚合表示法都可将模型预测等同于标注员预测进行使用。在聚合表示法中，你可以考虑是否要将模型预测与人类标注分别进行聚合。

9.2.3 预测单一标注是否正确

在标注质量控制中使用机器学习的最灵活方式是将其作为一个二元分类器，用于预测单项标注是否正确。你可用相对较少的数据来训练模型，这是简单的二元分类任务的优势。如果你使用基准事实数据进行训练，就可能没有太多数据可供训练，因此这种方法可让你充分利用有限的数据资源。

当每个数据项只有很少的标注员时，这种方法尤其有用。你的预算可能只够聘用一名标注员来查看大部分数据项，特别是当标注员是在大部分时候都很可靠的主题专家

（SME）时。在这种情况下，你希望识别出主题专家可能出错的少数情况，但是你不具备一致性信息来帮助识别，因为大多数时候只有一项标注。

最简单的实现方法包括将标注员身份及其标注作为特征，如图 9-9 所示。因此，该模型将告诉你，在基准事实数据中，针对特定标签，哪些标注员的能力最强，哪些标注员的能力最弱。

你可考虑其他特征，这些特征可能会提供有关标注员是否可能出错的额外背景信息。除标注员身份和标注外，你还可在模型中尝试使用以下特征：

- 同意该标注的标注员人数或百分比（如有）。
- 标注数据项的元数据（时间、地点和其他类别）以及标注员的元数据（相关人口统计特征、资质及在这项任务上的经验等）。
- 来自预测模型或其他模型的嵌入。

元数据特征可帮助你的模型识别标注质量中可能存在偏差或有意义趋势的领域。如果某一元数据特征捕捉到了照片拍摄的时间，那么你的模型可能会学习到晚上拍摄的照片往往较难准确标注这一事实。标注员亦是如此。如果你的标注员本身就是骑行者，他们可能会对包含骑行者的图像持有偏见，但是模型却能够了解这种偏见。

这种方法也适用于主观数据。如果你的主观数据有不止一个正确答案，那么对二元模型而言，每个正确答案都可能是正确的。这种技术相当灵活，也适用于多种类型的机器学习问题。详细内容将在第 10 章介绍。

> **向标注员展示正确的基准事实答案**
>
> 当标注员出错时，你可选择向他们展示正确答案。
>
> 这种审查应会提升标注员的表现，但也会增加评估该名标注员准确率的难度。因此，你需要权衡这样一个问题：是在标注员每次出错时都告诉他，从而提高标注员的准确率，还是不告知标注员部分或全部基准事实数据项正确与否，以便对标注员的表现进行更好的质量控制？你可能需要在其中找到平衡点。
>
> 在基于基准事实数据建立的模型中，对于标注员已了解正确答案的数据项，应谨慎使用。例如，标注员可能会在关于推行自行车的人的基准事实数据项上犯错。但是，如果将这一错误告知标注员并给出正确答案，那么该标注员之后犯同样错误的可能性就会降低。因此，该标注员当前在一些数据项类型上可能已经具有高准确率，但你的质量控制模型可能会错误地预测他们要犯错。

9.2.4 预测单一标注是否一致

作为预测标注员是否正确的替代方案，你还可预测标注员是否与其他标注员意见一致。这种方法可增加训练数据项的数量，因为你可以训练一个模型，预测由多个人标注的所有数据项的一致性，而不仅仅是基准事实数据中的数据项的一致性。未来，这种模型可能会发挥越来越重要的作用。

预测一致性可帮助发现本应预测出不一致但实际上并未预测出这一点的数据项。也许出于偶然，少数标注员彼此达成了一致。如果你有把握地预测出本应发生不一致（即使是由并非参与该任务的标注员所达成的不一致），那么这一发现就能证明该数据项可能需要额外的标注。

你可尝试这两种方法：建立一个模型，用于预测标注员何时正确，并构建一个单独的模型，预测标注员何时与其他标注员意见一致。然后，当预测某项标注是错误或与其他标注不一致时，你就可重新审视任务或寻求额外的标注。

9.2.5 预测标注员是不是机器人

如果你在与匿名标注员合作时，发现某名标注员实际上是个机器人，正在骗取你的工作成果，那么你就可创建一个二元分类任务来识别其他机器人。如果我们发现标注数据中的丹瑟是一个机器人，我们可能会怀疑其他人类标注员也是这个机器人冒充的。

如果你确定某组标注员是人类标注员，那么他们的标注就可成为模型的人类训练数据。通过这种方法，你可有效地训练一个模型来询问标注员："我们是人类，还是丹瑟？"

有时，机器人是标注团队的有效补充。机器学习模型可自主地标注数据或创建数据，也可以与人合作进行数据标注或创建。本章接下来将专门介绍自动化或半自动化数据标注的方法。

9.3 将模型预测作为标注

在模型预测中将模型视为标注员是半自动化标注的最简单方法。这一过程通常被称为"半监督学习"（semi-supervised learning），尽管这一术语已被应用于几乎任何监督学习和无监督学习的组合。

你可以信任模型预测，也可以在模型预测中将模型视为众多标注员中的一名。这两种方法将对你应该如何处理模型置信度及如何实施用于审查模型输出的工作流程产生不同的影响。下面我们将对这两部分内容分别展开探讨。你还可使用模型预测来寻找噪声数据中的潜在错误，这将在第 9.3.3 节中介绍。

自动标注是否会取代人类标注员？

自 20 世纪 90 年代以来，每隔几年就会有人声称已实现自动标注。然而，30 年后的今天，我们仍需要为 99% 以上的监督机器学习问题标注数据。

无论是使用模型置信度、基于规则的系统还是其他方法，关于自动标注的学术论文都存在两个常见问题。其一，几乎所有学术论文总是将自动标注方法与随机采样进行比较。正如你在第 2 章所见，即使是简单的主动学习系统也能快速提高模型的准确率，因此很难通过这些论文评估与主动学习相比的优势。其二，这些论文往往假设评估数据已存在，这对于学术性质的数据集而言是正确的。然而，在现实世界中，你仍需建立标注流程，创建评估数据、管理标注员、制定标注指南并对标注开展质量控制。

> 如果你对评估数据开展了这一系列工作,为何不在标注组件中额外多花些精力来创建训练数据呢?
>
> 在现实中,基本不存在"全有或全无"的解决方案。尽管我们无法将人类标注员从大多数监督机器学习系统中剔除,但依然存在一些方法可用来改进我们的模型和标注策略,包括使用模型预测作为标签、嵌入和上下文表征、基于规则的系统、半监督机器学习、轻度监督机器学习和合成数据等。所有这些技术都对"人在回路"具有有趣的影响。本章将对这些技术进行介绍。

9.3.1 信任可信模型预测的标注

将模型作为标注员来信任的最简单方法是信任模型的预测结果,并将其作为标签,具体而言,是信任超过一定置信度阈值的预测结果并将其作为标签。图 9-11 展示了一个例子。

图 9-11 展示了预测模型自动标注数据项的方式。以此为起点,我们可以开始引导我们的模型。这种方法适用于已有模型但无法访问模型训练数据的情况。这在机器翻译中很常见。自谷歌发布首个大型机器翻译系统以来,之后的每个大型机器翻译系统都采用了来自谷歌引擎的翻译数据。虽然这种方法的准确率低于直接标注数据,但却能够有效降低快速启动的成本。

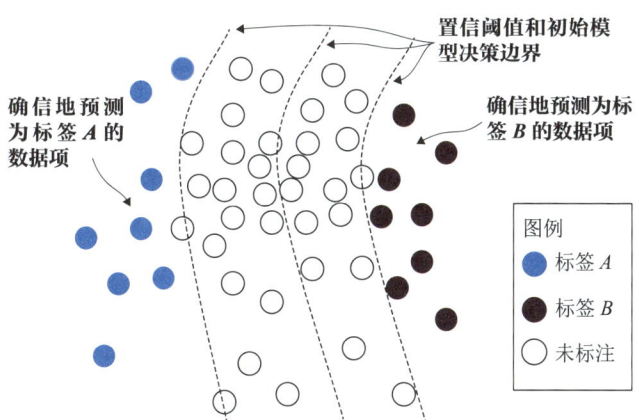

图 9-11 将置信度最高的预测视为标签

模型会将数据项预测为标签 A 或标签 B,而置信度最高的预测数据项会视为正确标签。通过本例所述方式,我们可快速构建模型,但也存在一个缺点:由于模型是用远离决策边界的数据项建立的,这会在可能的边界位置造成大量的误差。

在将现有模型适应新类型数据时,这种半监督学习(有时也称为"引导式半监督学习",即 bootstrapped semi-supervised learning)很少能单独发挥作用。如果你有把握对某项内容正确分类,那么你的模型从它已确信的附加数据项中可获得的额外信息将微乎其微,并且有增加偏差的风险。如果某项内容很新,那么模型很可能无法对其做出有把握的分类,或者(更糟的是)可能会对其进行错误分类。然而,如果能与主动学习技术结合使用，并确保有足够的代表性数据，这种方法还是很有效的。图 9-12 展示了信任模型预测、将其作为标注的典型工作流程。

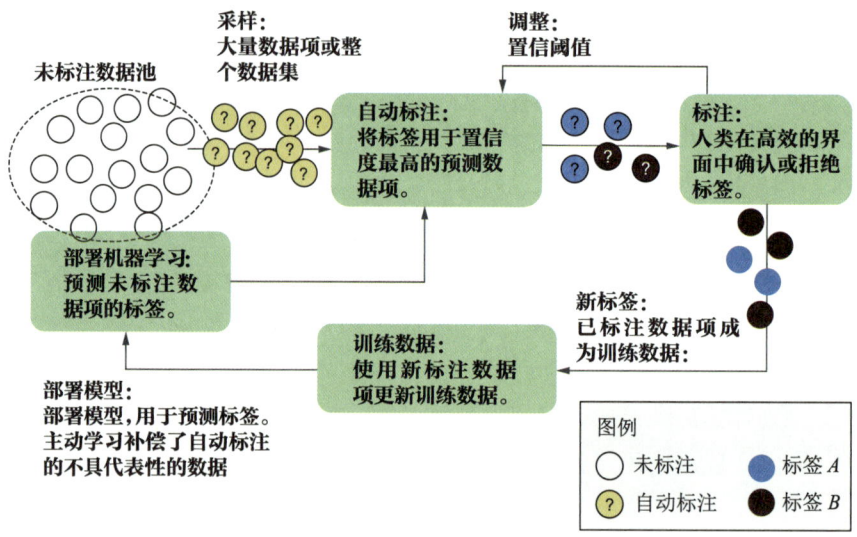

图 9-12 使用可信预测作为标注的工作流程

模型用于预测大量（也可能是全部）未标注项的标签。人类标注员审查部分标签，并将审查通过的标签作为训练数据的标注。人类标注员还可利用这一过程，调整阈值，从而提升将标签转化为标注时的置信度。

以下列出了使用置信度模型预测创建标注的一些提示：

· 置信度边际和置信度比率可能是最佳的置信度度量方式，因为相对于其他标签，你可获得最高的置信度。因此，你可将这些指标视为良好的起点，但也可尝试其他不确定性采样指标，从而确定最适合你的数据的度量方式。

· 按照每个标签设置置信度阈值，或者对每个标签的前 N 个预测结果进行采样，而不是尝试为所有标签设置一个置信度阈值。否则，置信度最高的预测很可能来自少数易于预测的标签。

· 每次迭代训练两个模型：一个根据所有标注训练，另一个是仅根据人类标注员看过的标注训练。当第一个模型的置信度较高而第二个模型的置信度较低时，请不要相信预测结果。

· 跟踪人工标注和自动标注数据项，确保一定数量的训练周期仅使用人工标注数据项，以防止模型过度偏离（这种策略通常被称为"伪标注法"）。

· 在主动学习的下一次迭代中使用不确定性采样，以重点关注新的决策边界。

· 利用代表性采样，查找与先前模型训练数据不同的数据（有关在结合人类标签和机器标签时使用代表性采样的更多信息，请参见第 7.5.4 节）。

如果标注任务耗时较长，那么你可以使用模型预测生成供人工审查的候选标签，而不是完全信任它们，这种方法可能更有效。如果我们有一项包含数百个标签的分类任务，对于标注员而言，做接受或拒绝某个预测标签的二元分类任务比手动从数百个标签中做选择要快得多。相比标注，这种情况在序列标注和语义分割等其他类型的机器学习中更为常见。第 10 章将详细介绍如何在这些用例中使用模型预测。

图 9-12 所示的审查工作流程可能会导致偏差，因为人类过于信任模型，会导致错误长期存在，甚至有时会放大错误。在第 11 章讨论用户体验和标注界面时，我们将介绍减少这些错误的方法。

9.3.2 将模型预测视为单名标注员

将下游模型的预测结果视同标注员的标注结果，这是将机器学习纳入标注流程的第二种方法。假设在我们的例子中，标注员埃文并非人类标注员，而是我们的下游机器学习模型。从图9-13中可以看出，埃文标注的准确率很高，除了在任务3中错将"骑行者"标注为"行人"，其他标注都是正确的。因此，如果我们将埃文的预测视为人类标注员做出的预测，就可采用完全相同的方法收敛至正确的一致性。

	亚历克斯	布莱克	卡梅隆	丹瑟	埃文模型预测
实际标注	行人	行人	骑行者	骑行者	行人
基准事实分数					
行人	0.91	0.93	0.28	0.72	0.58
路标	0.01	0	0.04	0.07	0.01
骑行者	0.04	0.05	0.67	0.21	0.39
动物	0.04	0.02	0.01	0	0.02

图 9-13 将来自模型的预测视作标注纳入

我们在示例数据中，可假定埃文实际上是一个预测模型而不是人类标注员。对于任何需要考虑每名标注员准确率的方法而言，往往都可以将模型预测作为人类标注员纳入工作流程的这一部分。

你可像使用其他标注员的标注一样纳入模型的预测。通过应用第 9.2.1 节中的技术（在计算最终概率分布时考虑了标注员的准确率），我们使用了模型在基准事实数据上的准确率。

你可考虑不同的工作流程，具体取决于采样数据项的标注方式。如果考虑到埃文是通过过去的人类交互训练出来的，会根据相应的知识采取行动，那么埃文就会受到过往交互和训练数据的影响，并且会模仿这些人类行为，除非埃文变得与人类对立了。

因此，如果采样到的数据项与过往训练数据相似，并且埃文有把握进行分类，那么你可能会要求另一名标注员确认该标注，而不是仅使用最少数量的标注员。这种方法介于信任高置信度预测和将模型视为标注员这两种策略之间。

9.3.3 通过交叉验证查找错误标注数据

如果你有一个已标注的数据集，但不能确定所有标签是否都正确，那么你可使用模型查找需人工审查的候选标签。当模型预测的标签与已标注的标签不同时，就有充分的证据表明该标签可能是错误的，需要人类标注员进行审查。

但是，如果你正在查看现有数据集，那么你的模型就不应用与评估数据相同的数据训练，因为你的模型会对这些数据出现过拟合，因此可能遗漏许多情况。如果展开交叉验证（例如将数据分成 10 个部分，其中 90% 作为训练数据，剩余的 10% 作为评估数据），你就可以用不同的数据进行训练和预测。

市面上有大量关于在噪声数据上训练模型的文献，但大部分都假定人类无法审查或纠正错误标注的数据。同时，这些文献也假定你可花费大量时间调整模型，以自动识别和处理噪声数据（参见第 7 章讲到的研究生经济思维）。在几乎所有的真实用例中，你都应该能够标注更多数据。如果你知道你的数据中存在噪声，至少应为评估数据设置一个标注过程，从而了解实际的准确率。

基于一些合理的原因，你可能无法避免使用噪声数据。例如，数据可能本身就含糊不清，你可能会得到大量免费但有噪声的标签，或者你的标注界面为了显著提升产量可能会牺牲些许准确率，稍后，我们将再次讨论考虑应对噪声数据的方法。然而，值得注意的是，在几乎所有情况下，获得准确的训练数据都是更好的选择。

9.4 嵌入和上下文表征

当前关于机器学习的研究主要集中在迁移学习上：令一个任务的一个模型适应另一个任务。这种技术为标注策略带来了有趣的可能性。如果你的标注任务特别耗时（例如语义分割），你可能能够以某种其他方式标注数量级更多的数据，然后将这些数据用于适应语义分割任务的模型中。本节稍后会讲具体的例子。

目前，迁移学习是一个热门研究领域，术语也在不断发生着变化。一个专为适应新任务而建立的模型通常被称为预训练模型，而该模型中的信息则被称为"嵌入"（embedding）或"上下文表征"（contextual representation）。图 9-14 展示了使用上下文嵌入的一般架构。

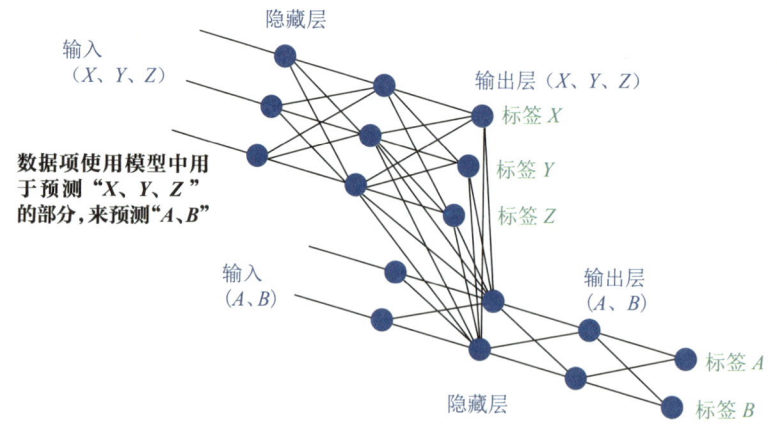

图 9-14　迁移学习示例

我们的任务是预测一个数据项是 "A" 还是 "B"，我们认为预测 "X" "Y" 或 "Z" 的当前模型将提供有用信息，因为这两个任务之间存在相似之处。因此，我们可将 "X" "Y" 或 "Z" 模型中的神经元作为我们预测 "A" 或 "B" 模型的特征（表征）。与本书前文所述的例子相似，本例使用隐藏层作为聚类特征，并通过迁移学习，调整现有模型，以适应新任务。在某些情况下，我们可能会忽略输入 "A" 和 "B"，仅将预训练模型作为新模型的表征来使用。

你可能想要尝试图 9-1 中架构的各种变体。你可选择在表征中仅使用某些层，特别是当你担心维度过多的情况下。或者，你可能只想要预测标签，而不需要任何模型内部表征。如果你只访问模型预测，这将是唯一的选择。在文献中，这种方法可能被称为"使用另一个模型的预测作为特征"而非表征。

你还可决定是要改编或调整现有模型，还是在新模型中使用现有模型的特征。在第 5 章所述的自适应迁移学习中，我们曾在新模型中使用现有模型的特征。正如该章指出的，将一个模型输送到另一个模型（如图 9-14 所示）中相当于使用冻结权重调整模型。如果你要训练所有模型而不使用现有模型，另一种选择就是采用多任务模型。你可建立一个具有共享层的模型，但是不同的任务有不同的输出层或变换头。如果你从预训练模型开始，先适应相邻任务，然后再适应实际任务，这个过程就被称为"中间任务训练"（intermediate task training）。

你也可决定在最终模型中使用多种模型表征，第 12 章的实例就实现了这一点。

> **迁移学习、预训练模型、表征或嵌入？**
>
> 机器学习界尚未对不同迁移学习方法的名称及其在无监督到监督模型范围中的位置达成共识。过去，嵌入是无监督学习的结果，但很快就出现各种监督学习变体。近期，自然语言处理研究人员开始使用监督模型，通过巧妙方式获得"免费"标签，例如预测句子中缺失的单词以及预测源文档中两个句子是否相邻。这些模型预测的是上下文中的单词或句子，因此通常称为上下文表征或上下文嵌入，而这些模型也被称为"上下文模型"。此外，由于这些模型专为迁移学习而训练，也被称为预训练模型。
>
> 有时，最新的监督方法也会被称为无监督。可能是无监督嵌入的历史传统的延续，也可能是因为研究人员在预测从现有句子中删除的单词时无需花费成本创建训练数据。在文献中，你可能会遇到"迁移学习""预训练模型""上下文表征"和"嵌入"的任意组合，以及被描述为"监督""无监督""半监督"或"自监督"的学习方式。通过这些方法来减轻标注工作量的手段通常被称为"一次学习"（one-shot）、"小样本学习"（few-shot）或"零次学习"（zero-shot learning），具体取决于需要额外标注的迭代次数以及模型适应新用例所需的时间。
>
> 毫无疑问，在本书出版后，这些术语还将不断演变和扩充。因此，你需要仔细分辨研究人员在论文中的表述。

在标注过程中，可使用以下嵌入和上下文表征：
- 使用现有嵌入或使预训练模型适应你所部署的模型。
- 利用数据的固有标签，为数据训练一组自定义嵌入。
- 在与实际任务相邻的任务中更有效地获取人类标注，然后根据这些标注构建上下文模型。

在第 9.4.1 至 9.4.3 节中，我们将逐一介绍这些示例。

9.4.1 从现有模型中迁移学习

在神经模型的传统迁移学习方法中,有一种方法是将一项任务设计的模型应用于另一项任务的过程。计算机视觉领域最著名的任务就是将 ImageNet 模型适应其他任务。你可能已尝试过这种类型的迁移学习,这在第 5 章主动迁移学习中已使用过,在这里不再赘述。

你可能从未见过的一种变体是将 ImageNet 这样的数据集用于比图像级别标注更复杂的机器学习任务,例如语义分割。假设我们正在对图像进行语义分割,以便在示例用例中识别"动物""骑行者""行人"和"路标"。假设我们有 200 万张图像,每张图像语义分割标注大约需要一个小时(某些任务的典型时间),而且需要相当于六年全职标注的预算。

完成语义分割需要 40 小时 ×50 周 ×6 人 =12000 张图像。也就是说,训练数据将包含约 12000 张图像(或略少于 12000 张,因为有些图像将作为评估数据保留)。虽然 12000 个数据项是可接受的训练数量,但并不多,不到可用数据的 1%。即使采用良好的主动学习能力,某些最罕见的标签也可能只有 1000 个示例。

然而,你知道 ImageNet 中有数百万个关于人、自行车和各种动物的示例。因此,你可使用现有的 ImageNet 数据库,因为你知道该模型中的神经元将包含这些目标类型中每一种类型的表征。因此,你知道仅在 12000 个示例上训练过的语义分割模型可利用 ImageNet 中在数百万个示例上训练过的表征。这种表征可能对你的模型有所帮助,并且这一原则也可应用于其他类型的表征。我们将在第 9.4.2 节进一步阐述这一观点。

9.4.2 来自相邻易标注任务的表征

使用像 ImageNet 这样的现有模型的缺点在于,它是基于不同标签训练的,而且很可能是根据不同类型的图像训练的。你可将部分标注预算用于根据语义分割任务中所用的相同标签在图像级别上对数据进行标注。虽然语义分割很耗时,但你可创建一个简单的标注任务,例如询问:"这张图像中有动物吗?"每张图像仅需 20 秒,因此在速度上快于完全分割。

如果采用 6 人 / 年的预算,将 1 人 / 年的预算用于图像级别标注,那么可获得 36 万个(每分钟 3 个 ×60 分钟 ×40 小时 ×50 周)不同目标类型的图像级别标签。然后,你可在这些标签上训练一个模型,因为你知道该模型将包含这些目标类型中每一种类型的表征,而且比语义分割标注(本例中为来自 5 个人的 10000 项标注)涵盖的类别要多得多。

如果你的图像有 36 万个相关标签,仅需减少 2000 个语义分割项,便可为模型中提供更丰富的信息。如果你的模型架构允许高效嵌入,你可考虑使用这种策略。

这种策略还有以下其他优势:更易对标注任务实施质量控制,并且对工作人员技能的要求不高,即使是不具备语义分割能力的人员也可进行标注。

减少 2000 个语义分割训练数据项,并在预训练模型中添加 36 万个图像级别标签,是否会获得净收益?这点很难预测。你可能希望从一个较小数量开始尝试。回想第 8 章的工作流程示例,该示例首先使用了图像级别的标注任务,询问:"这张图像中是否有自行车?"如果你也有类似的工作流程,就说明你已在生成数据,这些数据可用于创建嵌入模型。在需要转移任何资源之前,该示例将是开始实验的不错的起点。

9.4.3 自监督:使用数据固有标签

数据自身可能具有固有标签,可免费用于创建其他上下文模型。与数据相关的任何元数据都是标签的潜在来源,你可在此基础上构建模型,而该模型可用作实际任务的表征。

在我们的示例数据中,假设我们在某些光照条件下存在准确率问题,但根据光照条件手动标注每张图像的成本过高,而且某些光照条件极为罕见。你的大多数图像上都有时间戳,因此你可通过时间戳将一百万张图像按一天中的不同时间段有效筛选到不同的子集中(也许是按小时分子集,或分成日间子集和夜间子集)。然后,你就可训练一个模型,根据一天中的不同时间对图像进行分类,因为你知道该模型将包含光照的表征。无需人工分析数据,你就可获得一个近似于光照条件预测的模型,并将其作为其他任务的表征。图9-15中的三个例子说明了如何使用嵌入式技术。

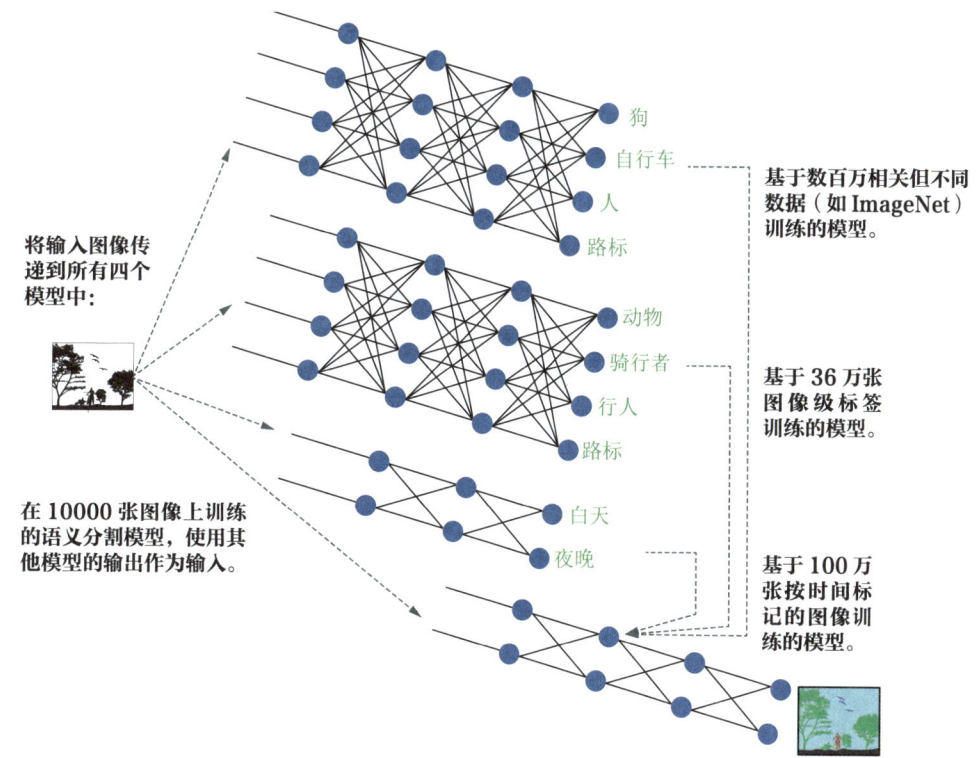

图9-15 迁移学习用于提高模型准确率及影响标注策略的示例

本例将其他三个模型输入一个语义分割模型中。顶部示例是在调整在 ImageNet 上训练的模型,这是最常见的迁移学习类型。第二个模型是在30万个图像级别标签上针对我们关注的目标进行训练的。第三个模型使用图像的时间戳来训练模型预测一天中的时间。与语义分割模型(只有10000个训练数据项)相比,前三个模型的训练数据要多得多,因此它们应包含更丰富的图像表征,有助于完成语义分割任务。

免费标签的吸引力很大，你的数据可能有一些选择。即使是噪声标签也能起到一定帮助。每家社交媒体公司都在计算机视觉和自然语言处理任务中采用由标签构建的模型。尽管不同的人使用的标签不同，但在预测这些标签时有足够的信号，将对下游的计算机视觉和自然语言处理任务有所帮助。你的最终模型将上下文模型视为输入嵌入，并相应加权，因此错误不一定会传播。以下是你可能会在数据中找到的某些例子：

- 用户生成的标签，如 # 字标签和用户定义主题。
- 有意义的时间段，如白天／夜晚和工作日／周末。
- 有关数据或创建者的地理信息。
- （尤其适用于计算机视觉）创建数据的设备类型。
- （尤其适用于网络文本）链接文本的域名或 URL。
- （尤其适用于自然语言处理）预训练模型所用的上下文中的单词或词元。
- （尤其适用于自然语言处理）两个句子或段落是否相互衔接。
- （尤其适用于计算机视觉）视频帧中的像素值上下文。

简而言之，如果任何元数据或关联数据都可成为一个标签，或者如果你有意剔除部分数据并根据上下文对其进行预测，那么这些数据或许就是你可用于构建表征的固有标签的候选选项。21世纪初，搜索引擎首次使用这些方法。自那时起，这些将自由相邻标签纳入模型的方法就备受青睐。近期，这些方法也越来越多地应用到神经模型中。

请注意，尽管标签是免费的，但维度依然是问题，尤其是在标注过程的早期，因为这时你可用于实际任务的标注并不多。这一问题的部分内容不在本书的讨论范围内；维度在机器学习中是一个涉及广泛的问题，已有许多论文讨论了如何在用有限数据构建模型时解决这一问题。然而，有的问题可通过设计上下文模型缓解。如果你的模型中有一个接近最终层的层，并作为表征，那么你可能希望将该层设置为比你所拥有的训练数据项的数量小一个数量级。你的上下文模型的准确率可能会下降，但如今信息已分馏至更低维度（更少的神经元），因此可能会提高下游模型的准确率。请查阅有关"模型蒸馏"（model distillation）的文献，了解在不损失过多准确率的情况下降低模型维度的其他方法。你还可使用 PCA 等经典统计方法（参见第 4 章）。

9.5 基于搜索和基于规则的系统

在统计机器学习之前，基于规则的系统就已存在（尤其是在自然语言处理领域），目前依然是个热门的研究领域。这种系统的最大优势在于它能赋予标注员（尤其是主题专家）自主性和能动性，让他们觉得自己能够掌控局面。我曾在机器学习系统上构建过基于规则的系统，特别是当使用该系统的分析人员希望能有一种方法将其专业知识直接输入系统时。在标注界面中提供这种级别的用户体验并非易事。在第 11 章，我们将再次讨论关于这一问题的人机交互方面的内容。

9.5.1 使用规则过滤数据

在数据过滤中广泛采用人工制定的规则系统。对分层采样而言，这种方法很有效果。这里将沿用本章的示例，如果你要对户外图像进行分类，并关注光照条件，那么你可创建一个基于规则的系统，对一天中不同时间段的图像进行均等数量的采样，从而使数据更加平衡。

此外，如果规则用于过滤未经测试的直觉数据，那么最终可能得到偏差数据，系统在应用于真实世界的数据时也会表现不佳。在语言任务中，这种情况尤其常见；任何基于关键字的规则都会对较少见的拼写产生偏差，原因是文化程度较低的人可能会犯更多错误，或者创建规则的人可能不了解同义词。

即使你可使用基于规则的系统标注任务，并且不需要标注（评估数据除外），你仍可能更倾向于使用基于规则的系统自动标注数据，然后基于这些标注构建机器学习模型，而不是在生产环境中使用基于规则的系统。向基于规则的系统添加上下文模型并非易事，因此创建机器学习版本的基于规则的系统将令其更容易与预训练模型集成。

> **警惕基于规则的系统的范围蔓延**
>
> 我注意到，很多人因为难以摆脱的增量范围蔓延而陷入基于规则的系统的禁锢中。一家知名的智能设备公司使用机器学习将语音转换为文本，但随后又使用基于规则的系统将文本分类为不同的命令或问题（意图）。最初，在有限的问题集上进行系统测试时，基于规则的方法是奏效的，但随着产品的推出，需要支持新的功能和语言，使用这种方法的难度就变得越来越大。最终，该公司雇用了数百人同时编写新规则，以确定如何将某些关键字组合映射到不同的命令中。在花费一年多时间并行开发机器学习功能的同时，该公司勉强维持了系统的运行，但在管理所有规则及其交互方式方面却遇到了困难。为此，该公司得出了这样一个结论：基于规则的快速启动的最终效果并不理想；即使是用简单的机器学习模型配合良好的训练数据，也会是更好的开始。

9.5.2 训练数据搜索

搜索引擎界面在基于规则的系统和机器学习系统之间提供了一个良好的折中方案。主题专家可搜索他们认为属于某个类别（标签）的数据项，并快速接受或拒绝搜索返回的数据项。如果主题专家知道某些数据项对模型而言会很棘手，或者对其应用本身非常重要，那么他们就有方法快速深入研究相关数据。本例类似于我们的工作流程，都是由专家审查先前标注。但是，在这种情况下，专家驱动着整个过程。

训练数据搜索可视为由标注员驱动的多样性采样过程。在这过程中，负责寻找所有相关采样数据的人同时也在创建标注。如果这个人将数据发给其他人标注，那么这一过程几乎与专家审查的工作流程相反。该流程始于主题专家，由其手动查找最重要的数据点，然后由非专家标注员完成更为耗时的标注任务。

除领域专家外，允许利益相关者使用搜索功能也会带来诸多好处。获准搜索数据后，标注员能够对其正在标注的数据类型有一个更好的了解。机器学习科学家可快速测试关于哪些特征对其模型很重要的假设。这种形式的探索性数据分析在轻度监督系统也有一定的价值。

9.5.3 已遮罩的特征过滤

如果你正在按规则或通过搜索方式，并利用训练数据快速构建模型，那么你应在训练模型时考虑遮罩用于生成训练数据的特征。例如，如果你正在快速构建情感分析分类器，并通过搜索或过滤"开心"和"生气"文本的方式创建初始训练数据，那么请考虑在特征空间中屏蔽"开心"和"生气"这两个术语。否则，你的模型很容易对"开心"和"生气"这两个词过拟合，导致其无法学习到应对文本情感起作用的上下文。

你可考虑不同的屏蔽策略。例如，你可在 50% 的训练周期中遮罩这些词语，这样你的模型就需要花费 50% 的时间学习不符合搜索策略或规则策略的词语。这种方法可视为一种有针对性的"丢弃法"的变体，以减轻数据收集方法所带来的偏差。如果你将开展后续迭代的主动学习，你可在早期迭代中删除这些词语，从而在过程的早期阶段尽可能地减少偏差。此外，你应了解在后期迭代的模型将包含这些词语，从而最大限度地提升将在应用中部署的模型的准确率。

9.6 对无监督模型开展轻度监督

允许标注员（通常是主题专家）与无监督模型进行交互，这是一种最常用的探索性数据分析。第 12 章有个例子就说明了如何实施探索性数据分析。图 9-16 展示了对多样性采样聚类方法的简单扩展（第 4 章）。

图 9-16 展示了你可尝试的多种变体。除聚类外，你还可使用相关的主题建模技术，尤其是针对文本数据。除基于距离的聚类外，你还可使用余弦距离（第 4 章）、基于邻近度的聚类（如 k 最近邻）或基于图的聚类。

9.6.1 将无监督模型调整为监督模型

图 9-16 中的聚类算法假设只有一个标签的所有簇中所有数据项都有该标签，对第 4 章的聚类示例进行了扩展。此外，还可采用以下方法，将这类模型转换为完全监督模型：

- 对包含多个标签的数据项进行分层聚类。
- 先采用图 9-16 所示的方法，然后切换至不确定性采样。
- 随着时间的推移，去重或删除自动标注数据项。

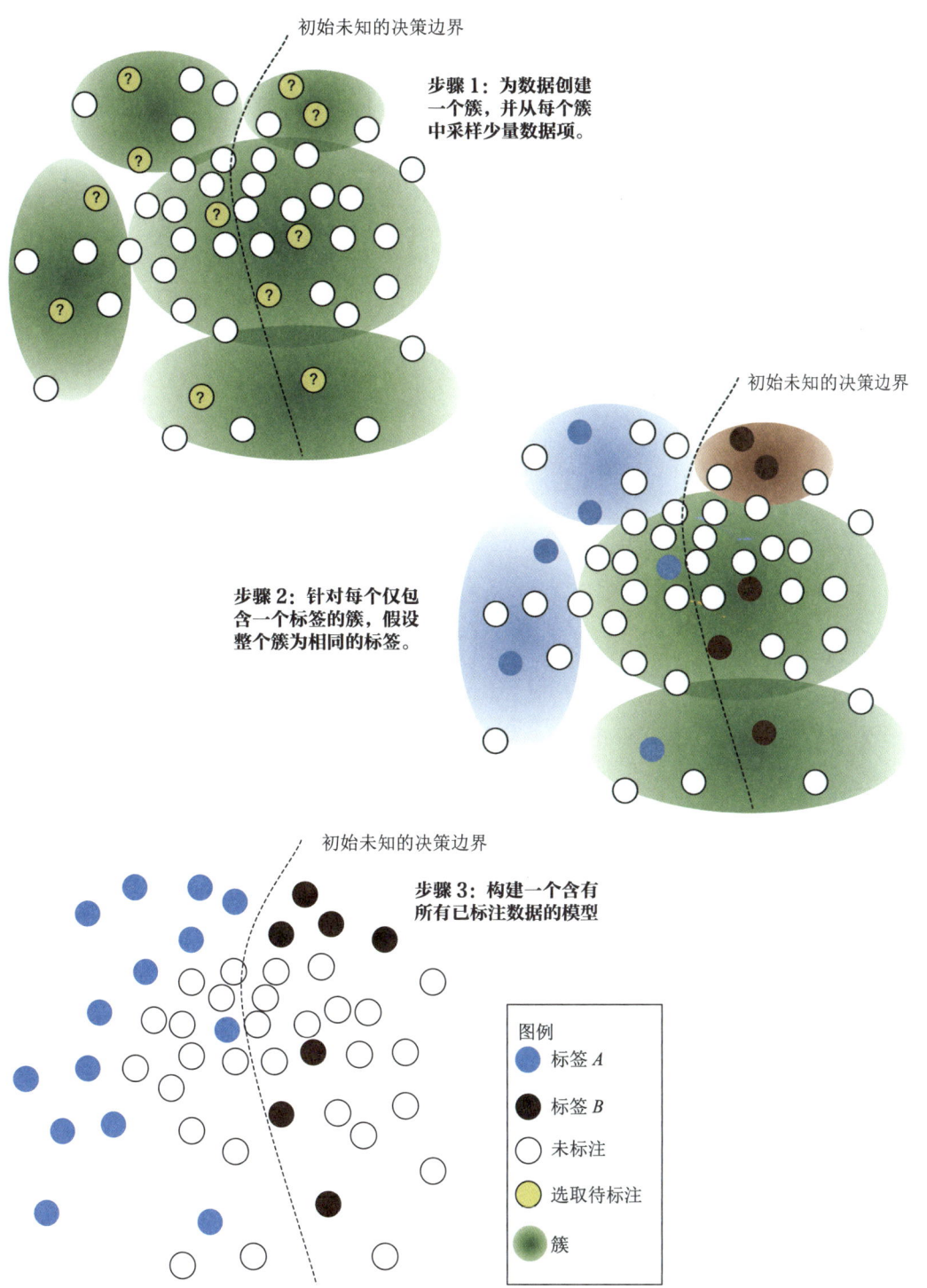

图9-16 轻度监督示例

对数据聚类,并从每个簇中进行少量样本采样。对于标签完全相同的每个簇,向整个簇赋予该标签。然后,可在所有数据项上构建一个监督模型,而忽略在存在不一致的簇中未获得标签的数据项。

9.6.2 人工引导的探索性数据分析

有时，数据科学家的目标只是纯粹的探索，而不一定要建立监督分类模型。在这种情况下，标注员可能没有预定义的标签集。科学家可使用聚类或其他无监督技术寻找数据中的趋势，并根据这些趋势决定可能适用的标签。

基于搜索和基于规则的系统可与无监督方法和基于时间的趋势一并使用。监督系统可用于标注数据和分段分析。例如，一个人可将社交媒体信息分为正面和负面情感，然后对其进行聚类，以获悉不同极端情感的趋势。

9.7 合成数据、数据创建和数据增强

当原始数据无从获取且从头创建数据比标注数据更实惠时，合成数据就会派上用场。在语音识别等用例中，常使用创建的数据。例如，如果你正在为医院创建语音识别系统，你可能会让人们阅读一系列医疗相关单词或句子。想要在普遍可用的语音数据语料库中找到每个相关医学单词的每种口音或语言录音，这在实际中并不可行，因此需要创建数据。

9.7.1 合成数据

手动创建小型评估数据，这很常见。你可能会创建一个包含已知病理边缘案例的评估数据集，并与你所创建的每个模型一并使用。或者，你还可创建一个包含某些易分类示例的小型评估数据集，并确定发布新模型的先决条件是该数据集应具备 100% 的准确率。该机器学习相当于软件开发人员的单元测试。一般而言，以编程方式而非手动创建的纯合成训练数据对以下一种或多种情况最为有用：

- 存在受限问题，例如重构起初采用结构化格式但最终为预测类型噪声的数据。
- 在获取足够数据方面面临困难（如出于成本或样本稀缺等原因）。
- 使用的真实数据存在隐私或安全顾虑。
- 当模型失效时，人们有可接受的替代方案。

我只知道一种广泛使用纯合成数据的机器学习案例：扫描信用卡号。如果你在手机应用程序中添加了信用卡号，你可能会注意到有这样一个选项：拍摄信用卡照片，而无需输入信用卡号。几乎可以肯定的是：识别信用卡号的模型在是纯合成数据的基础上建立的，不存在人工标注。这一案例符合上述所有四种情况。你的信用卡号起初是结构化数据，但它被打印在实体卡上，且打印号码被拍了照。这就关乎一个重构 16 个数字的受限问题。目前，尚不存在存储扫描信用卡的大型开放数据库。如果数据科学家和标注员可看到实卡片的所有扫描图像，并进行标注，就会产生隐私和安全问题。最后，如果扫描不成功，最终用户一般能够手动输入卡号。

大多数使用合成数据的应用仍包括某些数据标注，因此通常采用以下策略补充人工标注。如果能以编程方式创建模型所需的所有数据，那么从一开始你可能就不需要机器学习。

9.7.2 数据创建

要求标注员创建数据，这是解决数据缺失问题的一个有效方法。这也是创建语音数据的常用方法（第10章）。对于文本数据，这种方法可有效填补数据空白。尽管不如自发文本那样真实，但相比缺乏数据，这种方法可能更可取。

> **疫情数据**
>
> 当我动手写这本书时，我写了一个关于数据创建的例子。该例是基于这样一个观察结果：之前，北美鲜有新闻头条是关于疫情的，但在新冠疫情期间，这种情况已不复存在。
>
> 在数据集创建任务中，我要求标注员想象自己正经历一场疫情，并使用基于规则的系统为每名标注员生成不同的提示。这些规则根据不同因素改变提示，例如他们是亲身经历、亲眼看见还是间接听说了疫情，感染人数或暴露人数是多少等。这种方法旨在获得尽可能多的变化，以克服人工文本相对于自发文本的局限性。
>
> 我在书中剔除了这一数据集，并在大流行结束后再考虑发布。看看某人的实际经历如何改变他们当时创建示例数据的现实程度，这也许会很有趣。

近期，有一些有趣的自动数据创建技术将数据创建与合成数据相结合，包括用于图像的生成对抗网络（generative adversarial network，GAN）和用于文本的语言模型。如果你想要自行车图像，你可在现有自行车图像上训练GAN，从而新建真实的自行车图像。同样，你也可训练语言模型，创建包含特定短语或关于特定主题的新句子。这些模型通常与用于上下文嵌入的预训练模型是同一类模型。在这两种情况下，数据很少是100%准确的，因此人工审查可帮助过滤哪些生成数据是真实数据。

当数据由人类或自动化流程创建时，可帮助解决训练数据的敏感性问题。你可能已构建一个基于从网络上所抓取的数据所建立的语言模型，它有效地捕捉到一些敏感数据，如人们的地址。这可能会使模型易受到逆向工程的影响，从而暴露这些地址。然而，如果你能使用语言模型重写所有序列，并测试新序列不会出现在原始数据中，那么你就能够基于新数据上建立第二个模型。该模型应更难通过逆向工程发现敏感信息。尽管数据敏感性不在本书的讨论范围内，但需指出的是这是人在回路机器学习可协助解决的一个重要领域。

9.7.3 数据增强

如果你是计算机视觉领域的工作者，那么你应该对数据增强技术非常熟悉，例如可通过翻转、裁剪、旋转、加深其他方式修改某些训练数据项，从而创建更多的数据项或使这些数据项更多样。在自然语言处理中也存在类似技术，即以同义词数据库中的同义词替换单词或以编程方式以具有相似嵌入的单词来替换单词。

在机器翻译和其他用例中，回译是一种常见的数据增强方法。具体方式是：将一个句子翻译成另一种语言，然后再翻译回来，从而创建可能是新的同义句。如果你将

"This is great"翻译成法语,然后再译回英语,那么该句子可能会被翻译成"This is very good"。你可将"This is very good"视为另一种有效翻译。这种方法也适用于其他用例。例如,在情感分析中,如果你将"This is great"作为标注为积极情绪的数据点,那么你可使用回译将"This is very good"创建为另一个标注为积极情绪的数据项。

使用预训练模型的掩码语言建模是一种类似的技术。回想一下,常用的预训练模型可预测上下文中缺失的单词。这种技术可用于创建类似的句子。你可使用"Alex drove to the shop"(亚历克斯开车去了商店)这个句子,然后要求系统预测"Alex [MASK] to the shop"这个句子中的 MASK(掩码)。本例可能会产生"Alex went to the shop"(亚历克斯去了商店)、"Alex walked to the shop"(亚历克斯走去了商店)以及其他意思相近的句子,从而快速有效地生成更大数据集。

9.8 将标注信息纳入机器学习模型中

你无法总是避免错误标签的数据。但是,即使知道并非所有标签都是正确的,你也可使用多种策略来获得尽可能准确的下游模型。

9.8.1 根据标签置信度过滤或加权数据项

最简单的方法是剔除所有具有低标注置信度的训练数据项。你可使用保留的验证数据调整需要剔除的准确数量。这种方法几乎总能提高模型的准确率,但却常常因为人们希望使用尽可能多的标注而遭到忽视。如果你要剔除某些数据项,请确保至少对这些数据项进行抽查,以免在数据中产生偏差。有些数据可能因为来自代表性不足的人口统计特征,因此具有较低的置信度。在这种情况下,可使用多样性采样,帮助重新平衡数据。

你可在模型中对低置信度数据项进行去重,而不是将其剔除。有些模型允许你对数据项进行不同程度的加权,并作为输入的一部分。如果你的模型不属于这种情况,你可根据对标签的置信度,在训练周期中以编程方式选择数据项,从而提高选择高置信度标签的频率。

9.8.2 在输入中加入标注员身份

将标注员身份作为特征纳入模型,这可提高模型的预测能力,尤其是在预测不确定性时。你可包含额外的二进制字段,说明哪名标注员对标签有所贡献。这种方法类似于在模型中加入标注员身份,以便在标注员意见不一致时收敛至正确标签的方法。但是在这里,我们是将标注员身份加入部署新数据的下游模型中。

显然,你的未标注数据并不存在关联的标注员。在实际预测中,你可从模型中获取不带任何标注员字段的预测。然后,你可通过不同的标注员字段集,获得额外的预测结果。如果预测基于不同字段发生了改变,那么模型就会告诉你,不同的标注员会以不同方式标注该数据点。对于识别标注员间一致性可能较低的数据项,这一信息非常有用。

如果引入一个字段捕捉标注员身份,模型的整体准确率可能会下降。在这种情况下，你可将某些训练数据项中的所有标注员字段设置为0，无论是在数据中，还是作为某些训练周期的掩码。你应可通过验证数据调整这一过程，从而获得最佳的预测准确率，同时还可建立一个包含标注员身份的模型。

9.8.3 将不确定性纳入损失函数

将不确定性直接纳入损失函数，这是在下游模型中使用标签不确定性的最直接方法。对于许多机器学习任务而言，你需要将标签编码为全有或全无的独热编码：

动物	骑行者	行人	路标
0	1	0	0

然而，假设这是你从标注中获得的实际标签置信度：

动物	骑行者	行人	路标
0	0.7	0.3	0

你的模型可能会允许目标函数采用0.7作为损失函数试图最小化的值，而不是将"骑行者"作为正确的标签并将其编码为1。也就是说，在本例中，你要求模型收敛于0.7，而不是1.0。如果有置信区间，你还将有更多选择。假设我们的置信度是 0.7 ± 0.1：

动物	骑行者	行人	路标
0	0.7（±0.1）	0.3（±0.1）	0

在这种情况下，如果模型将"骑行者"的值收敛至0.6和0.8之间的任何值，我们可能也会感到满意。因此，我们可修改我们的训练，从而考虑这一结果。根据你的架构，你可能不需要改变损失函数本身的输出；当模型预测"骑行者"的值介于0.6和0.8之间时，你可在任何训练周期中跳过这一项。

如果你对标签置信度有更精确的理解，你就可修改损失函数本身的输出。如果你对标签的置信度为0.7，但在该值的左侧或右侧存在一定程度的高斯确定度，那么你就可将不确定性程度纳入损失函数中，当预测结果更接近0.7时，可减轻部分损失，但不能消除全部损失。

你可采用编程方法试验本节中所述的方法。因此，尝试不同的方法将标注员和标注不确定性纳入模型以了解它们在任务中的效果应该相对容易。

9.9 进阶标注延伸阅读

本章主要以相对简单的图像和文档级别标签为例，并对语义分割和机器翻译进行了扩展。第10章将讨论如何将这些方法应用于多种类型的机器学习问题。适用的原理相同，但是某些技术对不同问题的效果有好坏之差。

本节延伸阅读的某些部分假设了比标注更复杂的任务。因此根据具体的论文，你可能需要先阅读第10章，然后再阅读这些文献。

9.9.1 主观数据延伸阅读

2017年，H. Sebastian Seung 和 John McCoy 写了 "A solution to the single-question crowd wisdom problem"（《单一问题群体智慧问题的解决方案》，http://mng.bz/xmgg）一文，专门研究了那些实际回复比预测回复更受欢迎的回答，即使从整体而言这些答案并非最受欢迎的回答。H. Sebastian Seung 为主观数据 BTS 撰写的原稿，请参见 https://economics.mit.edu/files/1966。后来发表在《科学》杂志的简短版本，请参见 http://mng.bz/A0qg。

在 "A Robust Bayesian Truth Serum for Non-Binary Signals"（《非二进制信号的鲁棒贝叶斯真相法》，https://www.aaai.org/ocs/index.php/AAAI/AAAI13/paper/view/6451）一文中，Goran Radanovic 和 Boi Faltings 对 BTS 进行了有趣扩展，解决了本章提出的一些问题。

9.9.2 用于机器学习的标注质量控制延伸阅读

有关结合机器和人类置信度计算的方法，请参见文章 "Beyond Accuracy: The Role of Mental Models in Human-AI Team Performance"（《超越准确率：心理模型在人类人工智能团队绩效中的作用》，http://mng.bz/ZPM5），作者为 Gagan Bansa、Besmira Nushi、Ece Kamar、Walter Lasecki、Daniel Weld 和 Eric Horvitz。

关于自然语言处理任务中标注员偏差的问题，请参见文章 "Are We Modeling the Task or the Annotator? An Investigation of Annotator Bias in Natural Language Understanding Dataset"（《我们是在为任务建模还是为标注员建模？自然语言理解数据集中标注员偏见的调查》，http://mng.bz/RX6D），作者为 Mor Geva、Yoav Goldberg 和 Jonathan Berant。文中，作者建议评估数据（测试数据集）应由与创建训练数据标注员不同的标注员创建。

在 "Learning from Noisy Singly-Labeled Data"（《从单一标注的噪声数据中学习》，http://mng.bz/2ed9）一文中，Ashish Khetan、Zachary C. Lipton 和 Anima Anandkumar 提出通过使用标注员表现和模型预测来估计标注置信度的详细方法。

Xiaojin Zhu 和 Zoubin Ghahramani 所写的 "Learning from Labeled and Unlabeled Data with Label Propagation"（《利用标签传播从已标注和未标注的数据中学习》，http://mng.bz/1rdy）是有关使用模型预测作为标签的最早及最有影响力的论文之一。两位作者后续发表的与主动学习和半监督学习相关的论文也值得学习。

9.9.3 嵌入 / 上下文表征延伸阅读

与本书中所涉及的其他机器学习研究相比，迁移学习的文献历史似乎最短。嵌入方法起源于20世纪90年代旨在为搜索引擎提供支持的信息检索，如潜在语义索引（LSI）。21世纪出现了许多LSI的监督模型变体，通常采用巧妙方式获取免费标签，例如通过查看文档间的链接。21世纪10年代初，监督嵌入在计算机视觉领域广为流行，尤其是通过ImageNet等大型计算机视觉数据集开展的迁移学习；21世纪10年代末，监督嵌入在自然语言处理领域开始流行。然而，自然语言处理科学家和计算机视觉科学家很少相互参考对方的或早期的信息检索工作。如果你对这一主题感兴趣，我建议你对这三个领域都开展研究。

建议你从 Scott Deerwester、Susan Dumais、George Furnas、Thomas Landauer 和 Richard Harshman 于 1990 年发表的开创性论文 "Indexing by Latent Semantic Analysis"（《通过潜在语义分析建立索引》，http://mng.bz/PPqg）开始学习。

关于在相邻任务上存在更多标签的上下文模型的作用的前沿研究，参见 "Intermediate-Task Transfer Learning with Pretrained Language Models: When and Why Does It Work?"（《使用预先训练的语言模型进行中级任务迁移学习：何时和为什么起作用》？ http://mng.bz/JDqP）（作者：Yada Pruksachatkun、Jason Phang、Haokun Liu、Phu Mon Htut、Xiaoyi Zhang、Richard Yuanzhe Pang、Clara Vania、Katharina Kann 和 Samuel R. Bowman）。作为该文在多语言环境下的扩展研究，请参见同一批作者的另一篇名为 "English Intermediate-Task Training Improves Zero-Shot Cross-Lingual Transfer Too"（《英语中级任务培训也提高了零命中率跨语言迁移》，http://mng.bz/w9aW）的论文，其中 Jason Phang 是主要研究者。

9.9.4 基于规则的系统延伸阅读

有关基于规则的系统的最新研究，请参见 "Snorkel: Rapid Training Data Creation with Weak Supervision"（《Snorkel：快速训练数据创建与弱监督》，http://mng.bz/q9vE），作者是 Alexander Ratner、Stephen H. Bach、Henry Ehrenberg、Jason Fries、Sen Wu 和 Christopher Ré，也可参见网站上的应用和资源列表（https://www.snorkel.org/resources）。

如需深入了解这些技术的收费资源，请参见 Russell Jurney 即将出版（在本书出版时）的专著 *Weakly Supervised Learning: Doing More with Less Data*（《弱监督学习：用更少的数据做更多事情》，出版社：O'Reilly）。

9.9.5 将标注不确定性纳入下游模型的延伸阅读

关于如何在下游模型中对标注不确定性进行建模的最新研究，《从单一标注的噪声数据中学习》（第 9.9.2 节提到过）是个不错的起点。这篇文章解决了在标注员间一致信息较少、错误较多情况下所出现的难题。

9.10 小结

- 主观任务包含多个正确标注的数据项。你可从标注员那里获得人们可能给出的有效回答的集合，然后采用 BTS 等方法发现所有有效回答，并避免对正确但却不常出现的标注进行惩罚。

- 机器学习可用于计算单一标注的置信度，并解决标注员间不一致的问题。对许多标注任务而言，简单的启发式方法不足以准确评估标注质量或聚合不同人员的标注。机器学习为我们提供了更有效的方法，帮助我们从人类标注中创建最准确的标签。

- 模型预测可用作标注来源。通过使用模型中置信度最高的预测，或将模型视为其他标注员中的一名，可减少所需的人工标注的总数。当你想把旧模型中的预测用于新模型架构时，这种技术尤其有帮助，因为相比接受或拒绝模型预测，标注本身相当耗时。
- 通过嵌入和上下文表征，你可将现有模型的知识用作目标模型的特征嵌入或调整预训练模型。这种方法可为你的标注策略提供信息。例如，如果你能找到一项标注速度比目标任务快十倍甚至百倍的相关任务，当你将某些资源投入更简单的任务中并将更简单的任务作为实际任务的嵌入时，就可获得更准确的模型。
- 基于搜索和规则的系统可加快数据过滤的速度，也有可能加快数据标注的速度。这些系统对快速标注噪声数据模型以及查找需标注的重要低频数据非常有用。
- 对无监督模型开展轻度监督，这是标注员（尤其是主题专家）从少量标签中引导模型或进行探索性数据分析的常见方式，其目标不一定是监督模型，而是加深人类对数据的理解。
- 创建新数据项的策略包括合成数据、数据创建和数据增强。当可用的未标注数据不包含所需的数据多样性时（通常是出于数据的稀有性或敏感性），这些策略尤其有用。
- 将标注的不确定性纳入下游模型有以下多种方法：过滤掉标签准确率不确定的数据项或对其去重，将标注员身份纳入训练数据，以及在训练时将不确定性纳入损失函数等。这些方法有助于防止标注错误演变为模型中的非预期偏差。

第 10 章
不同机器学习任务的标注质量

本章内容包括：

- 将标注质量控制方法从标注任务调整为连续任务。
- 管理计算机视觉任务的标注质量。
- 管理自然语言处理任务的标注质量。
- 了解其他任务的标注质量。

大多数机器学习任务都比标注整幅图像或整份文档更复杂。假设你需要以有创意的方式为电影生成字幕。创建口语和手语的转录是一项语言生成任务。如果你想用粗体文字突出显示愤怒的话语，将会产生额外的序列标注任务。如果你想要像漫画中的对话气泡一样显示转录文本，可使用目标检测确保对话气泡来自正确的人。你还可通过语义分割确保对话气泡位于场景中的背景元素之上。你可能还希望通过推荐系统预测某个人会给这部电影打多少分，或者将内容输入搜索引擎就能找到与"励志演讲"等抽象短语所匹配的内容。

在向视频添加字幕的简单应用中，你需要多种类型的标注来训练你的模型。第 8 章和第 9 章介绍了标注的入门和进阶技术，其中多数以图像或文档级别的标注为例。本章将介绍在其他类型机器学习任务中管理标注质量的方法。

在大多数情形下，你更可能单独使用这些方法中的某几种，因此，你可跳到感兴趣的部分。然而，如果你有更复杂的任务（比如电影任务）或者对调整不同类型的标注技术感兴趣，那么了解机器学习问题的所有方法将很有帮助。基准事实数据、标注员间一致性、机器学习驱动的方法和合成数据都很有用，其有效性和实际执行时的设计因具体的机器学习任务而异。因此，本章的每个部分将重点介绍标注质量控制策略的利弊。我们将从最简单的任务（标注连续数据）开始，然后扩展到更复杂的机器学习场景。

10.1 连续任务标注质量

如果你标注的是连续数据，那么许多质量控制策略与图像/文档层面的标注相同，但在基准事实、一致性、主观性以及（尤其是）聚合多种判断结果方面却存在重大差异。我们将在后续章节依次讨论各个主题。

10.1.1 连续任务的基准事实

连续任务的基准事实往往呈现为可接受的回答范围。如果情感分析任务的范围为 0~100 分，并且有一个正数据项，那么你可以将在 80~100 分范围内的标注均视为正确，将低于 80 分的标注视为不正确。通过这种方法，你可将质量控制视为标注任务，因此可采用第 9 章提到的所有方法。

可接受的范围依具体任务而定。如果你要求人们读取图像中的数字（如时间、温度或电池电量），你可以仅允许精确匹配。

如果你已确定可接受答案的范围，就可采用与标注任务相同的方法计算单名标注员的准确率，即计算他们的回答落在每个基准事实可接受范围内的频率。

10.1.2 连续任务的一致性

如果你的数据是序数数据，例如"差""中等""好"的三分制数据，你还应参考第 8 章针对序数值的克里彭多夫 α 系数示例。你仅需更改标签权重输入，即可将标注任务调整为连续任务。

与基准事实数据一样，你可将位于可接受范围内的两项标注视为一致，并使用第 9 章的方法计算标注任务的一致性。对于预期一致性，你可计算随机在给定范围内的随机注释数量。如果你设定情感任务的接受范围在 80~100 之间，就应该计算所有标注中有多少位于 80~100 范围内（图 10-1）。

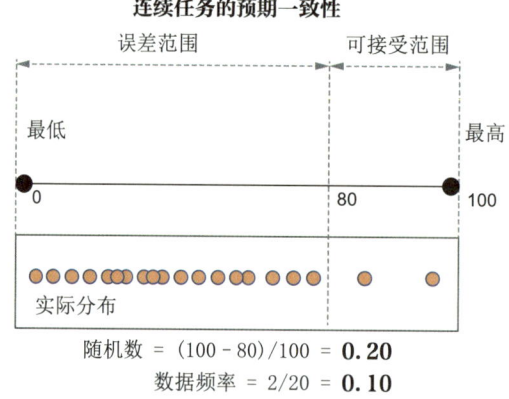

图 10-1 计算连续任务中预期一致性的两种方法：一是计算随机数字位于该范围内的概率，二是计算整个数据集位于该范围内的标注百分比

如果在你的数据集中，大部分是负面情感（如图 10-1 中 80~100 范围内的示例），则预期一致性可能较小。对于 10~30 范围内的回答，由于回答数量较多，预期一致性会高得多。

基于数据的分布特性，你可进行更详细的一致性计算。如果你的数据呈正态分布，你可使用标准差取代示例中的范围。如果你对自己的统计能力有信心，可查看数据的分布特性。

10.1.3 连续任务的主观性

连续数据集可以是确定的,也可以是主观的。或者,一个数据集可能对某些数据项是确定的,而对另一些数据项则不具有确定性。图 10-2 展示了一个例子。

如图 10-2 所示,即使同一个数据集也可能存在确定数据和不确定数据。因此,本书无法为你提供适用于每种可能数据集的技术;你需要估算数据集中存在多少主观数据,并在制定你的质量控制策略时考虑这一估算结果。

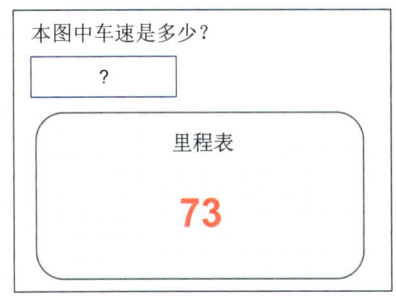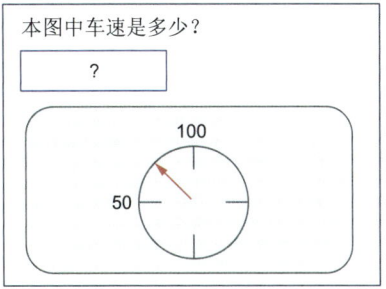

图 10-2　确定和不确定连续任务的示例:根据里程表图像估计汽车速度

假设你有两项标注:73 和 78。左图是数字图像,因此你知道存在一个正确答案。也许由于图像是模糊的,3 看起来像 8。因此,正确的策略是选择更好的标注(73 或 78)。但是,对于右图所示的里程表,73 和 78 都是合理的估计值,平均值 75.5 可能是更正确的选择。因此,正确的策略是聚合标注。

对于本质模糊或主观的数据项,你可要求标注员标注一个范围而不是单一的值。若想减少适应偏差,你可询问标注员认为其他人将会标注的范围,如第 9 章提到的针对分类标注主观性的做法(见第 9.1 节),只不过本例针对的是范围。

10.1.4 聚合连续判断,创建训练数据

聚合连续变量时,可利用群体智慧。典型例子包括猜测一头牛的重量或罐子中的弹珠数量;结果显示平均猜测值往往比大多数人的猜测值更接近正确值。图 10-3 是一个分布示例。

如图 10-3 所示,我们预计平均标注结果将优于大多数标注员的标注结果。但是,需要注意以下两点:

· 虽然平均值优于大多数标注者给出的数值,但并不一定是最优值,也不一定在所有情况下都比选择最佳标注更好。

· 在某些情况下,平均值并不会优于参与任务的大多数人所给出的值,特别是当每项任务仅有少数人标注时,更可能发生这种情况。

第二点对训练数据尤为重要。大多数研究群体智慧连续任务的学术论文都只是假定存在一个群体。要求数百人对每个数据点进行标注将产生高昂成本,因此往往仅有 5 名标注员,甚至更少。因此,当人们谈论与众包有关的群体智慧时,最不适用的就是典型的众包标注系统。

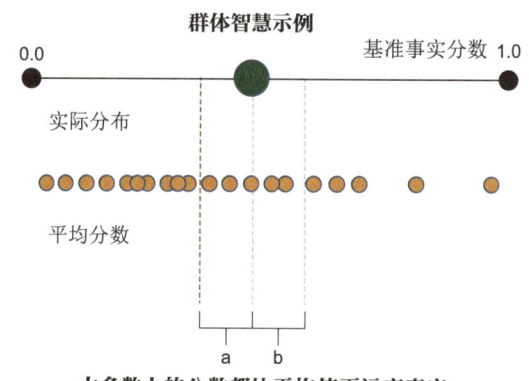

图 10-3 群体智慧示例

尽管 20 名标注员的平均分数（以虚线表示）并不正确，但它比 20 名标注员中的 15 名标注员的个人分数更接近正确分数（基准事实）。也就是说，平均值比大多数标注员给出的值更准确。

一般而言，如果标注员不足 5 名，则应考虑选择最佳标注员的标注结果；如有数百名标注员，则应取平均值。如果标注员数量介于两者之间，你必须根据你的数据和问题选择正确的策略。图 10-4 说明了应用群体智慧方法的场景。

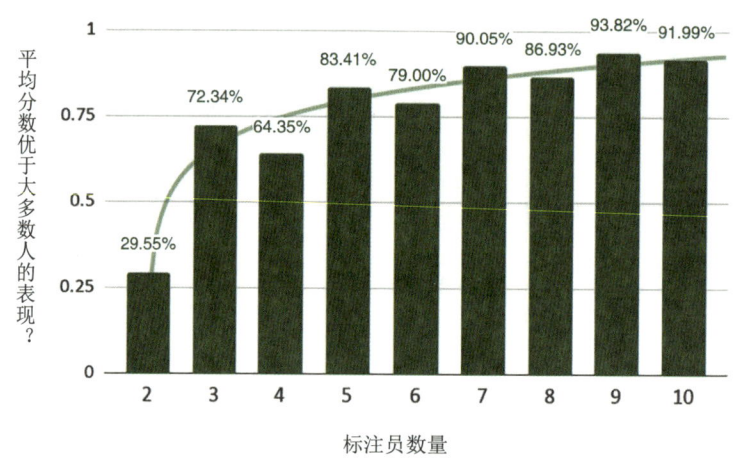

图 10-4 群体智慧需要群体支持

该图展示了标注员平均分数比大多数标注员分数更接近基准事实分数的概率。如果有 3 名标注员，那么在大约 70% 的情况下，这些标注员的平均分数会比其中至少 2 名标注员更接近实际分数。创建训练数据时，每个数据项的标注员往往不会超过 10 名。该图显示，当标注员数量为 10 名时，在大约 90% 的情况下，标注平均值都优于大多数标注员的分数。

图 10-4 展示了假设为正态分布的数据集上的群体智慧分布。在本例中，当有 3 名或 3 名以上标注员时，相比随机选取其中一名标注员的分数，取平均分数为更优的选择。在本例中，假设数据呈正态分布，其中正确分数为标注员个体分数的均值、中位数和众数。你自己的数据分布可能不太可靠，因为标注的均值（平均值）来自非正态分布，往往会高于或低于真实分数。因此，如图 10-4 所示，你应使用你的基准事实数据计算出自

身图表数据，并探究使用连续数据平均分数的可靠性。你可能会发现，选择一名标注员的分数比取平均值更可靠，尤其是在标注员人数较少情况下。

对于图 10-4 所示的正态分布和大多数其他分布，在大多数情况下，至少有一名标注员会比平均值更接近基准事实值。这也就对你的聚合策略提出了富有挑战性的观点：

- 大多数情况下，平均标注会优于随机选择任何一项标注。
- 大多数情况下，至少有一项标注会优于平均标注。

你可根据标注数量以及你对标注员的信心来调整策略。如果你的数据和图 10-4 所示的类似，而你只有两名标注员，你应随机选择其中一名标注员的数值，而不是取平均值。如果你有 3 名标注员，但不确定哪名标注员比其他标注员更准确，则应使用平均值。如果有 3 名标注员，并且有 73.34% 以上的把握认为其中一名标注员比其他两名标注员准确率更高，则应选择该标注员的数值而不是平均值。

如果你的数据本质上是不确定的，你可选择完全不聚合，你可将你所信任的每项标注都作为训练数据项。为训练数据设定有效的回答范围也有助于防止模型出现过拟合。

10.1.5　将机器学习用于聚合连续任务，创建训练数据

连续任务非常适合机器学习驱动的质量控制。你可将第 9 章关于质量控制的大部分机器学习技术应用于标注任务。只不过，你的机器学习模型可使用回归来预测连续值而非标签。

想要利用稀疏特征预测正确标注，你应能直接对实际标注进行编码。特征空间看似与标注数据大体相同，但数值不是 1 或 0，而是每名标注员标注的实际数字。如果标注员在基准事实数据中的标注值经常会过高，模型在预测正确标注时就会考虑到这一事实。你可能需要将标注设在 0~1 的范围内，具体取决于你的架构，但应确保在其他情况下无需额外处理即可包含这些稀疏特征。如果你有大量的标注员，可能导致数据过于稀疏，与标注任务一样，你可聚合部分标注，从而获得更密集的表征。

如果在可能的范围内，你的数据是同质的，那么你可根据平均分数对标注进行编码，获得更好的结果。图 10-5 展示了一个例子。

如果你的数据是同质的——例如，如果数据的所有部分都同样可能出现 0.05 的误差，那么对机器学习而言，图 10-5 中的相对编码可能是辅助质量控制的更准确表征。你还可将以下所有特征组合到一个模型中：绝对特征、相对特征、聚合（密集）特征、元数据、模型预测、模型嵌入等。与分类数据示例一样，考虑到用于训练数据的基准事实数据可能有限，你需要关注最终使用的维度数量。你可从较简单的模型和少量的聚合特征开始，绘制一条基线，然后在此基础上进行构建。

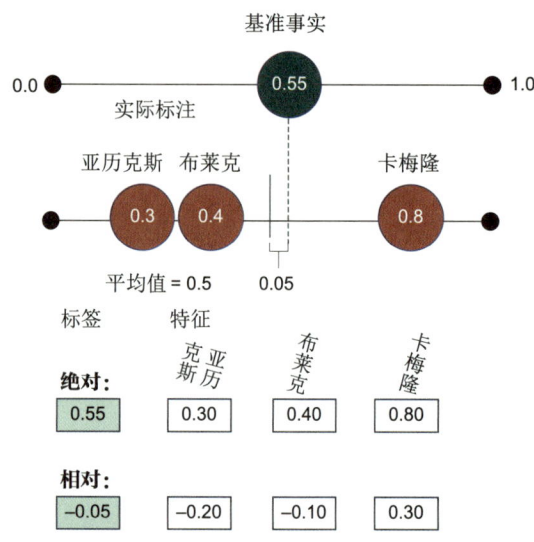

图10-5 使用机器学习预测标注的正确数字时,绝对编码和相对编码的比较情况

在这里,亚历克斯、布莱克和卡梅隆分别为基准事实数据项标注了 0.3、0.4 和 0.8 的分数(实际值为 0.55)。我们可将标注的绝对值与基准事实值编码为该训练数据项的标签(目标值)。或者,我们可取标注员标注值的平均值(即 0.5),并按照该值应高出 0.05 这一事实进行编码。同样,我们也可根据每项标注与平均值间的差值对其进行编码。相对编码还可以这样理解:它所编码的是平均值的误差而非数值。

10.2 目标检测的标注质量

目标检测通常分为目标标注(识别目标标签)和目标定位(识别目标边界)。在我们的示例中,例如第 6 章的目标检测主动学习示例,我们假设使用边界框进行定位,但也可使用多边形或标注中心的点等其他类型的定位方式。

目标标注采用与图像标注相同的质量控制方法,如第 8 章和第 9 章的主要例子所示。出于实际考量,目标定位标注的质量控制往往通过工作流程完成,因为评估一个边界框的质量仅需耗费数秒,但绘制边界框可能需要数分钟。因此,在边界框标注的工作流程中添加一个审查步骤,新增的时间和成本往往不到 10%。这种方法通常比实施自动质量控制更有效。第 8 章讲到的工作流程示例(图 10-6 中也再现了该流程)就展示了这样一种情况。

包含类似图 10-6 所示的审查任务可降低总体成本,因为你不需要将绘制边界框的任务分配给很多人。不过,简单区分接受/拒绝的审查无法告知错误的大小。因此,在某些情况下,将边界框与基准事实数据边界框进行比较的方式仍然很有用。考虑到第 8 章讲过的种种原因,查看标注员间一致性也很有帮助,尤其是在识别可能存在歧义的数据项时。除审查工作流程中的任务之外,对目标检测标注进行一定的统计质量控制往往也是不错的选择。

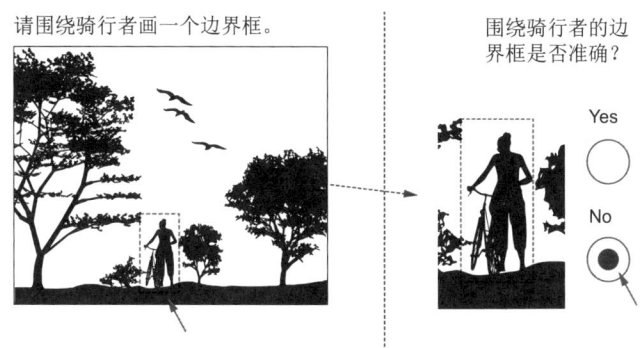

图 10-6　有关标注员评估边界框（通常由不同标注员创建）正确性的审查任务

当程序化质量控制较难实现或需要耗费更多资源时，审查任务就会构成许多质量控制策略的支柱。

接下来，我们将回顾第 6 章中介绍的模型不确定性指标，并将其应用于人类质量和不确定性。请注意，由于人类质量不确定性的度量标准与模型不确定性的度量标准相同，本节部分内容与第 6 章中关于目标检测主动学习的部分内容有所重复。但考虑到你可能会不按章节顺序阅读或是隔了一段时间才读到本章，这里重复介绍了一些重要的指标。

10.2.1　目标检测的基准事实

通常情况下，目标检测的基准事实示例由少数专家标注员创建。为了与激励机制保持一致，在你希望获得尽可能精确的边界框时，最好按小时来向标注员支付报酬，因为要获得尽可能精确的边界框十分耗时，如果按任务支付，可能无法与有效的时薪支付方式（目的在于获得良好的数据）达到同等效果。

你也可将创建基准事实数据作为工作流程的一部分。图 10-7 展示了如何扩展图 10-6 中的审查任务，以便专家标注员将非专家标注员的标注转化为基准事实示例，只在必要时对实际边界框进行编辑。

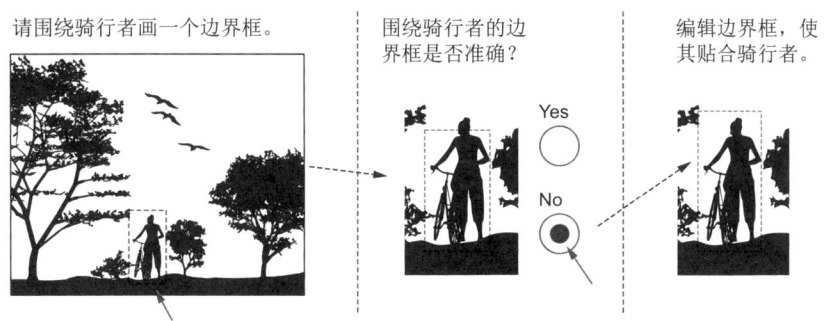

图 10-7　扩展图 10-6 中的审查任务，使专家标注员可编辑由非专家标注员创建的边界框，这是创建基准事实数据的一种方法

在比较标注与基准事实示例时，往往允许一定的误差幅度，因为在数个像素的级别上，边界可能是模糊的。你可通过专家校准数据的误差幅度。如果专家标注员的不一致性往往不超过 3 个像素，那么你可以容忍 3 个像素或以下的误差。在评估未完全进入视野（被其他目标所遮挡）或超出边框的目标时，你也可以允许更大的误差幅度。

与标注任务一样,你可能希望专门对基准事实数据项开展多样性采样。除标签和真实世界的多样性外,样本还可包括目标大小、目标尺寸和目标在图像中的位置等方面的多样性。

交并比(IoU)是计算标注员与基准事实相比的准确率的最常用指标。图 10-8 是 IoU 的一个示例。计算准确率的计算方法是:用预测边界框与实际边界框交集面积除以两个边界框并集面积。

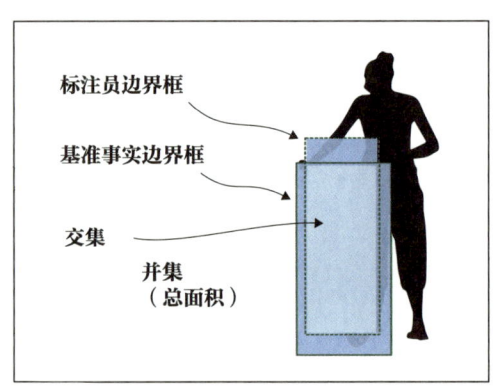

图 10-8 测量边界框准确率(地点准确率)的 IoU 示例

计算准确率的方法是将与标注员边界框和基准事实边界框交集面积除以两个边界框并集面积。

在目标检测中,我们很少会为了修正随机猜测而校正 IoU。如果目标相对图像尺寸较小,这种差异可能并不重要,因为随机猜测到有意义的重叠框的概率非常低。但是,如果目标占据图像的很大比例,尤其是在工作流程中要求用户在放大图像上添加或编辑边界框时,就会遇到这种情况。

如果想要调整随机概率,可将框内图像的百分比作为基线。假设一项标注的 IoU 为 0.8,而目标占图像的 10%:

$$调整后 IoU = 0.8 - (0.1 / (1 - 0.1)) = 0.6889$$

这种调整计算方法与将整个图像视为目标的方法相同,因为与整个图像相比,10% 图像的 IoU 为 10%。

IoU 比精确度、召回率和 F 分数更严格,因为相同数据得到的 IoU 值偏低。根据预测正确或错误的区域(或像素)数量计算 IoU:

$$精确度 = \frac{真正例}{真正例 + 假正例}$$

$$召回率 = \frac{真正例}{真正例 + 假负例}$$

$$IoU = \frac{真正例}{真正例数 + 假正例数 + 假负例数}$$

在计算机视觉领域，IoU 更常用，但它不允许与使用精确度、召回率或两者的组合（如 F 分数，准确率和召回率的调和平均值）的任务的准确率进行直接比较。如果你使用的是精确度、召回率和 F 分数而不是 IoU，你仍应使用整个图像目标作为调整偶然性的基础，但请注意，你将得到不同的结果。假设同一个目标占图像的 10%，标注的 F 分数为 0.9：

$$预期精确度 = 0.1$$
$$预期召回率 = 1.0$$
$$预期 F 分数 = (2 \times 0.1 \times 1.0) / (0.1+1.0) = 0.1818$$
$$调整后 F 分数 = 0.9 - (0.1818) / (1-0.1818) = 0.6778$$

你可看到，虽然开始时 IoU 和 F 分数的准确率相差 10%（0.8 和 0.9），在机会调整后，二者最终的准确率相差更接近于 1%（0.6889 和 0.6778）。你可用你的数据集进行试验，了解这两种方法的准确率是否存在显著差异。

10.2.2 目标检测的一致性

目标检测的标签一致性与图像标注相同。你可计算每个标签与其他标签的一致性水平，并随机猜测其中一个标签的基线以进行调整。与图像标注一样，你需要决定哪种基线计算最适合你的数据：随机选择标签、数据频率标签或最常见标签（定义见第 8.1 节）。

两名标注员间的定位一致性被计算为两个边界框的 IoU。整个目标的一致性是所有成对 IoU 的平均值。图 10-9 显示了为一幅图像标注多个边界框的示例。

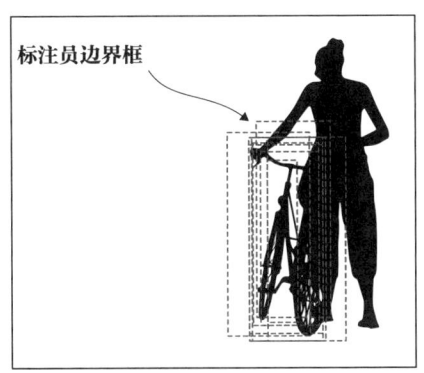

图 10-9 来自多名标注员的多个边界框示例：整体一致性被计算为所有边界框的平均成对 IoU

你可使用与基准事实相同的随机概率调整，但请注意，这种做法并不常见。大多数人仅使用未调整的 IoU 查看目标检测的一致性。

10.2.3 目标检测的维度和准确率

考虑到问题的维度，目标检测的分数可能低于其他机器学习任务。如果标注员边界框的每一边都比基准事实大 20%，那么每个维度将增加 40%。如果是两个维度，按照公式 140% 的平方等于 196%，那么误差几乎是原来的两倍。因此，当标注员误差为 20% 时，产生的 IoU 约为 51%。随着维度的增加，该数字也会增加。如果三维边界框在所有维度上都增大了 20%，那么产生的 IoU 约为 36%。

本例突出强调了难以确保目标检测标注准确率的其中一个原因，即用于比较的指标会放大误差。这种误差幅度对于某些任务可能非常重要。假设你正试图预测用于物流运输或超市货架库存的纸箱体积。如果你允许标注员有 5% 的误差幅度，虽然这一数字看似合理，但是如果标注员在所有维度上都超出了 5%，那么总体积就会增加 33%〔$110\%^3 = 133.1\%$〕！如果你的模型是根据误差 33% 的数据训练的，那么你就不能指望在实际部署时该模型具有更高的预测准确率。因此，在设计任务和决定可接受的标注准确率水平时，你应保持谨慎。如果你要跟踪标注员在不同类型工作（如图像级别标注）中的准确率，那么最简单的方法可能是将其在目标检测方面的准确率与其他任务分开跟踪，从而避免较低的目标检测结果影响他们的整体准确率分数。

10.2.4 目标检测的主观性

看待目标检测的主观性的方法与看待连续任务的主观性相同：你可询问标注员一个目标能否有多个合理的边界框，并要求他们标注这些边界框。你可将这些边界框中的每一个都视为合理的标注，最终每个目标将可能具有多个边界框。

你还可询问标注员他们认为其他人会如何标注，从而获得更多样化的回答，并使标注员更乐于给出有效的少数派解释。

10.2.5 聚合目标标注，创建训练数据

将多项标注聚合到一个边界框面临一个与处理连续值任务相似的问题，即我们无法保证平均边界框是正确的，也无法保证任何一名标注员的标注是正确的。例如，如果你要在一位背着背包的"行人"周围放置一个边界框，那么无论是否把背包框在内都可能是正确的，但只框半个背包的平均值却不会是正确的。

你可使用多种策略来聚合边界框。以下策略大致按照（依笔者所见）从最优至最差效果的顺序进行排列：

- 添加一项使专家审查或裁定每个边界框的任务。
- 采用平均边界框（但应注意其局限性）。
- 采用最准确标注员的边界框。
- 创建围绕 N 名标注员边界框的最小边界框。
- 使用机器学习来预测最佳边界框（见第 10.2.6 节）。

在特定数据集中，第一种策略并不一定是最有效的。你可能需要使用以上多种策略的组合，而非仅仅一种。在第四种策略中，你还需要决定 N 应是多少。如果你有四名标注员，那么你是否应围绕两名或三名标注员标注的最小边界框进行聚合呢？对于这一问题，可能并不存在正确的答案。

目标重叠也会加大聚合边界框的难度。图 10-10 展示了一个边界框重叠的例子，其中两名标注员有着不同数量的边界框。

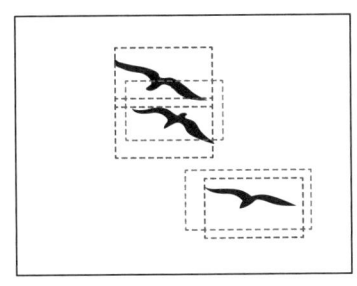

图 10-10 边界框重叠示例

在本例中,难以区分不同标注员的哪个边界框适用于同一目标。其中一名标注员(以紫色横线表示)标注了两个目标,另一名标注员(以绿色横线表示)标注了三个目标。

你可采用多种方法来确定图像某个区域内的目标数量。以下方法往往可组合使用:

- 创建一个单独任务,询问有多少目标出现。
- 添加一项让专家来审查和裁定重叠边界框的任务。
- 使用贪婪搜索技术来合并不同标注员的边界框。

聚合的方法有很多,如第三种策略。其中一个简单的方法是将最大 IoU 作为接下来合并两个边界框的标准。你可假定每名标注员对每个目标使用一个边界框(尽管可能会有误差),并假定一个 IoU 阈值。低于这一阈值,就不合并。

贪婪搜索不一定是最优方法。因此,理论上你可将此策略扩展为更详尽的数据搜索。在实践中,如果无法通过简单的贪婪搜索解决重叠目标问题,则应安排单独的审查或裁定任务。

10.2.6　将机器学习用于目标标注

预测每个标注框的 IoU,这是将机器学习用于边界框标注的最有效方法。这使我们能够获得每项标注的置信度分数,这比取每名标注员的平均 IoU 更准确。

对于标注员在基准事实数据上创建的每个边界框而言,该边界框的 IoU 将成为模型预测的目标。除了图像本身,你还可对与每项标注相关的特征进行编码,包括:

- 每名标注员的边界框。
- 每名标注员的身份。
- 标注员在标注中提供的标签。

这些特征将帮助模型衡量标注员的相对准确率,同时考虑到了他们对不同类型图像的准确率有高有低这一事实。对训练数据编码后,你可使用连续输出函数训练模型,以预测 IoU。你可以应用该模型预测标注员创建的任何新边界框的 IoU,从而估算出该标注员对该边界框的 IoU。

你还可以尝试在一个模型中集成多个模型和/或蒙特卡洛采样,以获得每个边界框的多个预测结果。通过这种方法,你将更清楚地了解标注员对该图像的可能的 IoU 范围。请注意,你需要对基准事实数据的采样策略有信心,因为你正将这些图像作为模型的一部分使用。任何基准事实数据偏差都会导致这项技术在预测每名标注员的置信度时出现偏差。

通过观察标注员的预测 IoU 及其一致程度，你可以调整你的整体工作流程。例如，你可以决定信任预测 IoU 超过 95% 的所有标注，让一名专家审查所有预测 IoU 介于 70% 到 85% 间的标注，并忽略 IoU 低于 70% 的所有标注。具体数字可根据你的数据进行调整。

通过机器学习，你还可将不同标注员的边界框聚合为一个边界框。虽然这种方法是聚合边界框的最准确方法，但你可能仍需设立一个专家审查的工作流程，因为通常情况下自动化聚合过程难保不出错。

与连续数据一样，你可使用绝对或相对编码对边界框位置进行编码。图 10-11 展示了一个相对编码的例子。

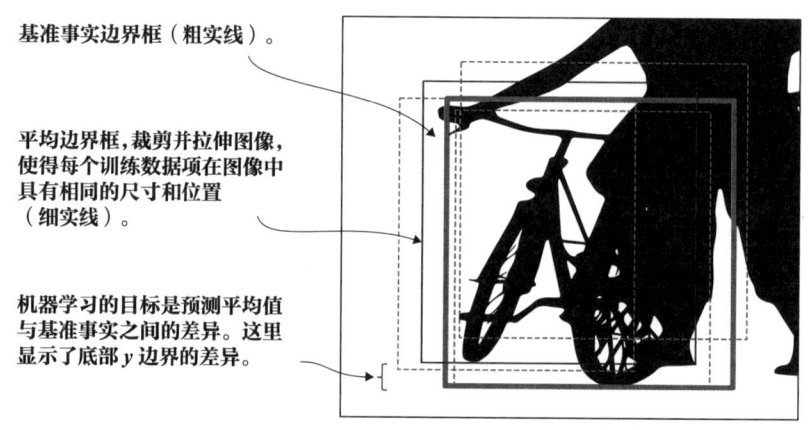

图 10-11 边界框相对编码

裁剪并缩放图像，使每个训练项具有相同的尺寸和位置。相对编码可解决目标在图像中处于不同位置的问题，并使模型能够利用更少的特征开展预测。

图 10-11 中的相对编码采用了与第 10.1.5 节中介绍的连续任务绝对编码和相对编码相同的原理。如果是同质数据——例如，如果图像的所有部分都可能等概率地出现 5 个像素的误差，那么对机器学习而言，相对编码可能是辅助质量控制的更准确表征。

你可使用多种增强技术来改进聚合边界框的机器学习，包括翻转、旋转、调整大小、模糊处理以及调整颜色、亮度和对比度等。如果你有计算机视觉方面的工作经验，可能对这些改进机器学习模型的技术并不陌生。如果你并未从事过计算机视觉方面的工作，最好从一本聚焦算法的计算机视觉图书开始学习这些技术。

10.3 语义分割的标注质量

在进行语义分割（也称"像素标注"）时，标注员会标注图像中的每个像素。图 10-12 显示的示例与第 6 章语义分割主动学习部分（第 6.2 节）的示例相同。有关目标检测和语义分割的区别的更多信息，请参见第 6 章。

图 10-12 语义分割示例,其中每个像素都被标注为"人""植物""地面""自行车""鸟"或"天空"

许多语义分割工具的界面就呈现为这样的彩色照片,就像着色练习用的图片。第 11 章将详细介绍这些工具。若此图以黑白图像显示,对比鲜明的灰色调也可以让你了解彩色图像呈现的效果。若相同类别的不同对象获得一个标签(例如,四棵树分别获得标注),则此任务称为"实例分割"(instance segmentation)。

在语义分割中,大部分质量控制与图像级别标注的质量控制类似,仅需稍加调整即可。但是,在这种情况下,你需要关注每个像素的准确率,而不是整体标签的准确率。通常情况下,你需要平均每个像素的标注准确率,从而获得图像的整体标注准确率。

10.3.1 语义分割标注的基准事实

比较语义分割标注与基准事实数据,就好比在像素级别进行标注,进而了解相对于随机概率标注员正确标注的像素百分比。当错误标注的像素与正确标注的像素之间的差距在一定范围内时,你可能会接受一个较小的缓冲区(如数个像素)。你可将这些错误视为正确,或者在计算准确率时忽略这些像素。

如果你允许在正确答案周围数个像素范围内出现错误,那么请仔细查找所有标注员在边界附近相同像素上出现的错误,因为这些错误可能是由标注工具造成的。相比其他任何机器学习任务,语义分割更多地使用智能工具,如利用魔棒或套索工具选择区域,以加快进程。这些工具通常基于简单的启发式方法,如相邻像素对比度。如果标注员并未注意到使用这些工具所产生的错误,那么你需要向模型教授这些工具的简单启发式方法,而不是正确的标签边界。工具错误可能出现在任何机器学习任务中。第 11 章将对这些问题开展更深入的探讨,这里指出这一问题的原因在于它在语义分割中非常常见。

对于图像标注,你已了解标签间的错误模式,你也应研究像素标签间的误差模式。如果某些标签比其他标签更重要,你可赋予其更高的权重。例如,如果相比天空你更关注自行车,那么你可赋予自行车更高的权重。宏平均是对所有标签开展同等加权的最常用方法。在某些情况下,你甚至可在计算准确率时忽略某些标签,特别是当你有一个用于表示所有你不关注的内容的通用背景标签时(该标签与其他标签相混淆的情况除外)。

10.3.2 语义分割的一致性

测量每个像素的一致性的方法与图像标注完全相同:测量标注员间在该像素标签上

的一致性。你可采用同样的三种方法计算预期一致性：该标签在所有数据中出现的频率、最常见标签的频率或标签总数的倒数。你应选择最适合数据集的预期频率。如果你有一个通用背景标签，那么该标签的总体频率可能是预期一致性的一个极佳候选值。

10.3.3 语义分割标注的主观性

在实践中，解决语义分割歧义的最常见方法是审查或裁定。如果某个区域被标注为不确定，或者标注员意见不一致，可由另一名标注员来裁定。

在语义分割任务中，通常要求所有像素都获得一个标签。当标注员对某些区域不确定或当存在多种有效解释时，就会出现问题。在语义分割中，激发主观性的最简单方法就是额外添加一个名为"不确定"的标签，标注员可用它来表示他们不确定该区域的正确标签。"不确定"区域可以是一个单独区域。或者，你可要求标注员将"不确定"区域叠加到已完成的分割之上，以便你了解哪些是尽管存在混淆但最有可能正确的标签。

有关如何将贝叶斯真相法扩展到标注任务外的示例，请参见第 10.7 节。据我所知，目前还没有任何将贝叶斯真相法扩展到主观语义分割任务的研究，但第 10.7 节中列出的论文会是开启这一研究的绝佳起点。

10.3.4 聚合语义分割，创建训练数据

聚合多项标注训练数据的方法与标注任务中所用的方法相同，但此处的聚合是在每个像素级别上开展。虽然所有相同的策略都可供使用，但如果仅存在少量不一致，将整幅图像交给额外标注员处理的做法将产生高昂费用。因此，在这种情况下，使用工作流程裁定图像的特定区域将是更优选择：

- 将整幅图像中一致性较低的部分交给其他标注员。
- 让专家裁定图像中局部区域一致性较低的部分。

图 10-13 展示了一个裁定流程示例。

如图 10-13 所示，你可将不一致区域定义为任何一组连续像素，在这些像素中，标注员间的一致性较低。你可采用与标签相同的方式定义像素级的一致性：标注员间一致性百分比，并可能需要考虑你对标注员准确率的置信度。事实上，考虑到语义分割的耗时性，每幅图像不太可能有三名以上的标注员。你可简单地将任何不一致视为需要裁定的区域，而不是通过基准事实数据的性能设置阈值。

假设你用于裁定不一致的预算有限，你可按大小对数据集中的不一致进行排序，然后按从高到低的顺序裁定。你还可考虑不一致的程度。

如果你对某些标签的关注度高于其他标签，那么请根据你对每个标签的关注度开展分层裁定。假设你对自行车的关注度是对天空的十倍，那么每裁定一个可能关于"天空"的不一致，就裁定十个可能关于"自行车"的不一致。考虑到手工调整这类启发式方法的高难度，请不要试图将 10:1 的比例作为区域大小加权。

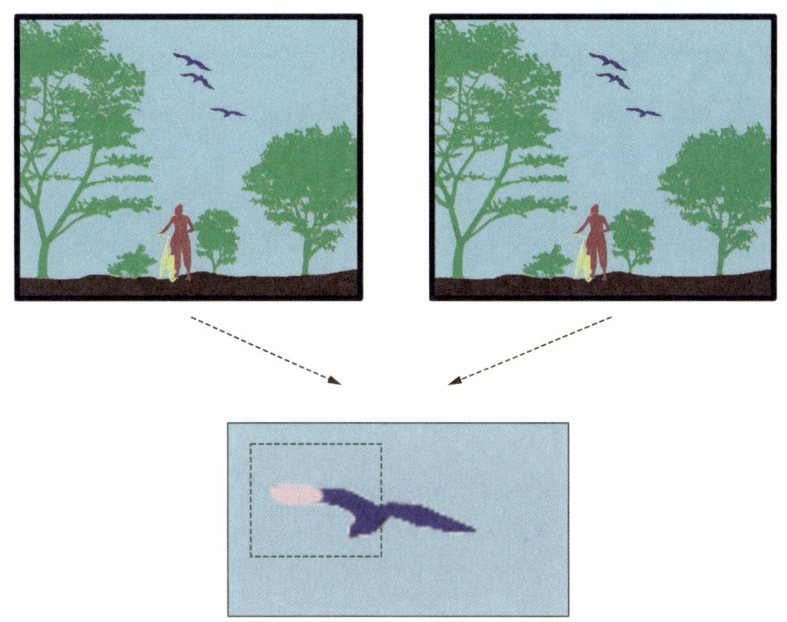

图 10-13 通过工作流程进行语义分割聚合的示例

两名标注员对某一区域的意见不一致，因此将其转给第三名标注员审查和裁定。共有两个界面选项：裁定者可从前两名标注员的两个区域中选择一个，或者直接在图像上标注，标注员意见不一致的区域将显示为未标注。

10.3.5 将机器学习用于聚合语义分割，创建训练数据

你可使用与标注相同的机器学习方法进行语义分割，但仅限于在单一像素级别上开展。还有一个额外的问题是，你可能需要解决不符合实际的像素拼接出的图像中的不一致。如果图 10-13 中鸟类的翅膀变成由"天空"和"鸟"的像素组成的棋盘格，那么结果可能比错误地将整个翅膀称为"天空"更糟糕，因为你会错误地教导下游模型，让它认为棋盘格模式是可行的。

为简化机器学习应用，你可构建一个模型，预测每个像素的"正确"/"错误"二元差别。使用保留的基准事实数据，构建一个模型，预测标注员错误地标注了哪些像素，应用所有新标注数据，并生成候选"错误"区域，供专家审查。

这种机器学习驱动的方法对发现工具（如智能选择工具）导致的错误尤为有效。在某些情况下，受到工具的影响，两名或两名以上的标注员很可能会出现相同的错误，一致性检查却无法将这些区域识别为潜在的错误。不过，你的基准事实数据应能告诉你工具会导致何种错误（例如，"天空"经常被错误地识别为"树木"）；因此，你的模型将预测其他图像中相似部分出现的错误。

10.4 序列标注的标注质量

在实践中，序列标注常常使用人在回路的标注方法。最常见的用例是识别罕见的文本序列，例如长文档中的地点名称。因此，用于序列标注的标注界面通常呈现待审查的候选序列，或生成带有自动补全功能的序列，而不是要求标注员对原始文本进行标注。

在序列标注中，你可使用不同类型的界面（将在第 11 章介绍）来处理此类审查任务。对于审查任务，质量控制可用采用标注任务相同的方式实现，这也是这种方法对序列标注中的另一个优势：与序列标注任务相比，对二元或分类标注任务更易开展标注质量控制。

然而，并非所有序列数据都可标注为审查任务，尤其是在数据项开始时，你尚未建立一个模型，用于预测未标注数据中的候选序列。此外，倘若使用现有模型中的候选序列，你有可能延续该模型带来的偏差。因此，在未标注原始数据上开展一些标注任务依然很有帮助。

序列标注的质量控制方法沿用了第 6 章讲到的关于序列标注的主动学习的多种方法。本节将重申这些方法。如果你尚未读过主动学习部分（或近期未读过这部分内容），让我们回顾一下之前的例子：

"The E-Coli outbreak was first seen in a San Francisco supermarket."

若要创建一个通过文本报告跟踪疫情的模型，可能需要从句子中提取信息，如每个词的句法类别［词性（POS），如"名词""专有名词""定语""动词"和"副词"］、疾病名称、数据中的任何地点以及重要的关键词，如表 10-1 所示。

表 10-1　序列标注类型：POS、关键词检测、两类命名实体（疾病和地点）

标签 POS 为每个词元有一个，可采用与质量控制的标注任务类似的方式来处理。标签 B（Beginning，开端）应用于跨度的开端，标签 I（inside，内部）应用于跨度内的其他词，从而明确地区分相邻的跨度，如"San Francisco"和"supermarket"。这种编码技术称为 IOB 标注，其中 O（outside，外部）表示非标签（为便于阅读，本表省略了 O）。对于关键字和实体等多跨度任务，质量控制比标注任务更复杂。

类别	The	E-Coli	out-break	was	first	seen	in	a	San	Fran-cisco	super-market
关键词		B	I						B	I	B
疾病		B									
地点									B	I	

在文献中，最常见的是跨度应用 IOB 标注，如表 10-1 所示。在不同类型的标签情况下，多词元跨度的定义可能会有所不同。例如，"E-Coli"作为实体是一个词，但作为关键词短语"E-Coli outbreak"则是两个词。严格来说，表 10-1 中的标注惯例称为 IOB2 标注，而 IOB 仅在一个跨度中有多个词元时使用 B。

对于较长的序列，例如将文档分割成句子或识别轮流发言的人时，为提高标注效率，你可能只想标注每个序列的头尾，而不是整个序列。

10.4.1　序列标注的基准事实

在大多数使用多标记跨度的序列标注任务中，质量控制是基于整个跨度的正确性评估的。如果标注员将"San"标注为一个实体，但并未将"Francisco"标注为同一实体的一部分，则标注员不会获得部分准确率。与计算机视觉中的目标检测不同，目前还未出现像 IoU 这样广泛用于文本序列的惯例。

如果你的任务是连续任务，例如我们的命名实体示例，那么除完整跨度准确率外，查看每个词元的准确率也是聪明的做法。在评估标注员准确率时，我建议将标注任务与跨度任务分开：

· 在每个词元的基础上计算标签准确率。如果有人只将"San"标注为一个地点，那么他的标注是正确的，但将"Francisco"标注为地点则是假负例，将其标注为任何其他标签则为假正例。

· 计算整个跨度的跨度准确率。如果有人只将"San"标注为一个地点，则该跨度的分数为0%。

通过这种区分方式，你可将标注员对哪些词属于哪些标签的语用信息理解与他们对说明中构成多词元词组的句法理解区分开来。

你可将每个标签的准确率与微观或宏观平均值相结合，计算出该标注员的整体准确率。如果数据稀疏，尤其是在计算微观平均值时，你可在计算中删除"O"词元（非跨度），否则"O"词元将对准确率起主导作用。你可按照评估下游模型的方式来做出这一决定：如果你在评估模型准确率时忽略"O"词元（除了作为其他标签中的假正例和假负例），那么在评估标注员质量时你可忽略"O"标签。

如果想将标注员在这项任务上的准确率与其在其他任务上的准确率进行比较，就需要将"O"标签纳入考量，并根据随机概率调整。虽然忽略"O"任务类似于调整随机概率，但它不会产生相同的最终准确率分数，因为忽略了"O"，就不考虑其实际频率。

确保操作指南的正确性！

我所构建的命名实体数据集几乎涵盖了所有大型科技公司以及特定使用场景（包括公共卫生、汽车和金融）。在所有情况下，我们在完善跨度定义上所花费的时间都多于任务其他部分所花费的时间。在这过程中，我们与标注员密切合作，将他们的专业知识整合到决策过程中。例如，当"San Francisco"被写成"San Francisco city"时，"city"一词是否属于地点的一部分？如果是"New York city"呢？我们经常看到"New York city"或其缩写"NYC"的表达，但是"San Francisco city"却并未缩写为"SFC"，因此可能需要区分这些情况。另外，在旧金山湾区，旧金山被称为"The City"。这一名称何时应称为地点呢？只有在它首字母大写时。如果是这样，那么在社交媒体上又如何呢？其他很少或根本不使用大写字母来表示实体的语言，又该如何处理呢？

在大多数序列任务中，无论是标注还是机器学习模型，这类情况最容易出错。因此，与标注员密切合作，找出棘手的情况并将其添加到操作指南中，这很重要。你也可在基准事实数据的非代表性部分中收录这样一些情况。

10.4.2 在真正连续数据中序列标注的基准事实

与此处提到的连续序列文本示例不同，有些序列任务是真正连续不断的。口语和手语就是两个很好的例子。与文本不同，在口语中，大多数单词间并无间隔。在使用手语时，手语者也不会在单词间停顿。在这两种情况下，是我们的大脑在连续输入的词与词之间添加了间隔，其实并不总是存在一个明显的点来表明一个词在哪里结束、下一个词从哪里开始。

本例与第 10.2 节讲到的计算机视觉领域的边界框示例类似，使用 IoU 衡量基准事实的准确率。不过，在大多数序列任务的质量控制中，惯例允许与基准事实示例存在一定误差，并且不使用 IoU。

即使处理语言数据的惯例不使用 IoU，但如果 IoU 对你的特定序列任务有意义，也没有理由不使用 IoU。在这种情况下，你可使用第 10.2 节中的基准事实准确率和一致性方法。除此之外还有一个好处：由于序列是一维的，误差幅度的影响不会像在计算机视觉领域更常见的二维和三维标注那样严重。

10.4.3 序列标注的一致性

在任务中，如果每个词元或预分段序列都会收到一个标签，如 POS 标注，你可将每个词元或分段视为一个单独的标注任务，并采用第 8 章和第 9 章所描述的标注方法。

在标签稀疏的文本序列任务中，如关键词提取和命名实体识别示例，可按每个词元来计算一致性，也可计算整个跨度的一致性。我建议采用与基准事实数据相同的区分方法，将跨度本身的预测与标签分开：

- 按每个词元计算标签的一致性：如果一名标注员仅标注"San"为地点，而另一名标注员标注"San Francisco"，则该标签的一致性为 50%。
- 计算整个跨度的一致性：如果一名标注员仅标注"San"为地点，而另一名标注员标注"San Francisco"，则该跨度的一致性为 0%。

通过审查和裁定任务解决不一致问题。如果标注员对两个重叠跨度的边界意见不一致，可让另一名标注员予以解决。如果由大量标注员标注整个文档来解决单个争议，将产生高昂的成本。因此，简单的裁定程序将是最优选择。

10.4.4 机器学习和迁移学习用于序列标注

所有先进序列分类器都使用预训练的上下文模型。因此，你也应在自己的序列任务中尝试使用这些模型。此外，需要注意的是，随着训练数据的增多，相比其他模型，不同的预训练模型可能或多或少会提供一些帮助。这点很容易理解。在我们的地点示例中，用数十亿个句子进行过预训练的模型会发现，在语义上，"City"（城市）、"Village"（村庄）、"Town"（镇）和其他地点名称是相似的，而且这些词前面的词有很大可能是地点。但是，要在足够相似的上下文中看到足够多的"City""Village""Town"，并让预训练模型得出这样的归纳结论，可能需要数百万个文档，而为序列标注任务标注数百万份文档不太可行。

如果你有预训练模型并且可访问模型的训练数据，你就应将代表性采样作为主动学习策略之一，从而采样出与目标域最相似的数据项。如果你的目标域有大量未标注数据，你也可尝试根据你的领域调整预训练模型。

如第 10.4 节所述，在现实世界中，大多数序列标注的标注策略都使用模型预测作为供人工审查的候选序列。该模型用于预测候选序列，标注员可将这些标注视为一项二元任务予以接受或拒绝，以便于质量控制。请确保你已创建关于好坏示例的基准事实。这样，你不仅可查看一致性，还可在二元审查任务中根据基准事实来评估标注员。

使用模型预测生成候选序列可能会产生偏差。即使模型错了，标注员可能会倾向于相信模型预测。这类偏差将在第 11 章介绍。

使用模型预测时，你可能会遗漏模型无法以任何置信度预测的序列，这也是导致偏差的一个因素。如果不仔细处理，这种偏差就会扩大模型的偏差。可以设置一个简单的任务，评估所有文本是否包含某个序列，这将会是一个好的解决方案，并且对嵌入也有所帮助。图 10-14 显示了地点实体的一个示例。

图 10-14　标注任务示例：询问文本中是否存在某个序列，而不要求标注员标注序列

这种方法能够快速确保并未遗漏文本中的某个实体，而且适用于那些在识别实体边界上准确率不高的工作人员。

采用如图 10-14 所示的工作流程，并使用单独任务获取实际序列跨度，可降低因序列不在模型候选项之列而被遗漏的概率。

设置上述任务除了可以减少偏差，便于雇用更大范围的工作人员，还可以建立一个专门用于预测序列是否出现的模型。该模型可用作实际序列模型的嵌入，如图 10-15 所示。

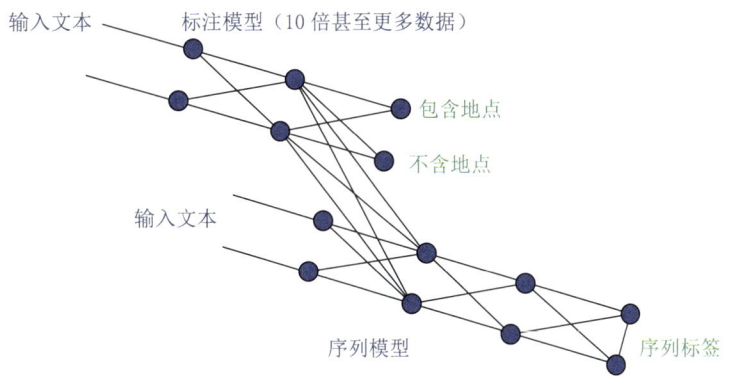

图 10-15　标注任务示例：询问文本中是否存在某个序列，创建一个可用作序列标注任务嵌入的模型

当标注任务的标注数据量比序列任务的数据量大得多（十倍甚至更多）时，这种方法尤其有用，而且可在减少偏差和雇用非专业标注员的工作流程中顺便达成。

如果你拥有大量被标注为包含或不包含某个序列的数据，图 10-15 所示的架构可提高下游模型的准确率。有关在相邻任务中标注数据以创建迁移学习表征的策略，请参见第 9.4 节。

10.4.5 基于规则、搜索和合成数据的序列标注

基于规则、搜索和合成数据的生成方法对于在稀疏数据中生成候选项特别有用。以我们识别"San Francisco"等序列的地点为例，有多种方法可使用自动标注，以快速生成候选项。例如，你可使用已知地名列表作为基于规则的系统或基于相同的地名列表造合成句。

我曾在序列标注中使用过所有这些方法。通常，在随机采样时，将相关标注的比例设为100:1，使初始比例接近2:1。这些方法可在初始数据很少的情况下快速引导模型。

使用合成数据也可提高覆盖率。例如，当我为企业构建命名实体系统时，我往往会确保至少有数个合成训练数据示例，其中包含所有产品、人员、地点和其他对企业极其重要的实体名称。

10.5 语言生成的标注质量

对大多数语言生成任务而言，质量控制都是由人类专家完成，而不是自动补全的。例如，当人类将一种语言的句子翻译成另一种语言时，质量控制通常由专业翻译人士完成，并负责审查翻译工作并评估翻译质量。

这种情况也适用于模型本身。大多数关于语言生成质量控制的文献探讨的是如何信任人类专家的主观判断。大量文献涉及如何判断机器翻译输出的质量（按1~5分评定），每个1~5分的判断都可能是一项主观任务。在这些情况下，评估数据的采样也很重要，因为人们需要花时间手动评估输出结果（而不是采用保留数据进行自动分析），导致高昂的人工成本。因此，对随机采样数据和/或可代表部署模型数据多样性的数据开展评估就变得格外重要。

为语言生成任务创建高质量的训练数据，最重要的因素是选择合适的工作人员。正如第7章所述，要确保标注员具有所需的语言流利性和多样性，需要开展详尽的规划。下面分享的一则趣事描述了我们为找到合适人员可能需要付出哪些努力。

关于源语言的忏悔书

丹妮拉·布拉加（Daniela Braga）的专家轶事

我司不遗余力地确保获得最佳数据并为此自豪，有时也会发生一些奇闻轶事。对文本和语音数据而言，最棘手的问题往往是难以找到流利的说话者。在机器学习中，最难的一点是找到符合要求的能流利使用某一语言的人员，而这点也往往最容易被忽视。

最近，我们正在为某一个有专门语言要求的客户开展一个大型数据项的收集工作，需要寻找会说一门小众语言的人员。多次尝试未果后，我们的一名员工前往一座教堂，因为他知道在那里能找到符合要求的人。虽然他找到了客户所需的人员，但他恰好在忏悔时间出现，牧师以为他是为忏悔而来的，于是乎，这名人员按惯例做了完整的忏悔，

> 包括关于源语言之事。
>
> 丹妮拉·布拉加，DefinedCrowd 公司的创始人兼首席执行官。DefinedCrowd 为语言和视觉任务（包括 50 多种语言文本和语音）提供训练数据。

10.5.1 语言生成的基准事实

当能够使用基准事实数据开展自动分析时，通常会存在多个可接受的基准事实答案，并选择最匹配的答案。例如，对同一个句子，机器翻译数据集往往会提供多个版本的译文。将机器翻译的译文与每个基准事实译文进行比较，并将最匹配的译文视为最准确的译文，用于计算准确率。

针对机器翻译，存在多种计算匹配度的方法，其中双语替换评测（bilingual evaluation understudy，BLEU）是最简单、最普遍的方法。这种方法计算的是机器翻译与基准事实示例之间匹配子序列的百分比。大多数用于序列任务的自动质量控制指标都使用类似 BLEU 的简单方法，即了解输出与一组基准事实示例的重叠百分比。

为确保标注质量，你通常需要为评估数据创建多个基准事实示例。基于不同的任务类型，这些示例可以是一个句子的多个有效翻译版本、较长文本的多个摘要或聊天机器人对某一提示的多个回复。

除了将任务派给多名标注员同时进行，你还应要求每名标注员提出多个解决方案。在更复杂的质量控制中，你可让专家对基准事实示例数据的质量进行排名，并将排名结果纳入你的评估指标。

10.5.2 语言生成的一致性和聚合

尽管标注员间一致性可用于判断生成文本的质量，但它很少用于语言生成任务。理论上，你可使用 BLEU、余弦距离或其他指标，跟踪某一标注员与其他标注员的文本差异，从而跟踪该标注员与其他标注员的不一致性。在实践中，让专家快速审查输出质量要容易得多。

将多个语言生成输出集合到一个训练数据项中的意义往往不大。如果模型需要单一文本，通常会从示例中选择最佳候选项。虽然这项任务可通过编程实现，但在实际应用中却并不常见。如果有多名标注员为同一任务生成文本，那么由一位专家选择最佳选项几乎不会耗费多少额外时间。

10.5.3 机器学习和迁移学习用于语言生成

手动创建语言生成数据需花费大量时间，因此可利用机器学习来大幅提速。事实上，你在日常生活中可能经常使用这类技术。例如，如果你的手机或电子邮件客户端提供下个单词/句子的预测补全功能，那么你就是人在回路序列生成中的人！基于不同的技术，应用程序可能从一般的语句补全算法开始，来使用迁移学习，并逐步调整模型，以适应你的文本。

实现这种架构的方式多种多样，它不需要像语句补全技术那样具有实时交互功能。如果你的序列生成模型可产生大量潜在输出，你可使用专家审查任务，选择最佳输出，从而大大加快速度。

10.5.4 语言生成的合成数据

合成数据在许多语言生成任务中很受欢迎，尤其是当可用原始数据的多样性存在差距时。翻译任务的一种解决方案是向标注员提供一个词，并要求他们造一个包含该词的原始句子并提供译文。你可要求其他标注员评估例句的真实程度。在转录任务中，你可要求某人说出一个包含某些单词的句子并将其转录；在问答任务中，你可要求某人同时提供问题和答案。在所有情况下，质量控制都是评估生成例句质量的一项标注任务，并且可采用第 8 章和第 9 章讲述的质量控制方法。

图 10-16 展示了语言生成的工作流程。首先，向标注员分派两类需创建的数据，并要求他们使用这些数据创建合成示例。在机器翻译示例中，这两类数据可能是目前训练数据中不存在的两个单词。标注员会被要求使用这些单词及其翻译创建多个句子。

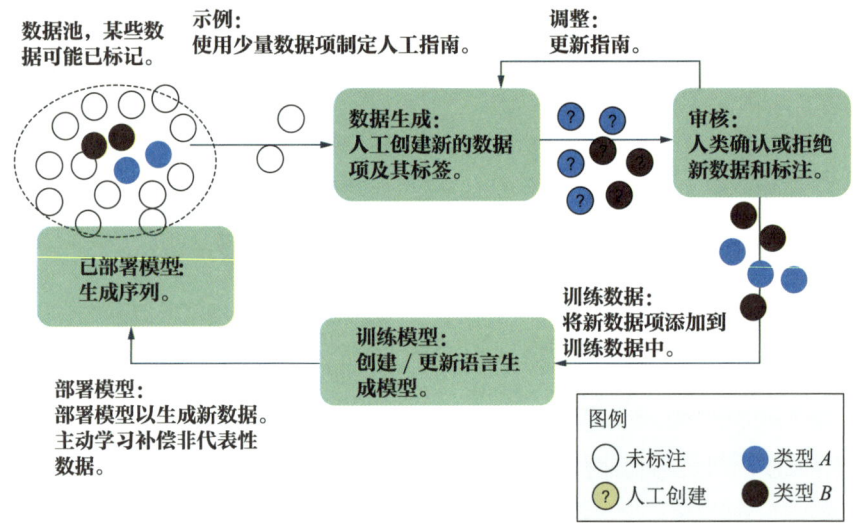

图 10-16 在不存在未标注数据的情况下生成数据的工作流程

该工作流程看起来与其他"人在回路"工作流程相似，但在创建数据方面未实现自动化。因此，你需要让标注员查看现有示例，并向他们分派有关需创建的示例的类型（此处为 A 类和 B 类）说明。然后，将这些示例添加到训练数据中。

多样性是合成数据生成的最大难点。相对容易的是提示人们使用某些词语或谈论某些事件。然而，与自然地说话时相比，当人们感到尴尬为难时，往往会使用比自然语言更正式的语言和更简短的句子。第 11 章介绍了一些技巧，可帮助你获取尽可能自然的数据。

10.6 其他机器学习任务的标注质量

其他许多机器学习任务也会用质量控制技术，例如使用基准事实数据、标注员间一致性以及机器学习驱动标注。本节将在更高层面上介绍其中几种，以突出重要的异同点。

10.6.1 信息检索标注

信息检索（information retrieval）是一个涵盖驱动搜索引擎系统和推荐系统的机器学习领域，其中雇用了许多标注员调整搜索引擎结果。这些系统可谓是最古老、最复杂的人在回路机器学习系统。

在搜索引擎中，模型准确率往往根据给定查询是否返回相关结果进行评估。为了使前几个结果的权重高于后几个结果的权重，信息检索通常采用折损累计增益（DCG）等指标评估，其中 rel_i 表示排名位置 p 的结果的分级相关性：

$$DCG_p = \sum_{i=1}^{p} \frac{2^{rel_i} - 1}{\log_2(i+1)}$$

$\log_2()$ 用于去重排名较后的数据项。你可能希望第一个搜索结果是最准确的；对第二个搜索结果的关注度稍低，对第三个搜索结果的关注度更低一等，以此类推。对于基准事实数据，可生成一个最大化 DCG 的候选答复排序，来评估标注员。换言之，最佳排序是将最相关的排在第一位，将第二相关的排在第二位，以此类推。排序最接近基准事实示例的标注员就被视为好的标注员。

在信息检索中，很少根据随机概率调整 DCG。这通常是因为"大海捞针"式搜索和推荐系统的潜在答复非常多，因此随机概率很低。换言之，数据是稀疏的，而随机概率往往接近于零。

稀疏性也对随机采样的有效性产生影响。如果标注员在网络搜索引擎上搜索"basketballs"（篮球），然后必须在随机选择的页面上选择结果，那么很可能所有结果都是不相关的。同样地，如果标注员在购物网站上搜索"basketballs"，并随机返回产品，那么所有结果可能都不相关。标注界面将使用现有模型返回相关结果，而不是随机样本。

要获得标注员的分数（0~1 分），可计算归一化折损累计增益（NDCG）。NDCG 由标注员的实际分数除以可能的最高分数（基于呈现给标注员的基准事实数据中得出的完美排名）得出。这一分数根据标注员看到的数据（也许有 10 到 15 个候选项）而不是所有可能的候选项来进行归一化，它是信息检索中除随机机会调整后的准确率之外的另一个最受欢迎的选择。

由于信息系统会对概率较高的候选项进行过度采样，因此有可能扩大偏差，因为只有高概率的数据项会作为候选项返回。可通过增加少量低概率结果平衡这种偏差，以增加潜在选择的多样性。在这种情况下，应使用 NDCG；否则将会人为地拉低标注员的评分。

如果根据最终用户的选择来调整信息检索系统，那么也会产生偏差，因为大多数用户查询的往往是一小部分高频短语。当被分配了不成比例的更多样化的评估短语时，负责调整模型的标注员也可以平衡训练数据。了解训练数据有多少来自标注员、有多少来自最终用户，也有助于指导主动学习策略。

有时，由于相关性并未优化，你无法通过让标注员判断相关性来模拟某人进行信息检索的情况。在这种情况下，机器学习模型往往是根据商业导向的指标进行优化的：用户的购买频率、从搜索到购买的点击数/时间、客户在未来六个月内的潜在价值等。这些指标直接关联模型的实际使用场景，因此有时被称作"在线指标"（online metrics），而与之形成对比的 F 分数和 IoU 则属于"离线指标"（offline metrics）。

信息检索系统通常会使用其他类型的机器学习，提供有助于信息检索系统的附加特征/元数据。例如，当一部电影被标注了类型后，推荐系统就会推荐你可能会喜欢的电影类型。为信息系统提供信息的任务实例包括：

· 按主题标注查询短语，例如将"篮球"搜索归类为"运动器材"类型，从而缩小搜索结果范围。

· 开展目标检测，以允许搜索，例如允许通过上传产品照片进行产品搜索。

· 标注内容类型，例如将音乐分为"振奋型"和"阴郁型"等类别，以便按照用户喜好做出推荐。

· 在地图上标注地点类型，例如将商店归类为杂货店或零售店，以改进地理搜索。

· 提取内容中的序列，例如提取产品的名称、尺寸、颜色、品牌和类似属性，以支持高级搜索系统。

在所有情况下，标注、目标检测和序列标注这些任务都比信息检索本身简单。但是，这些组件将被用于根据用户行为来优化信息检索系统，例如用户返回某公司网站的频率。在这种情况下，建立实际信息系统的人员将会记录这些组件的重要性。

在信息检索中，另一项有用的技术是查询重构，也是大多数搜索引擎使用的一种增强技术。如果有人搜索"BBall"，但并未点击任何结果，而是立即搜索"Basketball"，这一事实将告诉你，"BBall"和"Basketball"是密切相关的词，"Basketball"的搜索结果应与"BBall"的搜索结果相似。这种简单却聪明的技术不仅可产生免费的额外训练数据，而且能使你的模型更贴近最终用户优选的交互方式。

10.6.2 多字段任务标注

如果你的标注任务有多个字段，应考虑将任务分解为子任务，并通过工作流程将子任务连接起来。无论采用哪种方式，除了评估任务的整体质量外，还应对每个字段的质量开展评估。以跟踪疫情暴发相关的文本为例：

"The E-Coli outbreak was first seen in a San Francisco supermarket."

如果你明确想要捕捉有关该事件的信息，可能的标注包括——疾病：E-Coli；地点：San Francisco。因此，你可分别评估"疾病"和"地点"的准确率，也可评估整个事件的准确率。请注意，这是一个简单的例子，但并非所有文本都如此一目了然。请看下面两个例子：

"The E-Coli outbreak was first seen in a supermarket far from San Francisco."

"E-Coli and Listeria were detected in San Francisco and Oakland respectively."

在第一个示例中，我们不希望包含地点。第二个例子包含我们想要分别捕捉的两个事件。这项任务并非简单地匹配句子中的每个地点与每种疾病，而是关乎标注和机器学习的更复杂问题。我们可将这项任务分解为若干子任务，并通过机器学习对其进行半自动化处理，使其成为三项标注任务：

- 将句子标注为是否讨论疫情暴发。
- 标注地点候选项和疾病候选项。
- 将地点候选项和疾病候选项组合标注为同一事件。

在设定正确的工作流程、界面、审查和裁定程序后，复杂事件标注系统就可分解为一系列标注任务，从而大大降低质量控制的难度（相比整个事件的质量控制）。

类似本例的大多数复杂标注任务都可分解成较简单任务。界面、质量控制和机器学习组件取决于你分解任务的方式、使用的工作人员及任务本身的性质。不过，大多数人均可按照机器学习预测模式，将复杂任务分解成更简单的审查任务。

10.6.3 视频标注

大多数图像质量控制方法也适用于视频目标检测和/或语义分割。如果需要识别视频中的时间点或片段，连续数据和序列标注方法也同样适用。

对于目标追踪，你需要将定位（边界框）、序列标注（目标可见帧数）和标注（应用于目标的标签）相结合。在这些示例中，将这些指标分开跟踪比将其合并为单名标注者的准确率评分更易实现。

一些常见的视频标注任务可纯粹作为序列标注任务来处理。例如，用摄像机记录一个人驾驶汽车的过程，就可对他不看路时的序列进行标注。序列标注方法也可应用于这些任务。

视频中目标检测和/或语义分割的基准事实通常往往按单帧计算。如果视频时长差异很大，你可能希望从每个视频数据中抽取相同数量的帧，而不是从所有视频中随机抽取帧，因为后者会偏向于较长视频。

视频任务的标注员间一致性根据评估的子任务计算，包括标记、目标检测、序列识别等。应将这些方法用于视频标注。与基准事实数据一样，我建议你分别跟踪一致性，而不是试图将其合并到一项一致性计算中。

视频标注非常适合采用机器学习自动化。例如，机器学习模型可跟踪目标的移动，而标注员仅需在预测出错时对相应的帧进行纠正。这种做法可大大提高速度，但也会使模型中的偏差保留下来。

合成数据对视频标注也很有效，不足之处在于多样性有限。如果你在模拟的三维环境中创建目标，那么你已对这些目标的移动位置做出了完美标注。在预算相同的情况下，如此创建的数据将比人工标注创建的数据高出几个数量级。不过，合成数据可能缺乏多样性，而且可能会在数据中引入病理错误，使模型在真实世界数据中的表现更差。通常情况下，你必须谨慎使用这种方法，将其与真实世界数据结合使用，并采用代表性采样方式，以确保你的标注员处理的是与合成数据存在最大差异的真实数据。

10.6.4 音频数据标注

语音标注专业人员通常使用高度专业化的标注工具。例如，专业转录员使用脚踏板，使其能够迅速地快进或后退。早在计算机面世前，就已出现语音分割和转录界面。几乎在一个世纪前，人们已针对磁带录音机开发了许多专业技术。我们将在第 11 章介绍音频质量控制和界面的交叉领域内容。

根据不同的标注要求，音频标注可分为标注任务、序列任务或生成任务。识别是否有人讲话是一项标注任务，标注某人何时讲话是一项序列任务，而转录语音则是一项生成任务。你可将相应技术应用到这些任务中。

在语音领域，合成数据很常见，尤其是人们被要求说出某些短语时。作为开放数据提供的人们讲不同语言的录音并不多见。即使有，内容往往也涉及敏感信息。因此，即使是有能力捕获大量语音数据的公司，如手机公司，往往也不应捕获这些数据，而且应谨慎选择能够听到并标注这些数据的人。因此，要求人们朗读文本往往是创建许多语音识别数据集的主要方式。

合成数据也用于确保语音的多样性。例如，在大多数语言中，某些音素组合（单独发音）极为罕见。为确保训练数据中存在这些罕见组合，通常会要求人们朗读一些无意义的文字脚本；这些脚本经过精心挑选，以涵盖较罕见的音素组合。对于有着不同口音的人，可重复使用这种方法。

考虑到敏感性问题，智能设备制造公司通常会设置假的客厅、卧室和厨房来收集数据。演员们受雇与设备互动，按照"坐在沙发上，背对设备"等要求说出各种命令。如果你是这一领域的工作者，我建议你邀请朋友和家人参观这样的工作室，但不要告诉他们任何背景信息。走进一个又大又黑的仓库，中间布置了一个假客厅，里面的人说着各种毫无意义的话，这是多么奇特的感觉，仿佛外星人入侵地球一般。

10.7 不同机器学习任务标注质量延伸阅读

与本书其他主题相比，有关不同任务质量控制的文献较少，但有的相关论文几乎涵盖了本章所讨论的所有内容。

10.7.1 计算机视觉延伸阅读

Joseph Nassar、Viveca Pavon-Harr、Marc Bosch 和 Ian McCulloh 的 "Assessing Data Quality of Annotations with Krippendorff Alpha for Applications in Computer Vision"（《使用克里彭多夫 α 系数评估注释的数据质量以用于计算机视觉应用》，http://mng.bz/7Vqg）是一篇关于一致性的优秀论文。

Jean Y. Song、Raymond Fok、Alan Lundgard、Fan Yang、Juho Kim 和 Walter S.

Lasecki 的"Two Tools Are Better Than One: Tool Diversity As a means of Improving Aggregate Crowd Performance"(《两个工具比一个好：工具多样性是提高群体整体表现的一种手段》，http://mng.bz/mg5M）是一篇深入的研究论文，文中指出，并不存在一个适合所有计算机视觉任务的界面。在计算机视觉标注领域，其他最新研究成果也参考了这篇论文。

关于计算机视觉中用于模型但也可用于标注的数据增强技术，我强烈推荐Richard Szeliski的专著 *Computer Vision: Algorithms and Applications*（《计算机视觉：算法与应用》，http://szeliski.org/Book）。

关于自动判断绘制边界框或审查任务是否最适合特定图像的有趣示例，请参见 Ksenia Konyushkova、Jasper Uijlings、Christoph H. Lampert和Vittorio Ferrari所写的"Learning Intelligent Dialogs for Bounding Box Annotation"（《学习边界框标注的智能对话框》，http://mng.bz/5jqD）。

10.7.2　有关自然语言处理标注延伸阅读

在自然语言处理领域，Ron Artstein 和 Massimo Poesio 的专著 *Inter-Coder Agreement for Computational Linguistics*（《计算语言学的编码器间协议》，http://mng.bz/6gq6）是一部值得推荐的基础性著作，其中对序列标注一致性以及重叠跨度和识别词元或片段的复杂性的讨论尤为精彩。

近期，Jacopo Amidei、Paul Piwek 和 Alistair Willis 所写的关于语言生成的推荐论文"Agreement is overrated: A plea for correlation to assess human evaluation reliability"（《一致性被高估：为评估人类评估可靠性而呼吁相关性》，http://mng.bz/opov）是一篇优秀的论文。请注意，该文章探讨的机器输出评估，重点关注的是评估数据，但这种方法也可应用于训练数据。

Thibault Sellam、Dipanjan Das 和 Ankur P. Parikh 所写的"BLEURT: Learning Robust Metrics for Text Generation"（《BLEURT: 文本生成的学习鲁棒指标》，http://mng.bz/nM64）一文探讨了利用预训练模型的机器学习方法自动评估文本生成的方法。有关自动评估文本生成系统质量的其他最新研究，请参见该文的参考文献。

10.7.3　信息检索标注延伸阅读

参见"How Many Workers to Ask? Adaptive Exploration for Collecting High Quality Labels"（《要问多少工人？收集高质量标签的适应性探索》，http://mng.bz/vzQr）一文，作者为Ittai Abraham、OmarAlonso、Vasileios Kandylas、Rajesh Patel、Steven Shelford和Aleksandrs Slivkins。

10.8　小结

- 所有机器学习任务均可使用标注策略，如基准事实数据策略、标注员间一致性策略，将任务分解为子任务、专家审查和裁定任务的策略，合成数据策略，以及通过机器学习实现自动化（半自动化）的策略。基于不同的任务、数据和所要解决的问题，每种方法都有各自的优缺点。

· 连续任务可接受一定范围内的答案，在某些情况下还可利用群体智慧来决定是否最好接受最佳标注员的标注，而不是采用某个数据项的平均标注值。

· 目标检测任务应分别跟踪定位准确率和标注准确率。值得注意的是，在标注员总体表现相同的情况下，IoU 会在更高维度上产生更低的分数。

· 语义分割可设置一项审查任务，其中，专家标注员可对存在不一致的区域进行裁定，而不是重新标注整个图像。

· 序列标注任务通常使用人在回路系统生成候选项，尤其是在重要序列相对较少的情况下。

· 语言生成任务通常有多个可接受的答案。这些答案可根据每个数据项的多个基准事实示例评估，也可由人类对输出结果进行评估，但是人类也会根据其评分准确率和一致性接受评估。

· 其他机器学习任务，如信息检索，通常使用人在回路标注系统，尤其是当随机数据样本很少提供相关数据项时。

第 4 部分

Part 4

针对机器学习的人机交互

最后两章深入探讨了能提高标注效率的界面，并列举了三个人在回路机器学习应用实例，从而完成了"回路"。这两章整合了至此你在本书中学到的所有知识，说明了界面设计策略如何受数据采样和标注策略的影响。最优的系统会考虑到所有组件的整体设计。

第11章展示如何将人机交互原理应用于标注界面以及不同类型界面如何实现部分标注过程的自动化，介绍了在界面设计中如何权衡不同要素，包括标注效率、标注质量、标注员的能动性以及实现每种界面所需的工作量等。

第12章简要讨论如何定义人在回路机器学习应用的产品，并介绍三个实施案例：短文本探索性数据分析系统、从文本中提取信息的系统以及最大限度提高图像标注任务准确率的系统。针对每个示例，列出关于本书其他策略的潜在扩展情况。这将帮助你在部署首个应用后审慎地评估该如何扩展人在回路机器学习系统。

第 11 章
数据标注界面

本章内容包括:

- 了解人机交互的基本原理。
- 在标注界面中应用人机交互原则。
- 将人类智能与机器智能相结合,最大限度地发挥各自优势。
- 实现不同级别的机器学习集成界面。
- 在不影响现有工作的情况下为应用程序添加机器学习功能。

在本书的前 10 章中,我们介绍了有关人在回路机器学习的所有内容,但不包括人机界面这一重要组成部分。本章将介绍如何构建一个界面以最大限度地提高标注效率和准确率。由于没有哪一种常用的界面能够适用于所有任务,你必须做出明智决策来匹配你的任务,让你的标注员获得最佳用户体验。为此,本章还介绍了如何取舍的方法。

假设你需要从文本中提取有关疫情的信息。如果你的主题专家已手动完成这项任务,那么你可能希望在不影响专家工作的情况下,对他们所使用的应用程序做出一些简单的机器学习扩展。如果与你共事的是非专家标注员,你可创建一个新的界面,使大多数标注员仅需接受或拒绝模型的预测结果,因为这样的界面将最大幅度地提高效率,并降低质量控制的难度。如果你同时与专家和非专家标注员合作,可以同时使用两种界面,为这两类标注员分别选择合适的界面。

在任何界面中,错误设计都会影响整个标注过程的质量和效率。因此,即使没加入机器学习,针对不同的人构建合适的界面已经是个复杂的问题。本章将介绍可为标注任务设计正确界面的基本工具。

11.1 人机交互基本原则

首先,让我们来了解一下构建标注工具的界面的一些惯例。这些常规界面和应用程序开发库由专门从事用户体验和人机交互的人员优化,因此改进的空间不大。在某些情况下,你需要在不同的常规设计中做出选择。本节将帮助你了解如何取舍。

11.1.1 介绍可操作性、反馈和能动性

"可操作性"(affordance)是一种设计理念,认为目标功能应能够让人们感知到。例如,在物理世界中,门把手看起来应像是可转动的东西,而门看起来应像是可打开的东西。在网络世界中,应用程序按钮看起来应像是可点击的东西。在线系统的例子

包括：页面顶部的菜单系统在悬停时显示导航选项，点击"+"打开隐藏内容，点击"？"获取帮助。

在用户体验中，"反馈"（feedback）是对可操作性的补充。如果有人点击了按钮，应有动画、信息或其他事件使标注员知道他们的操作已被记录。反馈可验证可操作性，告诉用户他们感知到的可操作性是真实的，或者他们的感知是错误的（在没有操作或没有提示告诉他们操作不合规的情况下）。

具有良好可操作性和反馈的界面会直观地让人感受到它是简单易用的。因此，当某一设计打破常规时，你通常会注意到它。当你点击按钮时，如果按钮没有任何反应，你就会感觉它坏了；如果按钮看起来像是静态的边界框，你可能会忽略它的存在。你可能在制作糟糕的网站上见过这类按钮，但你不希望在标注界面中出现此类错误。（隐藏的书架门是个有趣的设计，因为它们打破了常规。但在标注中，打破常规并不有趣。）

通常情况下，在 UI 框架内使用现有元素有助于实现良好设计，包括可操作性。如果使用的是基于 Web 的界面，你应在推荐的上下文中使用现有的 HTML 表单元素，例如，单选按钮用于单项选择，而复选框用于多项选择等等。

使用现有的 UI 组件也能改善可访问性。相比自行创建按钮，使用默认 HTML 按钮元素能更好地为翻译这些元素或根据文本创建语音的人提供支持。

"能动性"（agency）是指用户感知到的权力和主人翁感。设计中良好的可操作性和反馈将为标注员个人行为赋予能动性。从更广义的范围来说，能动性还包括标注员体验。为确保标注员在工作中感受到能动性，你需要询问以下问题：

- 标注员是否认为界面允许他们标注或表达他们认为是重要的所有信息？
- 标注员是否感觉到自己的工作对所开展的数据项有帮助？
- 如果标注员正使用机器学习辅助标注的界面，他们是否认为机器学习改善了他们的工作？

本章举例说明了不同类型的可操作性和反馈，并讨论了每种可操作性和反馈与标注员能动性之间的关系。

借用游戏中的惯例是人们在设计标注界面时最常犯的错误之一。正如第 7 章所述，我不建议将有偿工作游戏化。如果你强迫别人在类似游戏的环境中进行有偿工作，并且这种方式并非标注数据的最有效方式，那么人们很快就会对这种工作产生厌烦情绪。有关为何不建议将标注任务游戏化的更多信息，请参见下面的专家轶事。

好的界面不仅关乎质量，还关乎数量

伊内斯·蒙塔尼（Ines Montani）的专家轶事

当我与人们谈论标注的可用界面时，反应往往是："何必呢？标注的收集成本并不高，即使工具的速度会快一倍，也并没有什么价值"。这种观点是有问题的。首先，许多数据项都需要律师、医生和工程师等主题专家的支持，他们会负责大量的标注工作。更根本的原因在于，即使未支付高额报酬，你仍然在乎员工的工作成果。如果你

> 提供的是会导致失败的工作条件，他们就无法好好地开展工作。糟糕的标注流程往往会使员工的注意力在示例、标注方案和界面间来回切换，这就要求员工高度集中注意力，因此很快会感到精疲力竭。
>
> 在步入人工智能领域前，我曾从事过网络编程的工作，因此标注和可视化工具是我最先开始考虑的 AI 软件。游戏中的隐形界面给了我很大的启发，让我思考做什么，而不是怎么做。然而，向让任务像游戏一样有趣，靠的不是游戏化，而是尽可能创造沉浸式的无缝界面，为标注员提供完成任务的绝佳机会。这种方法既能产生更好的数据，也更尊重数据创造者。
>
> 伊内斯·蒙塔尼是 Explosion 公司的联合创始人、spaCy 的核心开发人员和 Prodigy 的首席开发者。

11.1.2 设计标注界面

在简单的标注任务中，良好的可操作性和反馈要求根据推荐用途使用现有组件。你所使用的任何框架都应包含单项选择或多项选择、文本输入、下拉菜单等元素。

在某些框架中，你可能会找到一些更复杂的表单元素。例如，在 React Native JavaScript 框架中，除了更普遍的表单输入，还有一个自动补全组件。在其他网络应用程序中，你和你的标注员可能已使用过这种功能，并熟悉了 React Native 界面的设计惯例。因此，相比创建自己的自动补全功能，你可通过选择现有框架来获得可用性。

由于惯例是不断发展变化的，因此你在实现界面时需要跟踪当前的惯例。自动补全功能最近才开始流行就是一个例子。如今，许多网站都开始使用自动补全功能，而五年前，它们用的还是大型菜单系统或单选按钮。为此，你的标注界面应建立在当前惯例上，无论在创建界面时所用的是何种惯例。

在序列标注任务中，你很可能会选择使用键盘或鼠标标注，或两者兼而有之。如果使用键盘标注，箭头键应允许标注员在片段前后进行导航。如果使用鼠标标注，标注员应能悬停和/或单击片段。在这两种情况下，可操作性都应确保以某种方式高亮显示焦点所在的片段，以明确标注范围。

大多数广泛使用的 UI 框架不足以满足目标检测和语义分割任务的需求。例如，HTML 还没有一个标准的 UI 库，让你为语义分割任务标注像素。因此，在这些任务中，你将使用图像编辑软件中的惯例。你可通过边框、多边形以及捕捉相似像素区域的智能工具选择区域，从而实现可操作性。

在平板电脑或手机标注时，可操作性还包括用手指放大图像和滑动屏幕实现导航的功能。有的网络框架在平板电脑和手机上表现良好，有的则不行。因此，你可考虑构建适用于安卓和 iOS 操作系统的手机和平板电脑原生界面，但这类标注界面却并不多见；如果需要长时间工作，大多数人更倾向于使用电脑。

11.1.3 尽量减少眼球活动和手部滚动操作

设计时，请尽量将标注任务的所有组件都放在屏幕上，避免标注员滚动操作。此外，每次批注时，尽量将所有元素（说明、输入字段、注释项等）保持在同样的位置。如果数据项大小不同，可使用表格、列和其他布局选项，避免输入字段和数据项应大小不同而移动或丢失。

阅读在线内容时，你可能会因滚动屏幕而感到疲劳。当人们不得不滚动查找本可在加载时显示在屏幕上的内容时，注意力将会下降且感到沮丧（这种显示方式称为首屏呈现，源于报纸将重要内容优先置于顶部，以便在折叠时也能被人们看到）。这也适用于标注。如果所有内容本来能够全部显示在屏幕上，对于标注员而言，滚动不仅会影响操作速度，还会带来令人沮丧的体验。

考虑到标注说明和指南的篇幅大小，屏幕上可能无法容纳所有信息。你本想为标注员提供详细说明，但这些说明会占据很大一部分屏幕。此外，在完成足够多的任务后，标注员将会记住这些说明，这时显示的说明就显得多余了，但标注员还要不断地滚动浏览他们不再需要的内容，从而产生沮丧情绪。将说明设计为可折叠，只有在需要时展开，不失为最简单的解决办法。另一种方法是将部分或全部说明移至相关字段上，只有当这些字段处于焦点位置时才显示。第三种方法是将说明放在单独页面，并允许标注员调整浏览器窗口，进而单独显示批注和说明窗口。请注意，如果选择第三种方案，你在设计时需将较小标注窗口考虑在内。

考虑有效设计时，最简单的方法就是先找到错误的例子。图 11-1 显示了不符合大多数良好 UI 设计规则的界面示例。

现在，将图 11-1 与图 11-2 进行比较，图 11-2 的布局对标注员更友好。尽管相比图 11-1 界面，图 11-2 界面更难以实现。但是，仅需简单改动（例如将源文本放在输入字段旁），就能解决图 11-1 界面的许多问题。

本节并未讨论有关页面布局的假设。例如，图 11-1 和图 11-2（在较小程度上）都偏向于从左到右的布局。对使用从右至左语言的作者而言，这些布局不一定直观。对此，我建议阅读专门介绍网页设计（尤其是关于 HTML 表单的优秀设计）的书籍，以便加深对这一主题的理解。

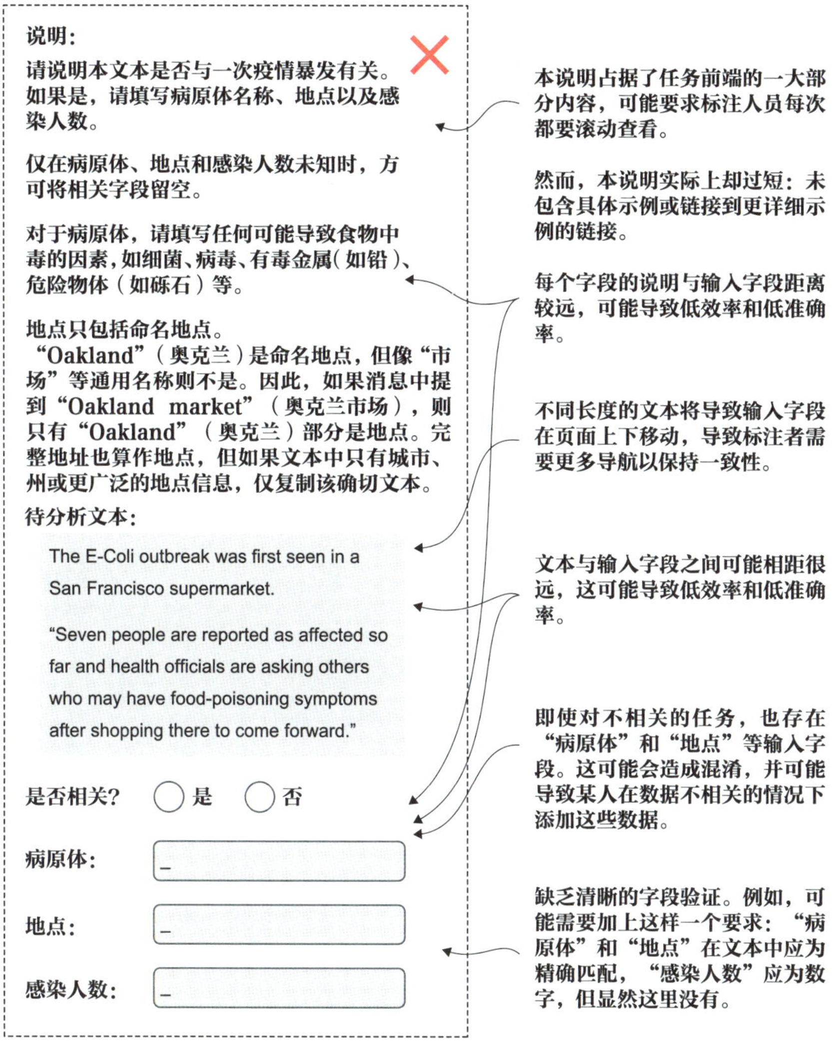

说明：
请说明本文本是否与一次疫情暴发有关。
如果是，请填写病原体名称、地点以及感染人数。

仅在病原体、地点和感染人数未知时，方可将相关字段留空。

对于病原体，请填写任何可能导致食物中毒的因素，如细菌、病毒、有毒金属（如铅）、危险物体（如砾石）等。

地点只包括命名地点。
"Oakland"（奥克兰）是命名地点，但像"市场"等通用名称则不是。因此，如果消息中提到"Oakland market"（奥克兰市场），则只有"Oakland"（奥克兰）部分是地点。完整地址也算作地点，但如果文本中只有城市、州或更广泛的地点信息，仅复制该确切文本。

待分析文本：

The E-Coli outbreak was first seen in a San Francisco supermarket.

"Seven people are reported as affected so far and health officials are asking others who may have food-poisoning symptoms after shopping there to come forward."

是否相关？　○ 是　　○ 否

病原体：　[＿＿＿＿＿＿]

地点：　　[＿＿＿＿＿＿]

感染人数：[＿＿＿＿＿＿]

- 本说明占据了任务前端的一大部分内容，可能要求标注人员每次都要滚动查看。
- 然而，本说明实际上却过短：未包含具体示例或链接到更详细示例的链接。
- 每个字段的说明与输入字段距离较远，可能导致低效率和低准确率。
- 不同长度的文本将导致输入字段在页面上下移动，导致标注者需要更多导航以保持一致性。
- 文本与输入字段之间可能相距很远，这可能导致低效率和低准确率。
- 即使对不相关的任务，也存在"病原体"和"地点"等输入字段。这可能会造成混淆，并可能导致某人在数据不相关的情况下添加这些数据。
- 缺乏清晰的字段验证。例如，可能需要加上这样一个要求："病原体"和"地点"在文本中应为精确匹配，"感染人数"应为数字，但显然这里没有。

图 11-1　不良标注界面示例

在此界面上，标注员需要持续不断地将注意力移到屏幕上，而且输入数据长度会改变屏幕显示目标的布局，从而降低一致性，因此很可能降低标注的效率和准确率。

除图 11-2 所示的优点外，双列布局也比图 11-1 中的单列布局更适合水平显示器。但是，你需要对标注员的屏幕大小和分辨率及其所用的浏览器做出假设。

根据工作人员类型及其参与标注的时间，你需要考虑为你的标注员购买设备和 / 或屏幕。在提高产量和准确率后，可抵消采购这些设备 / 屏幕的成本；此外，这还可减少工程师在保障每种浏览器和屏幕配置兼容性上所花费的时间。

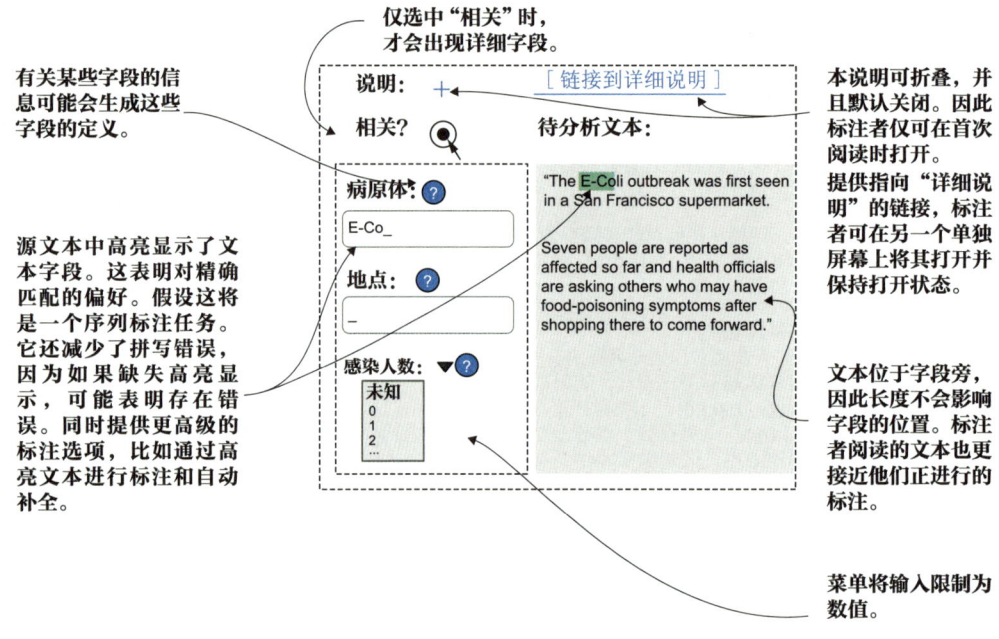

图 11-2　良好标注界面示例

此界面将源文本置于输入标注字段附近，并且为标注员提供访问说明的不同选择，而不会干扰任务设计或布局。与图 11-1 所示界面相比，可以预料的是这种布局更有效、对用户也更友好，并且还能获得更准确的数据（你的界面还应有显眼的提交按钮和供标注员反馈的字段；为简洁起见，图中删除了这些按钮和字段）。

11.1.4　键盘快捷键和输入设备

键盘快捷键有助于导航和输入，是几乎所有标注数据项的核心要素，但却极易被忽视。

鼠标导航的速度明显慢于键盘，因此需要关注输入的 Tab 键顺序（或 Tab 键索引）。在大多数应用程序中，按下 Tab 键会将焦点从一个元素移至下一个元素。在表单中，按下 Tab 键则会从一个表单输入移至下一个表单输入。Tab 键是确保有效标注最重要的键盘快捷键。当用户按下 Tab 键时，屏幕应直观显示输入获得焦点的顺序。图 11-3 显示了图 11-2 示例界面的默认 Tab 键顺序。

你可能需要明确定义 Tab 键顺序，以确保界面能够正常工作。例如，在图 11-3 中，Pathogen 输入后，预期的 Tab 键顺序是地点输入，但 HTML 默认的 Tab 键顺序可能会将地点信息链接作为下一个焦点。你可在 HTML 中使用 tabindex= 以数字升序方式在本地定义 Tab 键顺序，或使用 JavaScript 显式定义某些元素的打键次数。

箭头键导航也是如此。当用户按下导航键时，通常会有默认的焦点顺序（右箭头键通常与 Tab 键作用相同），但你可能需要明确更改这一顺序，确保它对你的界面而言最直观。

你可能需要决定是否禁用某些默认键盘选项。如果你使用的是 Web 表单，按下 Enter 键就会提交该表单。如果你的文本输入包含换行符或允许回车自动补全，你可能需要禁用回车提交任务，除非焦点在提交按钮上。同样，如果你的表单主要由自动补全字段组成，并且用户希望使用 Tab 键补全字段，那么你可能希望只有在使用箭头键或按下 Ctrl+Tab 键时才允许基于 Tab 的导航。想要获得正确的焦点导航，你可能需要反复开展多次迭代测试。

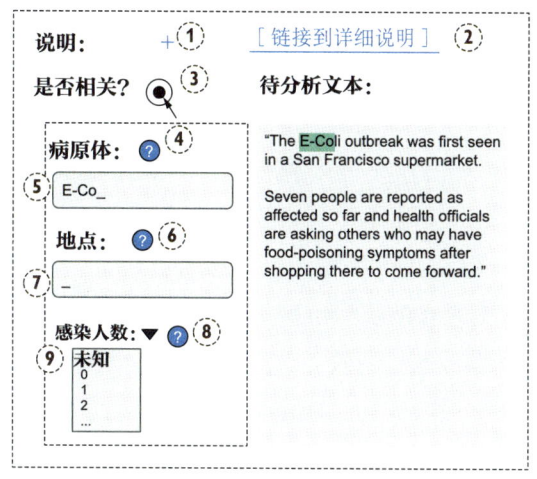

图 11-3 标签顺序示例，其中显示了按下 Tab 键后将焦点从一个元素切换到下一个元素的顺序

此界面显示了九个可点击的元素，它们将成为基于 Web 的界面中默认焦点顺序的一部分，但只有其中四个元素是标注任务的输入字段。因此，可通过定义不同 Tab 顺序改进任务。

如果无法将所有标注简化为键盘快捷键，你应考虑为标注员提供最适合其任务的鼠标或触控板输入设备。麦克风、摄像头和专业工具等其他输入设备也是同理。例如，专业转录员使用脚踏板前后移动音频和视频记录，同时可腾出双手打字。对于你创建的设备，你应该自己先试用一段足够长的时间——如果是快速标注任务，至少试 15 分钟；如果每项任务的平均标注时间超过数分钟，则需要试用更长的时间。

11.2 有效打破规则

当你能够轻松地做出符合常规的界面时，就可打破设计规则。本节举例说明了三个在标注中表现良好的非传统界面：滚动批量标注、用脚踏板来输入以及音频输入。需要注意的是，你很可能需要自行为交互场景编程，考虑一切关于可访问性的因素。为此，你需要权衡实施的成本与收益。

11.2.1 滚动批量标注

当数据不平衡时，滚动可改进标注任务标注。假设你想从成千上万张图像中找出自行车图像，但是其中大部分不是自行车图片。滚动浏览大量图像不仅比逐一浏览的效率更高，而且能减少重复启动问题（如第 11.3.1 节介绍）。有时，数据不平衡是有充分的理由，包括随机采样、评估数据在原本就不平衡的代表性数据上创建，以及抽查的预测来源于已知应用于不平衡数据的模型等。当你无法避免不平衡数据，但又能将任务简化为二进制决策时，滚动就是不错的选择。

11.2.2 脚踏板

在计算机领域，较少使用脚踏板，但它在车辆和音乐设备领域的使用却很广泛。考虑到这点，我们也错失了将脚踏板用于改进标注的机会。脚踏板最早用于音频领域，使人们能够前后移动卷轴到卷轴音频录音（如第10章所述），至今也很受转录工作的人员的欢迎。除转录外，脚踏板在标注中的应用并不广泛。对于任何视频或音频任务，均可使用踏板让标注员快速前后扫描。如果你的标注员正在标注音频、视频或任何其他流数据，并需要前后浏览，请考虑为他们购买脚踏板。USB踏板供应广泛，价格相对便宜。学习曲线很短，仅需数小时，而不是数天或数周。

除前后导航功能外，踏板还可编程为特定按键。例如，踩踏板的动作可模拟按下Ctrl键，或浏览菜单项。更改功能类似于踩下钢琴踏板改变音符的音调，而迭代菜单项则类似于吉他手使用选择踏板迭代音效。这类踏板的使用也很广泛，并针对用户体验因素（如按钮间距和（物理）可操作性）进行了优化，因此你可利用音乐行业中经过考验的惯例创建新颖有趣的标注界面。如果你要标注任何类型数据，你可能需要考虑使用踏板加快标注过程，并用脚部动作代替手部和手腕的重复动作，从而减轻压力。

11.2.3 音频输入

如果你的双手正在使用键盘和鼠标，双脚在踩着踏板，这时还剩嘴巴可用。音频输入通常用于创建语音识别数据（这点显而易见），但在其他方面的应用并不广泛。

音频可增强许多标注任务中的标注组件。假设你需要在100个目标类别周围放置边界框。此外，并没有一个可供标注员轻松导航从100个类别中选择其一的系统，而自动补全功能会将其注意力从数据项本身转移开来。如果标注员能说出标签，他们的注意力就不会从标注过程中分散。除标注外，还可通过下一步、上一步、缩放或增强等命令使用音频进行导航。

建议：如果允许基于语音的标注，请考虑使用较长的标签名称，因为语音识别对短词的准确率较低。专为标注创建定制语音识别模型的资源投入回报率可能较低。也正因为此，许多语音界面系统的语音界面使用的是数字菜单系统。

11.3 标注界面中的启动效应

除选择合适界面外，你还需要考虑顺序效应和其他上下文因素可能对标注产生的影响。第7~9章介绍了确定合适的工作人员和评估质量的方法。现将一些要点总结如下：你应确保你的工作人员接受过适当训练；跟踪与任务相关的标注员的人口统计特征信息，并确保不会侵犯隐私；采用质量控制方法，如基准事实数据和标注员间一致性，以确保最大限度减少偏差。

正如第1章所讨论的，启动效应发生在标注可能受到上下文（包括任务设计和任务顺序）影响时。启动效应往往被视作不好的事情，因为我们不希望标注受到任务本身的影响。相反，我们希望每项标注尽可能客观，尽管存在一些例外情况（将在第11.3.2节讨论）。启动效应可能与每名标注员的个人背景无关，也可能对某些标注员产生比其他标注员更大的影响，因此你应该仔细考虑启动效应与标注员背景相结合时可能给标注带来的偏差。

11.3.1 重复启动效应

对于标注而言，重复是最重要的启动效应问题。标注员可能会根据他们先前看到的数据项改变对数据项的解释。重复启动效应在情感分析等主观任务中很常见；随着时间的推移，大多数标注员会根据最近看到的数据项重新调整自己的解释，从而改变他们对相邻类别（如负面和极其负面）之间边界的看法。

由于重复次数的增加，也会造成注意力和疲劳问题。如果数据缺乏多样性，人们可能会无意识地点击相同的标注，即使该标注可能是错误的。在许多有序数据集中，相邻的数据项往往来自同一来源和/或时间，因此随机排列数据项顺序是将这一效应降至最低的方法。

确保标注员有足够长时间的练习和训练，这也有助于他们熟悉数据。这样一来，标注员就能在其标注成为训练数据和评估数据之前，通过更多的数据增进自身对数据的理解。在类似情感分析的任务中，你可能会要求标注员在开始标注前先查看数千个示例，以便他们先校准自己的评级决策。

当数据不平衡时，随机化和延长练习时间可能还不够。在这种情况下，你可采用多样性采样方法，以确保每个数据项都尽可能与前一个数据项不同。在标注任务中，你可使用预测标签进行分层采样。基于聚类的采样也有帮助，例如将数据分成10个簇，然后依次从不同的簇中采样。

你还可在标注后监测重复启动效应。如果标注最终的不一致性很高，你应查看之前标注的顺序，了解标注员的一致性是否可能来自顺序效应。数据项的顺序不应成为标注的预测要素。

11.3.2 启动效应的不良影响

当标注需要主观或连续判断时，启动效应将产生最大的不良影响。如果存在固有排序，例如在对情感进行负面到正面的评分任务中，人的解释可能会受到重复启动效应的影响。在第11.4.3节，我们将讨论如何将这项任务界定为排序问题而非评级问题，从而最大限度地减少这类启动效应。尽管随着时间的推移人们可能会改变情感分数，但他们对正面到负面情感排序的判断可能会趋于稳定。

在两个类别接近的分类任务中，启动也可能造成伤害。本书举了一个人推着自行车的例子。在这一例子中，重复可能会使标注者根据最近标注的内容将图像标注为"行人"或"骑行者"。第1章提供了关于联想启动的一个绝佳示例：当房间里有袋鼠或几维鸟毛绒玩具时，人们更有可能将发音者标记为具有澳大利亚或新西兰口音，即使任务本身并未提及这些玩具。

11.3.3 启动效应的有益影响

在某些情况下，启动效应将产生有益影响。随着对时间的推移，标注员对数据越来越熟悉，标注速度也越来越快，这种效应被称为"正启动"（positive priming），几乎总是有益的。

在某些情况下，通过上下文启动（成为上下文启动或联想启动）也是有益的。在转录与健康相关的音频时，如果标注员听到一个可能是"patients"（患者）也可能是"patience"（耐心）的单词，根据紧接的上下文和任务主题，他们应会知道"patients"的可能性更大。在这种情况下，启动效应有益于任务。

当启动效应改变某人的情绪状态时，这种效应被称为"情感启动"（affective priming）。如果标注员对自己的工作感到更积极，就更有可能加快工作速度，提高准确率，从而使每个人都受益。虽然对于情感分析等可能带有情绪成分的主观任务而言，情感启动并不总是可取的，但对激励却很有帮助。你会在工作时放音乐来提升工作效率吗？如果是，你就可告诉别人，你是通过积极的自我影响启动效应提高工作效率。与其总是将启动效应视为负面因素，不如将其视为一系列非客观行为，在标注和界面设计中加以注意和管理。

11.4 人机智能结合

人类和机器各有优缺点。通过发挥各自优势，就能最大限度地提高两者的表现。有的差异显而易见。例如，相比在第 3~6 章中介绍的不确定性和多样性方法，人类能够针对他们对任务感到困惑的问题给出简短的纯文本回答。有的差异则不那么显著，需要加深对人机交互的了解。如前所述，在连续任务中，机器将给出一致的预测。与之相反，由于启动效应，人类的预测是不一致的，即使在重复任务时也会改变他们的评分。

标注员很快就会成为他们所处理数据的专家。对于是否存在长期启动效应，研究人员的意见不一；有的研究人员认为不存在，或者认为即使确实存在，影响也微乎其微。启动效应的长期影响较小，这对标注工作是有利的，因为这意味着标注员在积累专业知识的同时，还能够保持较高水平的客观性，无论他们看过哪些特定数据项，只要他们看过完整的数据项即可。当标注员沉浸于解决他们所面临的问题时，提供和征求标注员反馈将有助于改进你的任务。

11.4.1 标注员反馈

你应始终为标注员提供一种机制，以便他能够就其正在处理的特定任务向你提供反馈。标注员对任务的反馈可涵盖各个方面，例如界面的直观性、说明的清晰度和完整性、某些数据项的模糊性、他们对某些数据项的知识局限性，以及你可能没有注意到的数据模式和趋势。

理想情况下，你应在任务中设置供标注员提供反馈的选项。可能的选项包括简单的自由文本字段、电子邮件、论坛或实时聊天邀请反馈等。将反馈包含在任务中通常是确保反馈与标注数据项相关联的最简单方式。但是，在某些情况下，其他反馈机制可能适用。例如，论坛能够让有类似问题的标注员看到回应。实时聊天允许标注员共同处理标注难度较高的数据项。唯一的缺点是当标注员并非独立工作时，质量控制的难度会增加（有关质量控制的更多内容，请参见第 8~10 章）。

反馈是双向的：你也应向标注员反馈标注的使用情况。当每个人了解自身工作产生的价值时，就会更享受工作。但是，如果在标注后一段时间并未重新训练下游模型，或者如果用例或模型的准确率很敏感，就不易实现反馈。尽管如此，你仍可考虑标注产生的一般价值。

在某些情况下，效果很明显，尤其是对于机器学习辅助的人类任务而言。在从文本中提取疫情信息的示例中，如果提取的数据本身是有用的，而不仅用于训练机器学习模型，那么这种有用性就可传达给标注员。

如果标注员能更好地了解机器学习模型将在下游执行的任务，标注的准确率就会提高。在室外拍摄照片的语义分割任务中，让标注员了解目标是计算树上的叶子数量，还是侧重前景目标的应用（而树只是背景），将会产生积极的效果。透明度越高，人人受益的可能性也越大。

你还可将反馈纳入标注任务中。在情感标注任务中，你可要求标注员高亮显示哪些词语有助于他们对正面或负面情感进行解释。一个有趣的扩展是要求标注员编辑这些词语，以表达相反的情感。这种以尽可能少的编辑来改变标签的过程被称为"对抗标注"（adversarial annotation）。编辑数据项可成为额外的训练数据项，这有助于模型学习对标签最重要的词语，而不是过度依赖那些与最重要词汇一起出现的标签。

11.4.2 询问他人如何标注，以最大限度地提高客观性

在第 9 章，我们介绍了一些方法，以了解标注员认为其他人会如何标注。这种方法在贝叶斯真相法等指标中得到了推广，可帮助我们识别那些可能并非来自多数人判断，但却是正确的标注。

这种方法的一个好处在于，它可减少与权力动态相关的问题，因为你询问的是其他标注员的想法，因此标注员更容易做出负面回答。当你认为权力动态或个人偏见影响回答时，询问大多数人会如何回答，而不是询问某个标注员的想法，这不失为一种好策略。

在类似情感分析的任务中，标注员可能不愿意将有关所在公司的情感标注为负面的。如当这种不情愿是权力失衡造成的（例如，在创建训练数据时，标注员获得了报酬），这种效应就被称为"适应"（accommodation）或"顺从"（deference）。询问其他人如何解释情感，可让标注员从自己的数据解释中抽离出来，从而给出更准确的判断。

请注意，本例是对第 9 章描述的主观数据策略的限制。在该策略中，我们期望实际标注的分数高于预测标注的分数，以识别出可能不是多数意见但仍有效的标签。如果认为标注员间存在权力失衡，则有效标签的预测分数可能会高于实际分数。因此，在这些情况下，所有预测分数较高的标签都会视为潜在的有效标签，无论其分数是否高于实际分数。

11.4.3 将连续问题重塑为排序问题

人们的连续判断往往不可靠。一个人给出 70% 评价时，另一个人可能给出 90% 评价。人们对自身的判断也可能不可靠。就情感分析而言，在首次接触某一事件时，人们可能会将其评为"非常积极"，但在看到更多更积极的例子后，受启动效应或其他个人倾向变化影响，他们可能会将该项评为"积极"。

然而，当要求人们对两个数据项排序时，即使绝对分数不一致，在同他人和自身在不同时间的评价中，给出的排序往往是一致的。两名标注员可能会对两条消息给出不同的情感分数，但却一致认为某一条信息比另一条更积极。图 11-4 展示了一个例子。

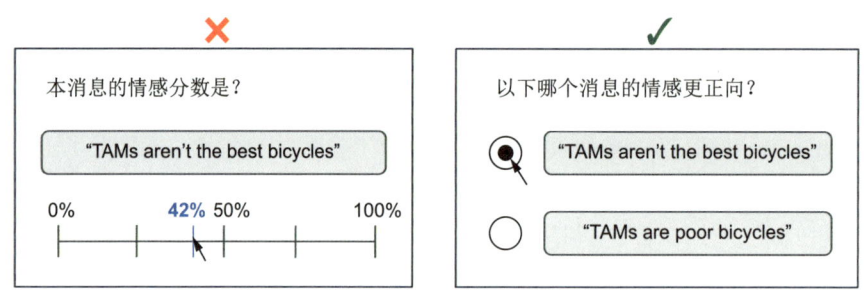

图 11-4 在需要标注连续值的任务中，使用排序替代绝对值的示例

当要求人们对数据项排序而不是给出绝对分数时，在彼此和自身在不同时间的评价中，给出的排序往往是一致的。

如图 11-4 所示，通过一个简单的界面可将连续任务转化为排序任务，这通常会使标注更加一致。使用排序而非绝对值有其利弊。其中，优点包括：

- 结果更一致。结果会因数据和任务不同而有所差异，但更易测试。你可同时实施这两种方法并进行比较。
- 任务耗时更短。勾选复选框比输入文字、滑动或在连续范围上选择要快得多。
- 对于二元分类任务，无论是客观任务还是通过 BTS 开展的主观任务，都比连续任务更易开展质量控制。

然而，排序也存在以下缺点：

- 你得到的只是排名，而不是实际分数，因此你需要一些有绝对分数的数据项。你可能在指南中创建 90%、50%、75% 等分数的数据项示例。你可询问标注员每个数据项相对于这些示例的排名情况，并利用这些信息推算其余数据项的分数。
- 你需要解决循环排名问题，例如数据项 A 的排名高于数据项 B，数据项 B 的排名高于数据项 C，而数据项 C 的排名又高于数据项 A。你可通过审查和裁定任务，要求对所有数据项开展强制排名，或使用简单的方法自动执行此过程，例如迭代删除最不可信的排名，直至循环消失。
- 想要排序每个数据项，需建立更多任务。在一个包含 N 个数据项的数据集中，对每个数据项进行排序需要 $N \log N$ 个判断。本质上，这种算法是一种排序算法，其中每次判断都是一次比较。你仅需要 N 项标注就能给每个判断打分。

最后一点，由于隐含分数问题，$N \log N$ 个判断可能会成为成败的决定性条件。因为如果仅提供一个评级，你需要 $N \log N$ 个任务，而不是 N 个任务。然而，二元分类任务的速度更快，也更一致。此外，正如你在第 10 章中所学到的，相比连续任务，二元任务更易实施质量控制。因为用于计算标注员间一致性所需的平均标注员更少，总成本可能会持平。

举个实际例子，假设我们要标注 100000 个数据项。在数字评分界面，假设我们希望每项任务平均有四名标注员，每项任务平均每人需要 15 秒：

$$100000 \text{ 项任务 } \times 4 \text{ 名标注员 } \times 15 \text{ 秒} = 1667 \text{ 小时}$$

对于成对排名，我们假设每项任务平均仅需要两名标注员，花费 5 秒：

$$100000 \times \log 100000 \text{ 项任务 } \times 2 \text{ 名标注员 } \times 5 \text{ 秒} = 1389 \text{ 小时}$$

因此，在预算大致相同的情况下，即使标注总数多得多，使用排序方法也可能让你获得更准确的数据集。许多学术论文关注的是操作总数，而不是总时间。如果你是一名计算机科学家，研究过"大O标记法"（Big O），情况也是如此。因此，在计算所有因素的成本（包括每项任务时间和质量控制难易程度）前，请不要忽视不同类型的界面。

你可使用机器学习半自动化这两种标注界面，但排名界面的优势在于不易出现偏差。如果机器学习预测分数是0.40，你就可在标注界面中预先填入0.40，以加快标注速度。但是，预先填充0.40的答案会使标注员认为0.40或接近0.40的分数就是正确的分数（称为"锚定效应"）。相比之下，如果使用排名界面，就可开始将数据项与接近0.40的数据项进行比较，以减少总的标注数，但不会使标注员偏向于任何配对决定；他们不会知道自己在排名中接近0.40，而实际的任务也并未指出应优先选择哪种排名顺序。因此，对于任何类型的机器学习问题，而不仅仅是标注和连续任务，界面选择都会影响机器学习与标注任务结合的效果。下一节将详细介绍如何在不同类型的标注任务中整合机器学习。

11.5 最大限度地发挥人类智慧的界面

随着机器学习或多或少地辅助标注，你通常需要权衡效率和准确率，但也有例外情况。例如，机器学习可发现人可能会遗漏的错误，这既有利于提升效率，也有利于提升准确率。

除效率和准确率外，界面选择也会改变标注员感知到的能力（能动性）。此外，相比其他界面，实施某些类型的界面需耗费更多的工程资源。因此，你需要了解不同界面的优缺点，为你的任务选择合适的界面。

表 11-1 描述了机器学习参与人类任务的程度，从原始标注（不存在机器学习输入）开始，到裁定（人类标注员接受或拒绝模型预测的审查任务）结束。

表 11-1 还展示了四个因素。这些因素可确定适合你任务的界面类型。请注意，这些因素并不是线性地与效率正相关或负相关，因此权衡是非线性的。例如，随着自动化程度的提高，质量往往会下降，但判定并不是最糟糕的，因为二元判定任务的质量控制

要比其他标注任务容易得多。辅助标注界面只删除最多余的任务，因此给予的能动性也越高。但是，这种界面需要最多的工程技术构建，而且通常需要专为标注目的调整或重新训练模型。预测标注界面早于现代机器学习方法出现，广泛应用于基于规则的自然语言处理系统，通常称为"预测编码"（predictive coding）。在电子发现这一大行业用例中，分析师通过查看基于规则的模型生成的候选数据执行任务，如审查组织的数字通信，以发现潜在欺诈行为。

表 11-1 机器学习在标注中参与程度的递增级别

类型	定义	效率	质量	能动性	实施工作
无辅助标注	与原始数据交互，无需机器学习辅助	最差	最佳	良好	最佳
辅助标注	与原始数据交互，机器学习辅助	中等	良好	最佳	最差
预测标注	机器学习生成可编辑候选项	良好	最差	中等	中等
裁定	标注员仅可接受或拒绝候选项	最佳	中等	最差	良好

效率指标注员完成任务的速度。质量指标注的准确率（高质量意味着更少的错误）。能动性指标注员感知到的控制感和所有权。实施工作量是指实施界面所需的工程量。随着机器学习的自动化程度提升，效率也相应提高，但其他列的顺序并不相同。每种方法都需要权衡利弊。正确的界面取决于你想要优化的因素。

为更好地了解不同类型界面，本节剩余部分将介绍机器学习任务的示例。我们将从语义分割开始，因为它是每种界面中最为熟知的示例。即使你只对一种类型问题感兴趣，我也建议你阅读本节的所有子章节，因为从一种机器学习标注任务中获得的见解可能会对另一种任务有所帮助。

11.5.1 用于语义分割的智能界面

如果你使用过 Photoshop 等图像编辑工具，就会熟悉大多数语义分割标注工具的用户体验。你可使用画笔或套索工具（多边形或徒手）直接标注图像区域。

大多数图像编辑软件也具备智能工具，可通过相似颜色或边缘检测技术选择整个区域。在机器学习领域，有些模型会尝试预测准确的区域，因此这些模型可用作智能工具，来适应特定任务。

图 11-5 展示了语义分割界面示例。这些示例使用的是整幅图像，但（如第 6 章和第 10 章所述）我们可能仅关注图像的一部分，尤其是在裁定混淆时。在这两种情况下，标注界面的全部选项仍然适用。

在图 11-5 中的四个示例中，标注员的体验大有不同。在无辅助标注的情况下，标注员会感觉到完全处在掌控之中。但是，当一大块区域明显属于同一目标的一部分时，标注员慢慢地会感到乏味。因为标注员可能熟悉图像编辑软件，他们知道有更好的标注工具存在，但却无法使用。因此，即使标注员有完全的掌控权，由于无法使用预期工具，也无法感受到最佳能动性。

相比之下，在辅助标注中，除了手动标注图像，标注员还可使用智能选择工具。因此，标注员的能动性要高于无辅助标注。偏差也相当小，因为标注员在智能工具预测这些区域的边界前就已决定了这些区域。

不过，智能工具的实施需花费更多精力，尤其当我们希望使用现有模型实时预测区域并对单击做出回应时。我们可能需要训练一个模型，专门预测标注员点击的区域（有关为界面训练模型的更多信息，请参见第 11.5.2 节）。

图 11-5 语义分割界面

用于语义分割的无辅助标注界面看起来像是一个简单的图像编辑软件：标注员使用笔刷、铅笔工具和其他徒手使用的工具给某些区域上色，并给这些区域贴上标签（在本例中是自行车）。大多数图像编辑软件（以及大多数语义分割标注工具）也具备辅助标注功能。

预测标注（即图 11-6 中的第三个选项）的实施相对容易。我们可预测所有区域（可能是提前离线预测），并允许标注员编辑任何不正确区域。但是，这种方法可能会带来偏差，因为标注员可能会信任机器学习预测的错误，导致错误继续延续，进而导致本已表现不佳的模型变得更糟。基于这些原因，这种界面的质量比其他界面都差。

纠正机器学习模型的输出往往是标注员最不感兴趣的任务。根据预测标注的经验，机器学习在正确处理易处理部分方面的功劳最大，而标注员需要留下来清理错误。纠正错误边界往往比从头开始创建边界更耗费时间，这会增加标注员的挫败感。

在语义分割中，有些工具介于辅助标注和预测标注之间。"超像素"（superpixel）就是一个例子，它是像素的分组，可加快标注速度（图 11-6）。

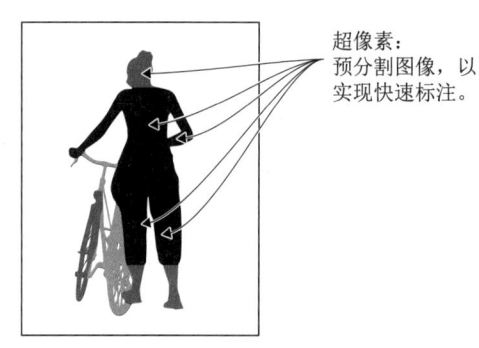

图 11-6 超像素示例

图像被分割（但并未被标注）成比单个像素更大的区域（因此得名"超像素"），但这些区域足够小，不会与需标注区域间的许多重要边界重叠。在大多数标注工具中，标注员可控制超像素的粒度，从而优化标注效率。

使用超像素，标注员可快速选择哪些像素属于某个给定目标，并应用标签。由于超像素可过度分割，因此这种技术可最大程度缩短编辑错误边界的时间，使标注员具有更高的能动性，用户体验也因此提升。

不过，与机器学习辅助方法相比，超像素更易在边界处延续错误，在机器学习辅助方法中，标注员会在显示任何建议的边界前评估图像，因此效率的提升可能会以牺牲准确率为代价。

11.5.2 用于目标检测的智能界面

许多用于语义分割的方法也适用于目标检测。在一种常用的机器学习辅助界面中，仅需一次点击便可生成边界框。辅助标注示例如图 11-7 第二个界面所示。

在图 11-7 所示的辅助标注示例中，在标注员点击图像中心点后，边界框就会自动生成。这种选择工具类似于语义分割中使用的智能选择，与将目标识别为多边形的方法相同。

辅助标注可通过预先计算边界框进行模拟。仅当标注员点击时，边界框才会出现。与预测边界框相比，标注员的能动性更高，但准确率不及真正的辅助边界框检测，因为标注员的点击并未被真正考虑到其中。结果就是，点击后，如果没有显示满足条件的边界框时，他们会感觉自己的点击并未被考虑在内。此外，你还浪费了一个宝贵的信息来源：标注员对目标中心的直觉。因此，我们建议构建一个模型，在预测边界框时专门将标注员的中心点击考虑在内。你可边操作边获取训练数据：记录标注员点击的位置，并信任任何在初始点击后被编辑的目标。

如果已存在边界框标注，你还可在边界框附近生成合成点击。合成方法的唯一缺点是，感知到的中间位置可能与实际的边界框中间位置不同。在自行车示例中，边界框的中间往往是车架上的一个缝隙，而不是自行车的一部分。你可以根据数据中目标的规律性来决定，是否在开始获取标注员的实际点击前使用先合成点击。

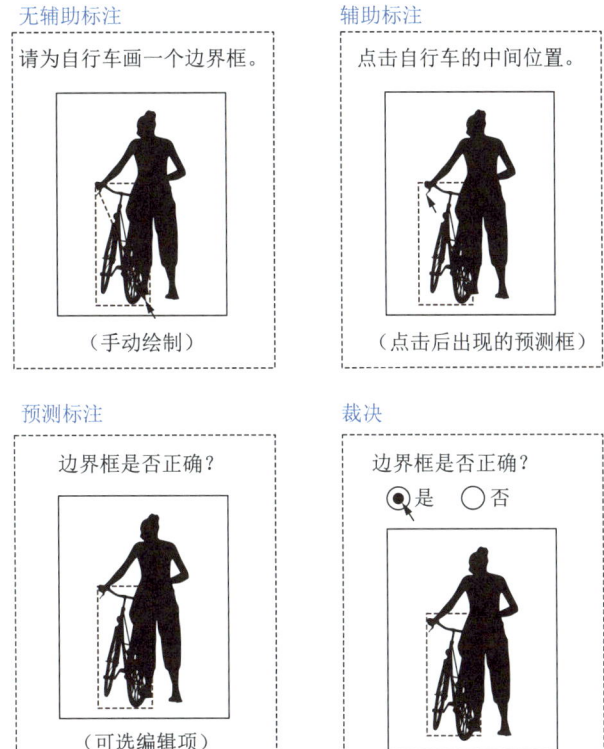

图 11-7 不同类型边界框标注界面

在无辅助标注界面中,标注员手动绘制边界框(或多边形)。在许多情况下,可通过由人工编辑或裁定的预测标注界面预测边界框(见图下半部分)。对于辅助界面,标注员可点击目标的中间位置,而界面会预测在点击后最有可能出现的边界框。

当单击可能引用多个候选选项时,单击目标的中间部分无法提供尺寸信息,因此可能导致错误。因此,在这种方法的一个变体中,要求标注员单击目标的两条边或两条以上的边。对于边界多边形,边越多,越有帮助。如果标注员需要点击三到四条边来创建一个边界框,那么这一过程并不比在无辅助情况下创建边界框快多少。

介于这两个选项的是点击和拖动界面。在这一界面中,标注员点击边界框的中间位置,然后按住鼠标并向外拖动,边界框就会成功吸附到一个更大的潜在边界框上。你可边操作边生成这种界面的数据,也可用从仅具有边界框本身的现有数据中创建的合成示例构建界面模型。使用无辅助边界工具,并使用热键启用智能吸附,这是最大程度减少偏差的一种方法。除非按住 Shift 键,否则拖动边界框时,可能会跟随光标移动到特定像素。在这种情况下,工具会吸附到光标附近的最可能的边界框上。

11.5.3 用于语言生成的智能界面

语言生成技术有个众所周知的辅助界面:自动补全。如果你的手机或电子邮件客户端在你开始键入时提示单词或句子的其余部分,说明你已在使用过这种类型的语言生成辅助标注技术。多年前就已出现此类自动补全功能,目前仍在快速发展中(参见下面的补充花絮)。

预测文本的四十年发展史

如果你用汉字写作，那么你在书写时可能已经使用了预测文本。普通的中文使用者的识字量大约是 10000 个，常用字则只有 2000~3000 个。即便如此，这样的字符量远远超出了键盘的承载能力。

中文预测文本技术可追溯到 20 世纪 80 年代个人电脑问世之初。当时，中国的科学家开发了一些方法，使得使用拉丁字母 QWERTY 键盘的人能够键入映射到汉字的拉丁字母组合。最早的方法又叫五笔字型输入法，至今仍是最快的输入方法之一。

20 世纪 90 年代，日本手机制造商推出了将平假名、片假名、汉字和拉丁字母四种文字与预测文本相结合的输入法和显示功能。这种预测方法影响了拉丁字母脚本的 T9 输入系统。在此系统中，每个数字（0~9）映射多个拉丁字母，手机会从所有可能的字母序列中将数字序列转换为最可能的单词。T9 输入系统和相关系统还使拉丁字母语言得以使用键盘上不常见的字母和重音符号。

21 世纪初，预测文本可支持 100 多种语言和十几种脚本，并部署到可适应个体用户的系统中，通常采用基于字典的简单查询方式。单词预测功能也广泛用于手机以及一些文字处理应用软件中。

在 21 世纪 10 年代初，完整句子的预测在客户服务等应用中被广泛使用，因为客服需要输入的内容大多由少数几种回复组成，并且可以存储在知识库中。到 21 世纪 10 年代末，完整句子的预测在消费级电子邮件客户端中变得常见。

进入 21 世纪 20 年代，神经语言生成技术的进步将语言生成（这个在过去几十年中被机器学习领域忽视的领域）转变为每个自然语言处理（NLP）会议上的热门话题。语言生成一直是一种人在回路的技术，但仍在迅速发展。

目前，预测文本界面已被广泛用于创建用于语言生成的训练数据，例如摘要和翻译。图 11-8 展示了一个翻译的例子。

与其他辅助标注示例相比，机器学习辅助语言生成标注示例中更可能出现偏差，因为标注员在看到自动补全建议前可能还并未确定完整的文本段落。这种功能可以通过调整，使得自动补全仅在系统确信只有一个可能的回答，或者一次只能自动补全这么多单词时，才显示后续单词序列。但是，这种做法会降低效率。可以通过不显示自动补全的预测结果，并观察标注员是否会生成相同的文本来进行测试。

预测标注界面的效果好坏取决于使用情况。在客服回复的场景下，一条包含正确信息的消息可能就已足够，而且还有诸多可行选项，因此能够高效选择足够好的回复。但对于翻译（如图 11-8 所示）场景，可能只有一种精确的翻译是正确的。对预测句子进行一到两次编辑往往比在无辅助界面中输入一个句子需要花费更长时间。在翻译界，编辑机器翻译输出称为"译后编辑"（postediting）。据我所知，它是唯一拥有自己的 ISO 标准（ISO18587:2017）的人在回路标注界面。如果你浏览一下专业译员在线论坛的讨论，就会了解用户体验是多么糟糕。大多数专业译员更喜欢无辅助或有辅助的标注界面。

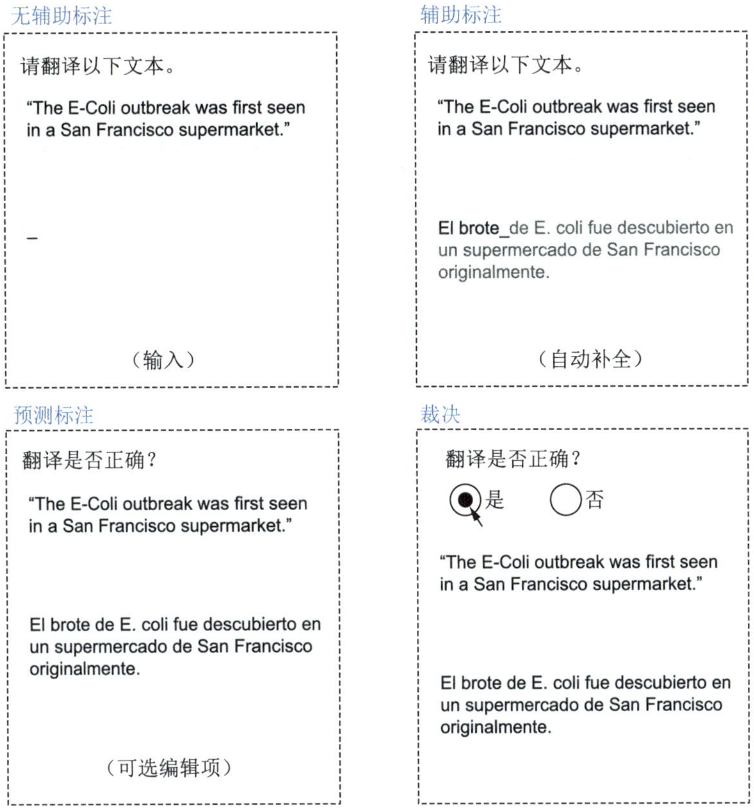

图 11-8 语言生成界面，以翻译不同语言为例

除无辅助键入外，辅助界面还可使用自动补全功能，而预测界面则可显示可编辑的预测文本。裁定界面允许标注员接受或拒绝标注。

为减少实施工作量，你可创建一个感觉像是辅助界面的界面，其中文本序列已预先计算好，但只有当用户开始键入时才会显示出来。如果无法实现自动补全，也不会影响用户体验，因为用户可在无辅助的情况下继续键入，而不会中断工作流程。

图 11-8 所示裁定界面通常用于评估其他标注员的质量。正如第 10 章所讨论的，在语言生成任务中，难以开展自动质量控制。因此，与使用基准事实示例或标注员间一致性相比，对工作进行裁定的审查任务更为常见。通常，使用人工审查或裁定评估语言生成任务的模型准确率，因此在人工标注和模型预测中，你应能够通过相同的工作流程评估人工和机器的输出结果。

11.5.4 用于序列标注的智能界面

序列标注的界面选项与边界框类似。标注员可在无辅助界面中高亮显示整合范围一端的序列，并在范围的另一端裁定预测序列。在这中间，辅助界面允许标注员选择一个序列的中间部分，模型将预测边界，而预测界面将预测序列，并允许标注员接受或编辑。图11-9展示了一个例子。

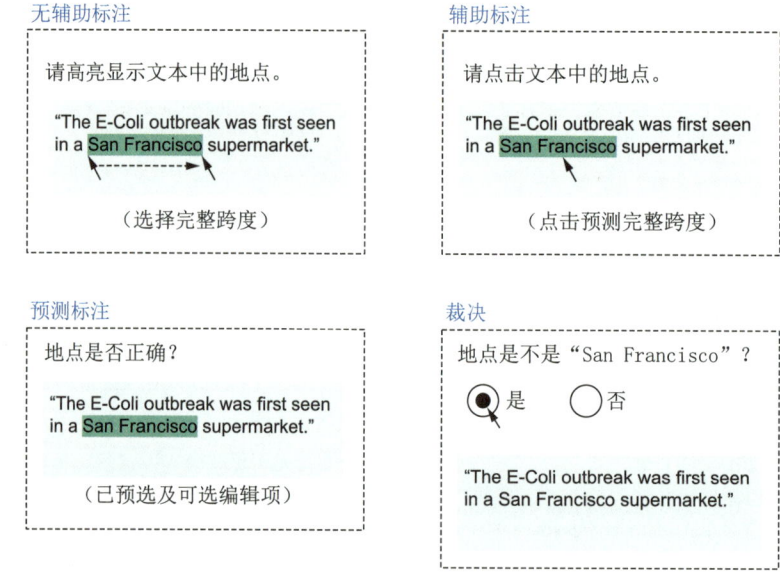

图 11-9 不同类型的序列标注界面

在无辅助界面中,标注员高亮显示从一条边界开始到另一条边界结束的文本。在辅助界面中,标注员点击跨度的中间部分,然后模型会预测边界。在预测标注中,将向标注员展示模型对跨度的预测,而标注员可接受或编辑这些预测。在裁定操作中,标注员负责确认或拒绝提议的跨度。

许多序列标注任务都属于"大海捞针"问题,其中,序列数量远超无关序列的数量。如图11-9所示,即使已过滤出与疫情相关的新闻文章,也只有不到1%的单词可能是疫情暴发地点。因此,通过整合机器学习,可显著提高效率。

预测标注的一种方法是高亮候选序列或对其添加下划线,但不对其进行预标注。在我们的例子中,标注员可能会看到一个潜在位置被下划线标出,但他们仍必须点击或高亮显示该序列方可对其进行标注。这种界面设计方法将减少偏差,因为标注员不再被动接受机器学习预测作为标签,而是被迫与数据互动。另一个好处是,如果机器学习模型只是建议而不是预选标注,那么标注员会对错误更加宽容(图11-10)。

如图11-10所示,对低置信度标注添加下划线,可校准下划线的显示频率,从而减少标注员偏差。如果下划线文本只有50%的概率是正确的,那么标注员就不会轻易相信或拒绝任何一项预测,而是会根据其优点评估预测——这是与预测界面相比的一大优势,因为在预测界面中,编辑50%的标注将非常耗时,而且会对用户体验产生不良影响。

在类似图11-10所示的界面中,如果标注员只关注下划线标注的候选序列,他们更可能忽略未进行下划线标注的序列。因此,当候选序列的召回率接近100%,但精确度较低(在未慎重考虑的情况下,不足以信任预测),最好采用这种策略。

图11-10所示的界面变体结合了所有类型的界面。你可让系统从一个候选序列跳转到下一个候选序列,作为裁定界面。对确定性低的候选序列进行下划线标注,并在裁定显示错误时返回到辅助和非辅助交互。

> 预测标注
>
> 选择文本中的地点。
>
> "The E-Coli outbreak was first seen in a <u>San Francisco</u> supermarket."
>
> （下划线标注但并未预选择）

图 11-10　可作为图 11-9 所示界面替代选择的预测标注界面

在这种界面中，地点由模型预测，并用下划线标注，但并非预先选择的。因此，标注员需要高亮或点击地点进行标注。与选择跨度相比，这种界面会减慢标注过程，但由于标注员不会被动接受预测，因此可减少偏差。这种界面还能为标注员创造更丰富的体验，例如可用虚线表示低置信度预测等信息。

11.6　机器学习辅助人类流程

在第 1 章，我们介绍了机器学习辅助人类任务和人类辅助机器学习任务之间的区别。本书中几乎所有内容都同样适用于这两种用例，例如通过主动学习进行采样和质量控制的方法。最大的区别在于人机交互。以下这条原则适用于机器学习辅助人类任务：

接受机器学习帮助的人必须感知到机器学习能够改进他们的任务。

我们将在本节接下来的部分深入探讨这一原则，并涵盖既能优化标注又能遵循这一原则的解决方案。

11.6.1　感知效率提升

感知任务改进的重要性体现在许多方面。在机器学习中，只要你未感知到效率下降，便可置之不理。相反，如果效率提高但未被感知，人们就没有足够的热情将机器学习融入到日常任务中。

我曾多次目睹这种影响。我曾推出可提升医护人员信息管理效率的系统，但这种效率的提升并未被医护人员感知到，因此他们并未采纳这一系统应用。相反，当我推出带有目标跟踪辅助界面的系统时，即使标注员速度慢于对照组，标注员也能报告更积极的用户体验。因为即使界面会出错，也明显是在试图帮助标注员。对结合人类和机器智能的系统而言，这些经验是测量性能和感知性能之间差异的重要经验。

一般而言，即使在添加机器学习前，改变一个人的日常任务也并非易事。如果你曾为现有任务开发新的应用程序，你就会知道变更管理方式并不容易：大多数人倾向于坚持使用他们正在使用的东西。当你的电子邮件客户端或喜爱的社交媒体平台更新界面时，你可能就会遇到这种情况。据推测，即便这些公司有充分的证据证明新界面能带来更好的体验，但这并不能帮助你消除突然变化带来的不适。假设界面发生了变化，而部分流程正通过机器学习实现自动化，用户可能会担心自己的工作被机器所取代。这样，你就会明白为何这种变化可能不受欢迎。

因此，辅助界面是将机器学习引入现有工作的一个良好的起点。初始界面保持不变，标注员也能保持能动性，因为他们启动每个操作，机器学习就会加速这些操作。本章前面讨论的辅助界面是将机器学习预测整合到现有应用中的良好开端。

11.6.2 主动学习，提高效率

主动学习可提高工作效率，而无需改变界面。如果你对更可能改进机器学习模型的数据项进行采样，无论通过何种方式你可能都无法改变标注员的体验。如果你使用的是多样性采样，你甚至可改善标注员的体验，因为这些数据项的重复性似乎较低。反过来，由于减少了重复启动，也使准确率有所提升。不过，标注员对这一变化的感知可能很小。模型可能会因为主动学习而在幕后变得更加智能，但标注员并不一定会仅仅根据采样策略就感知到自己的工作速度加快了。此外，如果标注员在过去有能力决定工作的顺序，而如今主动学习为他们确定了顺序，他们很可能会感到失去了能动性。因此，在引入主动学习时，请注意不要剥夺任何功能。

11.6.3 错胜于无，以最大限度地提高完整性

当字段是可选时，完整性就会成为问题。标注员可能会出于便利性，将某些字段留空，但实际上却存在有效回答。对于不尝试为机器学习创建数据的业务流程而言，这种情况可能并不重要。但如果同样的业务流程也需创建训练数据，这就会成为一个问题，因为在构建模型时如果掉以轻心，空字段就会成为错误的负面案例。

在依赖最终用户作为标注时，这一问题很常见。如果用户在电子商务网站上销售服装，网站可能需要尽可能多地获取详细信息：服装类型、颜色、尺码、款式、品牌等。你希望激励用户添加字段，但激励方法却很有限。为解决这一问题，你可利用人们宁愿要错误数据也不愿缺失数据这一事实，使用预测界面预先填充字段。图11-11展示了一个例子，假定某人的工作是从文本中提取有关疫情暴发的信息。

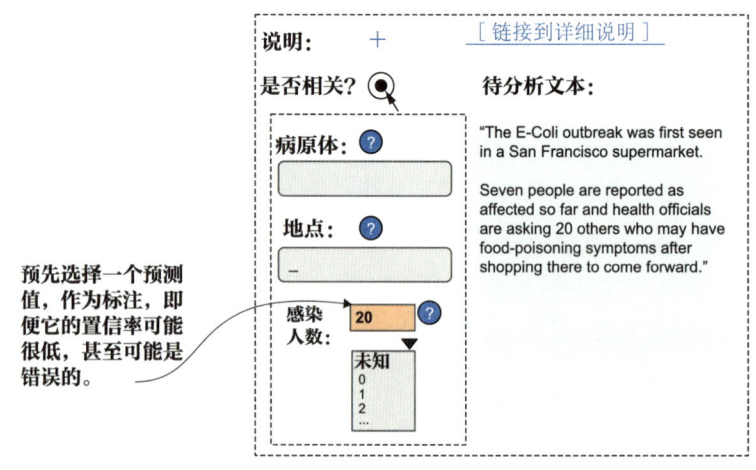

图11-11 鼓励数据完整性的预测标注界面

与添加缺失值相比，人们更倾向于纠正错误，因此，与默认将标注值留空相比，预先填入错误答案可使标注更加完整。

你可能听说过坎宁安定律（Cunningham's Law），该定律指出，"在互联网上获得正确答案的最佳方法并不是去提问，而是发布一个错误的答案"。坎宁安定律同样适用于标注。如果你想确保标注员在可选字段中给出正确答案，相比留空字段，预填错误答案可能不失为更好的选择。这是一个需要平衡做法的过程。如果人们对模型预测失去信任，或者觉得纠正过多错误会延缓速度，那么你就会因想要获得额外数据而造成消极的用户体验。因此，当最终用户间歇性添加数据（而不是作为全职标注者）时，这种方法最有效。

11.6.4 将标注界面与日常工作界面分开

如果无法从人们的日常工作中获取适当数量的数据或平衡数据，则可能需要引入新的工作界面。不要试图过多地改变现有工作流程，而应引入新界面，作为现有界面的补充，并确保这些界面的使用方式与工作时间安排相匹配。

你可能会发现，你需要裁定界面解决标注员间不一致问题或高效标注大量机器学习预测。如果你取代某人强大的无辅助交互能力，限制其审查其他任务，就会削弱这个人的能动性。与其用一个新界面取代其他界面，不如将其作为补充界面。这样一来，人们既能使用强大的界面，又有充分的能动性完成工作。如今，还有一个额外的界面选项，供其快速标注。

如果定位得当，裁定界面可提高使用者的能动性，因为你需要他们作为主题专家解决其他人或机器的困惑点，同时又不会剥夺他们使用完整标注功能的能力。如何将该界面融入工作流程将根据企业的具体情况而定。你可为标注员提供选项，让其有选择切换到裁定界面，或者为不同的标注界面安排专门的时间或工作团队。只要保持透明度和标注员的能动性，你就应能够以一种让人感觉被赋能的方式将机器学习融入日常任务中。

11.7 延伸阅读

"Guidelines for Human-AI Interaction"（《人类 AI 智能交互指南》，http://mng.bz/4ZVv，作者为 Saleema Amershi、Dan Weld、Mihaela Vor-voreanu、Adam Fourney、Besmira Nushi、Penny Collisson、Jina Suh、Shamsi Iqbal、Paul Bennett、Kori Inkpen、Jaime Teevan、Ruth Kikin-Gil 和 Eric Horvitz）提出了 18 条普遍适用的人与 AI 交互设计指南。所有这些指南都适用于数据标注和／或机器学习辅助人类任务。这篇论文也是其他近期论文的重要参考资源。它的大部分作者是微软自适应系统和交互研究组的成员，而微软自适应系统和交互研究组是全球范围内从事此类研究的最重要机构。

"Priming for Better Performance in Microtask Crowdsourcing Environments"（《为微任务众包环境中的更好表现做好准备》，http://mng.bz/QmlQ，作者为 Robert R. Morris、Mira Dontcheva 和 Elizabeth Gerber）讨论了积极情感启动（如播放音乐）如何改善众包工人在创意任务上的表现。

"Extreme clicking for efficient object annotation"（《高效目标标注的极限点击》，http://mng.bz/w9w5，作者为 Dim Papadopoulos、Jasper Uijlings、Frank Keller 和 Vittorio Ferrari）

讨论了一种创建边界框的高效界面，可用于创建本书第 12 章使用的一种数据集。同一批作者在其他论文中还尝试了其他标注策略。

11.8 小结

- 人机交互基本原则（如可操作性和最小化滚动）也适用于标注界面。了解这些原则有助于提高标注任务的效率。
- 良好的可操作性意味着元素应按照它们看起来具备的功能与相应的方式运作。在标注领域，这通常意味着将现有的 HTML 表单元素用于其对应的数据类型。
- 对大多数任务而言，键盘是速度最快的标注设备，因此应尽可能使用键盘快捷键作为标注工具并支持基于按键的导航。
- 启动效应是指任务的上下文会改变标注员对数据项的解释。启动效应最常见的问题是数据项顺序改变了标注员的感知，尤其是在情感分析等主观任务中。
- 了解何时该打破常规。大批量标注打破了避免滚动和平衡数据的惯例。然而，当你无法显示平衡数据时，滚动可减少启动效应带来的偏差，并加快标注速度。
- 除人工无辅助界面外，还有三类界面可使用机器学习：辅助界面、预测界面和裁定界面。每种类型在标注效率、标注员能动性、标注质量等方面各有优缺点，实施起来也需要付出不同的努力。
- 辅助界面在不显示机器学习预测的情况下向标注员展示数据项，并且仅通过机器学习为标注员发起的操作加速。
- 预测界面展示了由机器学习模型预标注的数据项，并允许标注员编辑这些数据项。
- 裁定界面向标注员展示由机器学习模型预标注的数据项，并允许标注员接受或拒绝标注。
- 在机器学习帮助人们完成日常工作的任务中，辅助标注界面往往最为成功，因为它们赋予了标注员最大的能动性。
- 将机器学习整合到现有应用中时，应尽可能不改动当前界面和工作流程。

第 12 章
人在回路机器学习产品

本章内容包括：

- 定义人在回路机器学习应用产品。
- 为短文本创建探索性数据分析系统。
- 创建信息提取系统，支持人类流程。
- 创建图像标注系统，最大限度提高模型准确率。
- 评估扩展简单系统的备选方案。

最后一章包含人在回路机器学习产品的三个有用示例：对新闻标题进行探索性数据分析、从文本中提取食品安全信息以及对包含自行车的图像进行标注。你将利用在前 11 章中所学到的所有知识实现这三个示例。你可将这些示例看作可在数天内创建的初步的系统。这些示例与第 2 章提到的人在回路机器学习系统类似，但稍显复杂，需要用到你在其他章节中所学的知识。

与第 2 章中的示例一样，这些示例可作为你正在制作原型的完整工作系统的起点。在所有情况下，你都可构建出许多组件，作为下一个可能的步骤。

12.1 定义人在回路机器学习应用产品

针对人在回路机器学习应用的良好产品管理始于你要为某人解决的问题：也就是你所支持的实际日常任务。了解你要解决的人类任务对产品设计的各个方面都有好处，包括界面、标注和机器学习架构。本节将为你快速介绍我们将在本章中使用的良好产品管理技术，这些技术将反过来帮助你做出技术设计决策。

12.1.1 从你要解决的问题入手

确定尝试解决的问题，这是确保良好产品设计的起点。探讨产品时，一个常见错误是从你正在创造的技术开始，而不是从你试图解决的问题开始。如果你正在为电子邮件客户端创建自动补全功能，太容易只将问题定义为"人们希望在电子邮件中自动补全句子"了。"人们希望尽可能高效地沟通"或许是更好的问题。关注要解决的问题，以此为起点，对所有工作都有益处，无论是为标注员创建指南还是决定下一步要构建或扩展哪些产品功能等。

有针对性地定义问题也会有帮助。如果你的电子邮件自动补全产品针对的是营销人员，你可能会说："营销人员希望尽可能高效地与潜在客户沟通。"如果你创建的是消费者产品,你可能会说:"人们希望尽可能高效地与朋友和家人沟通。"在设计产品时,这种方法将有助于提出假设。

当你已明确想要解决的问题后,可将这一宽泛的问题分解成人们尝试完成的具体任务。以电子邮件自动补全产品为例,可能的任务包括"我希望每天发送给潜在客户的电子邮件数量翻上一番"或"我希望每天下班前清空收件箱,但不减少电子邮件回复的长度"。这些具体任务可作为衡量产品是否成功的标准。考虑到这些产品管理准则,下文列出了本章示例中的人在回路机器学习系统要尝试解决的三个问题:

- 数据分析师希望了解新闻标题数据中的信息分布。
  —— "我想了解与特定主题相关的新闻标题数量。"
  —— "我想跟踪一段时间内新闻标题的变化。"
  —— "我想导出与某个主题相关的所有新闻文章,以便开展进一步分析。"
- 食品安全专业人员想要收集有关食品中检测到病原体或异物的事件数据。
  —— "我想要保留关于记录在案的所有欧盟食品安全事件的完整记录。"
  —— "我想对可能来自同一源头的不同的食品安全事件进行追踪。"
  —— "当可能出现尚未发现或报告的食品安全事件时,我希望向特定国家发出警告。"
- 交通研究人员希望估算特定街道上骑自行车的人数。
  —— "我想收集有关一条街道上人们骑行频率的信息。"
  —— "我想从成千上万台摄像机中捕捉这些信息,但我没有预算开展手动捕捉。"
  —— "我希望我的自行车识别模型尽可能准确。"

12.1.2 设计问题解决系统

针对上述三个用例,我们可从问题定义入手,设计一个能解决这些问题的系统。与第2章一样,我们将为每个示例构建完整的人在回路机器学习系统。将每个示例视为概念验证(proof of concept,PoC),以便后续提升系统的可扩展性和鲁棒性。

利用标注员间一致性开展质量控制

想要在本章中提供一个关于标注员间一致性的良好实例并不容易,因为此处示例要求一个人就能完成的独立系统,假定大多数人单独阅读这本书。因此,本章涵盖本书前11章的大部分重要内容,标注员间一致性除外。

继本书之后,我将免费提供一篇关于标注员间一致性文章,向你展示标注员间一致性的例子。这篇文章使用了第2章中的示例,包括使用我为这一章所创建的开源代码,按照是否与灾害相关对短文进行标注。这一章的代码收集了人们所做的标注及其(如果他们选择加入)身份,这样我们就可比较不同人所做的标注。

因此,尽管我在撰写本书时无法提供有关标注员间一致性的例子,但你自己的标注将对标注员间一致性研究做出贡献,这将在未来数年内使人们受益!

请注意，在机器学习问题上，标注新闻标题和标注图像这两个系统是类似的。但由于它们支持的用例（分别是探索性数据分析和计算目标）不同，因此产生的系统也有所不同。

食品安全示例实现了现有人工流程的自动化，因此保持从事这项工作的人员的能动性非常重要。尤其是，他们不应感到自己的工作被拖慢了，因为除日常工作外，他们还需要为机器学习算法提供支持。在这种情况下，模型准确率最不重要，因为如果辅助文本不起作用，用户仅需键入字段值即可，而他们已经在做这件事。表 12-1 总结了这些系统中最重要的因素。

表 12-1　三个示例系统的设计因素及其相对重要性

我们将根据系统的使用情况优化不同系统中的不同因素，这些信息将影响我们的设计决策。

示例	能动性	模型准确率	标注准确率
新闻标题	中等	中等	低
食品安全	高	低	高
自行车检测	低	高	中等

在所有这三种情况中，有些组件可替换为更复杂的组件，包括更主动的学习采样方法、更复杂的机器学习模型、更高效的界面等等。当你与这三个示例交互时，请思考每种情况下最有用的下一步是什么。根据系统的目标、数据和任务本身，你可能会对每个用例下一步扩展或添加什么组件产生不同的想法。

12.1.3　连接 Python 和 HTML

考虑到我们将为示例构建网络界面，因此需要将 Python 与 HTML/JavaScript 连接起来。我们将使用一个名为 eel 的 Python 库，为 Python 应用程序构建本地 HTML 界面。实际上，有很多库可以用于连接 Python 和 HTML。如果你熟悉可轻松连接 HTML 应用程序的其他类型的库（例如 flask、kivy、pyqt、tkinter 或其他 HTML 应用程序或 Python API 库/框架），那么它可能是你创建原型的更优选择。

这里，我们使用的是 eel 库，因为它是轻量级的库，而且对 JavaScript 知识的要求也不高。如果从未使用过 JavaScript 编写过代码，但了解 Python 和 HTML，依然能够学习本章中的所有示例。基于同样的原因，我们在使用 eel 库时会将大部分工作放在 Python 中：本章假定你对 Python 较熟悉。如果你更熟悉 JavaScript，可考虑本章中的哪些组件可用 JavaScript 实现。

在本章每个示例中，我们都会有三个包含代码的文件，分别用于 Python（.py）、JavaScript（.js）和 HTML 文件（.html）。这种格式是为了简化教学工作。你应根据贵组织的最佳实践，确定代码的实际分发。你可使用 pip 安装 eel 库：

```
pip install eel
```

你可导入 eel，并使用 @eel.expose 命令在函数前将任何 Python 函数暴露给 HTML 文件中的 JavaScript：

```python
import eel

@eel.expose
def hello(message):
    return "Hello "+message
```

通过这段代码，可允许你在 JavaScript 中调用 hello 函数：

```
<script type='text/JavaScript'>

    async function hello(message){

    let message = await eel.hello(message)();  # Call Python function
    console.log(message)
    }
</script>
```

如果调用 JavaScript 函数 hello（"World"），它将在 JavaScript 控制台中打印"Hello World"，因为 Python 函数前面追加了"Hello"。Python 文件中还有两行代码可确保 Python 脚本能与 JavaScript 的 HTML 文件对话：

```
eel.init('./')    # Tell eel where to look for your HTML files
...
eel.start('helloworld.html')
```

在前面的代码片段中，我们假设HTML文件名是helloworld.html，并且与Python文件位于同一目录下，因此，本地路径是init（'./'）。start( )调用将打开一个浏览器窗口，并启动你的应用程序，因此你通常希望在Python脚本末尾调用。

需要注意的是，尽管我们在Python和JavaScript中都将函数命名为hello( )，但并未要求使用这种命名惯例，因为JavaScript可按名称调用Python中暴露的任何函数。本章中，我们将遵循相同的函数名命名惯例，以提高代码的可读性。同样，在每个示例中，为保持简洁，我们将使用相同的名称命名Python、JavaScript和HTML文件，仅改变扩展名，尽管eel中并无文件命名要求。

在常规Python代码中，唯一的额外变化是我们需要使用eel进行线程管理，这是该库与HTML交互方式的副作用。因此，我们将使用eel.spawn(some_function_( ))调用some_function( )，作为新的Python线程，并使用eel.sleep( )代替Python内置的sleep( )函数。这些函数的执行方式与你可能熟悉的内置线程和睡眠函数相同。我们不会以复杂方式使用线程。但是，对于所有三个示例中，我们会将一个线程与HTML界面交互，并让另一个线程重新训练模型。

除这里演示的功能外，eel 库还支持其他功能。例如，它还允许你在 Python 中调用 JavaScript 函数。我们将保持架构简单，所有操作都由用户触发。

12.2　示例1：新闻标题的探索性数据分析

在快速开发的机器学习系统中，探索性数据分析（EDA）是最常见的用例之一。然而，机器学习文献中较少引用有关 EDA 的研究，因为它并不关注机器学习的准确率。

在业内，数据科学家通常希望更详细地了解他们的数据，然后再决定构建什么样的模型和产品。在这种情况下，EDA 可让数据科学家快速浏览和过滤数据。在本节中涉及的具体 EDA 示例，以下列出问题陈述和正在解决的三个具体问题。

- 数据分析师希望了解新闻标题数据中的信息分布。
  ——"我想了解与特定主题相关的新闻标题数量。"
  ——"我想跟踪一段时间内新闻主题的变化。"
  ——"我想导出与某个主题相关的所有新闻文章，以便开展进一步分析。"

12.2.1 假设

设计这一产品时，假设如下：

- 标题只有英文版。
- 预训练语言模型将有所帮助。
- 分析师将掌握一些好的关键词来启动。

数据如何决定架构决策？

数据本身会影响你对架构每个部分的决策。我们正使用的是 DistilBERT 预训练模型。这一模型基于维基百科的纯英文数据和公共领域书籍训练。维基百科包括与新闻标题相似的标题，也包括一些实际新闻文章标题。因此，这一预训练模型非常适合我们的任务。

然而，如果数据稍有不同，这一决定就会有所改变。在我撰写本书时，我正在帮助一个名为 Turn.io 的组织，它希望对发送到世界卫生组织新冠疫情信息服务部的短信息开展探索性数据分析。这些消息使用多种语言，而且直接消息的写作风格与大多数预训练模型所依据的网络数据不同。在这种情况下，使用基于更多数据域构建的多语言模型（如 XLM-R）更为合适，尽管此类模型需要的处理时间比 DistilBERT 更长。

考虑到这一点，请不要将本章中的任何内容想当然地认为是你正在处理问题的最佳第一步。即使是类似任务，也可使用不同的架构和不同的预训练模型更好地构建。

重要考虑因素：

- 能动性——使用系统的分析人员应有权按关键词和年份浏览数据。
- 透明度——无论在整个数据集上还是按年份，系统的准确率应一目了然。
- 紧凑布局或丰富布局——分析人员应能在屏幕上获得尽可能多的信息，因此应确保信息的紧凑布局。
- 即时性——界面应能立即帮助分析师理解数据，因此评估数据的创建应与训练数据的创建同步开展。
- 分层性——分析师对每年的准确率很感兴趣，因此我们希望除整体准确率外，还能按年跟踪准确率。

- 灵活性——分析师可能希望在不同时间查看不同的标签。
- 可扩展性——分析师可能希望在之后将这项任务扩展为更大规模，因此他们希望跟踪标题的有趣示例，以添加到未来的指南中。

12.2.2 设计和实施

这是一项二元标注任务，因此不确定性采样算法的选择并不重要。我们将使用最低置信度，并使用分层采样针对特定年份的标题实现在现实世界中的多样性。我们将允许分析师使用关键字过滤标注数据。

在标注过程中，我们将允许标注员对每个标题快速做出二元选择，以优化速度。我们不会在评估数据中包含按关键词采样的数据项，因为它们不会创建均衡样本。

我们将使用两个机器学习模型，其中一个模型会随着每个新注释增量更新。分析师能够立即看到模型标注结果及由此产生的预测结果，从而提升分析师的能动性。

然而，众所周知，增量模型会产生近期偏差，并收敛于局部最优解。在主动学习中，由于最近数据项并非随机采样，尤其是在按关键词采样时，这种近期偏差会被放大。因此，在所有训练数据中，第二个模型将定期从头开始重新训练。当第二个模型在保留数据上更准确时，就会取代第一个模型。

在这两种机器学习模型中，我们将从 DistilBERT 预训练模型中调整模型。DistilBERT 比 BERT 小得多，但准确率相当。我们认为，即使略微牺牲了准确率，更快的处理速度和更小的内存占用量将带来净收益。图 12-1 展示了这种架构的一个例子。

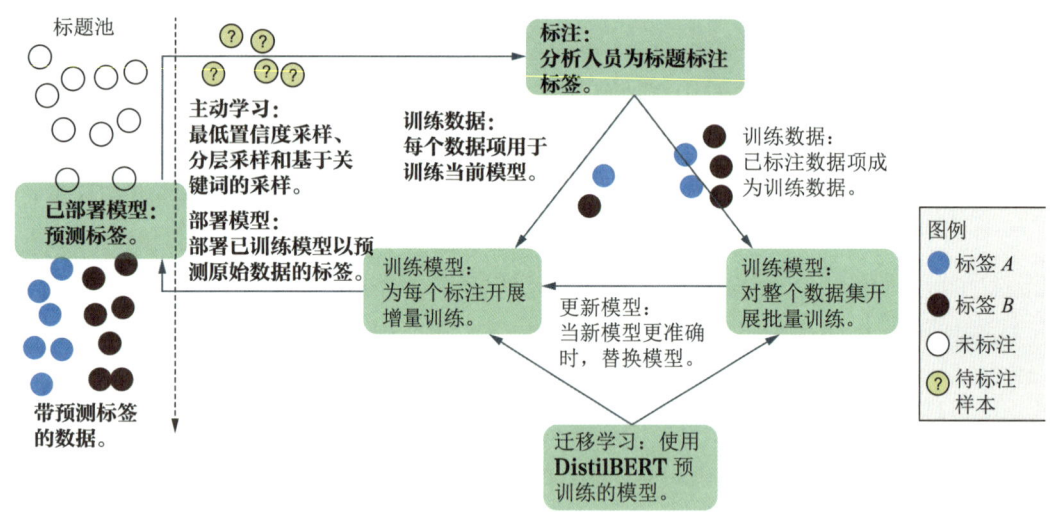

图 12-1　新闻标题分类示例系统架构

图 12-1 所示架构与本书中的其他架构几乎完全相同。除了用于最大化准确率的训练，我们还有两个模型，可优化实时训练。你可访问 https://github.com/rmunro/headlines，查看相关代码。有关实现细节及开展实验的更多信息，请参见代码库中的自述文件。

12.2.3 潜在扩展

使用系统一段时间后，你可考虑要做出哪些改动。表12-2举例说明了或许能做的改进。

表12-2 示例的潜在扩展及在本书中涉及的章节

标注界面	
批量标注（第11.2.1节）	同时接受或拒绝多个标注。从按年份分组的信息集开始可能是个好方法。
更强大的过滤功能（第9.5节）	手动过滤针对的是字符串匹配，可使其更复杂，以允许匹配正则表达式或实现多个关键字组合。
标注质量控制	
将模型作为标注员（第9.3节）	交叉验证训练数据，找出预测标注与实际标注间的差异，作为潜在标注错误展示给分析师。
标注聚合（第8.1至8.3节）	如果不止一人使用这一模型，则应制定有关基准事实和标注员间一致性的策略，以聚合数据。你可将策略拆分开来，对每项标注实时增量更新模型，但仅针对多次标注且有把握标注的数据项进行批量重新训练。
机器学习架构	
自监督学习（第9.4节）	将年份或URL子域等元数据作为标签，并在整个数据集上构建模型来预测这些标签。反过来，这些标签又可作为模型的表征。
根据未标注数据调整模型	首先，根据整个标题数据集，调整DistilBERT。这种方法可使预训练模型适应这一特定文本领域，从而更快地获得更准确的结果。
主动学习	
基于集成的采样（第3.4节）	维护多个模型，并在所有模型中跟踪预测的不确定性。对平均不确定性最高和/或预测变化最大的数据项进行采样。
多样性采样（第4.2至4.4节）	探索聚类和基于模型的离群值，以确保特征空间中不存在过度采样或被完全忽略的部分。

表12-2所示的每个示例都可用不到50行的代码实现，因此实施其中的一两个示例几乎不成问题。但是，要实现所有改动并评估哪些改动最有效，工作量巨大。因此，通过与系统的交互，你应了解优先添加哪项改动将最有价值。本例包含了机器学习辅助人类的要素，我们将在下一个例子中重点关注这一内容。

12.3 示例2：收集有关食品安全事件的数据

许多人的日常工作内容包括从非结构化数据中构建结构化数据。比如市场营销专员会在网上或评论中寻找消费者对产品特定方面所表达的情感，医疗保健专业人员会从电子病历中提取重要信息，以及我们示例中的食品安全专业人员。以下列出问题描述和要解决的三个具体问题。

- 食品安全专业人员想要收集有关食品中检测到病原体或异物的事件数据。

——"我想要保留关于所有记录在案的欧盟食品安全事件的完整记录。"

——"我想对可能来自同一源头的不同的食品安全事件进行追踪。"

——"当可能出现尚未发现或报告的食品安全事件时,我希望向特定国家发出警告。"

12.3.1 假设

设计该产品时,我们假设:

- 这些报告只有英文版。
- 预训练语言模型将有所帮助。
- 食品安全专家拥有提取信息所需的相关领域专业知识。
- 食品安全专家已将这项任务作为他们工作的一部分进行执行。

重要考虑因素:

- 能动性——食品安全专家不希望他们的工作流程因集成机器学习而有所放缓。
- 透明度——食品安全专家应能了解还有多少份报告,假设他们想看到每一份报告。
- 一致性和紧凑性——食品安全专家应不必在屏幕上滚动、使用鼠标,也不会错失屏幕上的元素。
- 追踪趋势的能力——分析师会对每个国家的趋势感兴趣,因此我们希望追踪提取的信息如何显示国家间的变化趋势。

12.3.2 设计和实施

在主动学习中,我们认为两个标签间混淆与所有标签间混淆一样糟糕,因此我们将使用置信度比率来表示不确定性。不确定性分数将作为一个阈值,用于决定是否显示模型的自动补全建议。

在标注中,如果不存在来自模型的预测,界面将使用从当前报告中所有匹配文本字符串中提取的自动补全建议。即使在不存在模型预测的情况下,使用匹配的文本字符串也能提供与使用预测标签开展自动补全类似的用户体验。

我们将使用一个从 DistilBERT 预训练模型改编的机器学习模型,该模型会定期重新训练。我们也可使用两个模型,就像本章的第一个示例那样,其中一个为增量更新。不过在这里,增量更新的重要性并不那么显著,因为对食品安全专业人员而言,匹配现有字符串的后退行为已构成不错的用户体验。因此,我们可保持尽可能简单的架构,在构建了工作原型后再考虑这种扩展。这一架构如图 12-2 所示。

请注意,在图 12-2 中,在信息流中进行标注,这对机器学习辅助任务更有意义。否则,循环是相同的。数据为模型提供支持,而模型又反过来帮助标注。你可访问 https://github.com/rmunro/food_safety,查看相关代码。有关实现细节及开展实验的更多信息,请参见代码库中的自述文件。

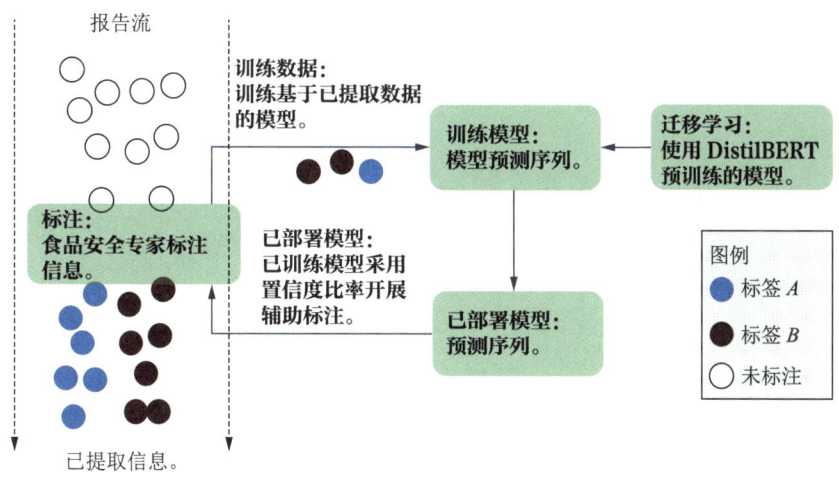

图 12-2　从文本中提取食品安全事件信息的示例系统架构

12.3.3　潜在扩展

实施一段时间后，你可考虑做出哪些改动，提高系统的效率。表 12-3 总结了一些可能的扩展。

与前述例子相同，表 12-3 中的所有改动仅需不到 50 行代码即可实现。根据系统使用经验，下一步进行任何改动都可能是正确的。

表 12-3　示例的潜在扩展及在本书中涉及的章节

标注界面	
预测标注（第 11.5.4 节）	当模型对预测结果有信心时，在字段中预先填充预测结果会加快标注速度。但是，如有专家在启动效应的影响下接受错误的预测，则可能导致更多错误。
裁定（第 8.4 节和第 11.5.4 节）	创建一个单独的界面，使专家快速裁定对模型具有高价值的示例。这种方法应作为专家的一个可选附加策略实施，而不是取代他们的日常工作流程。
标注质量控制	
标注员内部一致性（第 8.2 节）	领域专家往往会低估自己的一致性，因此，在不同时间向标注员布置相同的任务，以衡量一致性可能会有所帮助。
预测错误（第 9.2.3 节）	构建一个模型，根据基准事实数据、标注员间/标注员内部一致性和/或每份报告所花费的时间（假设在更复杂任务上花费更多时间），明确预测专家最有可能出错的地方。使用该模型将可能出错的地方标出，要求专家多加注意和/或将这些数据项交予更多人处理。
机器学习架构	
合成负面示例（第 9.7 节）	这一数据集来自仅涉及食品安全事件的模板文本。当文本与食品安全事件无关时，这种方法会削弱模型的准确率，比如错将 "detected" 后面的任何单词都预测为病原体。

（续表）

机器学习架构	
合成负面示例（第 9.7 节）	要求专家对文本进行最小限度的编辑，创建带有现有文本（例如"detected"）的负面示例，就能够降低模型错误学习上下文的概率。
中间任务训练（第 9.4 节）	如果我们可创建一个单独的文档标签模型来预测"相关性"和"非相关性"，那么我们就可使用该模型作为主模型的表征。如果专家首先已从无关报告中过滤出相关报告，那么这一过滤步骤本身就可构成一个预测模型。这样的模型很可能会收敛于病原体和地点等检测事件特征，从而提高整体准确率。
主动学习	
基于不确定性重新排序（第 3.2 至 3.4 节）	系统按当前日期排序。但是，如果将最不确定的数据项排在前面，就能更快地改进机器学习模型，并提高整体速度。不过，这种排序方式改变了专家当前的做法，而且当专家处理更难的示例时，一开始可能会感觉更慢。
其他不确定性指标（第 3.2 节）	我们将置信度比率作为置信度阈值的基础，因为它似乎最适合这一问题。我们可实证测试置信度比率是不是该数据的最佳不确定性采样算法。

12.4 示例 3：识别图像中的自行车

无论是交通管理、监控生产线还是清点货架上的物品，计算图像中的目标数量都是计算机视觉中最常见的用例之一。在本例中，我们假设这样一个用例：交通研究人员想要估算在特定街道上的骑行者数量。以下列出问题陈述和正在解决的三个具体问题。

- 交通研究人员希望估算特定街道上骑自行车的人数。
—— "我想收集有关一条街道上骑行频率的信息。"
—— "我想从成千上万台摄像机中捕捉这些信息，但我没有预算开展手动捕捉。"
—— "我希望我的自行车识别模型尽可能准确。"

在最受欢迎的图像分类数据集 ImageNet 中，"自行车"并非 1000 个最常见的标签之一，因此这项任务填补了常用模型的空白［尽管 ImageNet 中包含"tandems"（双人自行车）和"mountain bikes"（山地自行车）的标签］。自行车是一个有趣的话题，因为它对于人类而言更易辨认，但对于机器学习算法而言，从不同角度看会有不同的特征。于我而言，我喜欢到处骑行，所以我希望这项技术尽可能准确。你也可将这项任务调整为其他标签。

12.4.1 假设

设计该产品时，我们假设：
- 图像可从任何角度拍摄。
- 现有数据集（如 ImageNet、Open Images 和 MS COCO）可能有用，但可能无法涵盖照片的所有可能角度和设置。

- 模型准确率是最重要的结果。

重要考虑因素：

- 能动性——在标注过程中，交通研究人员并不在意能动性，只想尽快建立最准确、最稳健的模型。
- 透明度——对系统准确率的实时监控是最重要的指标。
- 多样性——交通研究人员希望模型（尽可能）在不同光照条件、不同角度以及与目标不同距离下都能发挥同等作用。

12.4.2 设计和实施

我们将使用的机器学习模型依赖于在 ImageNet 和 COCO 数据集上构建的两个预训练模型。这两个著名的数据集包含与自行车相关的图片，因此有利于我们构建准确的模型。

对主动学习而言，这是一个二元分类任务，就像第一个例子一样。选择哪种不确定性采样算法并不重要，因此我们使用最低置信度。我们将寻找基于模型离群值的极端案例，在这些案例中，我们的预测具备一定的置信度，但缺乏有力证据支持这种置信度。在标注方面，我们将允许标注员对每幅图像快速做出二元选择，以提高速度。这种架构如图 12-3 所示。

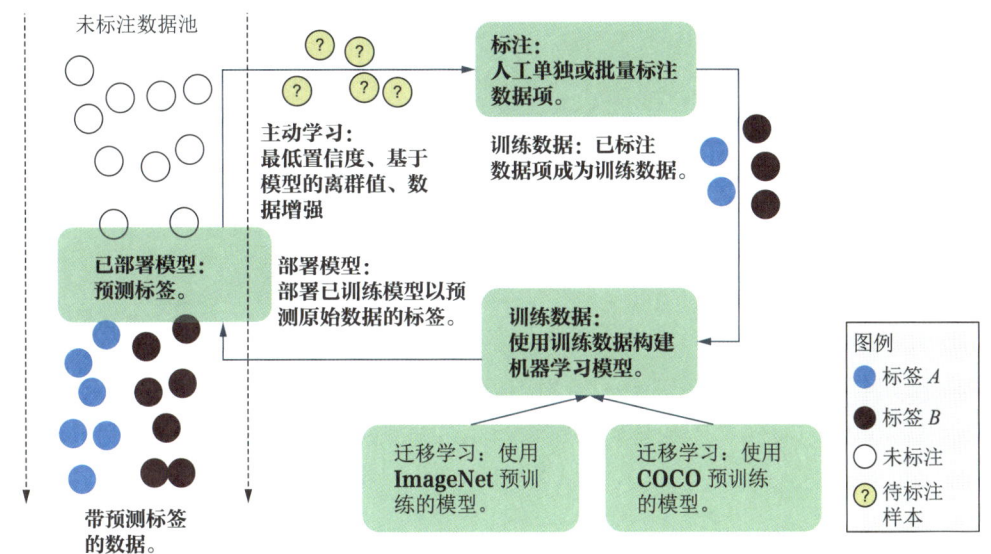

图 12-3　自行车标记示例系统架构图

在本章的三个示例中，图 12-3 的示例与我们在整本书中看到的架构最为相似。唯一不同之处在于，我们使用了多个预训练模型，因为我们关注的是模型的准确率。你可访问 https://github.com/rmunro/bicycle_detection，查看相关代码。有关实现细节及开展实验的更多信息，请参见代码库中的自述文件。

12.4.3 潜在扩展

使用系统一段时间后，你可考虑做出哪些改动。表 12-4 提供了一些建议。

表 12-4　示例的潜在扩展及在本书中涉及的章节

标注界面	
批量标注（第 11.2.1 节）	我们可允许批量标注界面而非滚动界面来加快标注速度。在一个由 10 张左右图像组成的界面中，标注员仅需选择包含自行车的图像，这样可能比滚动界面更快。
边界框标注（第 11.5.2 节）	在包含自行车的图像中，如果模型无法正确预测自行车，标注员可对自行车进行标注。该图像可用作经裁剪的训练数据示例，以帮助指导模型处理类似示例。
标注质量控制	
诱导主观判断（第 9.1 节）	存在一些棘手的边缘情况，如独轮车、自行车车架和带电动马达的自行车等。将这些图像视为主观任务，并应用贝叶斯真相法等方法找到属于少数派但有效的解释，可能会有所帮助。
合成数据（第 9.7 节）	我们能否将自行车复制并粘贴到一些图像中？这样做可能会增加环境的多样性。如果我们同时包括正面和负面的例子，就能使模型着重关注自行车，而不是背景上。
机器学习架构	
目标检测	如果能自动裁剪和/或缩放图像中预测自行车所在的部分，就能提高标注过程的速度和准确率。除更常见的数据增强技术（如在训练中翻转某些图像）外，还可使用这种技术。
连续/连贯任务	根据任务定义，交通管理者感兴趣的是自行车的数量，而不是是否出现一辆或多辆自行车。因此，模型通过连续或连贯任务预测确切数量可能会更有用。需要注意的是，标注速度会更慢，质量控制也更难实施。
主动学习	
基于集成的采样（第 3.4 节）	维护多个模型，并在所有模型中跟踪预测的不确定性。对平均不确定性最高和/或预测变化最大的数据项进行采样。
代表性采样（第 4.4 节）	我们使用的是 ImageNet 和 COCO 的预训练模型，但是将模型应用于 Open Images。因此，我们可使用代表性采样找到相比其他来源与 Open Images 最相似的图像，因为错误更有可能在此发生。

与前述例子相同，表 12-4 中的所有改动仅需不到 50 行代码即可实现。根据系统使用经验，下一步进行任何改动都可能是正确的。

12.5　构建人在回路机器学习产品的延伸阅读

Emmanuel Ameisen 最近出版的 *Building Machine Learning Powered Applications*（《构建机器学习的应用程序》，出版社：O'Reilly，2020）一书虽然不是免费的，但很好地概述了构建机器学习应用程序时需要考虑的因素，如确定产品目标、设置机器学习问题以及快速构建端到端管道。几乎所有这些信息都适用于人在回路系统。

12.6 小结

- 在为人在回路机器学习应用定义产品时，最好从试图解决的问题出发，然后逆向推导。这种方法有助于构建从技术设计到界面设计及标注指南的所有框架。
- 我们创建了一个用于短文本探索性数据分析的系统，让分析师能够根据不同的标签快速过滤新闻标题，从而了解随时间推移发生的变化。
- 我们创建了一个从文本中提取信息的系统，帮助食品安全专家从简单报告中追踪有关食品中发现的病原体和异物的信息。
- 我们创建了一个可最大限度地提高图像标注任务准确率的系统，协助数据科学家尽可能准确地构建自行车识别模型。

附录 机器学习知识回顾

本附录涵盖了与人在回路机器学习最相关的机器学习基础知识，包括解释机器学习模型的输出，理解 softmax 函数及其局限性，通过召回率、精确度、F 分数、ROC 曲线下面积（AUC）以及机会调整后的准确率计算准确率，以及从人类的角度衡量机器学习的表现。本书假设读者已具备机器学习的基础知识。即便有丰富经验，复习本附录仍然有益。本书特别强调了 softmax 函数和准确率相关内容的重要性，但有时仅关注算法的读者可能会忽略这部分内容。

A.1 解释模型预测

几乎所有的监督机器学习模型都返回两个结果：
- 一个预测标签（或者预测集合）。
- 与每个预测标签关联的一个数字（或者数字集合）。

假设有一个简单的目标检测模型，该模型尝试区分四种类型的目标："骑行者""行人""路标"和"动物"。该模型可能会给出如下预测（见代码清单A-1）。

代码清单 A-1 模型的 JSON 编码预测示例

```
{
    "Object": {
        "Label": "Cyclist",
        "Scores": {
        "Cyclist": 0.9192784428596497,
        "Pedestrian": 0.014099641703069 21,
        "Sign": 0.049725741147994995,
        "Animal": 0.0168962087482213 97
        }
    }
}
```

在此预测中，预测目标是"骑行者"，准确率为 91.9%。分数相加为 100%，从而得出此项数据的概率分布。

从示例中可以看到，"骑行者"的预测分数为 0.919，而"行人""路标"或"动物"的预测分数分别为 0.0141、0.050 和 0.0169。四项分数之和为 1.0，从而使分数呈现为概率或置信度。因此，可以将 0.919 解释为目标对象为"骑行者"的置信度为 91.9%。四项分数共同构成概率分布（probability distribution）。

A.1.1 概率分布

在机器学习文献中，概率分布一词仅指各预测标签的数值之和为 100%，并不一定指各数值都反映了模型对预测正确性的实际置信度。对于神经网络、logistic 回归和其他类型的相关判别式监督学习算法，其核心任务并非了解其预测的置信度。算法旨在基于特征对标签进行判别，故而称为"判别式监督学习"（discriminative supervised learning）。神经网络最终层的原始分数反映了网络尝试对预测结果进行判别的结果。根据模型参数的不同，最终层的原始分数可以是任意实数。虽然本书并不探讨神经网络模型为何未能生成良好的概率分布，但一般来说，大多数模型都倾向于置信度过高，在预测最可能出现的标签时给出高于实际概率的分数，但在数据稀少时置信度不足。因此，这些算法产生的分数通常需要转换成更接近真实置信度的分数。

在不同的库中，概率分布可能有不同的叫法。以下补充花絮介绍了关于差异的更多信息。

> **分数、置信度和概率：不要被名称迷惑！**
>
> 机器学习库（开源库和商用库）常常将"分数"（score）、"置信度"（confidence）和"概率"（probability）三词混用。甚至同一个库内也无法保持一致性。
>
> 我遇到过这种情况。在参与AWS自然语言处理服务Amazon Comprehend的产品开发期间，我们必须决定如何称呼每个预测所对应的数值。经过长时间的讨论，我们认为"置信度"一词易造成误解，因为根据严格意义上概率的统计定义，系统输出并非置信度，所以用分数代替。在预测图像标签时，AWS现有的计算机视觉服务Amazon Rekognition仍旧采用"置信度"来表示这一相同的概念（一直沿用至今）。

大多数机器学习库在构建时对命名规范的考虑不如大型云计算公司细致，因此仅基于名称对与预测相关的数值盲目信任是不可取的。建议阅读机器学习库或服务的文档，了解每个预测所对应数值的含义。

在如大部分贝叶斯算法等生成式监督学习算法中，算法旨在显式地为每个标签建模，因此可以直接从模型读取置信度。然而，这些置信度依赖于对数据底层分布（如正态分布）和各标签的先验概率的假设。

更复杂的是，通过将生成式监督学习方法扩展应用到判别式监督学习算法中，可以直接从模型得到更真实的统计"概率"。然而，当前最流行的机器学习库尚未提供从判别模型获取准确概率的生成方法。目前，更常见的是通过softmax函数生成的概率分布，因此我们将由此入手。

A.2 softmax函数深入探讨

最普遍的模型是神经网络，而神经网络预测几乎总是通过softmax函数转换为一个0~1范围的分数。softmax函数的定义如下：

$$\sigma(z_i) = \frac{e^{z_i}}{\sum_j e^{z_j}}$$

神经网络的输出将类似于图 A-1 所示。

正如图 A-1 所示，softmax 函数通常用作模型最终层的激活函数，以生成一组与预测标签相关的分数，形成概率分布。此外，softmax 函数可用于从线性激活函数（logits）的输出生成概率分布。

在最终层使用 softmax 函数或仅关注应用于 logits 的 softmax 函数的结果是常见做法。然而，softmax 函数具有信息损失性质，它无法区分因信息竞争强烈和信息缺乏导致的不确定性。我们假设使用的是图 A-1 中的第二种架构，但无论 softmax 函数是激活函数还是应用于处理模型分数，其影响都是相同的。

如果使用的是图 A-1 中的第二种架构，在最终层采用允许负值的激活函数（如 Leaky ReLU）通常比下限为零的函数（如 ReLU）更适合于人在回路架构。对于本书提及的某些主动学习策略，量化单个输出的负信息量可能颇有裨益。如果已知其他某种激活函数在预测标签方面更准确，不妨考虑为主动学习重新训练最终层。本书贯穿讨论了此策略：专门针对人在回路任务重新训练模型的一部分。

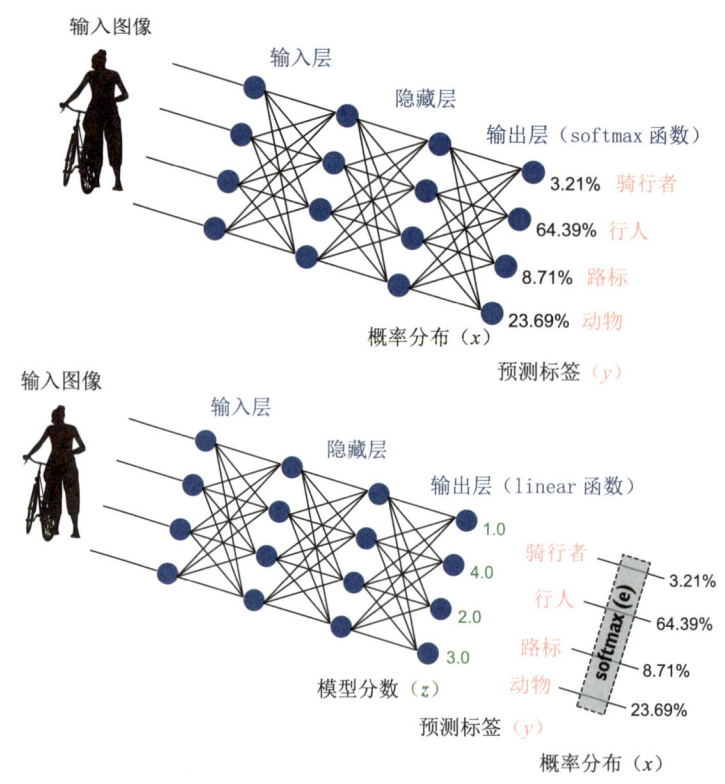

图 A-1 softmax 函数如何在两种架构中创建概率分布

在上例中，softmax 函数是输出（最终）层的激活函数，直接输出概率分布。在下例中，输出层使用线性激活函数创建模型分数（logits），然后通过 softmax 函数将分数转换为概率分布。底层架构稍微复杂一些，但因其信息量更大，在主动学习中更受青睐。

无论你使用的是哪种架构，softmax 函数的输入范围大小如何，了解 softmax 函数公式都是非常重要的，因为它具有信息损失的性质（这点众所周知），且其任意输入假设会改变预测置信度的排序（这点鲜为人知）。

A.2.1 利用 softmax 将模型输出转换为置信度

以下是采用 PyTorch 库实现 softmax 函数的 Python 示例代码[1]：

```
def softmax(self, scores, base=math.e):
    """Returns softmax array for array of scores

    Converts a set of raw scores from a model (logits) into a
    probability distribution via softmax.

    The probability distribution will be a set of real numbers
    such that each is in the range 0-1.0 and the sum is 1.0.

    Assumes input is a pytorch tensor: tensor([1.0, 4.0, 2.0, 3.0])

    Keyword arguments:
        prediction -- pytorch tensor of any real numbers.
        base -- the base for the exponential (default e)
    """
    exps = (base**scores.to(dtype=torch.float)) # exponents of input
    sum_exps = torch.sum(exps) # sum of all exponentials
    prob_dist = exps / sum_exps # normalize exponentials
    return prob_dist
```

严格来说，此函数应被称为 softargmax，但在机器学习领域，它几乎总被简称为 softmax。此外，softmax 函数又被称作"玻尔兹曼分布"（Boltzmann distribution）或"吉布斯分布"（Gibbs distribution）。

为深入理解前述公式中 softmax 函数转换的作用，让我们将各部分拆解分析。假设你预测了一幅图像中的目标对象，并由模型得到了 1、4、2 和 3 的原始分数。其中，最高分 4 将成为置信度最高的预测结果（表 A-1）。

表 A-1 带有分数（z，logits）、每个分数的自然指数幂（e）以及归一化指数（即 softmax 值）的预测示例

预测标签	骑行者	行人	路标	动物
分数（$z_1,\cdots,z_4$）	1.0	4.0	2.0	3.0
e^z	2.72	54.60	7.39	20.09
softmax	0.0321	0.6439	0.0871	0.2369

归一化向量称为"概率分布"，因为数值介于 0~1 范围且相加等于 1。

最后一行，即 softmax 值，是每个 e^z 除以 e^z 行所有数值之和。原始分数 1、4、2 和 3 将在本节中持续使用，以保持示例的一致性，因为它们相加等于 10，便于直观理解。确切的数值范围取决于所使用的激活函数。如果使用 softmax 作为最终激活函数，确切的数值将是激活函数与前一层输出权重相结合的结果。虽然精确的整数不太可能出现，但在许多架构中，数值落在 1~4 的范围内是常见的现象。

如表 A-1 所示，示例中，"行人"的预测置信度最高，各项置信度分数从原始分数经转换得到扩展；原始分数的 4.0（总分 10.0）经过 softmax 转换后变成了 64% 的概率。在执行指数转换（e^z 步骤）时，"行人"的预测值显著增加至 54.60，即 $e^{4.0} = 54.60$，因而在计算 softmax 分母时由于是最大数值而起主导作用，使得该标签成为最有可能的预测结果。

---
[1] 附录的先前版本采用了 NumPy 库而非 PyTorch 库。这些示例可在 http://mng.bz/Xd4p 查阅。

可解释性的好处显而易见：通过将数值转换为指数并进行归一化，我们可以将无限范围的正负数转换为 0~1 范围内总和为 1 的概率估计值。此外，与归一化原始分数相比，指数可能更接近真实概率。如果模型的训练采用了最大似然估计（MLE）（训练神经模型的最常用方法），那么它实际上在优化对数似然值。因此，对数似然使用指数可以得到实际似然值。

A.2.2 softmax 底数 / 温度的选择

除了改变底数 e，还可以将分子和分母除以一个常数。此方法被称为改变 softmax 函数的"温度"，通常以 T 表示，文献中未指明温度数值时通常默认为 1：

$$\sigma(z_i) = \frac{e^{z_i/T}}{(\sum_j e^{z_j/T})}$$

在数学意义上，改变 softmax 函数的底数与改变温度并无区别；二者都能产生相同的概率分布集（尽管变化幅度不同）。本书采用 softmax 函数的底数，是为了简化第 3 章的某些解释。如果使用的 softmax 函数不支持改变底数，尝试改变温度可能更简便。

为何使用底数 =e（或温度 =1）？实际上，选择 e 作为数据归一化的数值，理由并不十分牢固。在机器学习的许多领域，e 具有特殊性质，但本领域并非其特性显著的例子之一。欧拉数（e）约为 2.71828。你可能还记得从高中数学课上学到，e^x 是其自身的导数，因此具备众多独特的性质。在机器学习中，我们特别重视 e^x 作为自身导数的性质（图 A-2）。

函数 $f(x)$ 在任意给定 x 处的斜率等于 $f(x)$ 的值。例如，在 e^x 曲线上，$f'(1)$ 处的斜率是 1，$f'(2)$ 处的斜率是 2，以此类推。你可能在高中数学教材中见过这样的斜率记法：$f'(1)=1$ 和 $f'(2)=2$；此处的撇号表示导数，读作"f—撇"。或者，你可能见过斜率以 dy/dx 或 $\dot{y}$ 的形式表示。三个符号 f'、dy/dx 和 $\dot{y}$ 分别源自不同的数学家（拉格朗日、莱布尼茨和牛顿），但它们表达的是同一个概念。你可能在高中使用过拉格朗日的表示法，在机器学习课程中使用过莱布尼茨的表示法，如果你有物理学背景，则可能使用过牛顿的表示法。

当提及 e^x 是其自身导数时，指的是 $f'(x)=f(x)$ 这一特性。如果改用 e 以外的任何底数表示指数曲线，将无法获得此特性。在机器学习中，需要对函数求导以实现其收敛。机器学习的学习主要是函数的收敛，因此，当我们得知函数的导数即为其自身时，可以显著节省计算力。

但是，这并不意味着在寻找最佳置信度度量时，e 一定是针对特定数据集的最佳选择。

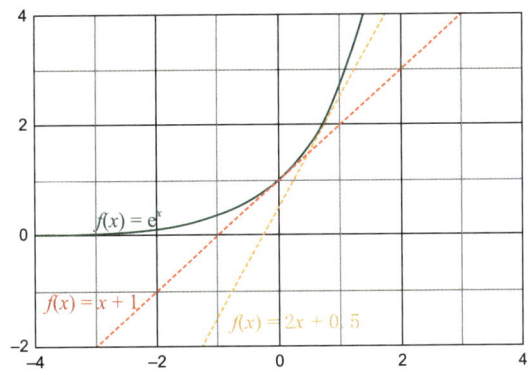

图 A-2 以 e 为自身积分的图形

在 $f(1)=1$ 处的斜率为 1，在 $f(2)=2$ 处的斜率为 2，以此类推。

对于相同的输入，比较图 A-3 中的两幅图，左图以 e（2.71828）为指数底数，右图以 10 为指数底数。

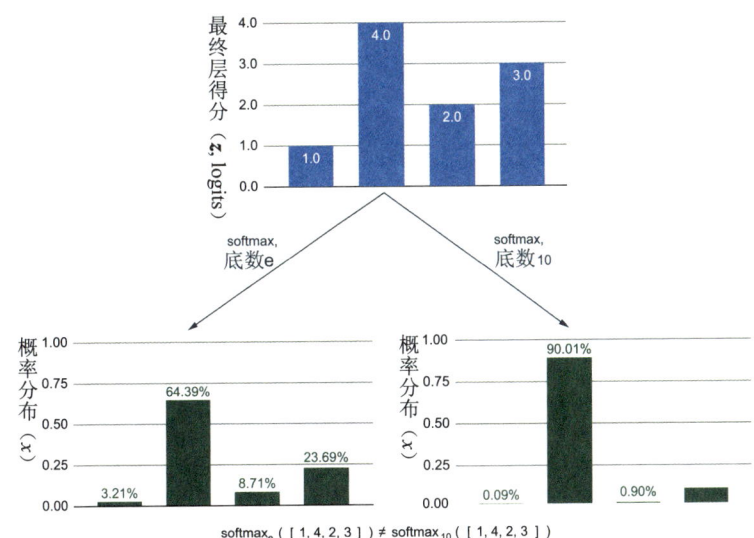

图 A-3 基于相同模型原始输出数据比较 softmax 函数两个不同指数底数（e 和 10）

如图所示，底数越高，最高分数的估计概率越高，且在较高底数下，最高分数在 softmax 函数公式中的主导作用越大。

显而易见，指数的选择影响重大。如使用 10 作为底数，则数据中"行人"这一标签的置信度将达到 90%，而次高置信度的标签不足 10%。表 A-2 显示了示例数据以 10 为 softmax 函数的指数底数时的分数。

表 A-2 重复 softmax 函数，沿用相同的分数（z，logits），但将指数底数从 e 改为 10

预测标签	骑行者	行人	路标	动物
分数（$z_1,\cdots,z_4$）	1.0	4.0	2.0	3.0
10^z	10.00	10000.00	100.00	1000.00
softmax（10）	0.09%	90.01%	0.90%	9.00%

通过此表，可以更清楚地了解最大数值的重要性。采用 10 作为指数底数，得到的是 1 加上 4 个 0（10000），显然大于最终 softmax 函数公式压缩的其他数值：softmax 函数的指数底数越高，概率分布越极端。

底数的选择并不会改变单个数据项置信度最高的预测，因此在机器学习任务中，当关注点仅限于标签的预测准确率时，底数的选择常被忽视。然而，底数的选择能够改变置信度的排名顺序。也就是说，在以 e 为底时，数据项 A 的置信度可能高于数据项 B，但以 10 为底时，数据项 A 的置信度可能低于数据项 B。表 A-3 展示了一个示例。

表 A-3　softmax 函数的两组可能输入，排名顺序依使用的底数/温度而异

预测标签	骑行者	行人	路标	动物
输入 A	3.22	2.88	3.03	3.09
输入 B	3.25	3.24	3.23	1.45

A 和 B 均预测"骑行者"是最可能的标签。但哪一个对正确标签的置信度更高？如图 A-4 所示，答案取决于底数和温度。

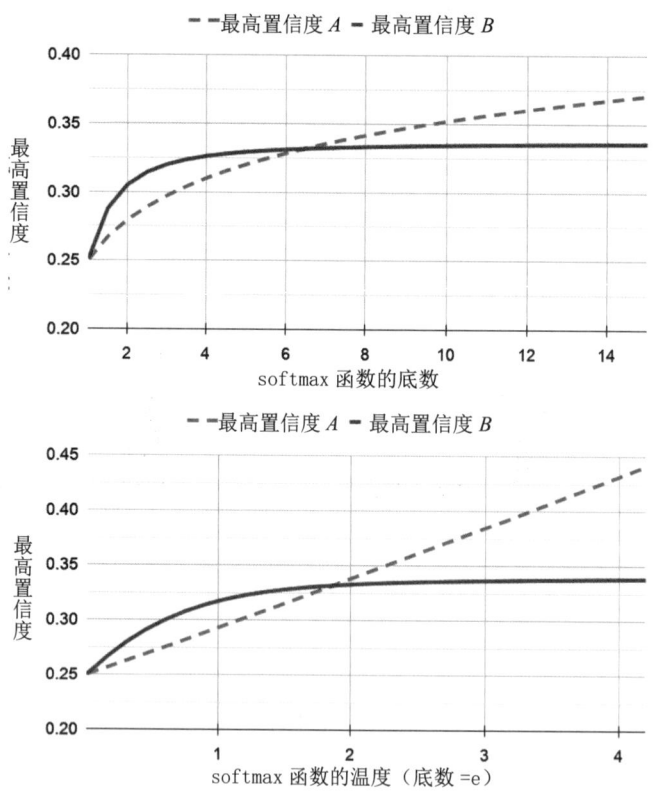

图 A-4　在不同 softmax 函数底数和不同温度下比较表 A-3 中的输入值（A=［3.22，2.88，3.03，3.09］和 B=［3.25，3.24，3.23，1.45］）

可见根据底数或温度的不同，任何一组输入均可能获得最高置信度的结果。严格而言，下方图表的 x 轴代表温度的倒数，这是一个有效的等比例缩放度量，尽管并不常见。此处采用倒数来表示，以便两幅图表以大致相同的方式向上和向右延伸。

许多人对图 A-4 所示的图表感到惊讶，包括本书的一位审稿人、ICML 会议的一位

审稿人以及一位图灵奖得主，因此我在本书撰写的后期加入了这幅图。在我的实验中，给定一组随机输入，仅约 1% 的输入对会产生图 A-4 所示的效果。然而，在主动学习的采样中，对于最低置信度预测，样本的差异可达 50%！采样最低置信度的数据项是主动学习最常用的策略，第 3 章对此进行了讨论。因此，这一普遍存在的误解在人在回路机器学习中被广泛忽视：通过操纵先前认为恒定的变量，改变 softmax 函数的底数或温度，有可能构建更准确的系统。

假设在本书中，除非另有明确说明，softmax 函数使用底数 =e，温度 =1。目前，最重要的是了解 softmax 函数如何将输入转化为概率分布。

A.2.3 指数除法的结果

记住，softmax 函数对输入值的指数进行归一化处理，并回想一下高中数学学到的公式：$c^{(a-b)}=c^a/c^b$。因此，当 softmax 函数通过除以所有指数对指数进行归一化时，指数的除法实质上是减去分数的绝对值。换句话说，在使用 softmax 时，模型输出分数之间的相对差异才重要，而非其实际数值。

代入分数 [1.0，4.0，2.0，3.0] 创建情境，每个分数分别加上 10、100 和 -3，这样改变了分数的总和，但保持了分数之间的差异不变。如图 A-5 所示，尽管四组预测的原始分数差别显著，但概率分布是相同的，因为四组原始分数之间的差异是相同的。4 与 3 之间的差异和 104 与 103 之间的差异相同。理解这一限制非常重要。

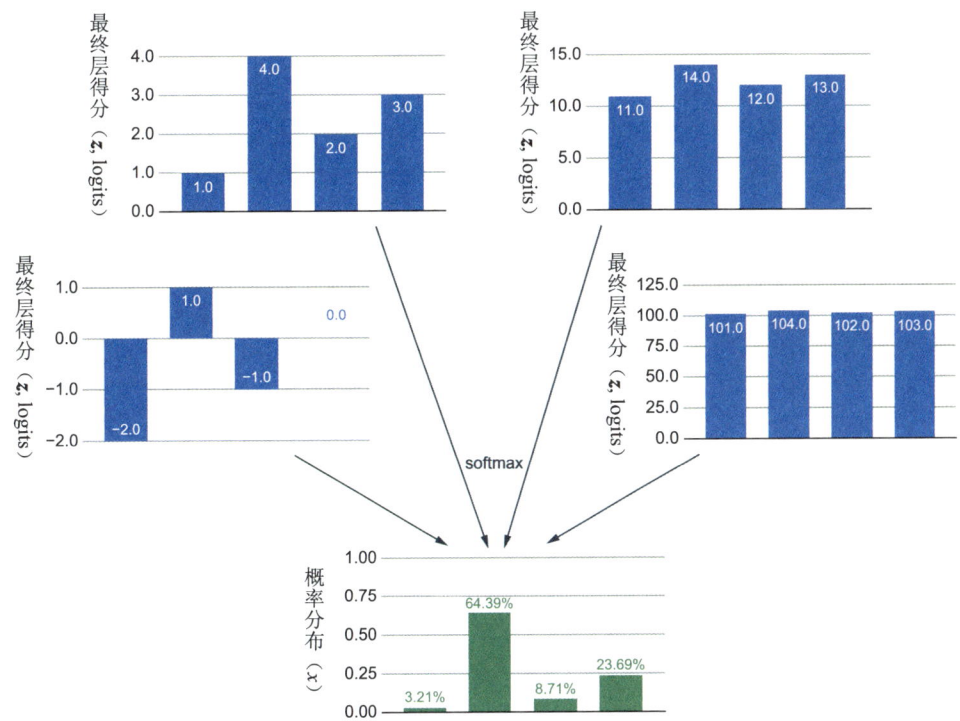

图 A-5 softmax 函数等价性：四个模型分数经 softmax 函数处理后得到相同概率分布

尽管源自不同的模型分数，但四个 softmax 函数概率分布却完全相同，这表明只有分数之间的差异才重要。例如，分数 [1，4，2，3] 与 [101，104，102，103] 经 softmax 函数处理后的概率分布相同。

为了从另一个视角理解此概念，尝试将［1.0，4.0，2.0，3.0］中的每一个值乘以一个常数，而非如图 A-5 所示加上一个常数。图 A-6 展示了相乘的结果。

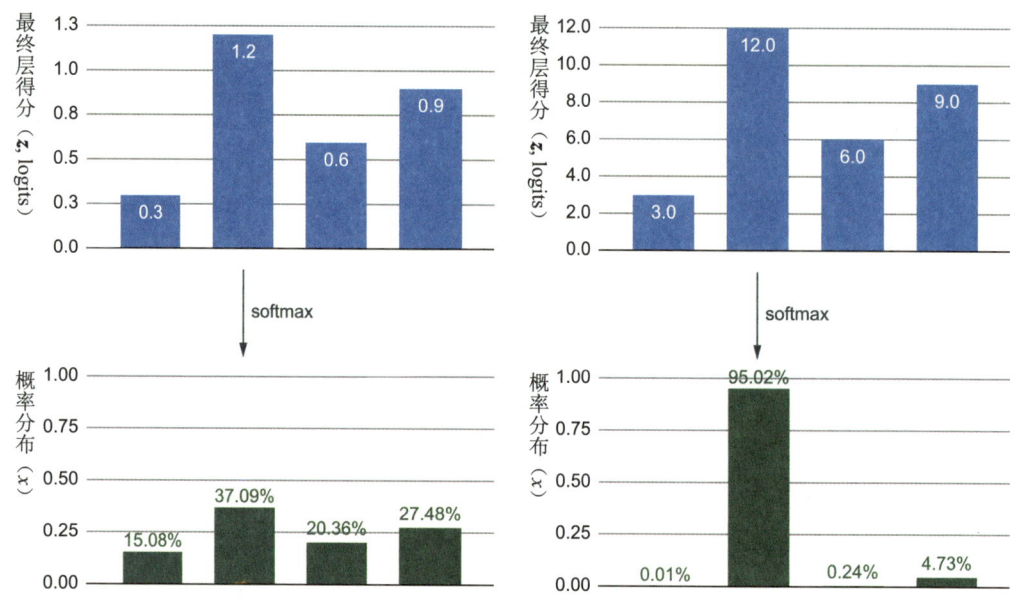

图 A-6 两组分数分布除刻度外完全相同，但 softmax（［0.3, 1.2, 0.6, 0.9］）≠ softmax（［3, 12, 6, 9］）

右侧分数是左侧分数的 10 倍。经 softmax 函数处理，这些分数得到不同的概率分布。此图还展示了改变温度而非底数的结果。如以左侧数值为起点，但将温度降至 0.1（等效于将 logits 乘以 10），则最高置信度预测会获得更多权重。

如图 A-6 所示，尽管最终层的分数仅在 y 轴刻度上存在差异，但它们经 softmax 函数处理后得到了不同的概率分布。对于分数较低的分布，softmax 函数产生了一个比 logits 更紧凑的数值集合的概率分布，但对于分数较高的分布，softmax 函数产生了一个更广泛的概率分布。

> **以 softmax 函数处理大输入值时需谨慎**
>
> 以 softmax 函数处理大输入值时，存在硬件溢出错误的风险，原因在于指数运算阶段会产生大数值。如果在计算机上计算 e 的 1000 次方，可能会出现系统错误或无限值（inf），这个结果可能会影响后续流程。有两种方法可以避免这种溢出，如果决定开始尝试 softmax 函数，建议采用其中之一。
>
> 第一种方法是从输入值中减去一个常数，使输入值中的最大值为 0。此方法利用了图 A-5 所示的现象：通过减去一个常数，可以在避免指数运算阶段溢出的同时，得到相同的概率分布。第二种方法是使用 softmax 的对数（PyTorch 的默认行为），此法可以有效限制数值范围。

在目前的示例中，我们将 softmax 函数视作对输出层分数进行归一化的手段。同样，softmax 函数可充当输出层的激活函数。关于底数 / 温度的选择以及如何以不同方式分散数据的所有讨论依旧适用。

本节及其相关图表围绕 softmax 函数讲了非常多的东西,但这些信息是人在回路机器学习的重要内容。softmax 函数是用于从机器学习预测生成概率分布的最常用算法,然而,许多人认为选择以 e 为底具有生成置信度的特性(实际上并非如此),或者认为底数的选择不会改变不确定性的排名顺序。因此,真正理解 softmax 函数的工作原理将有助于选择正确的不确定性采样策略。

A.3 人在回路机器学习系统的评测

评估人在回路机器学习系统成效的方法多样,具体指标依任务而定。本节将介绍一些最重要的指标。

A.3.1 精确度、召回率和 F 分数

在机器学习算法中,常用的评估指标包括精确度、召回率和 F 分数。F 分数是某个标签的精确度与召回率的调和平均数,其中真正例代表该标签的正确预测数,假正例代表对该标签的错误预测数,假负例代表属于该标签但被预测为其他标签的数据量。

$$精确度 = \frac{真正例}{真正例 + 假正例}$$

$$召回率 = \frac{真正例}{真正例 + 假负例}$$

$$F\ 分数 = \frac{2 \times 精确度 \times 召回率}{精确度 + 召回率}$$

如果评估采用普通准确率且标签稀有,大量的真负例可能主导准确率结果。为平衡这一偏差,有一种称作"机会调整后的一致性"(chance-adjusted agreement)的方法,我们将在下一节中详述。

A.3.2 微观和宏观精确度、召回率和 F 分数

通常,精确度、召回率和 F 分数的计算针对数据中的某个标签。将每个标签的准确率合并为一个准确率分数有两种常见方法:"微观分数"通过聚合每个数据项的准确率计算,"宏观分数"独立计算每个标签的准确率。

如果一个标签的使用频率远高于其他标签,则该标签的使用频率对微观精确度、微观召回率和微观 F 分数的影响最大。在某些情况下,此结果可能恰好符合我们的需求,因为它提供了一个由测试数据中的标签加权的准确率数据。然而,如果我们知道部署的模型使用的测试数据中标签不平衡,或者如果我们希望模型在预测所有标签时同样准确,而不管标签出现的频率,则采用宏观准确率分数更合适。

A.3.3 考虑随机机会：机会调整后的准确率

设想两个出现频率相同的标签。如果模型随机预测标签，其准确率仍将达到50%。显然，此结果过于乐观，难以与标签分布可能不均的不同模型进行准确率比较。机会调整后的准确率将随机机会基准定为0，并据此对分数进行调整：

$$\text{机会调整后的准确率} = \frac{\text{准确率} - \text{随机机会准确率}}{1 - \text{随机机会准确率}}$$

若两个标签频率相同的任务模型准确率为60%，则机会调整后的准确率为（60%-50%）/（1-50%）=20%。尽管并不常用于评估模型预测的准确率，但机会调整后的准确率却广泛用于评估人工标注的准确率。当不同标签出现的频率差异较大时，机会调整后的准确率更为有用。计算随机机会有多种方法，第8章重点讨论标注时涉及了这些技术。

A.3.4 考虑置信度：ROC 曲线下面积（AUC）

除了模型预测标签的准确率，还需考虑置信度是否与准确率相关，因此需要计算 ROC 曲线下面积（AUC）。ROC（受试者工作特征）曲线会根据置信度对数据集进行排序，并计算真正例与假正例比率。

图 A-7 展示了 ROC 曲线的示例。按模型置信度确定的排序，将真正例率（TPR）与假正例率（FPR）绘制成 ROC 曲线。

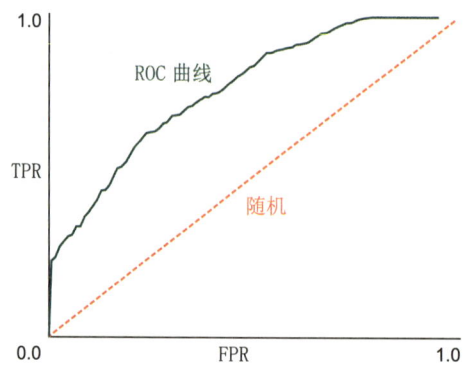

图 A-7 按模型置信度确定的排序，将 TPR 与 FPR 绘制成 ROC 曲线的示例

如示例所示，ROC 曲线的前 20% 部分几乎呈垂直状态。这一趋势表明，置信度最高的 20% 预测，其准确率几乎达到 100%。而在 ROC 曲线的最后 30% 部分，线条几乎水平状态且处于 1.0。这一趋势表明，当处理到某标签置信度最低的 30% 预测时，该标签的数据项已所剩无几。

ROC 曲线有助于我们确定在哪些场景下可以信赖模型的决策，在哪些场景下应当转向人工判断。AUC 是指曲线下空间相对于整体空间的计算结果。从图 A-7 可见，AUC 约为 0.80。

AUC 表示 ROC 生成的曲线下面积占整体面积的百分比。此外，AUC 还表示在不同标签的任意两个随机选择数据项中，以较高置信度预测出正确标签的概率。

因此，可以通过比较标注为 r 和未标注（u）的各数据项的置信度来计算 AUC：

$$AUC = \frac{\sum_{i}^{size(r)} \sum_{j}^{size(r)} \{1 \text{ if } i > j, \text{ otherwise}, 0\}}{size(r) \cdot size(u)}$$

该算法对每个集合中的各数据项进行相互比较,因此其复杂度为 $O(N^2)$。若因评估数据项数量庞大需提高计算效率,可先对各数据项进行排序,再通过递归方式确定各数据项的排序位置,以实现 $O(N \cdot \text{Log}N)$ 的复杂度。

既然可以计算微观和宏观的精确度、召回率和 F 分数,同样可以计算微观和宏观的 AUC:

· 微观 AUC——通过跨所有标签综合计算所有数据项的 AUC,而非仅限于单一标签的数据项。

· 宏观 AUC——分别计算每个标签的 AUC,然而取所有标签的 AUC 平均值。

A.3.5 检测到的模型误差数量

如果你部署了一套系统,在可能出现误差时让机器学习模型将任务交由人工处理,便可统计检测到的误差数量。例如,你可以设定低于 50% 置信度的结果可能代表误差,进而将这些模型预测结果提交给人工进行确认或更正:

$$\text{误差百分比} = \frac{\text{实际误差数}}{\text{采样数}}$$

此等式展示了需要更正的标记为待人工审查的数据项占比。一种变体是计算所有误差的百分比,从而得出人工加模型预测的总准确率。另一种变体是计算每小时或每分钟显现的误差数量,若人工审查环节有限定时间,此方法可能更加合理。

A.3.6 节省的人力成本

计算人力成本的另一种方法是衡量节省了多少时间和精力。无论是利用主动学习更精准地选择待标注数据项(第 3~6 章),还是优化标注质量控制与标注界面(第 8~11 章),提升人在回路系统中人力环节的效率、准确率和用户体验,往往比微调模型的准确率更加关键。图 A-8 展示了一个示例。

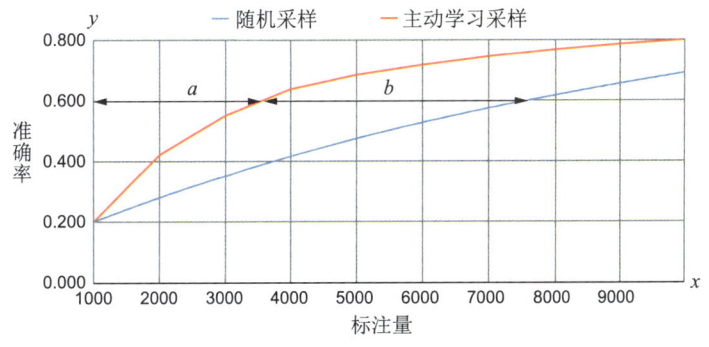

图 A-8 所需标签减少量

在此例中,采用主动学习策略(第 3~6 章)的模型,仅用不足随机采样一半的标注量便达到了与随机采样相同的准确率。所需标签减少量:$b/(a+b) = 53\%$。

如图 A-8 所示，从 x 轴观察时，主动学习能够减少 53% 的标签需求量，但若从 y 轴观察，此时的准确率差异约为 20%。对于算法领域的专业人士而言，他们可能更倾向于关注 y 轴，因为通常会用相同的数据比较两种算法的性能。因此，用两个不同的数据集比较同一算法时，x 轴上的数据更重要。

A.3.7 本书中计算准确率的其他方法

本附录主要介绍计算准确率的最标准方法，但一些特定的机器学习的准确率指标在此没有介绍，包括：用于语言生成的双语替换评测（BLEU），用于目标检测的交并比（IoU），按人口统计特征划分的准确率，以及用于人工标注的机会调整后的一致性。以上指标在本书的相应章节有所介绍，因此本附录不再深入讲解。

Original English language edition published by Manning Publications, USA.
Copyright © 2021 by Manning Publications.
Simplified Chinese-language edition copyright © 2025 by Sichuan University Press.
All rights reserved.

四川省版权局著作权合同登记图进字 21-24-158

图书在版编目（CIP）数据

人在回路机器学习：人本人工智能的主动学习与标注 / （美）罗伯特·莫纳克（Robert Monarch）著；杨勇等译. -- 成都：四川大学出版社，2025.4. -- ISBN 978-7-5690-7342-3

Ⅰ．TP181

中国国家版本馆CIP数据核字第202431UD12号

书　　名：	人在回路机器学习：人本人工智能的主动学习与标注
	Renzaihuilu Jiqi Xuexi: Renben Rengong Zhineng de Zhudong Xuexi yu Biaozhu
著　　者：	［美］罗伯特·莫纳克
译　　者：	杨　勇　徐　磊　郭　璇　等
出 版 人：	侯宏虹
总 策 划：	张宏辉
选题策划：	刘　畅
责任编辑：	敬雁飞
责任校对：	于　俊
装帧设计：	靳太然
责任印制：	李金兰
出版发行：	四川大学出版社有限责任公司
地址：	成都市一环路南一段24号（610065）
电话：	（028）85408311（发行部）、85400276（总编室）
电子邮箱：	scupress@vip.163.com
网址：	https://press.scu.edu.cn
印前制作：	成都墨之创文化传播有限公司
印刷装订：	成都金阳印务有限责任公司
成品尺寸：	185mm×260mm
印　　张：	22
字　　数：	518千字
版　　次：	2025年4月 第1版
印　　次：	2025年4月 第1次印刷
定　　价：	152.00元

本社图书如有印装质量问题，请联系发行部调换

版权所有 ◆ 侵权必究

扫码获取数字资源

四川大学出版社
微信公众号